工程机械

Construction Machinery

第2版
2RD EDITION

卜昭海　范连玉　徐　进　主　编
牟俊汉　副主编
马义平　主　审

人民交通出版社股份有限公司
北　京

内 容 提 要

本书为高职交通运输与土建类专业系列教材之一。书中较系统地介绍了公路、铁路及城市工程建设中广泛使用的各种新型工程机械的基本构造、工作原理、工作装置、主要性能和使用技术。每个教学项目的任务下包含相关知识、拓展知识及应用与技能，内容丰富，全面系统，叙述简明扼要，具有较强的实用性和通用性。

本书适用于高职高专工程机械、土木建筑、交通工程等专业学生选作教材使用，也可供工程机械技术人员、工程施工技术人员培训或学习参考。

图书在版编目(CIP)数据

工程机械 / 卜昭海，范连玉，徐进主编. —2 版. —北京：人民交通出版社股份有限公司，2020.10

ISBN 978-7-114-15723-3

Ⅰ.①工… Ⅱ.①卜… ②范… ③徐… Ⅲ.①工程机械—高等职业教育—教材 Ⅳ.①TU6

中国版本图书馆 CIP 数据核字(2019)第 159412 号

Gongcheng Jixie

书　　名：工程机械(第 2 版)
著 作 者：卜昭海　范连玉　徐　进
责任编辑：李　娜
责任校对：孙国靖　龙　雪
责任印制：刘高彤
出版发行：人民交通出版社股份有限公司
地　　址：(100011)北京市朝阳区安定门外外馆斜街 3 号
网　　址：http://www.ccpcl.com.cn
销售电话：(010)59757973
总 经 销：人民交通出版社股份有限公司发行部
经　　销：各地新华书店
印　　刷：北京虎彩文化传播有限公司
开　　本：787×1092　1/16
印　　张：17.5
字　　数：448 千
版　　次：2011 年 8 月　第 1 版
　　　　　2020 年 11 月　第 2 版
印　　次：2024 年 8 月　第 2 版　第 4 次印刷　总第 9 次印刷
书　　号：ISBN 978-7-114-15723-3
定　　价：45.00 元

前　言

工程机械广泛应用于公路、铁路、城市及国防建设中。近年来，通过引进国外先进工程机械，同时吸收先进技术和经验，我国的工程机械行业得到了快速发展，新品种不断增加，各门类日渐齐全。目前，计算机技术广泛应用在工程机械中，使工程机械更加智能化和模块化。

“四新”技术（新技术、新工艺、新材料、新设备）的应用加速了工程机械的更新换代，同时也对工程机械应用提出了更高要求。编者根据高职教育培养高端技能型人才的特点，教材开发与岗位对接，选择现代化施工中应用广泛、具有代表性的工程机械作为教学项目，全面系统地介绍了工程机械的构造、工作原理、工作装置、主要性能和使用技术等内容。本书内容丰富，基本覆盖了公路、铁路及城市工程建设中广泛使用的主要工程机械，较好地反映了当前工程机械的实际应用情况和发展水平，有较强的实用性和应用性。

本书由哈尔滨铁道职业技术学院教师和中铁三局集团有限公司高级工程师共同编写，结合了施工中工程机械的实际使用情况，体现了国家骨干建设院校对教材的要求。

本书共分九个教学项目，项目一为土石方机械（五个任务），项目二为压实机械（四个任务），项目三为水泥混凝土机械（四个任务），项目四为稳定土拌和机械（两个任务），项目五为沥青混凝土拌和设备（三个任务），项目六为摊铺机械（两个任务），项目七为桩工机械（两个任务），项目八为起重与架桥机械（三个任务），项目九为隧道施工机械（四个任务）。

本书由卜昭海、范连玉、徐进担任主编，牟俊汉担任副主编。由中铁三局集团有限公司马义平担任主审。具体编写分工如下：哈尔滨铁道职业技术学院卜昭海编写项目八、九，牟俊汉编写项目二～项目四，范连玉编写项目一，徐进编写项目五～项目七。

本书在编写过程中得到了哈尔滨铁道职业技术学院领导和中铁三局集团有限公司领导的大力支持，在此表示感谢！

由于编写时间紧张和经验不足，书中有不妥之处敬请读者指正。

编　者
2020 年 4 月

目　录

项目一

土石方机械

知识要求：

1. 掌握和了解推土机的用途、分类、发展状况、基本构造；
2. 掌握和了解铲运机的用途、分类、发展状况、基本构造；
3. 掌握和了解装载机的用途、分类、发展状况、基本构造；
4. 掌握和了解平地机的用途、分类、发展状况、基本构造；
5. 掌握和了解挖掘机的用途、分类、发展状况、基本构造。

技能要求：

具有推土机的使用、管理及维护能力；具有铲运机的使用、管理及维护能力；具有装载机的使用、管理及维护能力；具有平地机的使用、管理及维护能力；具有挖掘机的使用、管理及维护能力。

任务提出：

在工程施工中，用来完成土石方和松散物料的切削、推挖、铲运、铺卸、装卸、刮送、平整场地、整形、开挖路堑、开挖建筑物或厂房基础、开挖沟渠等的主要施工机械有推土机、铲运机、装载机、平地机、挖掘机。这些机械设备广泛应用于公路、铁路、建筑、市政、电力、水利等工程建设中，是土石方机械的主要机种。

任务一　推　土　机

相关知识

一、推土机的用途、分类及发展状况

(一)用途

推土机是以专用基础车为主机,前端装有推土装置,依靠主机的顶推力,对土石方或散状物料进行切削或搬运的铲土运输机械。在工程施工中,通常用推土机完成路基基底的处理、路侧取土横向填筑高度不大于1m的路堤、沿路基中心纵向移挖作填完成路基挖填工程、傍山取土侧移修筑半堤半堑的路基。

在工程机械化施工中,当土质太硬,铲运机或平地机施工作业不易切入土中时,可以利用推土机的松土作业装置将土疏松,或者利用推土机的铲刀直接顶推铲运机以增加铲运机的铲土能力(即铲运机助铲)。利用推土机协助平地机或铲运机完成施工作业,可提高这些施工机械的作业效率。

推土机的作业对象主要是各级土砂石料及风化岩石等。推土机由于受到铲刀容量的限制,推运土的距离不宜太长,因而,它只是一种短运距的土方施工机械。运距过长时,运土过程受到铲刀下的土漏失的影响,会降低推土机的生产效率;运距过短时,由于换向、换挡操作频繁,在每个工作循环中这些操作所用时间所占比例增大,同样也会使推土机生产率降低。通常,中小型推土机的运距为30~100m;大型推土机的运距一般不应超过150m。推土机的经济运距为50~80m。

(二)分类

推土机可以按以下几个方面进行分类:

1. 按发动机的功率分

推土机的动力装置均为柴油机,按推土机装备的柴油机功率大小,可分为以下三类:

(1)小型推土机

功率在37kW以下。

(2)中型推土机

功率在37~250kW。

(3)大型推土机

功率在250kW以上。

2. 按行走装置分

按行走装置可分为履带式推土机和轮胎式推土机两种。

(1)履带式推土机

附着性能好、牵引力大、接地比压小、爬坡能力强、能适应恶劣的工作环境,具有优越的作业功能,是重点发展的机种。

(2)轮胎式推土机

行驶速度快、机动性好、作业循环时间短,转移场地方便、迅速且不损坏路面,特别适合城市建设和道路维修工程中使用,因制造成本较低、维修方便,近年来有较大的发展。但轮胎推土机的附着性能远不如履带式，在松软潮湿的场地上施工时，容易引起驱动轮滑转，降低生产效率，严重时还可能造成车辆沉陷，甚至无法施工；在开采矿山等恶劣条件下，如遇上坚硬锐利的岩石，容易引起轮胎急剧磨损。因此，轮胎式推土机的使用范围受到一定的限制。

3. 按用途分

(1) 普通型推土机

通用性好，可广泛用于各类土石方工程施工作业，是目前施工现场广为采用的推土机机种。

(2) 专用型推土机

可分为浮体推土机、水陆两用推土机、深水推土机、湿地推土机、爆破推土机、低噪声推土机、军用高速推土机等。浮体推土机和水陆两用推土机属浅水型推土施工作业机械。浮体推土机的机体为船形浮体，发动机的进、排气管装有导气管通往水面，驾驶室安装在浮体平台上，可用于海滨浴场、海底整平等施工作业。水陆两用推土机主要用于浅水区或沼泽地带作业，也可在陆地上使用。湿地推土机主要是履带板较宽、接地比压小，适用于河滩、沼泽等工程施工，目前在民用施工中也大量使用。

4. 按铲刀安装形式分

(1) 固定式铲刀推土机

铲刀与基础车纵向轴线固定为直角，也称直铲式推土机。小型及经常重载作业的推土机都采用这种铲刀安装形式。

(2) 回转式铲刀推土机

铲刀在水平面内能回转一定角度，铲刀与主机纵向轴线可以安装为固定直角，也可以安装成主机纵向轴线呈非直角。回转式推土机作业时，可以直线行驶一侧排土(像平地机施工作业时那样)，适宜于平地作业，也适宜于横坡铲土侧移。这种推土机又称活动式推土机或称角铲式推土机。

5. 按铲刀操纵方式分

(1) 钢索式

铲刀升降由钢索操纵，动作迅速可靠，铲刀靠自重入土；缺点是不能强制切土，并且机构的摩擦件较多(如滑轮、动力绞盘等)。铲刀操纵机构经常需要人工调整，钢索易磨损。

(2) 液压式

铲刀在液压缸作用下动作。铲刀一般有固定、上升、下降、浮动四个动作状态。铲刀可以在液压缸作用下强制入土，也可以像钢索式推土机的铲刀那样靠自重入土(当铲刀在"浮动"状态时)。液压式推土机能铲推较硬的土，作业性能优良，平整质量好。另外，铲刀结构轻巧，操纵轻便，不存在操纵机构经常性需人工调整的问题。

6. 按传动方式分

(1) 机械传动式

采用机械传动式的推土机具有工作可靠、制造简单、传动效率高、维修方便等优点，但操作费力，传动装置对负荷的自适应性差，容易引起柴油机熄火，使作业效率降低。

(2) 液力机械式

采用液力变矩器与动力换挡变速器组合的传动装置，具有自动无级变矩，自动适应外负荷变化的能力，柴油机不易熄火，且可带载换挡，减少了换挡次数，操纵轻便灵活，作业效率高。缺点是液力变矩器工作过程中容易发热，使传动效率降低；同时传动装置结构复杂、制造精度高，提高了制造成本，且维修较困难。目前，大中型推土机普遍采用这种传动形式。

(3)全液压传动式

由柴油机带动液压泵驱动液压马达，将驱动力直接传递到行走机构。因为取消了主离合器、变速器、后桥等传动部件，所以结构紧凑，大大方便了推土机的总体布置，使整机质量减小。操纵轻便，可实现原地转向。全液压推土机制造成本较高，且耐用度和可靠性差、维修困难，目前只在中等功率的推土机上采用全液压传动。

(4)电传动式推土机

由柴油机带动发电机—电动机，进而驱动行走装置。这种电传动结构紧凑、总体布置方便，也能实现原地转向；行驶速度和牵引力可无级调整，对外界阻力有良好的适应性，作业效率高。但由于质量大、结构复杂、成本高，目前只在大功率推土机上使用，且以轮胎式为主。另一种电传动推土机的动力装置不是柴油机，而采用动力电网的电力，可称为电气传动。此类推土机一般用于露天矿山的开采或井下作业。因受电力和电缆的限制，它的使用范围也很受限制，但这类推土机结构简单、工作可靠、不污染环境，作业效率很高。

(三)型号编制方法

目前国产工程机械的型号编制方法是依照《土方机械　产品型号编制方法》(JB/T 9725—2014)，但各生产厂并不完全遵循以上方法，各厂机械型号编制方法均不相同。

国产推土机型号用字母T表示，L表示轮胎式，Y表示液压式，后面的数字表示功率(马力)，如T180型推土机表示功率为180马力履带式推土机。

(四)发展状况

我国以生产履带式推土机为主，除普通型推土机外，还生产多种型号的低比压湿地推土机和其他专用型推土机。通过近几十年引进和消化，相继开发了TY180、TY220、TY320等现代大中型液压式推土机。目前，我国生产的推土机已有30多种规格，产品结构有了很大改进，整机性能也有了很大提高，部分产品已达到国际先进水平。国内的推土机生产厂家、工程机械科研部门和高等院校近年来对推土机技术的发展也作出了突出的贡献。目前，国内自主研发的最大功率推土机是山推工程机械股份有限公司(简称“山推”)的SD52-5，发动机功率为392kW。

国外推土机技术近年来发生了一些变化，主要是扩大电子技术的应用和提高推土机作业性能、可靠性、操纵舒适性、维护性能以及在环境保护方面的一些新技术。美国卡特彼勒公司1995年底和1996年初相继推出D8R、D9R、D10R和D11R四种R系列推土机，是该公司N系列的换代产品。R系列推土机继承和保留了N系列的一些长处，同时进一步扩大了电子控制技术的应用：电子控制发动机，在D10R的3412发动机上首先采用了先进的液压驱动电子控制喷射系统(HEUI系统)，该系统由液压系统、燃油系统、电子控制器、电控喷油嘴和传感器等部分组成。通过电子控制器可实现四个方面的控制：燃料喷射压力、燃料喷射正时、燃料喷射持续时间和喷油量、燃料喷射状态，从而可改善排出气体成分、抑制了NO_x的产生、降低噪声和油耗、提高发动机可靠性及耐久性。卡特彼勒公司在D10R和D11R型推土机上设置了电子控制的离合器/制动器转向系统(ECB系统)。这种转向系统由多片式油冷却的离合器和可减弱阻力的免调整制动器以及电子控制系统组成。ECB系统在操纵控制上改变了传统的双手操作方式，由一个位于司机左侧可单手操作的轻触式控制器(FTC)控制，可控制转向及机械的前进后退和换挡。卡特彼勒履带推土机D9R型上安装了最新的监视系统——电子计算机监视系统(CMS系统)。该系统除了具有N系列推土机三级报警监视系统(EMS系统)功能外，还有一个能对数据进行记忆、存储和分析的电子控制器(ECM)，以实现四种信息管理。CMS

系统有助于防止小故障转化为大故障，大大降低了判断故障和排除故障所需时间，提高了推土机的完好率。

(五)主要技术参数

表1-1为几种推土机的主要技术性能参数。

推土机的主要技术性能参数　　表1-1

型号	T120	T180	T200 TY200A	D85A-18	PD410	D155A-1A
发动机型号	上柴 6135AK-2	康明斯 NH220-C1	康明斯 NH855	小松 NT-855	康明斯 KTA-19C	小松 S6DA-4
额定功率(kW)	99.2	132	162	162	306	235
额定转速(r/min)	1500	1850	1800	1800	2000	2000
最大牵引力(kN)	120	188	191.2	200	—	280
履带中心距(mm)	1880	2000	2000	2000	2264	2140
履带接地长度(mm)	2745	2730	2730	2730	3360	3150
速度范围(km/h)	前5 2.27~10.44 后4 2.73~8.99	前5 2.43~10.12 后4 3.12~9.78	前5 2.5~9.9 后4 3~9.3	前5 3.6~11.2 后4 4.3~13.2	前5 3.3~12.7 后4 3.2~12.6	前5 3.6~11.5 后4 4.4~13.5
传动形式	机械式	机械式	液力式、 液力式	液力式	液力式	液力式
整机质量(kg)	17300	22500	23400	22900	—	32000
接地比压(MPa)	0.059	0.07	0.077	0.076	0.112	0.095
爬坡能力(°)	30	30	30	30	30	30
制造厂	长春工程 机械厂	黄河工程 机械厂	黄河工程 机械厂	日本小松公司	上海彭浦 机器厂 有限公司	日本小松公司

二、推土机的基本构造

推土机主要由发动机、传动系统、行走系统、转向系统和制动系统、工作装置、液压系统和电气系统等组成，如图1-1所示。发动机是推土机的动力装置，大多采用柴油机。工作装置为铲刀(推土板)和松土器，铲刀安装在前端，是主要工作装置，松土器配置在后端，主要起预松土作用。

(一)传动方式

传动系统的作用是将发动机的动力传递给履带或车轮，使推土机具有足够的牵引力与合适的工作速度。履带式推土机的传动系统多采用机械传动和液力机械传动；轮胎式推土机的传动系统多为液力机械传动。

1. 机械式传动

国产TY180型推土机采用机械式传动系统。该型推土机用柴油机作为动力装置，推土铲刀操纵方式为液压式。机械传动系统，如图1-2所示。

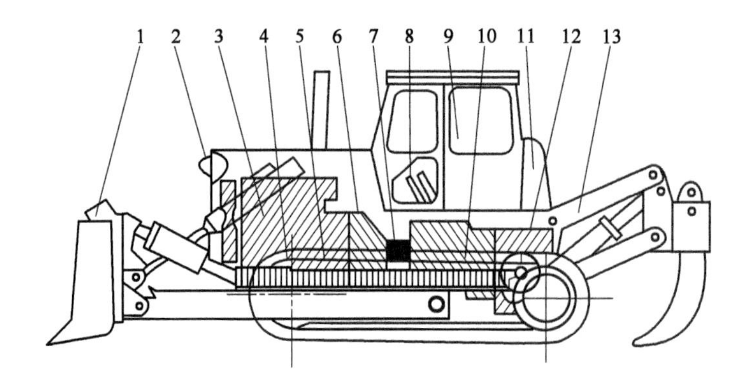

图1-1　推土机的基本结构

1-铲刀；2-电气系统；3-发动机；4-行走装置；5-机架；6-主离合器；7-传动轴；8-操作机构；9-驾驶室；10-变速器；11-柴油箱；12-后桥；13-松土器

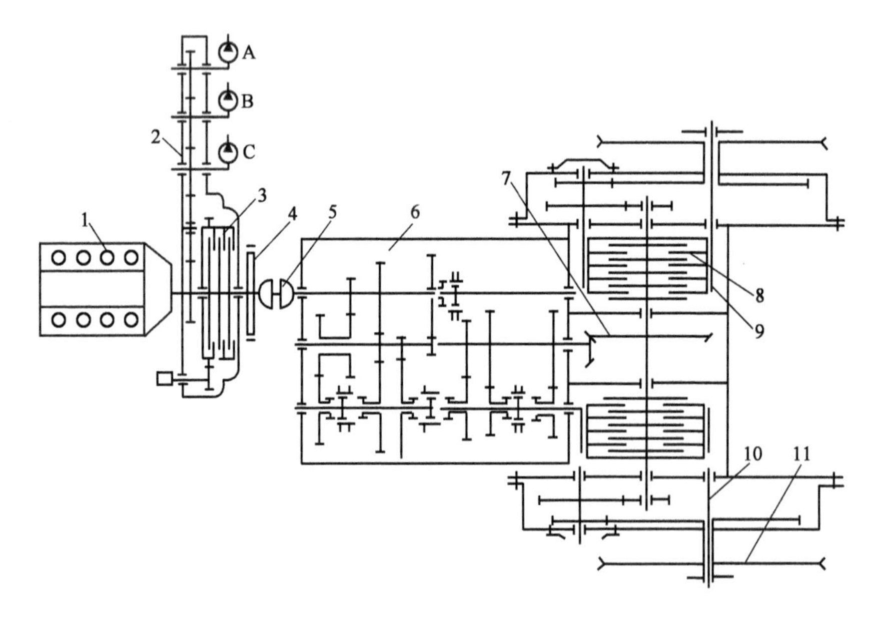

图1-2　TY180型推土机传动系统

1-柴油发动机；2-动力输出箱；3-主离合器；4-小制动器；5-联轴器；6-变速器；7-中央传动装置；8-转向离合器；9-带式制动器；10-最终传动机构；11-驱动链轮；A-工作装置油泵；B-主离合器油泵；C-转向油泵

发动机的动力经主离合器3、联轴器5和变速器6进入后桥，再经中央传动装置7，转向离合器8、最终传动机构10、最后传给驱动链轮11，进而驱动履带使推土机行驶。

动力输出箱2装在主离合器壳体上，由飞轮上的齿轮驱动，用来带动三个齿轮油泵。这三个齿轮油泵分别向工作装置、主离合器和转向离合器的液压操纵机构提供液压油。

2. 液力机械式传动

山推D85A-12型推土机的传动系统采用液力机械传动，如图1-3所示。发动机的飞轮与液力变矩器的泵轮连接，发动机的动力由泵轮经导轮传给涡轮，再由涡轮轴传给变速器、驱动桥和驱动轮，驱动推土机行走。液力机械式传动系统与机械式传动的主要区别是离合器由液力变矩器代替，并采用了液压操纵的行星齿轮式动力换挡变速器。这种变速器用压力油操纵变速器中的各多片式换挡离合器，可在不切断发动机动力的情况下换挡。液力变矩器的从动部分(涡轮及其输出轴)能够根据推土机负荷的变化,自动地在较大范围内改变其输出转速和转矩,从而使推土机的工作速度和牵引能力在较宽的范围内自动调节。因此,变速器的挡位数无需太多,且又可减少传动系统的冲击载荷。

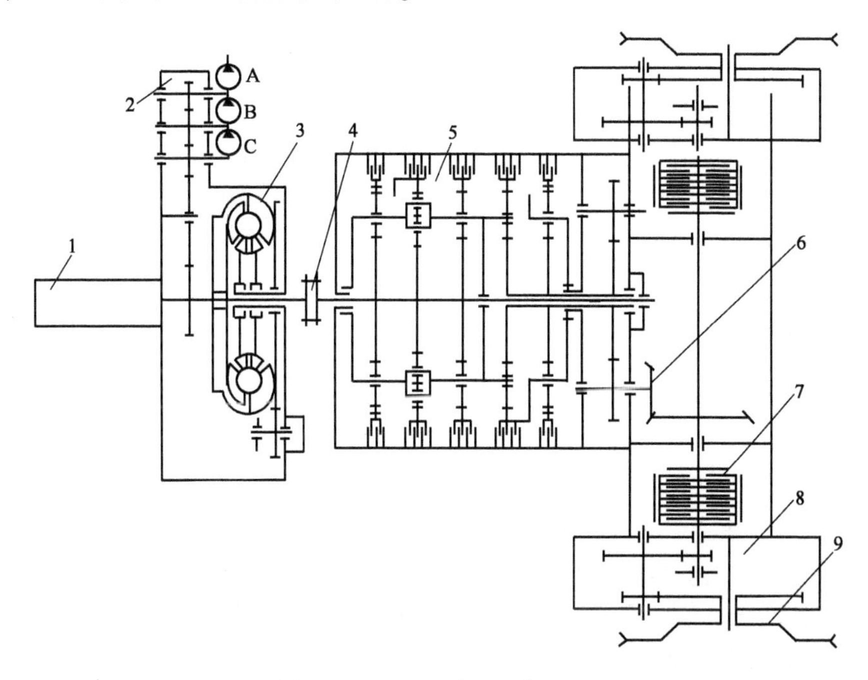

图 1-3　D85A-12 型推土机传动系统

1-发动机;2-动力输出箱;3-液力变矩器;4-联轴器;5-动力换挡变速器;6-中央传动装置;7-转向离合器;8-最终传动装置;9-驱动链轮;A-工作装置油泵;B-主离合器油泵;C-转向油泵

3. 全液压传动

全液压推土机的发动机与液压泵直接连接,液压泵把发动机输出的动力转变为液压能,驱动两个行走液压马达转动,行走马达经行星减速器后带动驱动轮行走。通常采用双泵双回路闭式液压系统,特点是结构简单、紧凑,重量轻;但效率低,价格较贵,中小型推土机采用较多,如图 1-4 所示。

(二)行走系统

行走系统由机架、悬架和行走装置三部分组成。其作用是实现机械行驶和将发动机动力转化成机械牵引力。履带式推土机行走装置由驱动链轮、支重轮、托轮、引导轮(张紧轮)、履带(统称为“四轮一带”)、台车架(履带架或行走架)、张紧装置等组成,如图 1-5 所示。

(三)转向系统和制动系统

推土机通常采用转向离合器加制动器来实现转向和制动。转向离合器有干式和湿式之分。湿式离合器浸在油中,散热好、寿命长,现正在逐步替代干式离合器。转向制动器有带式和摩擦式两种形式,国外多采用多片湿式离合器制动,国内大多仍使用带式制动器。

近年来,国外采用了一种新的转向结构:双功率流静液压差速转向,制动采用多片湿式离合器,弹簧压紧,液压释放。其优点是转向时不降低传给行走装置的功率,两侧履带始终传力,不降低平均行驶速度;无级控制左右履带的速度差,可实现平稳精确的方向控制;易于实现用一根操纵杆来控制进退和转向。

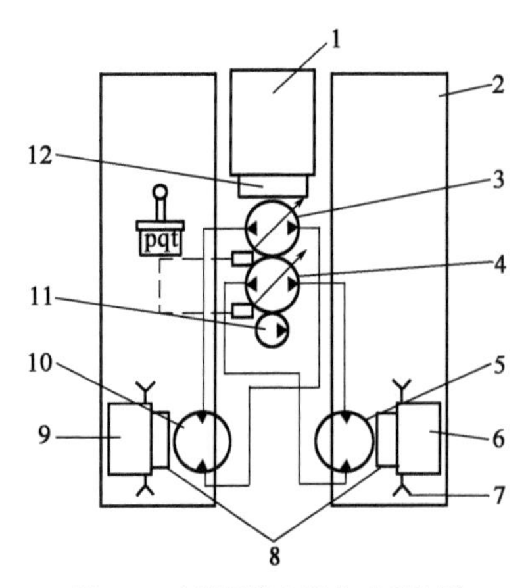

图 1-4　全液压推土机传动系统图

1-发动机;2-履带;3-前液压泵;4-后液压泵;5、10-马达;6、9-最终传动;7-驱动链轮;8-停车制动器;11-油泵;12-分动箱

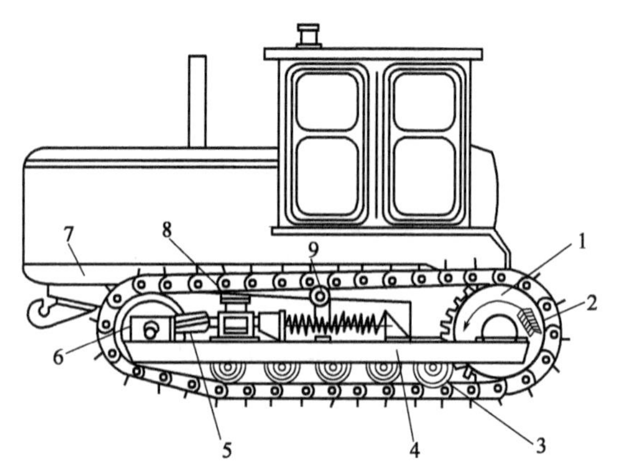

图 1-5　履带式行驶系构造示意图

1-驱动链轮;2-履带;3-支重轮;4-台车架;5-张紧装置;6-引导轮;7-机架;8-悬架;9-托轮

(四)工作装置

推土机的工作装置为铲刀和松土装置。铲刀安装在推土机前端,是推土机的主要工作装置;松土装置悬挂在推土机尾部。推土机处于运输工况时,推土装置被提升油缸提起,悬挂在推土机前方;推土机进入作业工况时,则降下推土装置,将铲刀置于地面,向前可以推土,后退可以平地。推土机牵引或拖挂其他机具作业时,可将推土机工作装置拆除。

推土机的铲刀有固定式和回转式两种安装形式。采用固定式铲刀的推土机称为直铲式或正铲式推土机;回转式铲刀可在水平面内回转一定的角度(一般为 0°~25°),实现斜铲作业,称为回转式推土机,如果将铲刀在垂直平面内倾斜一个角度(0°~9°),则可实现侧铲作业,因而这种推土机有时也称为全能型推土机,如图 1-6 所示。

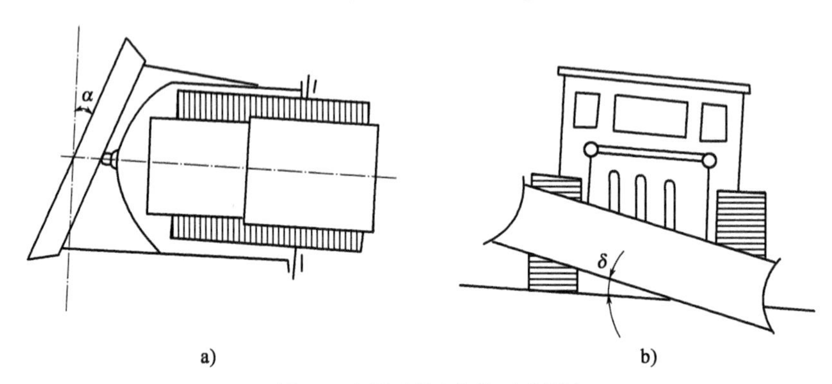

图 1-6　回转式推土机铲刀示意图

a)铲刀在水平面回转一定角度;b)铲刀侧倾

现代大中型履带式推土机,可安装固定式铲刀,也可换装回转式铲刀。通常,向前推挖土石方、平整场地或堆积松散物料时,广泛采用直铲作业;傍山铲土或单侧弃土,常采用斜铲作业;在斜坡上铲削硬土或挖边沟,可采用侧铲作业。

1. 推土装置

(1)直铲推土机的推土装置

图 1-7 为 D155A3 型推土机的直铲式推土装置。顶推梁 6 铰接在履带式底盘的台车架上,

铲刀3可绕其铰接支承提升或下降。铲刀、顶推梁、拉杆8、倾斜油缸5和中央拉杆4等组成一个刚性构架，整体刚度大，可承受重载作业负荷。

通过同时调节拉杆8和倾斜油缸5的长度(等量伸长或等量缩短)，可以调整铲刀的切削角(即改变刀片与地面的夹角)。

为了扩大直铲推土机的作业范围，提高推土机的工作效率，现代推土机广泛采用侧铲可调式新结构，只要反向调节倾斜油缸和斜撑杆的长度，即可在一定范围内改变铲刀的侧倾角，实现侧铲作业。铲刀侧倾前，提升油缸应先将铲刀提起。当倾斜油缸收缩时，倾斜油缸一侧的铲刀升高，伸长斜撑杆一端的铲刀则下降；反之，倾斜油缸伸长，倾斜油缸一侧的铲刀下降，收缩斜撑杆一端的铲刀则升高，从而实现铲刀左、右侧倾。

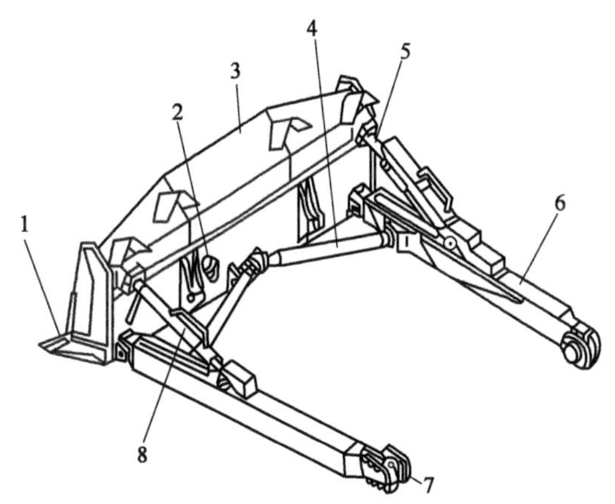

图1-7 D155A3型推土机直铲式推土装置

1-刀角；2-切削刃；3-铲刀；4-中央拉杆；5-倾斜油缸；6-顶推梁；7-铰座；8-拉杆

直铲作业是推土机最常用的作业方法。固定式铲刀较回转式铲刀重量轻、使用经济性好、坚固耐用、承载能力强，一般在小型推土机和承受重载作业的大型履带式推土机上采用。

(2)斜铲推土机的推土装置

斜铲推土机装有回转式推土装置，其构造如图1-8所示。它由铲刀1、顶推门架6、铲刀推杆5和斜撑杆2等主要部件组成。

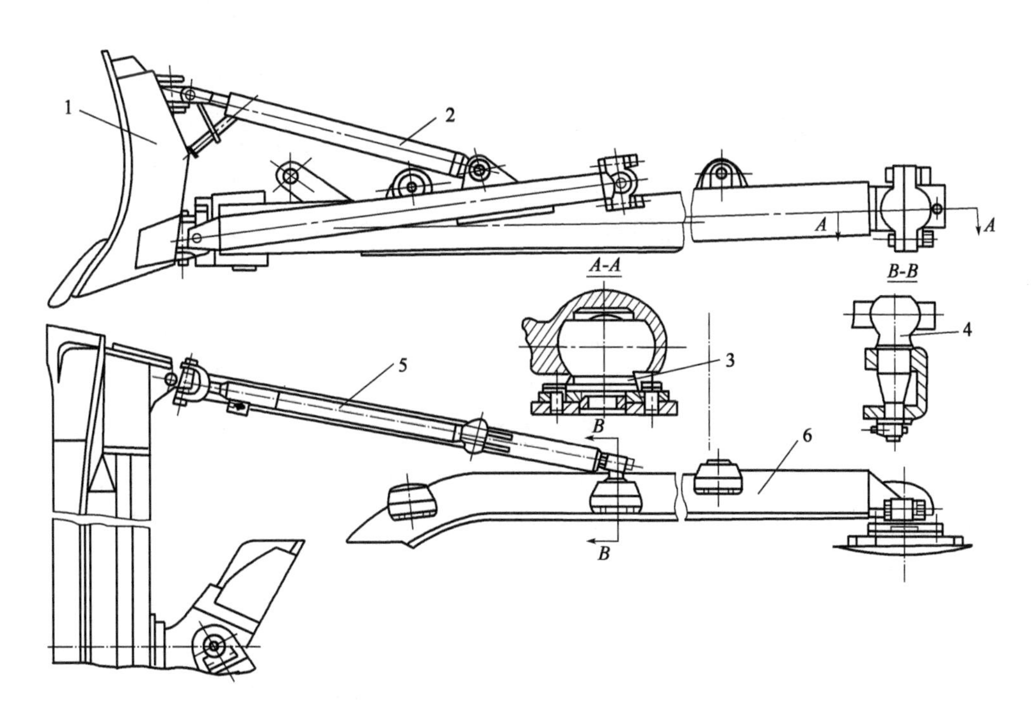

图1-8 回转式推土装置

1-铲刀；2-斜撑杆；3-顶推门架支承；4-推杆球状铰销；5-铲刀推杆；6-顶推门架

回转式铲刀可根据施工作业的需要调整铲刀在水平和垂直平面内的倾斜角度。铲刀水平斜置后，可在直线行驶状态下实现单侧排土，回填沟渠，提高了作业效率；铲刀侧倾后，可在横坡上进行推铲作业，或平整坡面，也可用铲尖开挖小沟。

为避免铲刀由于升降或倾斜运动导致各构件之间发生运行干涉，引起附加应力，铲刀与顶门架前端应采用球铰连接，铲刀与推杆、铲刀与斜撑杆之间，也应采用球铰或万向联轴器连接。

顶推门架铰接在车架的球状支承上，铲刀可绕其铰接支承升降。调节两侧斜撑杆的长度（左、右斜撑杆的长度应相等），还可改变铲刀的切削角。

回转式推土装置可改变推土机的作业方式，扩大了推土机的作业范围。大中型履带式推土机常采用回转式铲刀。

采用直铲式推土机的作业，是一个铲土、运土、卸土和空载返回的循环过程。采用斜铲作业的推土机，铲土、运土和卸土则是连续进行的，类似平地机的工作过程，具有平地机的作业功能，提高了推土机的生产率。

（3）铲刀的结构与形式

铲刀主要由曲面板和可卸式刀片组成。铲刀断面的结构有开式、半开式、闭式三种形式（图1-9）。小型推土机采用结构简单的开式铲刀；中型推土机大多采用半开式的铲刀；大型推土机作业条件恶劣，为保证足够强度和刚度，采用闭式铲刀。闭式铲刀为封闭的箱形结构，其背面和端面均用钢板焊接而成，用以加强铲刀的刚度。

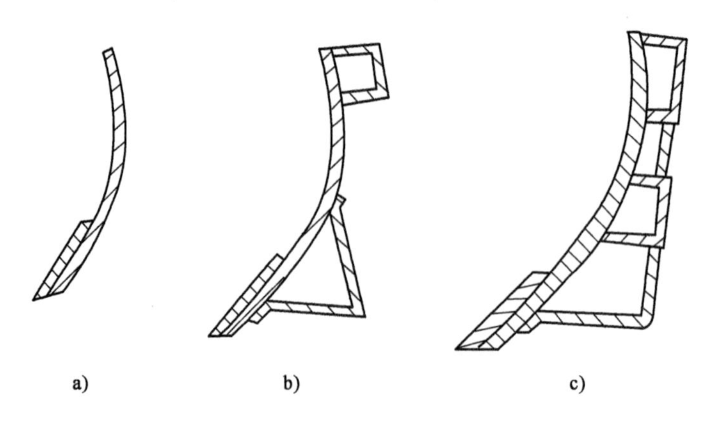

图1-9　铲刀断面结构形式

a）开式；b）半开式；c）闭式

铲刀的横向结构外形可分为直线形和U形两种。铲土、运土和回填的距离较短，可采用直线形铲刀。直线形铲刀属窄型铲刀，宽高比较小，比切力大（即切削刃单位宽度上的顶推力大），但铲刀的积土容易从两侧流失，切土和推运距离过长会降低推土机的生产率。

运距稍长的推土作业宜采用U形铲刀。U形铲刀具有积土、运土容量大的特点。在运土过程中，U形铲刀中部的土上卷起并前翻，两侧的土则上卷向铲刀内侧翻滚。有效地减少了土粒或物料的侧漏现象，提高了铲刀的充盈程度，因而可以提高推土机的作业效率。

为了减小积土阻力，以利于物料滚动前翻，防止物料在铲刀前散胀堆积，或越过铲刀顶面向后溢漏，通常采用抛物线或渐开线曲面作为铲刀的积土面。此类积土表面物料贯入性好，可提高物料的积聚能力和铲刀的容量，降低能量的损耗。因抛物线曲面与圆弧曲面的形状及其积土特性十分相近，且圆弧曲面的制造工艺性好，容易加工，故现代铲刀多采用圆弧曲面。除合理选择铲刀积土面的几何形状外，还应考虑物料的卸净性等因素。

2. 松土装置

松土工作装置是履带式推土机的一种主要附属工作装置，通常配备在大中型履带式推土机上。松土装置简称松土器或裂土器，悬挂在推土机的尾部，广泛用于硬土、黏土、面岩、黏结砾石的预松作业，也可凿裂层理发达的岩石，开挖露天矿山，用以替代传统的爆破施工方法，提高施工的安全性，降低生产成本。

松土器的结构可分为铰链式、固定平行四连杆式、可调整式平行四杆和径向可调式四种基本形式。现代松土器多采用固定平行四杆机构、可调式平行四杆机构和径向可调式，其结构如图 1-10 所示。

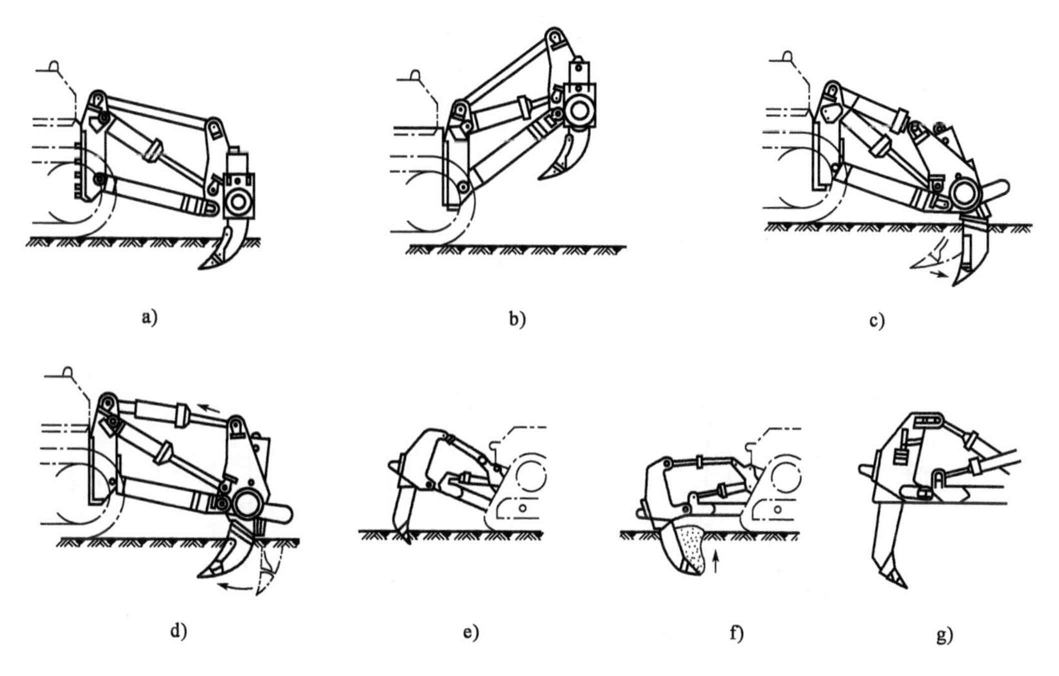

图 1-10　现代松土器的典型结构

a)、b) 固定式平行四杆机构松土器；c)、d)、e)、f) 可调式平行四杆机构松土器；g) 径向可调式松土器

图 1-11 所示为 D155A3 型推土机松土器。它由安装机架 1、支架 8、横梁 4、倾斜油缸 2、提升油缸 3 以及松土齿等组成。整个松土器悬挂在推土机尾部的支撑架上。松土齿用销轴固定在横梁松土齿架的齿套内，松土齿杆上设有多个销孔，改变齿杆销孔的固定位置，即可改变松土齿杆的工作长度，调节松土器的深度。

松土器按齿数可分为单齿松土器和多齿松土器，多齿松土器通常装有 2 ~ 5 个松土齿。单齿松土器开挖力大，既能松散硬土、冻土层，又可开挖软石、风化岩石和有裂隙的岩层，还可拔除树根，为推土作业扫除障碍，多齿松土器主要用来预松薄层硬土和冻土层，用以提高推土机和铲运机的作业效率。

松土齿由齿杆、护套板、齿尖镶块及固定销组成(图 1-12)。齿杆 1 是主要的受力件，承受着巨大的切削载荷。齿杆形状有直形和弯形两种基本结构(图 1-13)，其中弯形齿杆又有曲齿和折齿之分。直形齿杆在松裂致密分层的土时，具有良好的剥离表层的能力，同时具有凿裂块状和板状岩层的效能，因而被卡特匹勒公司的 D8L、D9L 和 D10 型履带式推土机作为专用齿杆采用；弯形齿杆提高了齿杆的抗弯能力，裂土阻力较小，适合松裂非均质性的土。采用弯形齿杆松土时，块状物料先被齿尖掘起，并在齿杆垂直部分通过之前即被凿碎，松裂效果较好，但块状物料易被卡阻在弯曲处。

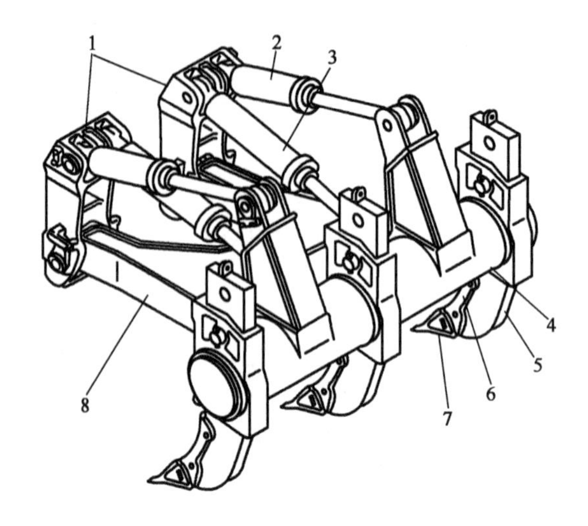

图 1-11　D155A3 型推土机的松土器

1-安装机架；2-倾斜油缸；3-提升油缸；4-横梁；5-齿杆；6-保护盖；7-齿尖；8-支架

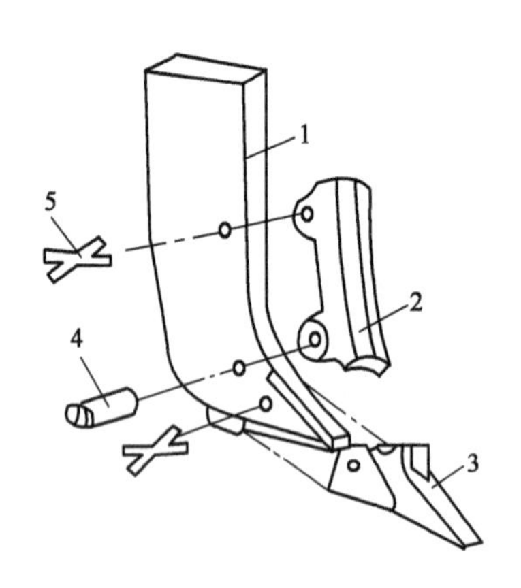

图 1-12　松土齿构造

1-齿杆；2-护套板；3-齿尖镶块；4-钢性销轴；5-弹性固定销

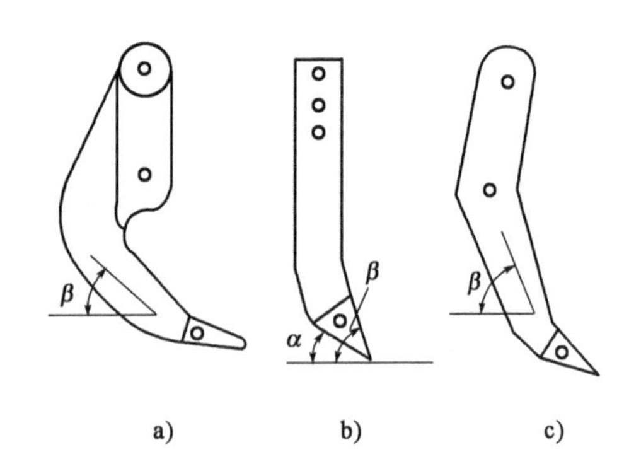

图 1-13　齿杆外形结构

a）曲齿；b）直齿；c）折齿

松土齿护板用以保护齿杆，减轻齿杆的磨损，延长其使用寿命。松土齿的齿镶块和护套板是直接松土、裂土的零件，工作条件恶劣，容易磨损，使用寿命短，需经常更换。齿尖镶块和护套板应采用高耐磨性材料，在结构上应尽可能拆装方便，连接可靠。

现代松土器的齿尖镶块的结构按其长度不同可分为短型、中型和长型三种；按其对称性又可分凿入式和对称式两种形式。齿尖结构，见图 1-14。

为了提高松土器凿入、凿裂和破碎坚硬岩土的能力，提高开凿高强度岩层的生产率，并用松土机替代靠近建筑物作业区钻孔爆破的施工工艺，卡特匹勒公司已研制出一种新型强制式的松土器。该松土器装在强制式凿入松散工作机构上，裂土时，利用液压锤的冲击动能和牵引力同时做功，其生产率可以提高 20% ~70%，施工成本较之钻孔爆破要低 1/3。

（五）工作装置液压操纵系统

现代推土机工作装置的操纵已实现液压化。随着液压控制技术的迅速发展，推土机整机的技术性能已日趋完善,控制精度越来越高。现代大中型推土机所采用的液压操纵系统,具有切土能力强、平整质量好、生产效率高等特点,可以满足现代化大型工程对施工质量的要求。

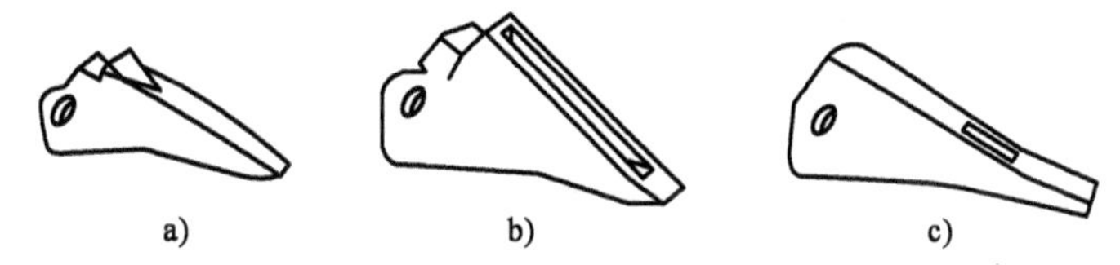

图 1-14　齿尖镶块的结构

a)短型(凿入式);b)中型(凿入式);c)长型(对称式)

推土机工作装置液压系统可根据作业需要,迅速提升或降下工作装置,也可实现铲刀或松土齿的缓慢就位。操纵液压系统还可改变推土铲的作业方式,调整铲刀或松土器的切削角。

推土机普遍采用开式液压回路。开式回路系统具有结构简单、散热性能好、工作可靠等优点。

现以上海 TY320(小松 D155A-1A)型履带式推土机为例,对其工作装置液压系统进行分析。

如图 1-15 所示,该液压系统由铲刀升降、铲刀倾斜、松土器升降和松土器倾斜回路组成,可分为液压动力元件(PAL200 型油泵 2)、控制元件(包括铲刀升降控制阀 5、松土器换向阀 11、铲刀倾斜油缸换向阀 21、选择阀 15)、执行元件(铲刀升降油缸 9、铲刀倾斜油缸 22、松土器升降油缸 16 和松土器倾斜油缸 19)和辅助装置(油箱 1 和 24、滤清器及油管等)四大部分。

油泵 2 可分别向铲刀升降回路、铲刀倾斜回路、松土器升降和倾斜控制回路提供压力油,分别驱动推土工作装置和松土机构的工作油缸,控制铲刀和松土器的升降和倾斜。为了避免工作油缸活塞的惯性冲击,降低其工作噪声,油缸内一般都装有缓冲装置,用以降低工作装置的冲击载荷。

在系统中,铲刀和松土器工作油缸的控制阀,均采用先导式操纵的随动换向控制阀。先导式操纵控制阀均为滑阀式结构,能实现换向、卸荷、节流调节和工作装置的微动控制。换向时,先操纵手动式先导阀,若将先导式阀芯向左拉,先导阀则处于右位工作状态,来自变矩器、变速器油泵的压力油则分别进入伺服油缸的大(无杆)腔和小(有杆)腔。由于活塞承压面积的差值,活塞杆将右移外伸,并通过连杆拉动铲刀或松土器工作油缸的换向控制阀右移。当换向控制阀阀芯右移时,连杆机构以伺服油缸活塞杆为支点,又带动先导阀的阀体左移,使先导阀复位,回到"中立"位置。此时,主换向控制阀就处于左位工作,而伺服油缸活塞因其大腔被关闭,小腔仍通压力油而向左推压活塞,故活塞被固定在此确定的位置上,主换向控制阀也固定在相应的左位工作状态。

先导式操纵换向控制阀具有伺服随动助力作用,操纵伺服阀较直接操纵手动式换向控制阀要轻便省力,可减轻司机的疲劳程度。

大型推土机的液压元件一般尺寸较大,管路较长,若采用直接操纵的手动式换向控制阀,因受驾驶室空间的限制,布置起来比较困难,难以实现控制元件靠近执行元件,无法缩短高压管路的长度,致使管路沿程压力损失增加。现代大型履带式推土机上已广泛采用了便于布置的先导式操纵换向控制阀,用以缩短换向阀与工作油缸之间的管路,减少系统功率损失,提高传动效率。

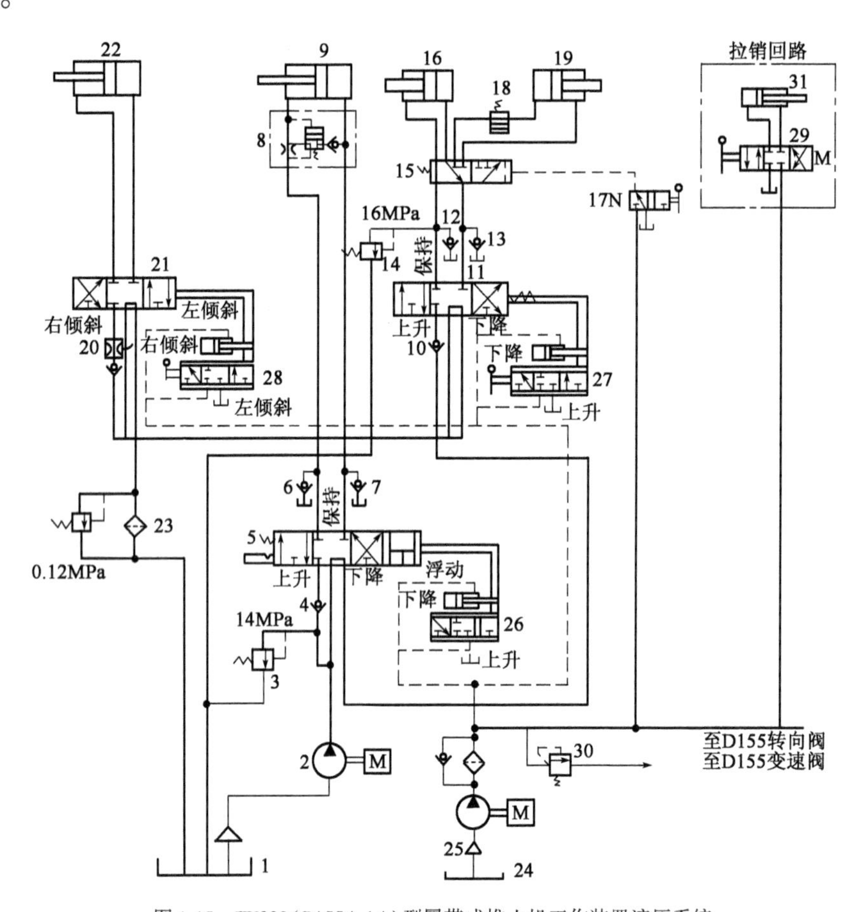

图1-15 TY320(D155A-1A)型履带式推土机工作装置液压系统

1、24-油箱;2-油泵;3-主溢流阀;4、10-单向阀;5-铲刀升降控制阀;6、7-吸入阀(补油阀);8-快速下降阀;9-铲刀升降油缸;11-松土器换向阀;12、13-吸入阀(补油阀);14-过载阀;15-选择阀;16-松土器升降油缸;17-先导阀;18-锁紧阀;19-松土器倾斜油缸;20-单向节流阀;21-铲刀倾斜油缸换向阀;22-铲刀倾斜油缸;23-滤油器;25-变矩器变速器油泵;26-铲刀油缸先导随动阀;27-松土器油缸先导随动阀;28-铲刀倾斜油缸先导随动阀;29-拉销换向阀;30-变矩器、变速器溢流阀;31-拉销油缸

如果伺服助力机构与主控制阀匹配合理,还可改善铲刀和松土器工作油缸的微调性能,扩大调速范围,提高推土机的使用性能。

在使用中,松土器的升降与倾斜并非同时进行,其升降和倾斜油缸可共用一个先导式操纵换向控制阀,另再设置一个选择工作油缸的松土器换向阀15。作业时,可根据需要操纵手动先导阀来改变松土器换向阀的工作位置,再分别控制松土器的升降与倾斜。松土器换向阀15的控制压力油由变矩器、变速器的齿轮油泵提供。

操纵铲刀升降的先导式换向控制阀,可使铲刀处于"上升""固定""下降"和"浮动"四种不同的工作状态。当铲刀处于"浮动"状态时,铲刀可随地面起伏自由浮动,便于仿形推土作业,也可在推土机倒行时利用铲刀平地。

大型推土机铲刀的升降高度可达2m以上,提高铲刀的下降速度,对缩短铲刀作业循环时间、提高推土机的生产效率有着重要的意义。为此,在铲刀升降回路上装有铲刀快速下降阀8,用以降低铲刀升降油缸9的排油腔(有杆腔)的回油阻力。铲刀在快速下降过程中,回油背压增大,速降阀在液控压差作用下将自动开启,有杆腔的回油即通过速降单向阀直接向铲刀升降油缸进油腔补充供油，从而加快了铲刀的下降速度。

铲刀在速降过程中，推土装置的自重对其下降速度将起加速作用。铲刀下降速度过快，有可能导致升降油缸进油腔(无杆腔)供油不足，形成局部真空，产生气蚀现象，影响升降油缸工作的平稳性。为防止气蚀现象的产生，确保油缸动作的平稳，在油缸的进油道上均设有铲刀升降油缸单向吸入阀(补油阀)6、7，在进油腔出现负压时，吸入阀6、7迅速开启，进油腔可直接从油箱中补充吸油。

同样，松土器液压回路也具有快速补油功能，松土机构吸入阀12、13在松土器快速升降或快速倾斜时可迅速开启，直接从油箱中补充供油，实现松土机构快速平衡动作，提高松土作业效率。

在铲刀倾斜回路的进油道上，设有流量控制单向阀节流阀20，该阀可调节和控制铲刀倾斜油缸的倾斜速度，实现铲刀稳速倾斜，并保持油缸内的恒定压力。

在松土器液压回路上，还装有松土机构安全过载阀14和控制单向阀(锁紧阀)18。

松土机构安全过载阀14可在松土器突然过载时起保护作用。当松土器固定在某一工作位置作业时，其升降油缸闭锁，油缸活塞杆受拉，如遇突然载荷，过载腔(有杆腔)油压将瞬时骤增。当油压超过安全阀调定压力时，安全阀即开启卸荷，油缸闭锁失效，从而到保护系统的作用。为了提高安全阀的过载敏感性，应将该阀安装在靠近升降油缸的位置上。通常，松土机构安全阀的调定压力要比系统主溢流阀3调定压力高15%~25%。

松土器倾斜油缸控制单向阀18安装在倾斜油缸无杆腔的进油道上。松土器松土作业时，倾斜油缸处于锁闭状态，油缸活塞杆受压，无杆腔承受载荷较大，该腔闭锁油压相应较大，装设倾斜油缸锁闭控制单向阀18，可提高松土器换向阀11中位锁闭的可靠性。

采用单齿松土器作业时，松土齿杆高度的调整也可实现液压操纵。用液压控制齿杆高度固定拉销，只需在系统中并联一个简单的拉销回路即可实现，执行元件为拉销油缸31。

拓展知识

推土机的新结构新技术

一、推土机的新结构

1. 行走结构

卡特彼勒公司设计了与传统结构完全不同的高架驱动链轮的三角形履带行走系统。宣化工程机械集团有限公司引进生产的SD7、SD8推土机属此种结构，如图1-16所示。

图1-17为SD7型推土机行走系统简图，该结构的特点如下：

(1)驱动链轮高置脱离了行走架，避免了行走和作业时地面直接传到驱动链轮和传动系统的冲击和振动载荷，减轻了链轮和履带销的磨损，提高了传动系统的寿命。

(2)行走架与机架采用枢轴铰接形式，取代传统的八字梁结构，提高了行走架与机架的连接刚度，使履带后部接地位置不受链轮影响，可调节整机重心在履带接地长度上的位置。

(3)传动部件采用模块化装配，使终传动、转向制动、变速器等均可在任何时候方便地拆装，维修时间短(为普通型推土机的1/3)。

大型推土机行走机构采用弹性悬架。弹性悬架支重轮通过摆动架和橡胶弹簧与台车架相连，驱动链轮的轮缘和轮毂之间设有橡胶垫，在不平路面行走时，橡胶弹簧和橡胶垫的缓冲作用大大减轻了冲击振动,提高了牵引附着性能和乘坐舒适性。

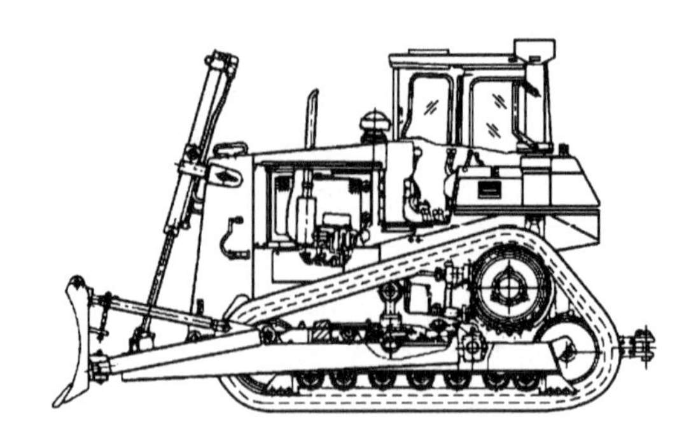

图 1-16　SD7 推土机外形

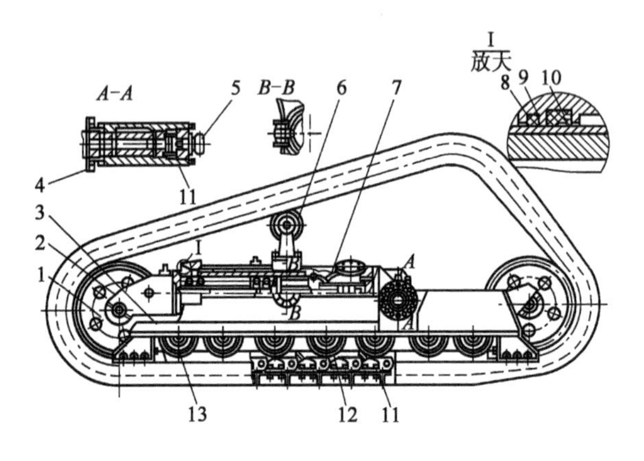

图 1-17　SD7 推土机行走系统简图

1-引导轮总成;2-叉头总成;3-行走架;4-密封套;5-球座;6-托轮;7-履带张紧装置;8-衬环;9-防尘圈;10-密封圈;11-履带总成;12-双边支重轮;13-单边支重轮

卡特彼勒和小松的弹性悬架机构,如图 1-18 所示。

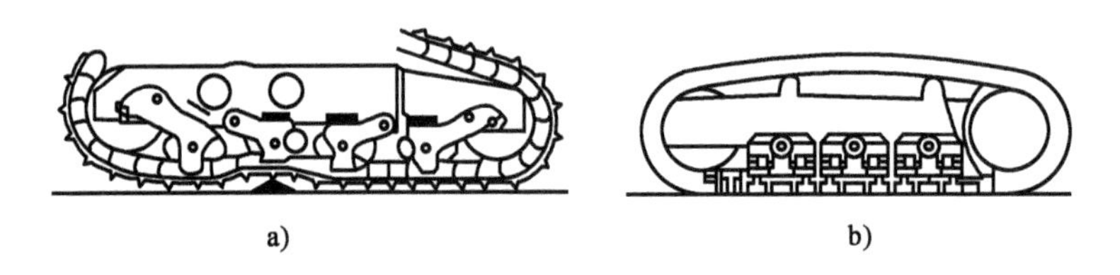

图 1-18　弹性悬架机构

a)卡特彼勒悬架机构;b)小松悬架机构

2. 主要部件模块化

主要部件采取模块化设计,拆装方便,可独立安装调试。图 1-19 所示为卡特彼勒的模块化推土机。变速器为标准单元结构,由后桥箱的后部插入和拆卸;全套的传动装置和锥齿轮组件也可作为整体件抽出,只需抽出驱动轴,拆下螺栓和操纵连杆,不必移动履带。

3. 主机架

图 1-20 为卡特彼勒 D11R CD 的主机架,其设计可很好地吸收高强度冲击和扭转载荷,保证有足够的强度。

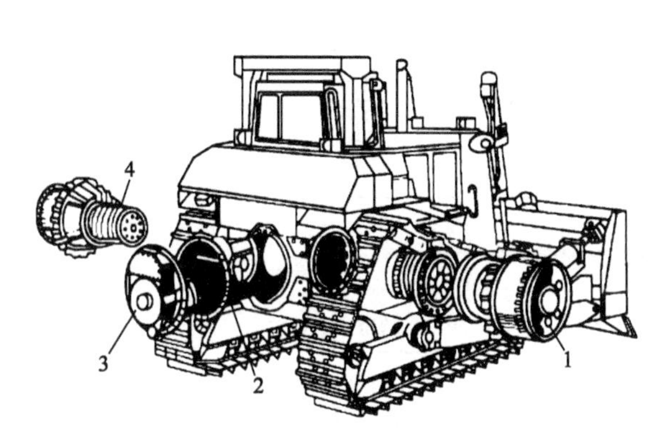

图 1-19　卡特彼勒推土机的模块结构

1-终传动;2-锥齿轮;3-变速器;4-转向离合器与制动器

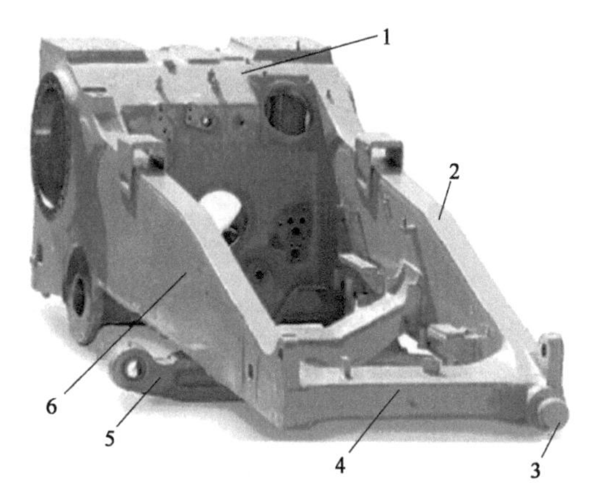

图 1-20　主机架

1-后桥箱;2-纵梁上护板;3-横拉杆耳轴;4-前横梁;5-平衡梁;6-纵梁

4. 新型驾驶室

新型全密封六面体驾驶室,具有翻车保护结构(Roll-Over Protective Structures,ROPS)和落物保护结构(Falling-Object Protective Structures,FOPS),安装减振器,驾驶室内宽敞明亮,安装冷暖空调,座椅可调,左右单操纵手柄,司机耳边噪声可低到 70dB。

二、推土机的智能化

所谓智能化,是在工程机械机电液一体化的基础上与微型计算机自动控制结合起来,通过安装各种传感器来获取工作环境的信息,使其具有自我感知、自主决策、自动控制的功能。智能化工程机械是智能机器人的一类。

目前,工程机械智能化控制技术体现在两个方面:一是以简化司机操作,提高车辆的动力性、经济性、作业效率及节省能源等为目的的机械、电子、液压融合技术;二是以提高作业质量为目的的机电液一体化控制技术。

1. 全球定位系统(GPS)

GPS(Global Position System)可通过卫星向全球用户提供连续实时三维位置(经度、纬度、高度)、三维速度和时间信息。

GPS 包括:GPS 卫星、地面监控系统、GPS 信号接收机。

目前,GPS 在推土机上的应用为:确定和控制进行作业时的位置和移动路线,即导航;确定和控制作业装置的位置和姿态,即自动找平控制;可不用人工或简化人工操纵,实现推土机的自动化和无人驾驶。

2. 动力传动系统控制

动力传动系统控制包括发动机控制、换挡操纵控制、转向控制,可根据推土机行驶速度与负载状态自动换挡,使发动机转速与运行工况相匹配,达到节能目的。且操作方便,可提高生产率。图 1-21 所示为小松推土机的动力传动控制系统。在机器内部装有 3 个电子控制器,分别对发动机、变速器和转向制动系统进行控制。

3. 推土作业自动找平

目前,推土机的自动找平控制方式有两种:GPS 找平控制和激光找平控制。

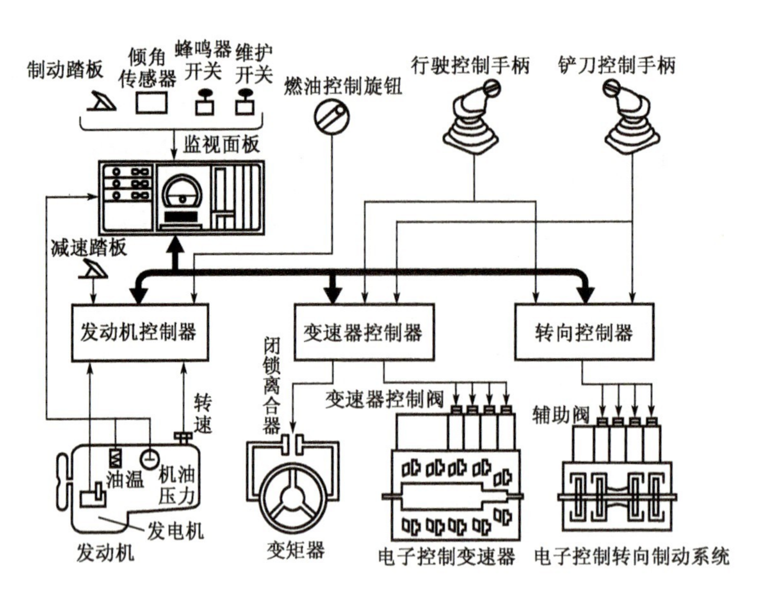

图1-21　小松推土机的动力传动控制系统

4. 计算机控制状态监测和故障诊断

状态监测能同时监控发动机燃油液面高度、冷却液温度、变矩器油温和液压油温等机械的作业状态。故障诊断系统为设备的维护提供可靠的技术手段。

5. 网络化与机群控制

通过GPS和无线通信技术使机载电子控制系统与地面基站实现网络化,实现工程机械机群作业的统一管理。

应用与技能

一、推土机的作业过程

推土机的基本作业是铲土、运土、卸土和空驶四个工作过程。将铲刀下降至地面以下一定深度(铲土深度通过调整铲刀的升降量实现),推土机向前行驶,此为铲土作业工程。铲土时应根据土质情况,尽量用最大切土深度在最短距离(6~10m)内完成,以便缩短低速运行时间。铲土完成后,铲刀略升使其贴近地面,推土机继续向前行驶,此为运土作业过程。当运土至卸土地点时,提升铲刀,推土机慢速前行,此为卸土作业过程。卸土作业完成后,推土机倒退或掉头快速行驶至铲土地点重新开始铲土作业,此为回程作业,如图1-22所示。

二、推土机的基本作业方式

推土机在推运路基土石时,应根据现场的地形、土质和施工技术要求,结合推土机本身的技术性能,合理选择适宜的作业方法,下面介绍几种作业方法。

(一)波浪式铲土法

开始铲土时,将铲刀以最大切土深度切入土中。随着负荷增加,车速降低,发动机转速变慢,应减小铲刀切土深度,并将铲刀缓缓提起,直到发动机恢复正常运转。然后再将铲刀下降切土,如此反复,直至铲刀前堆满为止,如图1-23所示。

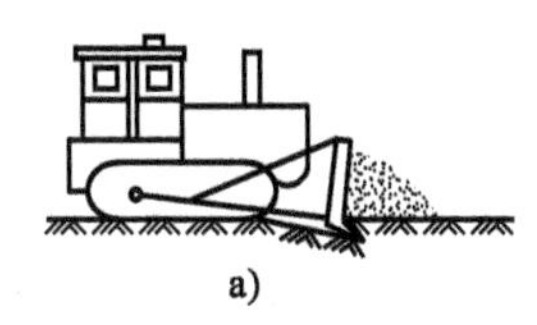

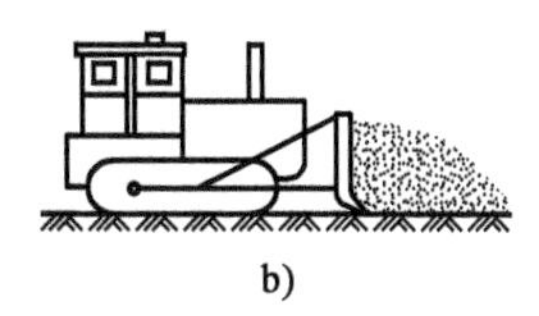

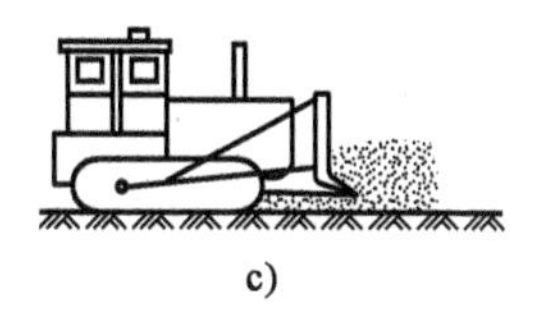

图 1-22 推土机的作业过程

a)铲土过程;b)运土过程;c)卸土过程

其优点是可使发动机功率得到充分的发挥,并能缩短铲土时间和距离,提高作业效率。缺点是空回时产生颠簸,司机频繁操作容易疲劳。一般只适用于土质较厚、工程量大的土石方工程。

(二)接力式推土法(分段法)

若取土场较长,土质较硬,推土机一次很难达到满铲时,推土机可由近至远,分段将土推成数堆,然后由远至近,将数堆土推至卸土处,如图 1-24 所示。该方法可结合下坡作业一起使用,以提高铲土能力,减少运土距离,节约时间。

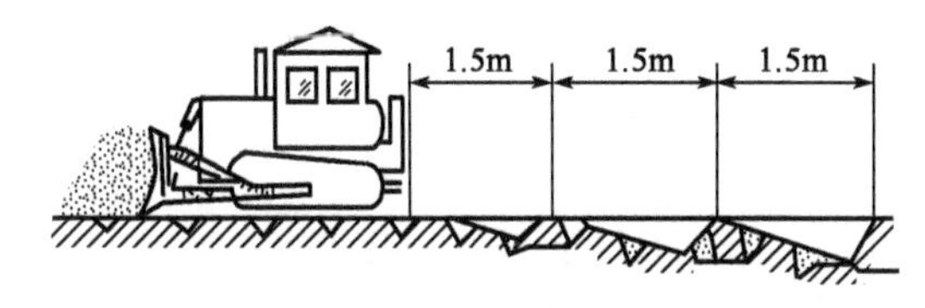

图 1-23 波浪式推土法

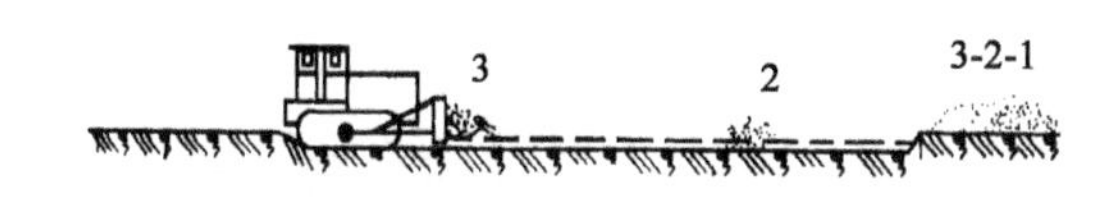

图 1-24 分段推土法

(三)槽式推土法

在运送土时,为了尽可能减少运土损失,可沿某一固定作业路线往复推进,使之形成一条土槽,或利用铲刀两端外漏的土形成土埂进行运土。这种推土方法可增加一次推运土的体积,提高生产率。该法适用于土质比较厚或运距比较远的场合,如图 1-25 所示。

图 1-25 槽式推土法

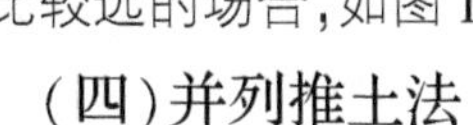

(四)并列推土法

如作业场地较宽,可采用两台或两台以上同类型推土机同步、同速前进推运土。两推土机铲刀的间隙一般保持在 15 ~ 30cm,砂性土应小些,黏性土可大些,如图 1-26 所示。特点是可减少土流失,提高作业效率。运距小于 50m,对司机的操作技术要求高。

(五)下坡推土法

利用推土机向下行驶的重力作用,加大切土深度,缩短铲土时间以提高作业效率。该法不仅适用于有坡土的地形,就是在平坦地段也可铲成下坡地形,铲土坡度一般为 3° ~ 15°,如图 1-27所示。

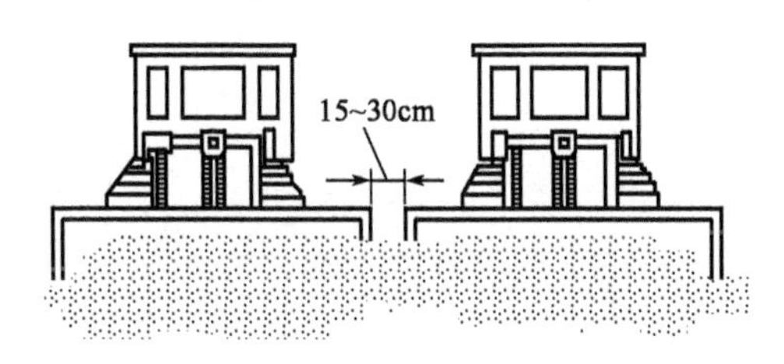

图 1-26 并列推土法

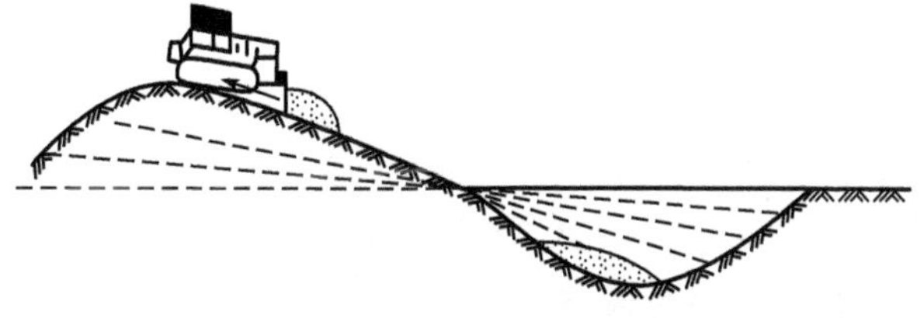

图 1-27 推土机纵向移挖作填

三、推土机的施工作业

(一)填筑路堤

推土机填筑路堤的施工组织方法有两种:横向填筑和纵向填筑。平地上常采用横向填筑;山区、丘陵及傍山地段多采用纵向填筑。

1. 横向填筑路堤

推土机自路堤的一侧或两侧取土向路堤中线推土。一侧取土时,可采用槽式推土法,在同一地点往复推送多次,当取土坑达到一定深度后,推土机移位,挖取侧邻的土。如此反复进行,直到路堤填筑完成,如图1-28所示。两侧取土时,每段最好采用相同的推土机以同样的作业方式进行,面对路基的中心线推土,作业时要推过中心线一些,如图1-29所示。

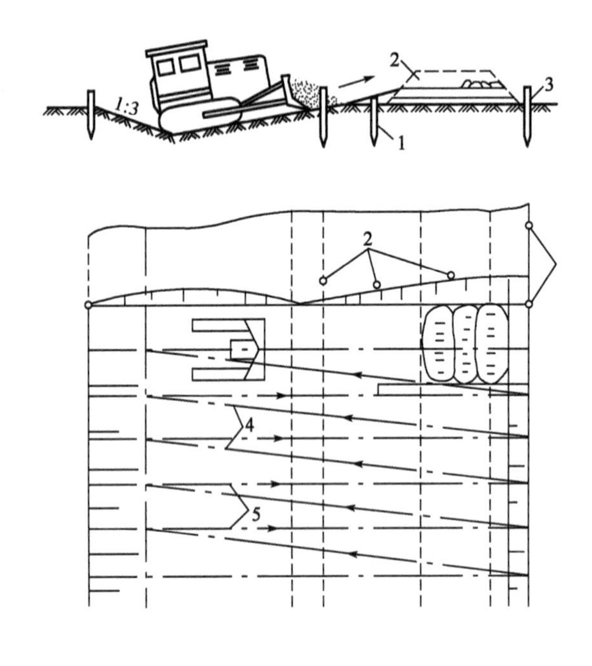

图1-28 推土机一侧推土填筑路堤

1-路堤;2-标定桩;3-高标桩

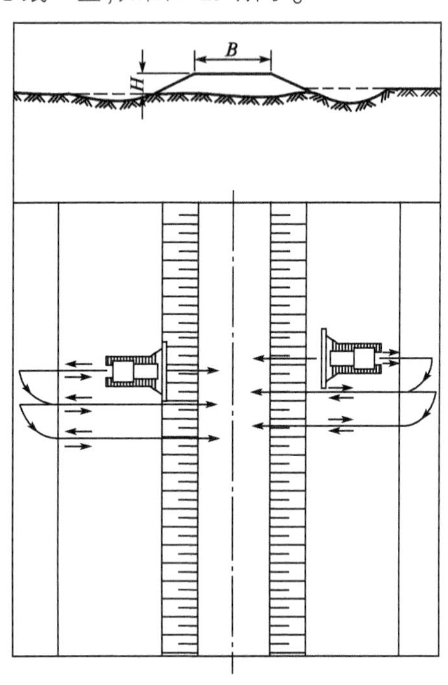

图1-29 推土机两侧推土填筑路堤

B-路堤顶面宽度;*H*-路堤填土高度

施工时要定时检查路堤的中桩、边桩和高程,以确定取土、运土的位置和推土机的运行路线。铺层较厚时可分层铺筑,分层压实。当路堤高度超过1m时,应设置推土机上下出入通道,一般坡度小于1:2.5。

2. 纵向填筑路堤

纵向填筑路堤常用于移挖作填工程,即将高处开挖的土直接推送到低处填筑路堤,如图1-27所示。

(二)开挖路堑

施工组织方法有横向开挖和纵向开挖。横向开挖路堑常用于平地上浅路堑;纵向开挖常用于山坡开挖半路堑和移挖作填路堑。

1. 横向开挖浅路堑

施工时推土机以路堑中心线为界,向两侧横向推土,宜采用环形或穿梭运行路线,将土推送到两侧的弃土堆。一般推土深度在 2m 内，如图 1-30 所示。

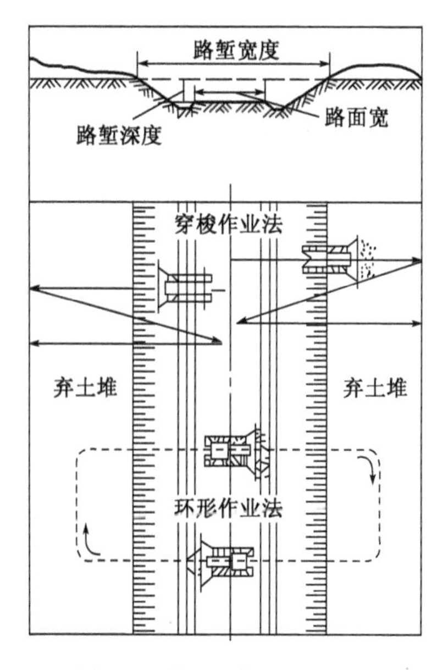

图 1-30　推土机横向开挖路堑

2. 纵向开挖深路堑

纵向开挖深路堑一般与堆填路堤相结合施工。施工时推土机从路堑的顶部开始逐层下挖并推送到需要填筑路堤的地方。必要时，可用多台推土机平行路堑中线纵向分层推土，当路堑挖到一定深度时，再用几台推土机横向分层用下坡推土法推土。这样，把从坡上推送下来的土送到下面，再由下面的推土机纵向推送到填土区，可实现多台推土机联合施工，如图 1-31 所示。

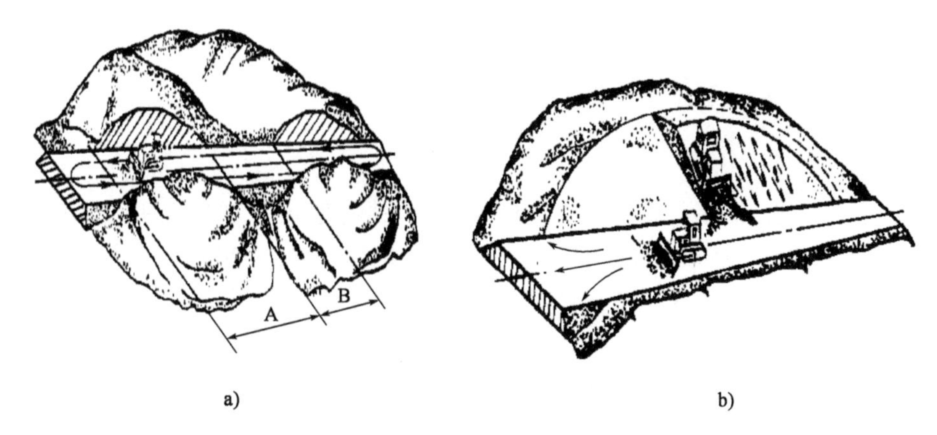

图 1-31　推土机纵向开挖路堑

a) 纵向挖填；b) 纵向、横向联合作业

A-挖方；B-填方

3. 纵向开挖傍山半路堑

开挖傍山半路堑（半挖堆）一般用斜铲推土机，如山坡不陡，可用直铲推土机。用斜铲推土机施工时，先调整好铲刀的水平角和倾角。作业时，由路堑的上部开始，沿中线方向推土，逐层分段将土推送到下坡需填筑路堤处。施工时要确保人机安全，保持道路的外侧高于靠山一

边的内侧，如图1-32所示。

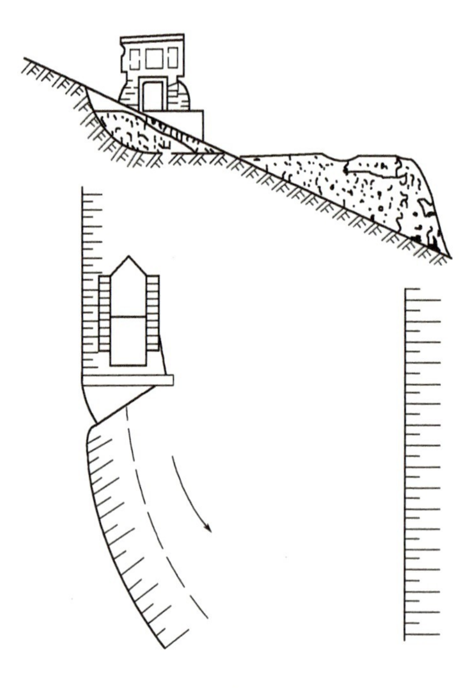

图1-32　推土机开挖傍山半路堑

任务二　铲　运　机

相关知识

一、铲运机的用途及分类

（一）用途

铲运机是一种利用装在前后轮轴或左右履带之间的带有铲刃的铲斗，在行进中完成铲削、装载、运输和卸铺的铲土运输机械。铲运机主要用于中距离（100～2000m）大规模土方填挖和运输工程。它可以在一个工作循环中独立完成铲土、装土、运土和卸铺四个工序，并有控制填土铺层厚度、进行平土作业和对卸下的土进行局部碾压等作用。铲运机适用于Ⅰ～Ⅲ级土的铲运作业，在Ⅳ级土或冻土中进行铲运作业时，应预先进行松土；铲运机不能在混有大石块、树桩的土中作业。

铲运机用于公路、铁路、港口及大规模的建筑施工等工程中的土方作业。如在公路施工中，用来开挖路堑、填筑路堤、搬运土方等；在水利工程中，可开挖河道、渠道，填筑土坝、土堤等；在农田基本建设中，进行土地整平、铲除土丘、填平洼地等；在机场、矿山建设施工中，进行土方铲削作业；在适宜的条件下亦可用于石方破碎的软石工程施工。由于铲运机械适应环境的单一性和运用的专一性，在国内铁路、公路施工中已很少采用。

铲运机运土的距离较远，斗容较大，主要用于大土方量的填挖和运输作业。当运距在100～600m时，用拖式铲运机较为经济；当运距在600～2000m时，宜采用自行轮胎式铲运机。

当运距短、场地狭小时，可用自行履带式铲运机。铲运机适宜于在含水率较小的砂黏土上作业，而在干燥的粉土、砂加卵石与含水率过大的湿黏土作业时，生产率则大为降低。各种铲运机的适用范围，见表1-2。

各种铲运机的适用范围 表1-2

<table>
<tr><th colspan="3" rowspan="2">类　别</th><th colspan="2">推装斗容(m^3)</th><th colspan="2">适用运距(m)</th><th rowspan="2">道路坡度(%)</th></tr>
<tr><th>一般</th><th>最大</th><th>一般</th><th>最大</th></tr>
<tr><td colspan="3">拖式铲运机</td><td>2.5～18</td><td>24</td><td>100～300</td><td>100～1000</td><td>15～30</td></tr>
<tr><td rowspan="4">自行式铲运机</td><td rowspan="2">单发动机</td><td>普通装载式</td><td>10～30</td><td>50</td><td>200～1500</td><td>200～2000</td><td>5～8</td></tr>
<tr><td>链板装载式</td><td>10～30</td><td>35</td><td>200～600</td><td>200～1000</td><td>5～8</td></tr>
<tr><td rowspan="2">双发动机</td><td>普通装载式</td><td>10～30</td><td>50</td><td>200～1500</td><td>200～2000</td><td>10～15</td></tr>
<tr><td>链板装载式</td><td>6.5～16</td><td>34</td><td>200～600</td><td>200～1000</td><td>10～15</td></tr>
</table>

(二)分类

1.按行走方式分

按行走方式不同分为拖式和自行式两种。拖式铲运机需牵引车牵引作业，自行式铲运机自身有动力装置，可自行牵引作业。

2.按铲斗容量分

小型：铲斗容量 $<5m^3$。

中型：铲斗容量 $5～15m^3$。

大型：铲斗容量 $15～30m^3$。

特大型：铲斗容量 $>30m^3$。

3.按卸土方式分

按卸土方式不同分为自由式、半强制式和强制式，如图1-33所示。

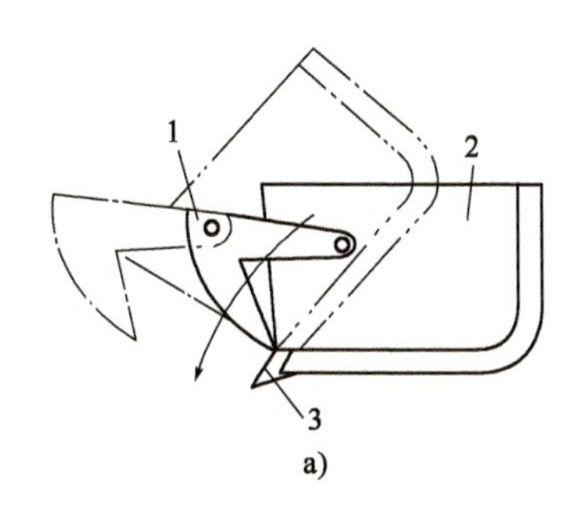

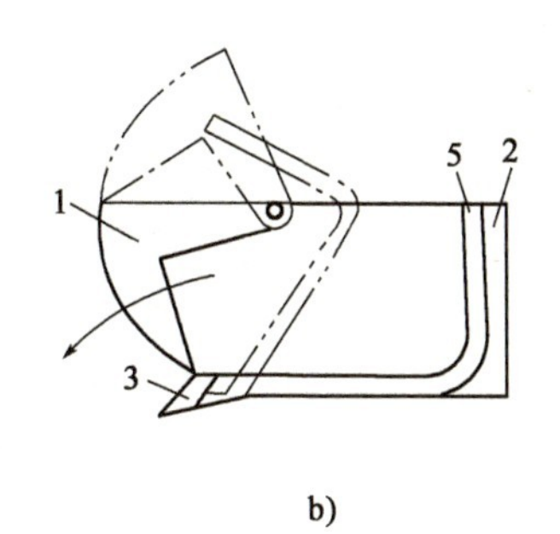

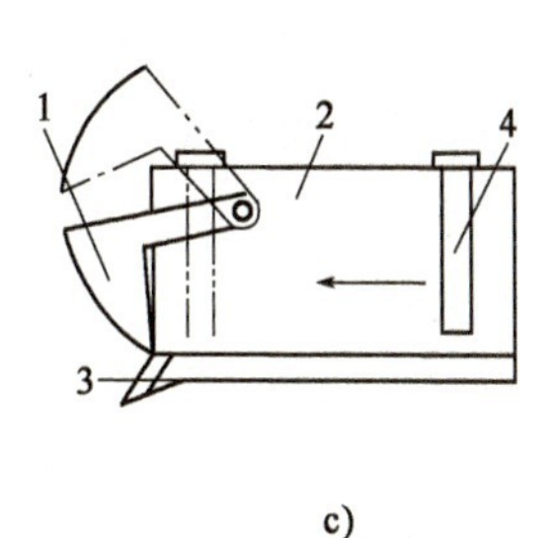

图1-33　铲运机卸土方式

a)自由式；b)半强制式；c)强制式

1-斗门；2-铲斗；3-刀刃；4-后斗壁；5-斗底后壁

(1)自由式

利用铲斗倾翻(有向前、向后两种形式)，斗内土靠本身自重卸土。卸土时所需功率小，但对粘在铲斗两侧壁和斗底上的黏湿土无法卸除干净，一般只用于小容量铲运机(图1-33a)。

(2)半强制式

利用连在一起的铲斗底板与后壁共同向前翻转，以强制方式卸去一部分土，同时利用土本身重量将其余部分土卸出。这种卸土方式可使黏附在铲斗侧壁上的土部分地被清除，而斗底上黏附的土不能卸除干净（图 1-33b）。

（3）强制式

铲斗的后壁为一块可沿导轨移动的推板，靠此推板（卸土板）自后向前推进，将铲斗中的土强制推出。这种卸土方式可彻底卸净黏附在两侧壁及斗底上的土，但卸土消耗的功率较大（图 1-33c）。

4. 按装载的方式分

按装载方式分为升运式（链板装载式）与普通式（也称开头装载式）两种。

（1）升运式

在铲斗铲刀上方装有链板装载机构，由它把铲刀切削起的土升运到铲斗内，从而加速装土过程及减少装土阻力，有效地利用本身动力实现自装，可单机作业，不用助铲机械即可装至堆尖容量。土壤中含有较大石块时不宜使用此种形式的铲运机，其经济运距在 1000m 之内，如图 1-34 所示。

图 1-34　链板装载式铲运机

（2）普通式

靠牵引机的牵引力和助铲机的推力，使用铲斗的铲刀将土铲切起，并在行进中将铲切起的土屑挤入铲斗内来装载土，这种铲装土方式的装斗阻力较大。

5. 按工作机构的操纵方式分

按工作机构的操纵方式分为液压操纵式、电液操纵式和机械操纵式三种。

（1）机械操纵式

用动力绞盘、钢索和滑轮来控制铲斗、斗门及卸土板的运动，由于结构复杂、技术落后，已逐渐被淘汰。

（2）液压操纵式

工作装置各部分用液压操纵，能使铲刀刃强制切入土，结构简单，操纵轻便灵活，动作均匀平稳，应用越来越广泛。

（3）电液操纵式

操纵轻便，易实现自动化，是今后发展的方向。

（三）型号编制方法

铲运机型号用字母 C 表示，L 表示轮胎式，T 表示拖式，数字表示斗容量，如 CL7 表示额定斗容为 $7m^3$ 的轮胎式铲运机。

（四）主要技术参数

表 1-3 列出了几种铲运机的主要技术性能参数。

铲运机的主要技术参数 表 1-3

项目		型号		
		CTY-2.5(拖式)	R24H-1(拖式)	CL7
铲斗	平装容量(m^3)	2.5	18.5	7
	尖装容量(m^3)	2.75	23.5	9
	铲刀宽度(mm)	1900	3100	2700
	切土深度(mm)	150	390	300
	铺卸厚度(mm)			400
发动机	型号			6120
	功率(kW)	45		120
	转速(r/min)	1500		2000
外形尺寸(m×m×m)		5.6×2.44×2.4	11.8×3.48×3.47	9.7×3.1×2.8
质量(t)		1.98	17.8	14

二、自行式铲运机的基本构造

自行式铲运机由发动机、传动系统、转向系统、制动系统、悬挂装置、车架、工作装置等组成,如图 1-35 所示。铲运车是自行式铲运机的工作装置,主要由转向枢架、辕架、前斗门、铲斗体、尾架及卸土装置等组成。中央枢架与机架铰接,以保持驱动桥可能在横向平面内摆动。由于自行式铲运机普遍采用铰接转向方式,因而转向枢架与辕架的曲梁用两根垂直布置的主销铰接在一起,以便在转向时,用液压操纵的两个转向油缸控制牵引车相对铲运车偏转,实现转向。

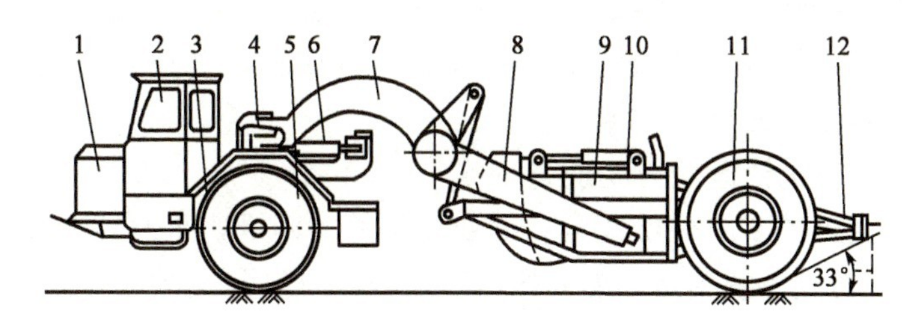

图 1-35 CL7 型自行式铲运机

1-发动机;2-驾驶室;3-传动装置;4-中央枢架;5-前轮;6-转向油缸;7-曲梁;8-辕架;9-铲斗;10-斗门油缸;11-后轮;12-尾架

辕架的"门"形架的两下端点与铲斗相铰接,铲斗的升降由装在辕架横梁支臂上的铲斗油缸控制。铲斗由斗体、斗门和卸土板三部分组成,其后部利用尾架与后轮的桥壳相连,保证铲斗升降时可绕后轮轴转动。斗门的开闭、卸土板的前后移动分别由斗门油缸和卸土板油缸控制。

(一)传动方式

现代自行式铲运机由机械传动向液力机械式和全液压传动方向发展。

在液力机械式传动中,广泛采用变矩器、动力换挡变速装置、最终行星齿轮传动等元件。在铲运机使用过程中,采用液力变矩器能更好地适应外界载荷急剧变化的需要,可实现自动有载换挡和无级变速，从而改变输出轴的速度和牵引力，使机械工作平稳，可靠地防止发动机熄火及传动系过载，从而提高了铲运机的动力性能和作业性能。因而，目前大多数自行式铲运机采用液力机械传动。

1. CL7 型自行式铲运机传动系统

CL7 型铲运机为单轴牵引车，发动机 1 的动力经分动箱 2、前传动轴、液力变矩器 5、变速器 6、传动箱 7、传动轴 8、差速器 9、轮边减速器 10，最后到驱动轮，如图 1-36 所示。

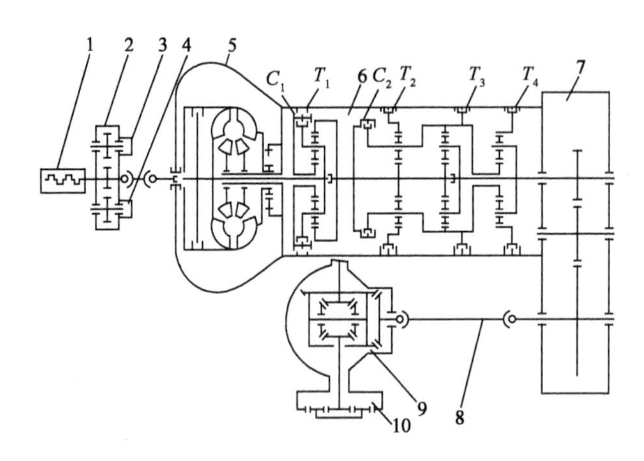

图 1-36　CL7 型铲运机传动系统

1-发动机；2-分动箱；3、4-齿轮油泵；5-液力变矩器；6-变速器；7-传动箱；8-传动轴；9-差速器；10-轮边减速器；C_1、C_2-离合器；T_1、T_2、T_3、T_4-制动器

CL7 型自行式铲运机装有四元件单级三相液力变矩器。该变矩器的特性由两个变矩器特性和一个耦合器特性合成，高效率范围较广。当涡轮转速达 1700r/min 时，变矩器的锁紧离合器起作用，将泵轮和涡轮直接闭锁在一起，变液力传动为直接机械传动，提高了工作效率。由于该变矩器由两个导轮和两个自由轮（单向离合器）构成，因而随外转矩的变化可实现两个导轮被单向离合器楔紧不转、第一导轮自由旋转第二导轮仍被单向离合器楔紧以及两个导轮均自由旋转成为耦合器工况三种工作特性。

2. WS16S-2 型自行式铲运机传动系统

日本小松公司生产的 WS16S-2 型自行式铲运机的发动机功率为 280kW，堆装斗容为 $16m^3$（平装斗容 $11m^3$）。传动系统由液力变矩器、行星式动力换挡变速器、中央传动、差速器和行星齿轮式轮边减速器等组成，如图 1-37 所示。

WS16S-2 型自行式铲运机的液力变矩器为 TCA43-2B 型三元件一级两相带闭锁离合器式，导轮随外转矩的变化可实现被单向离合器楔紧不转（变矩工况）及导轮自由旋转的耦合工况。闭锁离合器为单片油压自动作用式。当控制闭锁离合器的电磁阀通电时，闭锁离合器接合，变矩器的泵轮和涡轮锁紧在一起，发动机到变速器为机械直接传动，以提高传动效率。

3. 627B 型自行式铲运机传动系统

美国卡特彼勒公司生产的 627B 型自行式铲运机是轮胎式双发动机铲运机，采用全轮驱动，液压操纵、强制卸土、斗容量为 11 ~ $16m^3$ 的中型普通式铲运机。两个发动机采用 3306 型直接喷射式柴油机，单机功率为 166kW。

传动系统分为牵引车与铲运机两部分，利用电液系统控制牵引车与铲运车的变速器同步换挡，全速同步驱动。

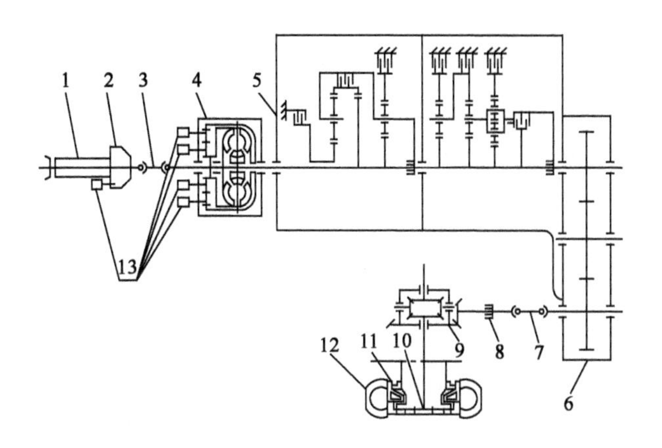

图 1-37 WS16S-2 型铲运机牵引车传动系统

1-发动机;2-动力输出箱;3、7-传动轴;4-液力变矩器;5-动力换挡变速器;6-传动箱;8-停车制动器;9-中央传动;10-轮边减速器;11-制动器;12-轮胎;13-油泵

图 1-38 所示为 627B 型牵引车的传动系统简图。动力由发动机输出,经传动轴驱动液力变矩器泵轮转动,同时还带动六个油泵工作。行星动力换挡变速器有八个前进挡和一个倒退挡。倒挡、1 挡和 2 挡为手动换挡,此时动力经变矩器输出,以满足机械低速大转矩变负荷驱动的需要,变速器在 3 ~ 8 挡之间为自动换挡范围,此时动力直接输出,不经过液力变矩器,以提高传动效率。差速器为行星齿轮式,并设有气动联锁离合器。

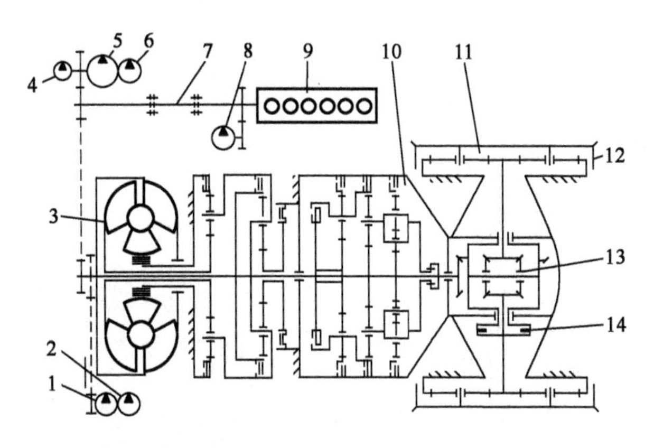

图 1-38 627B 型铲运机牵引车传动系统

1-回油油泵;2-牵引变速器工作油泵;3-液力变矩器;4-缓冲装置油泵;5-工作装置油泵;6-转向系统油泵;7-传动轴;8-飞轮室回油泵;9-牵引发动机;10-牵引变速器;11-轮边减速器;12-轮毂;13-差速器;14-差速锁离合器

图 1-39 所示为 627B 型铲运机传动系统简图。铲运机发动机的动力经变矩器传递到行星式动力变速器,铲运机变速器有四个前进挡和一个倒退挡,铲运机变速器通过电液控制系统与牵引车变速器同步换挡或保持空挡,铲运机的一个前进挡位对应于牵引车的两个前进挡位,它利用液力变矩器在一定范围内可以自动变矩变速的特点,补偿前、后传动比的不同,保证前、后传动系统同步驱动。铲运车采用牙嵌式自由轮差速器,轮边减速器均采用行星齿轮减速。

(二)自行式铲运机的转向装置

现代自行轮胎式铲运机大多采用铰接式双作用双油缸动力转向。有带换向阀非随动式和四杆机构随动式两类,随动式又有机械反馈和液压反馈之分。

牵引车和铲运车的连接由转向枢架来实现，如图 1-40 所示。转向枢架是一个牵引铰接装置，起传递牵引力和实现机械转向的作用。转向枢架 3 与水平销 2 铰接在牵引车架 1 上，转向立销 6 与辕架 7 铰接。双作用转向液压缸 8 铰接在辕架的左右耳座和转向枢架支座 9 上，通过液压缸的推拉使牵引车绕立销偏转而实现转向。

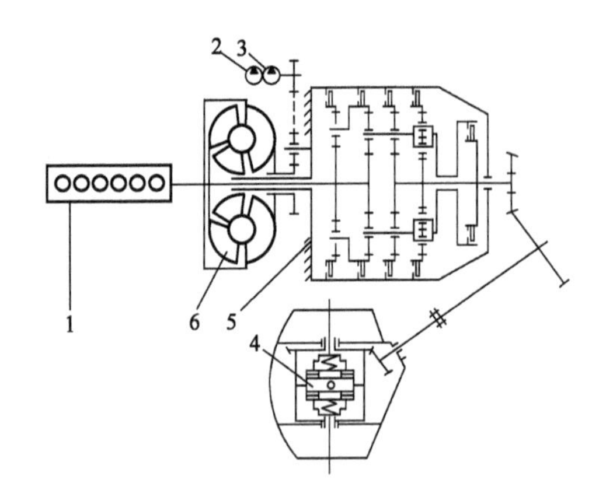

图 1-39 627B 型铲运机传动系统简图

1-铲运机发动机；2-铲运车变速器工作油泵；3-回油油泵；4-牙嵌式自由轮差速器；5-铲运车变速器；6-液力变矩器

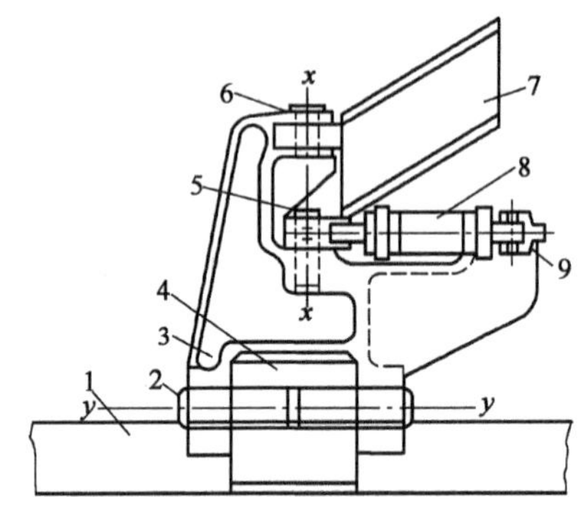

图 1-40 转向枢架

1-牵引车架；2-水平销；3-转向枢架；4-水平销座；5、6-转向立销；7-辕架；8-转向油缸；9-转向枢架支座

1. CL7 型铲运机转向系统

CL7 自行式铲运机转向系统，如图 1-41 所示。它由球面蜗杆滚轮式转向器、常流式非随动转向操纵阀、转向油泵、滤油器、双作用安全阀、换向阀、换向曲臂、辕架牵引座、牵引机转向枢架等组成。

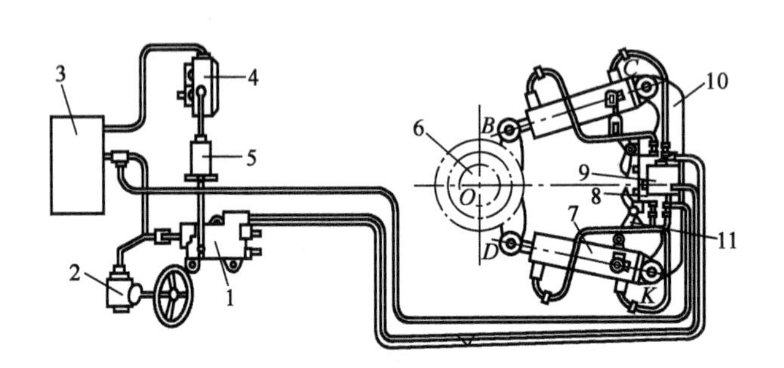

图 1-41 CL7 型自行式铲运机转向系统

1-转向操纵阀；2-转向器；3-油箱；4-转向油泵；5-滤油器；6-辕架牵引座；7-转向油缸；8-换向阀；9-双作用安全阀；10-牵引机转向枢架；11-换向曲臂

铲运机在转向过程中，随着转角的增加会出现 O、D、K 或 O、B、C 三点成一直线的情况，称为死点位置，这时相应的液压缸的活塞杆需改变原来的运动状态，缩进的油缸变为外伸，方可使转向持续进行。这一特殊要求在结构上通过换向曲臂抵压换向阀来实现，达到继续转向的目的。

图 1-42 所示为 CL7 型铲运机转向液压系统。转向器为球面蜗杆滚轮式，两个转向油缸装在牵引车转向枢架和辕架曲梁的牵引座之间，油缸两端分别与转向枢架和牵引座铰接。转动

转向盘通过转向垂臂及拉杆操纵转向油缸,实现直线行驶和左右转向。双作用安全阀用来消除由于道路不平,驱动轮碰到障碍物而引起的冲击负荷。

2. WS16S-2 型铲运机转向系统

WS16S-2 型铲运机转向系统的转向机构杆系如图 1-43所示,铲斗绕上下垂直铰销相对于牵引车回转实现铲运机的转向,采用机械反馈随动式动力转向,如图 1-44所示。

当转向盘向左转时,转向垂臂随着摆动(此时转向枢架与铲斗无相对运动,*A* 无法移动),使 *AC* 杆以 *A* 为支点移动,经连杆 *CD* 和转向阀另一支点将转向阀组中的阀杆移到左转供油位置,使压力油进入右转向油缸无杆腔和左转向油缸活塞杆腔,实现铲运机的左转向,即与铲运斗相连的曲梁绕垂直主销相对于牵引车做顺时针方向转动。此时,*T* 点拉着 *AE* 杆做图示方向移动,*B* 点因为转向盘停止转动而不动。*AC* 杆以 *B* 为支点转动,使转向阀杆回到中位,停止向转向油缸供油,铲运机就保持一定的转向位置,如果要继续转向,必须不断地转动转向盘,从而实现机械反馈随动式动力转向。

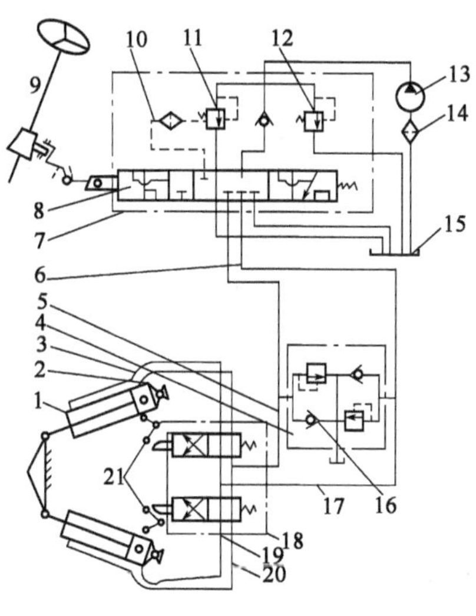

图 1-42 CL7 型铲运机转向液压系统

1-转向油缸;2、3、5、6、17、19、20-外管路;4-双作用安全阀;7-分配阀组;8-分配阀;9-转向器;10-控制油路;11-流量控制阀;12-溢流阀;13-油泵;14-滤油器;15-油箱;16-单向阀;18-换向阀;21-换向曲臂

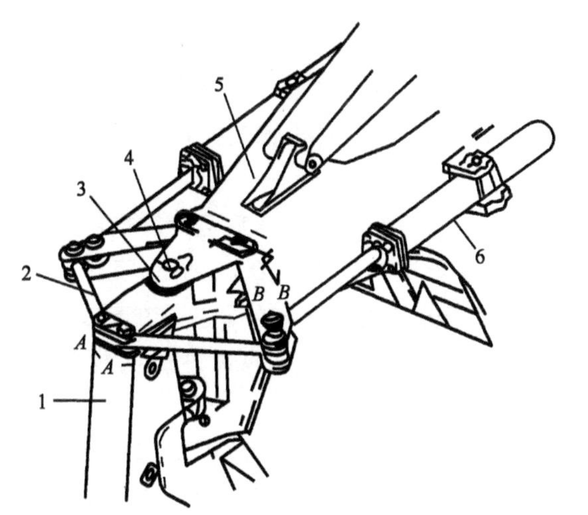

图 1-43 WS16S-2 型铲运机转向机构杆系统

1-转向枢架;2-连杆;3-杠杆;4-牵引车与铲斗之间的垂直铰销;5-辕架;6-左转向油缸

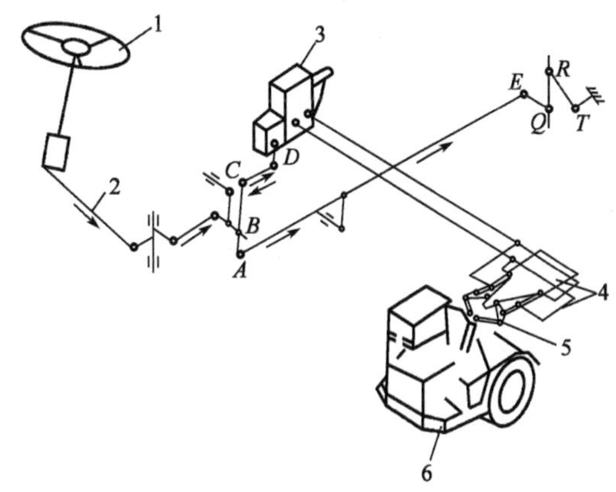

图 1-44 WS16S-2 型铲运机转向系统

1-转向器;2-随动杠杆系;3-转向控制阀组;4-铲运机;5-油缸六连杆机构;6-牵引车;→转向器左转引起的杆系运动方向;…→随动杆系反馈运动方向(左转)

3. 627B 型铲运机转向系统

627B 型铲运机转向系统为液压反馈随动式动力转向,如图 1-45 所示。转向盘轴上有一左旋螺纹的螺杆,装在齿条螺母中,当转动转向盘时,螺杆在齿条螺母中向上或向下移动一距离。螺杆移动带动转向垂臂摆动,由于转向垂臂同转向操纵阀阀杆相连,从而将转向操纵阀阀杆移动到相应的转向位置。转向操纵阀为三位四通阀,有左转、右转和中间三个位置,转向盘

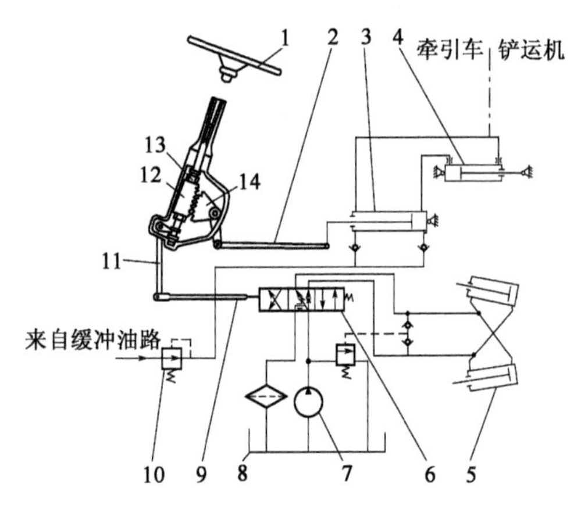

图 1-45　627B 型铲运机液压转向系统

1-转向盘;2-扇形齿轮连杆;3-输出随动油缸;4-输入随动油缸;5-转向油缸;6-转向阀;7-转向油泵;8-液压油箱;9-转向阀连杆;10-补油减压阀;11-转向垂臂;12-齿条螺母;13-转向螺杆;14-扇形齿轮

不动时,转向操纵阀处于中间位置。

输入随动油缸的缸体和活塞杆分别铰接于牵引车和铲运车上,装在转向枢架左侧。输出随动油缸的缸体铰接在牵引车上,活塞杆端通过扇形齿轮连杆与转向器杠杆臂相连。

转向时,输入随动油缸的活塞杆向外拉出或缩回,将其小腔的油液或大腔的油液压入输出随动油缸的小腔或大腔,迫使输出随动油缸的活塞杆拉着转向器杠杆臂及扇形齿轮转动一角度,从而使与扇形齿轮啮合的齿条螺母及螺杆和转向垂臂回到原位,转向操纵阀阀杆在转向垂臂的带动下回到中间位置,转向停止。因此,转向盘转一角度,牵引车相对铲运车转一角度,以实现随动作用。来自缓冲油路的压力油经减压阀进入随动油缸以补充其油量。

综合以上三种转向形式可以看出:CL7 型铲运机采用的带换向阀非随动式转向系统由于没有随动作用,操纵比较困难;而 WS16S-2 型铲运机采用的机械式反馈四杆机构随动式转向系统虽操作性能好,但其铰点及杆系多,结构复杂;627B 型铲运机采用的液压式反馈机构随动式转向系统结构质量好,操作性能好,比机械式反馈更有应用价值。

(三)自行式铲运机的悬架系统

自行式铲运机在铲装作业过程中需要采用刚性悬架的底盘使铲运工作稳定,铲装土效率高,但在运输和回驶过程中,采用刚性悬架,就会影响到运行速度,且机械的振动较大,显然这样会极大地影响到铲运机的生产率,降低其使用寿命。

自行式铲运机在铲装作业时要求底盘为刚性悬架,而高速行驶时要求底盘为弹性悬架,油气式弹性悬架在重型汽车上的应用为解决此矛盾提供了解决的办法。20 世纪 60 年代以来,出现了两种结构形式的弹性悬架:一种是日本小松公司和美国通用汽车公司生产的铲运机上采用的弹性悬架;另一种是美国卡特彼勒公司生产的铲运机上采用的弹性转向枢架,如图 1-46 所示。

小松公司的自行式铲运机和美国通用汽车公司的 TS-24B 型铲运机的牵引车,都采用了油气弹性悬架。WS16S-2 型铲运机的全部车轮都经油气悬架装置悬挂在车架上。图 1-46a)所示为牵引车悬架部分原理图,其铲运车悬架部分与之相仿。车桥装在悬臂上,悬臂于前端经悬架油缸与车架连接,后端用一个铰与车架铰接,上端也用一个铰与车架铰接。悬架油缸 7 的下腔经单向阀与油箱接通,故下腔中的油液没有压力。

WS16S-2 为气控液压悬架,装有悬架锁定机构,可以方便地将弹性悬架装置锁住使机身稳定。例如,在工地用铲运机铲装或刮平地面时,把弹性悬架锁住便成为刚性悬架,且还装有自动控制水平机构。左右前轮为独立悬架,后轮为共同悬架。

自行式铲运机牵引车与铲运车是用转向枢架相连在一起,转向枢架与铲运车之间用一个垂直铰销铰接,以实现机械转向。转向枢架与牵引车之间由一水平铰销铰接,使牵引车与铲运车可有一定的横向摆动。

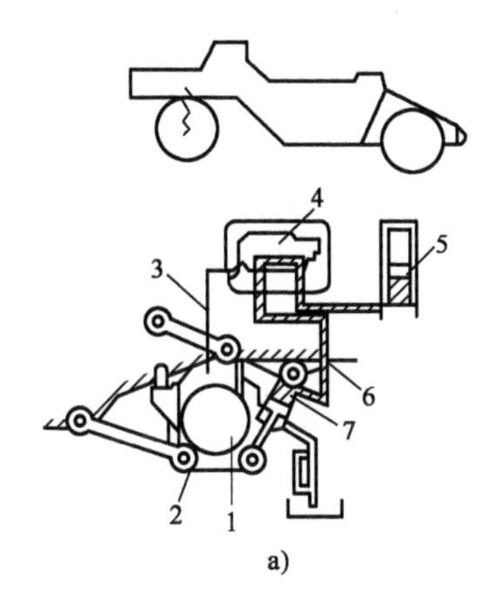

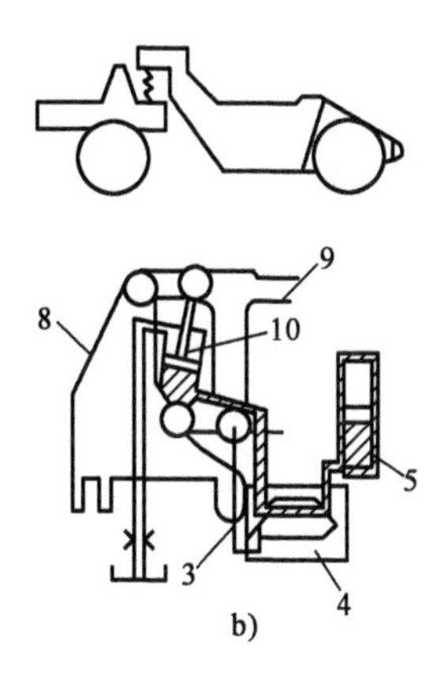

图 1-46　两种不同结构形式的弹性悬架

a) WS16S-2 型铲运机弹性悬架；b) 621E 型铲运机弹性转向枢架

1-前桥；2-悬臂；3-随动杆；4-水平阀；5-储能器；6-牵引车机架；7-悬架油缸；8-转向枢架；9-辕架曲梁；10-减振油缸

美国卡特彼勒公司生产的自行式铲运机的转向枢架与铲运车辕架之间，设计有减振式连接装置，其结构原理如图 1-47 所示。

在前转向枢架 10 和后转向枢架 1 之间，用两个连杆相连，构成一套平行四连杆机构，具有一个自由度。这个自由度的运动由缓冲油缸 12 控制，缓冲油缸的下腔为工作腔。节流孔 9 限制油液的脉动，吸收其某些能量，对振动产生阻尼。液流进入蓄能器 3，强制活塞向上移动，压缩氮气，在其压缩时吸收振动。当弹回时，氮气膨胀使活塞下移，液流经节流孔 9 流回缓冲油缸，继续阻尼和减缓地面引起的振动。

在自行式铲运机铲装或卸土时，司机只要推下选择阀操纵杆使油路闭锁，弹性减振式连接装置即转为刚性系统，以满足铲装和卸土时铲刀有固定位置的要求。减振式连接装置装有安全装置，在发动机熄火时自动断路，系统降压，铲运机辕架 2 连同后转向枢架 1 落到下位，抵在止动块上。水平控制阀起控制液流通向蓄能器及油缸大腔的作用。

(四) 工作装置

自行轮胎式铲运机工作装置一般由辕架、铲运斗组（斗门及其操纵机构、铲斗、后斗门和尾架）等组成，如图 1-48 所示。

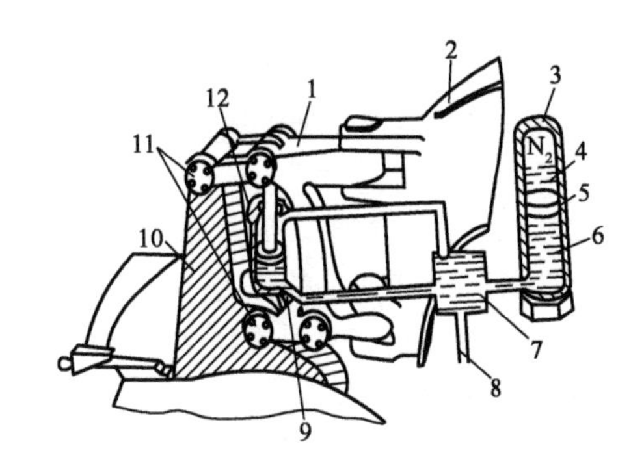

图 1-47　自行式铲运机的减振式连接装置构造与原理

1-后转向枢架；2-辕架；3-蓄能器；4-氮气；5-浮动活塞；6-油液；7-水平控制阀组；8-液压系统来油；9-节流孔；10-前转向枢架；11-水平铰；12-缓冲油缸

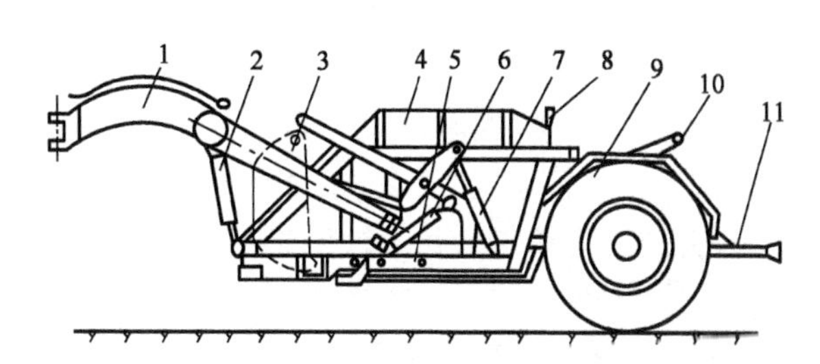

图 1-48　铲运机工作装置

1-辕架；2-铲斗升降油缸；3-斗门；4-铲斗；5-斗底门；6-斗门升降油缸；7-斗门扒土油缸；8-后斗门；9-后轮；10-卸土油缸及推拉杆；11-尾架

1. 辕架

辕架主要由曲梁(又称象鼻梁)和"门"形架两部分组成。图1-49所示为CL7型铲运机的辕架,辕架由钢板卷制或弯曲成型后焊接而成。曲梁2为整体箱形断面,其后部焊在横梁4的中部。臂杆5亦为整体箱形断面,按等强度原则做变断面设计,其前部焊在横梁4的两端。辕架横梁4在作业时主要受扭,故作圆形断面设计。连接座6为球形铰座。

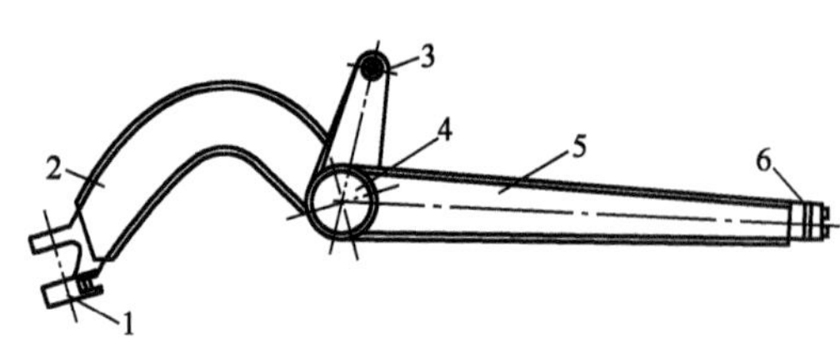

图1-49 CL7型铲运机辕架

1-牵引座;2-曲梁;3-提斗油缸支座;4-横梁;5-臂杆;6-铲斗球销连接座

其他机型的辕架与CL7型铲运机的辕架均相似,只不过是有的机型在曲梁上或横梁上多加了一个安装斗门油缸的支架。

2. 前斗门和铲斗体

铲运斗通常由斗体、铰接在斗体前部的斗门、做卸土板用的斗后壁等组成。CL7型铲运机的前斗门,如图1-50所示。由钢板及型钢焊接而成。前斗门可绕球销连接座2转动,以实现斗门的启闭。斗门侧板9可将斗门体和斗门臂11连为一体,可加强斗门体的强度和刚度。

铲斗体的结构如图1-51所示,为钢板和型钢焊接而成,是具有侧壁和斗底的箱形结构。左、右侧壁中部各焊有前伸的侧梁3,铲斗横梁2则焊接在侧梁的前端,横梁两边焊有提斗油缸支座1。斗门臂球销铰座5、斗门油缸支座6和辕架臂杆球形支座7均焊接在斗体侧壁8上。两侧壁内侧上方焊有轨道4,以引导卸土板滚轮沿轨道滚动,进行正常的卸土作业。

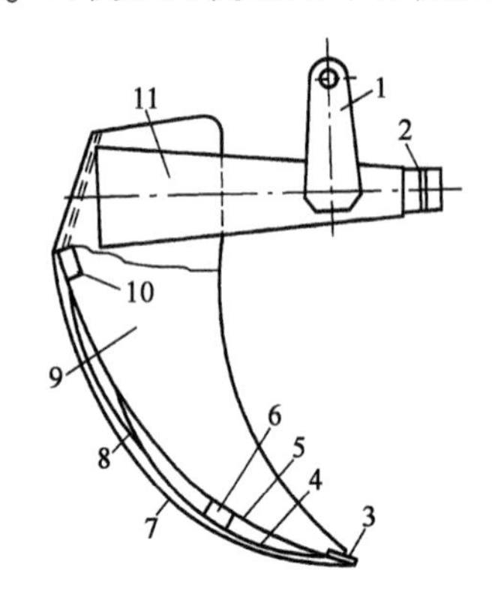

图1-50 CL7型铲运机的前斗门

1-斗门油缸支座;2-斗门球销连接座;3、10-加强槽钢;4-前壁;5、8-加强板;6-扁钢;7-前罩板;9-侧板;11-斗门臂

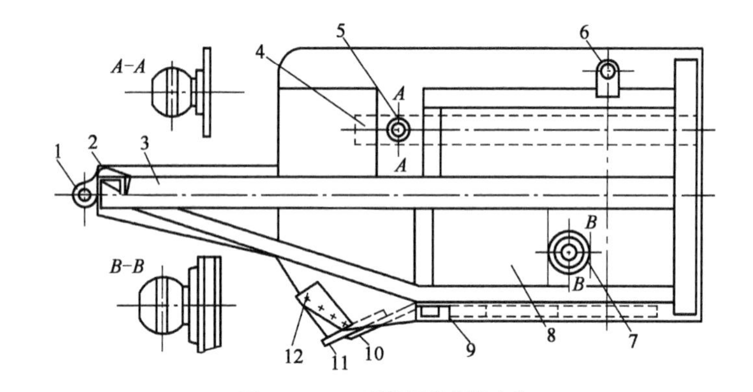

图1-51 CL7型铲运机的铲斗体

1-提斗油缸支座;2-铲斗横梁;3-侧梁;4-内侧轨道;5-斗门臂球销铰座;6-斗门油缸支座;7-辕架臂杆球形支座;8-斗门侧壁;9-斗底;10-刀架板;11-前刀片;12-侧刀片

CL7型铲运机的尾架如图1-52所示,它由卸土板和刚架两部分构成。卸土板为铲运斗后壁,与左、右推杆8,上、下滚轮12和9及导向架3焊为一体,可以在油缸的作用下前后往复运动,以完成卸土动作。四个限位滚轮5的支架焊在导向架3的后端,卸土时沿尾架上的导轨滚动。上滚轮12沿铲斗侧壁轨道(图1-51)滚动,下滚轮9沿斗底滚动。

斗门自装式铲运机是利用斗门的扒土运动实现将铲斗刃切削下的土装入铲斗内。其斗门部分由斗门及斗门杠杆、斗门油缸等组成,如图1-53所示。

轴孔a、b、c分别与铲斗侧壁上的相应轴销连接,斗门运动由A、B两油缸完成。A缸活塞杆伸缩使斗门绕b孔转动而升降。B缸活塞杆伸缩通过摇臂4和拉杆2使斗门收闭或张开。

斗门收闭与上升是通过顺序阀控制连续完成的，而斗门张开与下降是通过压力阀控制而连续完成的，其液压换向控制在液压系统中详细介绍。

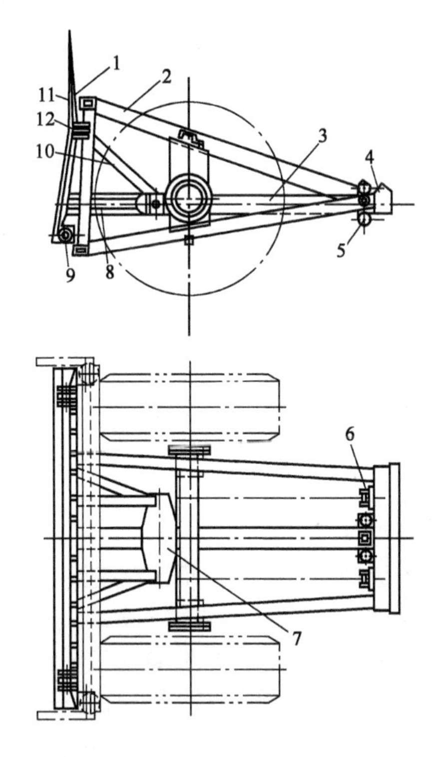

图1-52　CL7 型铲运机的尾架

1-卸土板；2-刚架；3-导向架；4-顶推板；5-限位滚轮；6-油缸后支座；7-油缸前推座；8-左、右推杆；9-下滚轮；10-上推杆；11-推板；12-上滚轮

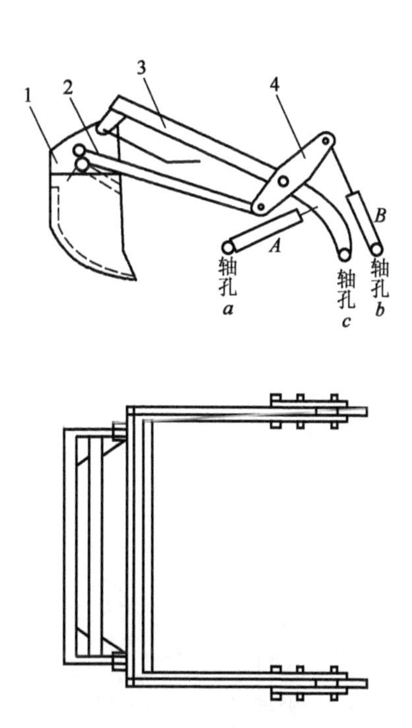

图1-53　斗门自装式铲运机斗门及斗门杠杆

1-斗门；2-拉杆；3-斗门臂；4-摇臂

3. 其他形式铲运机工作装置

(1) 履带自行式铲运机工作装置

履带自行式铲运机是将铲运斗直接安装在两条履带中间，铲运斗也当作机架用，前面装有辅助铲刀，后部装发动机和传动装置。上部是驾驶室，司机座位横向安放，以便前后行驶时观察方便。铲运斗后部经后轴铰接在左右履带架上，两侧经铲斗油缸和铰支承在履带架上。左右铲斗油缸油路连通时可保证履带贴靠在不平地面上。与轮胎式铲运机比较，其附着牵引力大，接地比压低，纵向尺寸小，作业灵活，进退均可卸土，可填深沟。因为发动机装置较高，也可涉水作业。但因铲运斗宽度受履带的限制，一般用于容量为 $7m^3$ 以下的铲运机。当辅助推土板转下来时，可做推土机用。其工作装置，如图 1-54 所示。

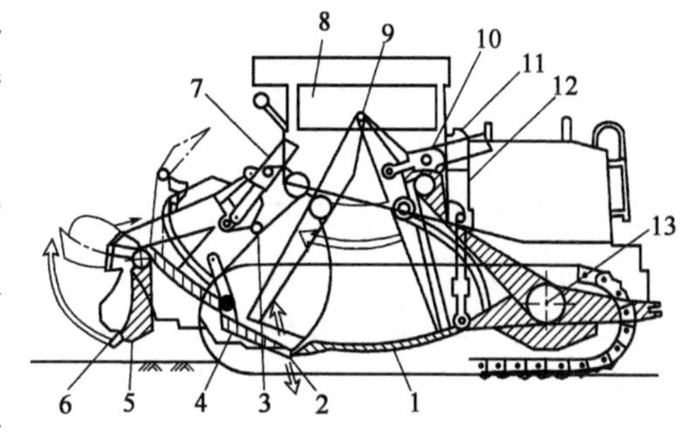

图1-54　履带式自行铲运机工作装置

1-铲斗；2、6-刀片；3-斗门支点；4-活动斗门；5-铲刀；7-斗门油缸；8-驾驶室；9-活动后斗壁支点；10-活动后斗壁油缸；11-缓冲储气筒；12-铲斗油缸；13-铲斗支点

装土时，铲运机向前行驶，开启斗门并降下斗体底部的切土刀片将土铲起，土被强行挤入铲斗。铲斗装满后，将斗提起并关闭斗门，斗中土即可运送到卸土场卸出。卸土时可按要求铺土层的厚

度，将斗体置于某一高度，开启斗门，前移铲斗后壁，将土强行挤出。

(2)链板装载自行式铲运机工作装置

链板装载自行式铲运机是铲运斗前部刀刃上方装链板升送装置，用以将铲运斗刀刃切削下的土输送到铲斗内，以加速装载过程和减少装土阻力，故可单机作业，不用推土机助铲。链板式铲运机因安装了升运装置而无法设置斗门。因此，应用于运距短、路面平坦的工程。由于其前方斜置着链板升送器，多采用抽底式卸载方式。

(3)串联作业的自行式铲运机工作装置

在两台自行铲运机的前后端加装一套牵引顶推装置，以实现串联作业。当前铲运机铲土作业时后机为助铲机，后机铲土作业时，前机可给后机强大的牵引力，从而使铲土时间大大缩短，降低土方成本，如图1-55所示。

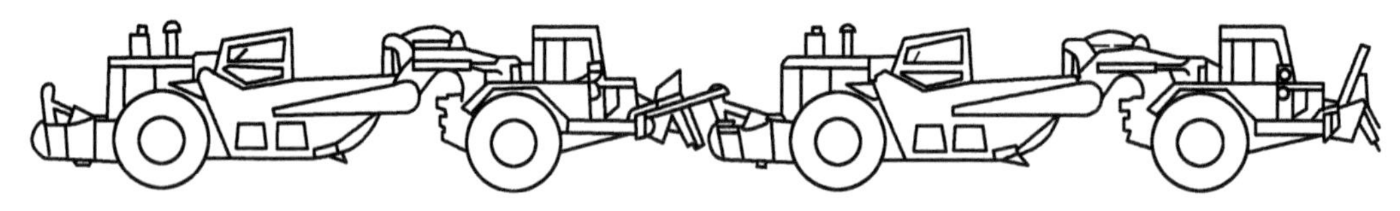

图1-55　串联作业的自行式铲运机

(4)螺旋装载自行式铲运机工作装置

这种铲运机是在铲运斗中垂直安装一个螺旋装料器，如图1-56所示。它把标准式铲运机与链板铲运机结合起来，结构简单，更换迅速，易于在一般铲运机上改装。

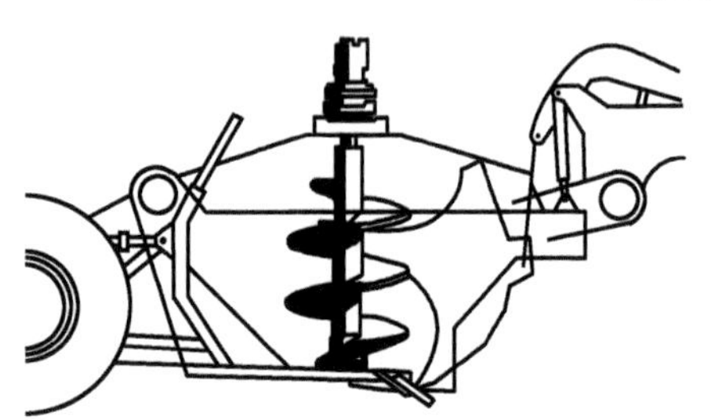

图1-56　螺旋装载自行式铲运机

螺旋装料器有一套独立的液压系统，包括油泵、液压马达、冷却器、滤油器、压力油箱及电子气动控制器。轴向柱塞液压马达经一个行星齿轮减速器驱动螺旋旋转，转速为35～50r/min。它把刀刃切削下来的物料提升起来并均匀地撒在整个铲斗之内。液压系统采用高压小流量，可在一定转速范围内获得较大转矩。

这种铲运机的优点是：能在较短的时间里自己装满铲斗，作业时尘土较少，由于斗门关闭，能使易流动的物料很好地保持在铲斗内，运输时不致撒漏。螺旋式铲运机的生产效率比斗容量相等的链板式或推拉作业的铲运机高10%～30%。而铲装距离减少一半，其运动零件比链板式铲运机少，因而维护的时间和费用也少，驱动轮胎寿命是助铲式铲运机的2～3倍。

(5)带有双铲刀机构的铲运机工作装置

带有双铲刀机构的铲运机其铲斗的结构特点是，在铲斗后部另设一装料口，并在料口沿整个铲斗宽度装有直刀刃的第二铲刀，故称为双铲刀铲运机。

铲运机可用前铲刀单独作业，也可同时用两个铲刀作业。当用两个铲刀作业时，用液压缸控制后铲刀相对于固定铰摆动，打开有一定切削角的装料口，铲刀切入土表面，同时土进入后部铲斗(图1-57a)，前后铲刀能处在同一水平，也可以处在不同的水平面。也可只用前铲刀铲装(图1-57b)，此时关闭后部装料口，铲运机可按传统的方式作业。

关闭前斗门和后铲刀机构，便形成重载运输状态(图1-57c)。在液压系统中，控制铲刀机构的液压缸和油管之间装有液压锁，以保证后铲刀机构在举升运输时可靠地关闭。

卸土时，后铲刀机构也可进行卸铺(图1-57d)。

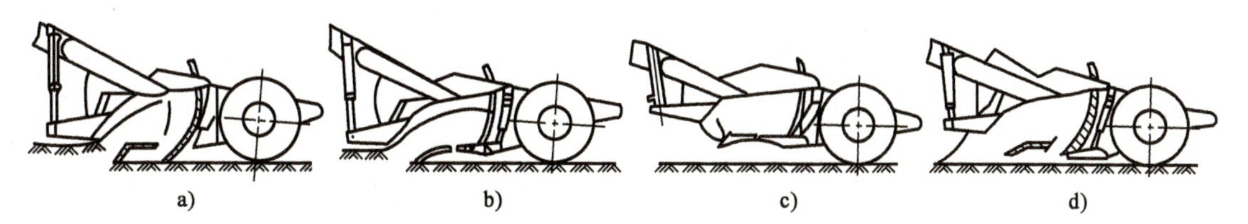

图 1-57 双铲刀铲运机的工作循环图

a)用双铲刀铲切土;b)用前铲刀作业;c)运输状态;d)卸土作业

这种形式的铲运机提高了铲装效率,而且保持了普通式铲运机结构简单工作可靠的优点。

拓展知识

一、CLZ-9 型铲运机工作装置液压系统

CLZ-9 型铲运机为斗门自装式铲运机,工作装置的液压系统见图 1-58,它主要由手动控制和自动控制两大部分组成。

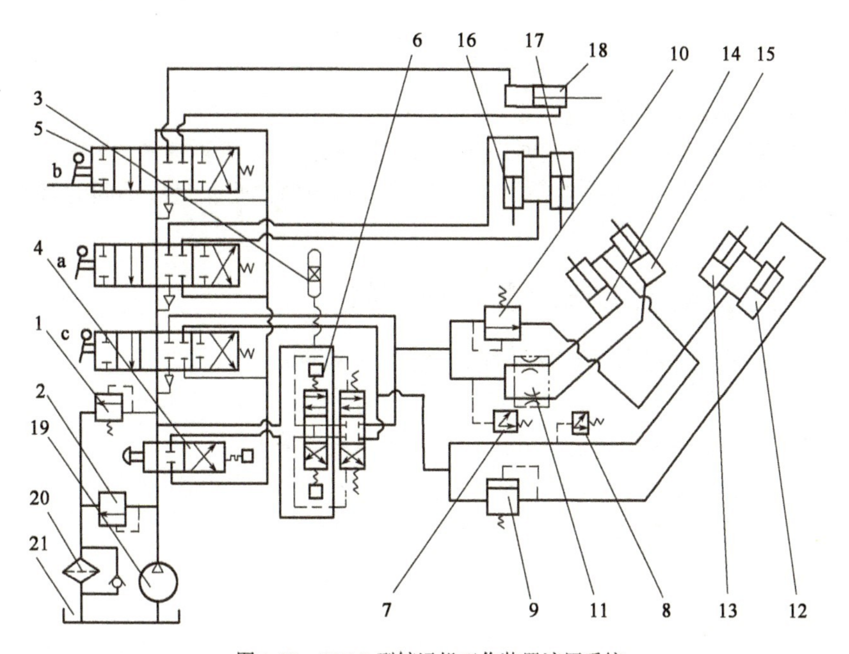

图 1-58 CLZ-9 型铲运机工作装置液压系统

1-先导式溢流阀;2-直动式溢流阀;3-缓冲器;4-电液切换阀;5-手动三联多路阀;6-电液换向阀;7、8-压力继电器;9、10-顺序阀;11-同步阀;12、13-斗门开闭油缸;14、15-斗门升降油缸;16、17-铲斗升降油缸;18-卸土油缸;19-油泵;20-过滤器;21-油箱

斗门液压工作原理如下:油泵输出油先流经二位四通电液切换阀 4,此阀不通电时,油液进入手动三联多路阀 5,该阀三个手柄都处于中位时,油液直接回到油箱,形成卸荷回路。当手动阀 c 左移,压力油就进入顺序阀 10 和同步阀 11。由于顺序阀调定压力为 7MPa,所以压力油先经同步阀 11 进入斗门扒土油缸 12、13 的下端,活塞上移,斗门就收拢扒土。油缸 12、13 的活塞上移到顶时,油压增高到大于 7MPa 时,压力油冲开顺序阀 10,进入斗门升降油缸 14、15 的下端,使活塞上移,带动斗门上升。斗门上升到顶后,将手动阀 c 换向,压力油就先后进入油缸 12、13 及 14、15 上端,由于油缸 14、15 上端的进油要经过顺序阀 9,所以压力油先进入油缸

12、13 的上端，活塞下移，斗门张开。当此活塞下移到底后，油缸 12、13 上端油压增高，当油压大于 2MPa 时，进油就冲开顺序阀 9 进入油缸 14、15 上端，油缸 14、15 的活塞就下移，斗门下降。由于顺序阀的作用，手动阀 c 每一次换向，斗门就可完成扒土→上升或张开→下降两个动作。

铲运机装满一斗土，斗门需扒土 5～6 次，手动阀就需换向 10～12 次，这造成司机操作频繁紧张。为了改善操作性能，液压系统中增加了电液换向阀 6 和压力继电器 7、8，通过它们的动作可实现斗门运动的自动控制。其工作原理如下：当电液切换阀 4 励磁后，油泵来的压力油被切换到电液换向阀 6，向油缸 12、13、14、15 供油。油缸动作顺序与手动阀控制相同，当斗门上升到顶时，油压升高，压力继电器 8 动作，产生电信号，使电液换向阀 6 自动换向。反之，斗门下降到底后，压力继电器 7 动作，又产生一个电信号，电液换向阀 6 又自动换向。如此循环 5～6 次后自动停止。

铲斗的升降及卸土板的前后移动是由手动阀 a、b 控制的，其工作原理如下：

当电液切换阀不通电时，油泵来油就进入手动三联多路阀 5，操纵阀 a，压力油进入铲斗升降油缸可实现铲斗升降；操纵阀 b，压力油进入卸土油缸 10，可实现强制卸土和卸土板复位。回油均从多路阀 5 流回油箱。

为了防止油泵压力过载，系统中设有大通径先导式溢流阀 1，因为先导式溢流阀灵敏度低，所以增设了小通径直动式溢流阀 2。

为了减小系统中电液换向阀换向时的压力脉冲，本系统中装有囊式缓冲器。考虑到斗门扒土负载不可能两侧相等，又要求斗门扒土油缸活塞的伸缩在两侧负载不同时基本同步，所以装有同步阀。

二、627B 型铲运机工作装置液压系统

627B 型铲运机的工作装置的液压系统，如图 1-59 所示。

1. 铲运斗控制油路

铲运斗操纵阀 8 共有四个工位（如图 1-59 所示从左到右）。

快落铲运斗：压力油送入铲运斗大端的同时，油缸小腔的回路通过单向速降阀也直接送入油缸大腔，即可实现铲运斗快落。

铲运斗下降。

中位：铲运斗保持不动。

提升铲运斗放下斗门：铲运斗操纵阀杆向前推，可控制气阀（图中未标出）使铲运斗提升的同时斗门放下，这样可以用同一手柄控制铲运斗和斗门。

2. 斗门控制油路

斗门浮动：此时斗门油缸的两腔相通，斗门可以根据地面支反力的大小自由升降。

斗门下降：此工位也可由压缩空气作用操纵阀实现，此时由铲斗操纵杆控制，由于压力油作用于顺序阀，使其不能开启，不会由顺序阀回油。

中位：斗门固定不动，若此时铲斗提升迫使斗门上升时，由于此时顺序阀的开启压力较低，油缸小腔压出的油液可经顺序阀排至油缸大腔。

斗门上升。

3. 卸土板控制油路

卸土板操纵阀 2 共有四个工位。

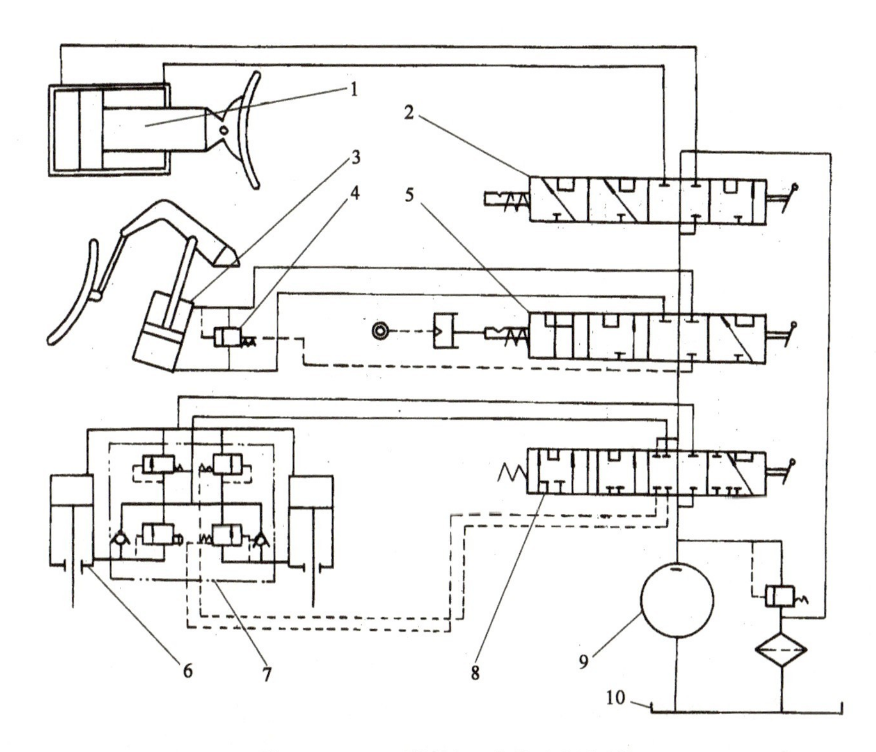

图 1-59 627B 型铲运机工作装置液压系统

1-卸土板油缸;2-卸土板操纵阀;3-斗门油缸;4-顺序阀;5-斗门操纵阀;6-铲运斗油缸;7-单向速降阀;8-铲运斗操纵阀;9-油泵;10-油箱

卸土板锁定收回:在此工位操纵阀杆可以锁定,卸土板完全收回后阀杆可自动复位。

卸土板收回。

中位:卸土板固定不动。

卸土板推土卸料。

应用与技能

一、铲运机的作业过程

铲运机的一个工作循环包括铲土、装土、运土和卸铺四个工序,如图 1-60 所示。

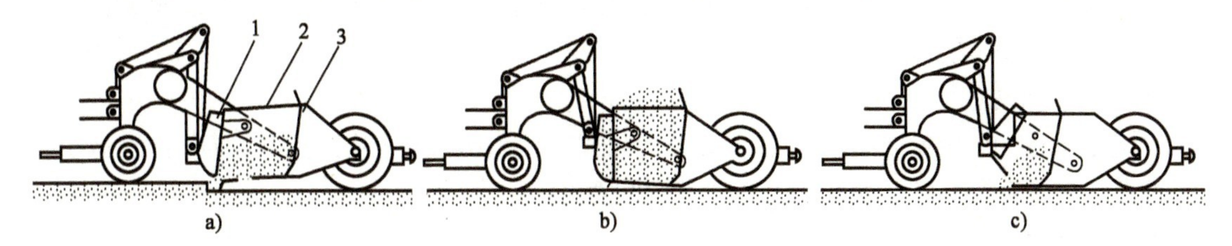

图 1-60 铲运机的作业过程

a)铲土作业;b)运土作业;c)卸土作业

1-斗门;2-铲斗;3-卸土板

1. 铲装过程

铲运机行驶至作业处,挂上低速挡,放下铲斗,同时提升斗门;铲斗靠自重或油压力切入土中;铲斗充满土后,提升铲斗离开地面,关闭斗门,铲装结束。

2. 运输过程

铲斗装满后运往卸土地点,此时尽量降低车辆重心,保证行驶的平稳性和安全性。

3. 卸铺过程

到达卸土区后,挂低速挡,将斗体置于某一高度,按铺层厚度要求,边走边卸。

4. 返回过程

卸土完毕后,提升铲斗,卸土板复位。尽量选择高速挡返回。

二、铲运机的基本作业

1. 起伏式铲土法

开始铲土时,切土较深可充分发挥发动机的功率,随着负荷增加,车速降低,发动机转速变慢,应逐渐减小铲刀切土深度,直到发动机恢复正常运转。然后再将铲刀下降切土,如此反复,直至装满铲斗。这种方法可以缩短铲土长度和铲土时间,对铲装沙土尤为有效。铲装过程中刀刃切削深度变化情况,如图 1-61 所示。

2. 跨铲法

跨铲法又称交替错开铲土法。铲土时先在第一排铲土道铲土,在两铲土道之间留出铲刀一半宽度的土埂;在第二排铲土时,起点距第一排铲土道的起点相距约半个铲土长度,其铲土方向对准第一排铲土后留下的土埂。以后每排铲土的方法,参照上述方法进行。这种铲装法,从第二排起,每次铲土的前半段铲土阻力将随着铲土量的增加而减少,发动机的负荷较均匀,在发动机功率不变的情况下,可缩短铲土时间,提高铲装效率,见图 1-62。

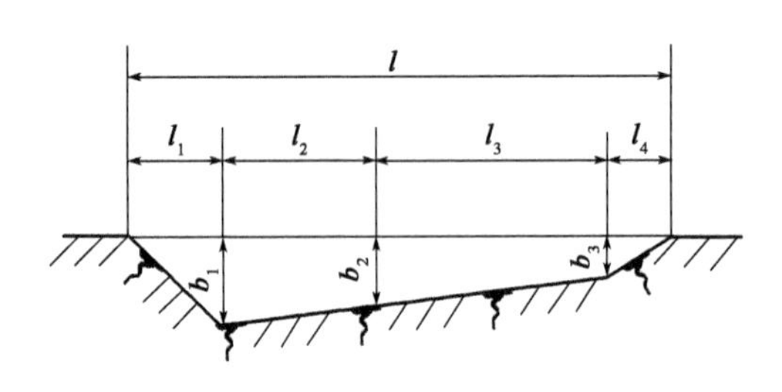

图 1-61　铲装过程中切削深度变化

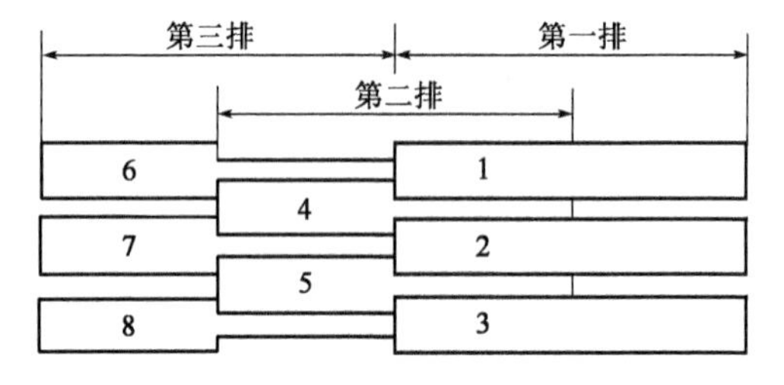

图 1-62　跨铲法铲土示意图

3. 快速铲土法

当铲运机进入铲土区后,利用铲运机的惯性,快速放下铲斗铲土,负荷增加后再换挡继续铲装,可提高效率,减少铲装时间。

4. 硬土预松法

对于坚硬的土,用松土机预先进行疏松,作业时,松土机应逐层进行疏松以配合铲运机作业,松土层的厚度要与铲运机的切土深度大体一致。

5. 下坡铲土法

利用自然坡和铲运机的重力作用,加大切土深度,缩短铲土时间。此法即可适用于有坡度的地形,也可在平坦的地段铲成下坡地形,铲土坡度一般为 3°~15°。

6. 助铲法

在施工时,一是由于铲运机自身动力原因使作业效率下降,二是由于土质的变化尤其是硬土地段刀片不宜切入土层,造成"刮地皮"现象,影响作业效率。为了解决这一问题,施工时往往用一台或多台牵引车采用前拉后推的方式帮助铲运机进行作业，如图 1-63 所示。

图 1-63　推土机为铲运机助铲

三、铲运机的施工作业

1. 铲运机的运行路线

施工时，铲运机常采用的运行路线有环形、8 字形、之字形、穿梭式和螺旋式等。

(1) 环形运行路线

如图 1-64a) 所示。铲运机在填筑路堤或挖掘路堑时，可按环形路线运行，完成一个循环有两次 180°回转。这种运行路线，大多用于工作地段狭小，运距短而高度不大的填筑或挖掘工作，施工中采用较多。

(2) 8 字形运行路线

8 字形运行路线如图 1-64b) 所示，8 字形运行路线为两个环形的组合，完成一个大循环有两次 180°回转，可完成两次铲土和卸土作业，其效率高于环形路线。铲运机左、右交替转弯，可减少单边磨损。缺点是要求有较大的施工工作面，地形要平坦，多机工作时容易产生相互干扰。一般用于填筑高度大于 2m 的工程。

(3) 之字形运行路线

之字形运行路线如图 1-64c) 所示，运行路线呈锯齿形，填挖到尽头后再掉头反向运行，运行时无急转弯，作业效率高。适用于工作地段较长，机群联合作业。其缺点是循环路线太大，松碎泥土的距离较长，作业时要有合理的施工组织。

(4) 穿梭式运行路线

穿梭式运行路线如图 1-64d) 所示，这种运行路线较合理地利用地形，在一个工作循环中完成两次铲土和卸土，空载行程少，效率高。适用于两侧取土且场地较宽的情况，但回转次数较多。

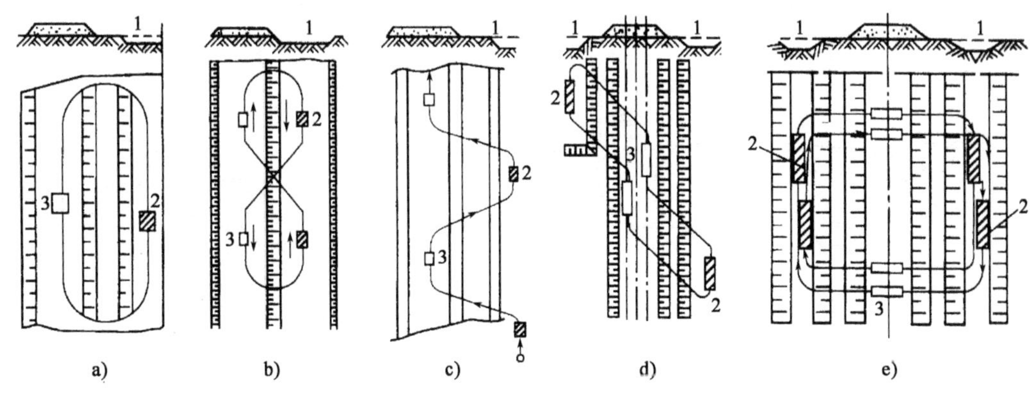

图 1-64　铲运机运行路线

a) 环形运行路线；b) 8 字形运行路线；c) 之字形运行路线；d) 穿梭式运行路线；e) 螺旋式运行路线

1-取土区；2-装土；3-卸土

(5)螺旋式运行路线

螺旋式运行路线如图1-64e)所示,类似穿梭式运行路线,在一个工作循环中完成两次铲土和卸土,运距短,效率高。

具体施工时,要根据施工要求和地质条件合理选择运行路线。在布置运行路线时,应考虑"挖近填远,挖远填近"的施工方法,这样可创造下坡取土的条件,保持较平坦的运行路线,以利铲运机等速行驶。

2. 铲运机的施工作业方法

(1)填筑路堤

①纵向填筑路堤。施工时从两侧开始,逐层铺卸,逐渐向路堤中线靠近,保持两侧高于中部,以保证作业质量和安全,如图1-65所示。

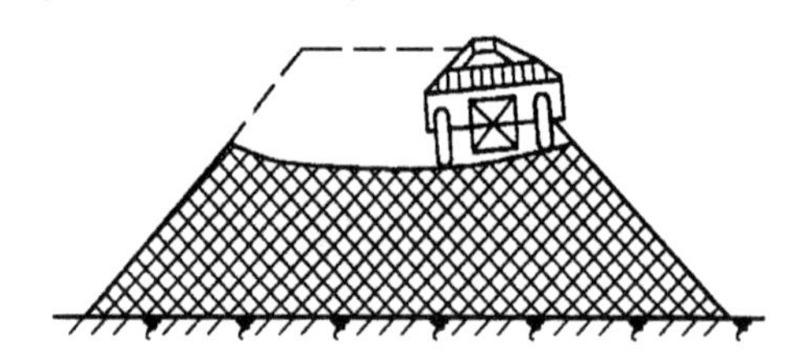

图1-65 纵向填筑路堤(由两侧向中间填筑)

填筑路堤高度小于2m时,应采用环形或之字形运行路线(地段较长);当填筑路堤高度大于2m,应采用8字形作业路线。这样可使进出口的坡道平缓些,保证铲运机作业安全。

当路基填到大于1m时,应修筑进出口上、下坡道,进出口间距一般在100m以下,上坡道为1∶6~1∶5,下坡道最大坡度为1∶2,宽度不小于最宽施工机械的行驶宽度。

②横向填筑路堤。可选用螺旋形运行路线,作业方法可参照纵向填筑路堤的施工方法。

(2)开挖路堑

开挖路堑的作业方式有移挖作填、挖土弃掉式综合施工等。铲运机开挖路堑,应先从路堑两侧开始,防止超挖或欠挖,见图1-66。开挖时,应先从路堑的两边开挖,以保证边坡的品质,防止超挖或欠挖。

(3)傍山挖土

傍山挖土是修筑山区道路的挖土方法,施工前先用推土机将顶坡边线和上下坡道推出,作业应按边坡线分层进行,保持外高里低的作业断面,如图1-67所示。

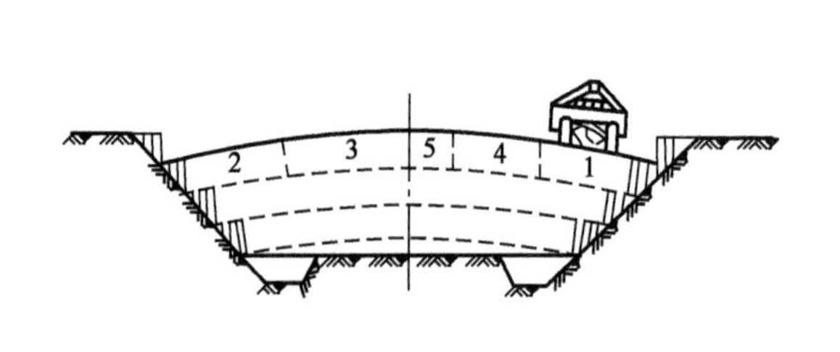

图1-66 铲运机开挖路堑的顺序

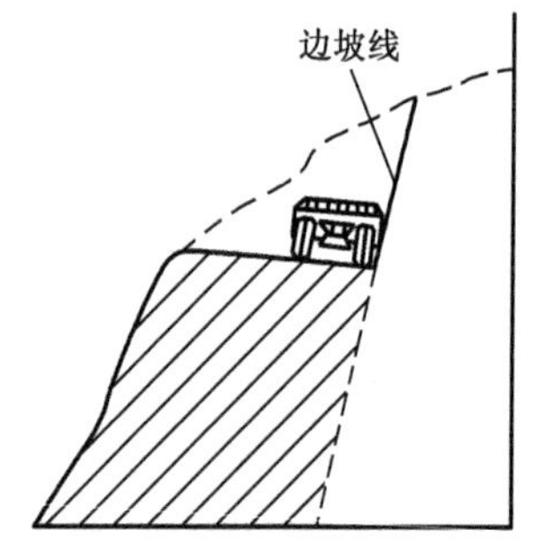

图1-67 铲运机傍山挖土

(4)平整场地

铲运机可以完成平整场地的作业,作业时可在挖填区高差大的地段进行,铲高填低。一般先在中部或一侧平整出一条标准带,然后由此逐步进行扩展作业,直至完成。施工面积较大时，可分块进行平整。

任务三　装　载　机

相关知识

一、装载机的用途、分类及发展状况

（一）用途

装载机是一种作业效率较高的铲装机械，用来装载松散物料和爆破后的矿石以及对土做轻度的铲掘工作，同时还能用于清理、刮平场地、短距离装运物料及牵引等作业。如果更换相应的工作装置，还可以完成推土、挖土、起重以及装载棒料等工作（图1-68）。因此，它被广泛用于建筑、筑路、矿山、港口、水利等行业。在公路，特别是在高速公路施工中，它主要用于路基工程的填挖、沥青和水泥混凝土料场的集料、装料等作业。由于它具有作业速度快、效率高、操作轻便等优点，因而装载机在国内外得到迅速发展，成为工程建设中土石方施工的主要机种之一。

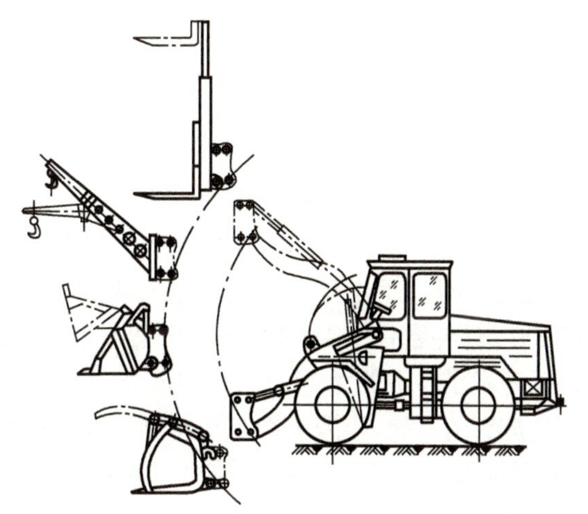

图1-68　装载机的可换工作装置

装载机的作业对象主要是：各种土、砂石料、灰料及其他筑路用散料状物料等。装载机自身运料的合理运距为：履带式一般不超过50m，轮胎式一般在50～100m且不超过100m。

（二）分类

1. 按发动机功率分

按发动机功率大小分为小型（功率小于74kW）、中型（功率74～147kW）、大型（功率147～515kW）和特大型（功率大于515kW）。

2. 按行走方式分

按行走方式分为轮胎式和履带式。

轮胎式装载机重量轻、速度快、机动灵活、效率高、不易损坏路面，但是接地比压大、通过性差、稳定性差、对场地和物料块度有一定要求，应用范围较广泛。

履带式装载机接地比压小，通过性好，重心低，稳定性好，附着性能好，牵引力大，但是速度低，机动灵活性差，制造成本高，行走时易损路面，转移场地需拖运。用在工程量大，作业点集中，路面条件差的场合。

3. 按传动方式分

按传动方式分为机械式传动、液力机械式传动、液压式传动和电传动等形式。

机械式传动结构简单、制造容易、成本低、使用维修较容易，但传动系冲击振动大，功率利用差，仅小型装载机采用；液力机械式传动系冲击振动小，传动件寿命高，车速随外载自动调节，操作方便，能减轻司机疲劳，一般大中型装载机多采用；液压式传动能无级调速、操作简单，但起动性差、液压元件寿命较短，仅小型装载机上采用；电传动能无级调速，工作可靠，维修简单，但设备质量大、费用高，一般大型装载机上采用。

4. 按铲斗回转程度分

按铲斗回转程度分为全回转、半回转、非回转(前卸式及侧卸式)。

(三)型号编制方法

国产装载机型号编制的第一个字母为 Z，后面字母 L 表示轮胎式，无 L 表示履带式，数字表示额定载重量(表示意义为 t×10)，如 ZL30 型装载机，表示额定载重量 3t 的轮胎式装载机，斗容 $1.5m^3$。

(四)发展状况

自装载机在国外于 20 世纪 20 年代问世以来，已经历了四轮驱动装载机、铰接式装载机和机电液一体化等发展阶段。现在，装载机不论在整机性能，还是作业效能、安全性、可靠性以及操作舒适性等方面都得到了较大提高，其技术水平已达到了较高的程度。

近年来，国内外装载机的发展趋势可归结如下几个方面：

1. 产品系列化，规格两头化

产品开发形成系列，并在发展大型轮胎式装载机的同时向小型化发展，产品系列化、成套化、多品种化成为主流。大小规格向两头延伸并向高卸位、远距离作业方向发展。国内开发了 ZL100 型(斗容量 $5.4m^3$)和 ZL72B 型(斗容量 $6.1m^3$)较大型装载机。而国外，美国卡特彼勒公司开发了斗容量为 $17.5 \sim 30.4m^3$ 的大型装载机。同时，为适应市政建设、城市环境和小型工地施工的需要，小型装载机也得到了较大的发展，例如日本生产的 310 型小型轮胎式装载机(斗容量仅为 $0.1m^3$)，功率约为 10kW；全液压传动小型装载机，在美国已占装载机总数的 40%。

2. 广泛采用新结构、新技术

采用新结构、新技术，可以提高机器效率、操作性、安全性和舒适性。

在装载机动力上，普遍采用废气涡轮增压柴油机。传动系统采用双泵轮液力变矩器，使发动机功率和装载机的牵引力随作业工况获得比较理想的匹配；有的装载机(例如日本神户制钢所的 LK1500 型装载机)在发动机和变矩器之间安装一个奥米伽离合器，使离合器传递转矩可在 0% ~100% 范围内变化；采用了新型差速器，避免了采用常规圆锥齿轮差速器时出现的一侧车轮打滑，另一侧车轮失去牵引性能的缺陷，如转矩比例式差速器、防滑差速器、限制滑动差速器；变速器采用了涡轮变速器(如美国克拉克 471C 装载机)。传动方式也有发展，出现了电动轮装载机。制动系统，国外已使用封闭结构油冷湿式多片制动器、双泵双管制动系统等。工作装置，普遍采用 Z 型连杆机构，以及反转单摇臂形式，以提高铲掘力。驾驶室装有 ROPS 和 FOPS 以及空调和隔音设备等。这些新结构、新技术的应用使机械始终保持在最佳工作状态，工作安全、可靠、舒适，并充分发挥司机的最大效能，提高机器的综合性能。

3. 向机电液一体化、电子化方向发展

随着电子技术、计算机技术的进步与不断发展，为保证机器的可靠性、安全性和节省能量，已将一些电子技术、智能技术用在装载机等一些工程机械上，以提高机器的各种性能和作业质量。我国"ZL50G 机器人化装载机"项目的主要技术成果"工作装置电液比例控制系统"，采用了具有自主知识产权的脉宽调制电液比例控制模块，通过计算机控制技术实现了装载机工作装置的电液比例控制，极大地改善了装载机的控制性能，减轻了司机的劳动强度。再如克拉克公司的定轴式动力换挡变速器和卡特彼勒公司的行星动力换挡变速器，由于采用了半自动或自动换挡，因而改善了装载机的使用性能与操作性能，司机只需集中注意力行车即可。半自动换挡与全自动换挡的区别在于后者随负荷与速度的变化而自动换挡。

4. 追求快速、灵活、高效

由于轮胎式装载机具有质量轻、速度快、机动灵活、效率高、维修方便等一系列优点，所以，国内外轮胎式装载机发展较快，轮胎式装载机在品种规格、数量上都远比履带式装载机为多。

（五）主要技术参数

表 1-4 列出了几种装载机的主要技术性能参数。

装载机的主要技术性能参数　　表 1-4

项　　目	型　　号				
	ZL10 型铰接式装载机	ZL20 型铰接式装载机	ZL30 型铰接式装载机	ZL40 型铰接式装载机	ZL50 型铰接式装载机
发动机型号	495	695	6100	6120	6135Q-1
最大功率/转速 kW/(r/min)	40/2400	54/2000	75/2000	100/2000	160/2000
最大牵引力(kN)	31	55	72	105	160
最大行驶速度(km/h)	28	30	32	35	35
爬坡能力(°)	30	30	30	30	30
铲斗容量(m^3)	0.5	1	1.5	2	3
载重量(t)	1	2	3	3.6	5
最小转弯半径(m)		4.85	5.00	5.23	5.70
传动方式	液力机械式	液力机械式	液力机械式	液力机械式	液力机械式
变矩器形式	单涡轮式	双涡轮式	双涡轮式	双涡轮式	双涡轮式
前进挡数	2	2	2	2	2
倒退挡数	1	1	1	1	1
操纵形式	液压	液压	液压	液压	液压
外形尺寸(m×m×m)	4.5×1.8×2.6	5.7×2.2×2.7	6.0×2.4×2.8	6.5×2.5×3.2	6.8×2.8×2.7
整机质量(t)	4.2	7.2	9.2	11.5	16.5
制造厂商	烟台工程机械厂	成都工程机械厂	成都工程机械厂	厦门工程机械厂	柳州、厦门工程机械厂

二、装载机的基本构造

装载机一般由动力装置、传动系、转向系、制动系、工作装置、液压系统和操作系统组成。装载机有轮胎式（图 1-69）和履带式（图 1-70）。装载机以轮胎式为主，轮胎式装载机的动力由柴油发动机提供，大多采用液力变矩器、动力换挡变速器的液力机械传动形式（小型装载机有的采用液压传动或机械传动），液压操纵、铰接式车体转向、双桥驱动、宽基低压轮胎、工作装置多采用反转连杆机构等。

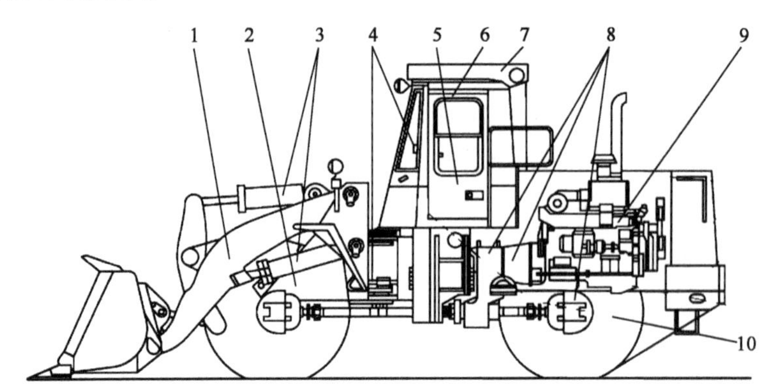

图 1-69　轮胎式装载机的构造简图

1-动臂;2-前轮;3-油缸;4-转向系;5-空调系统;6-驾驶室;7-保护装置;8-传动系;9-发动机;10-后轮

(一)传动系

轮胎式装载机传动系由变矩器、变速器、传动轴、前后驱动桥、轮边减速器等组成。ZL50 型装载机传动系,如图 1-71 所示。该传动系统采用液力传动。发动机装在机架上,其动力传给液力变矩器,行星换挡变速器,经传动轴和分别传到前、后桥,轮边减速器及驱动轮。发动机的动力还经过分动箱驱动工作装置油泵工作。

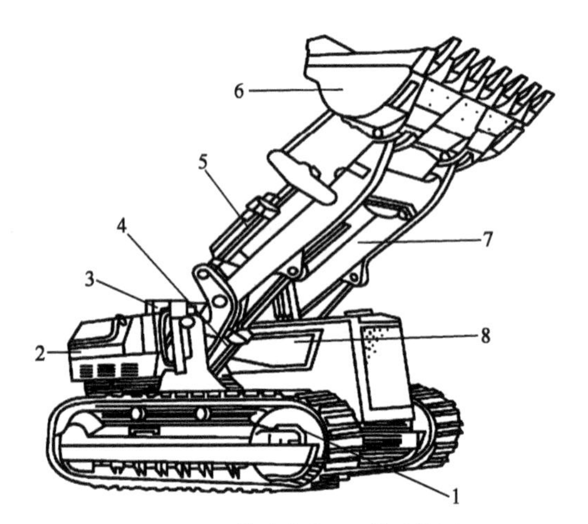

图 1-70　履带式装载机的构造简图

1-行走机构;2-油箱;3-驾驶室;4-动臂油缸;5-转斗油缸;6-铲斗;7-动臂;8-发动机

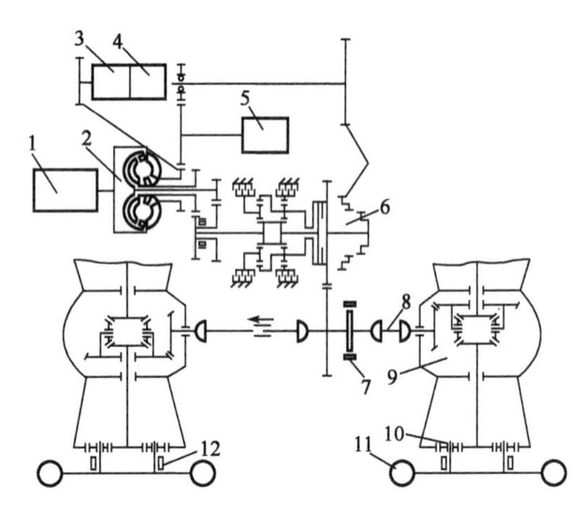

图 1-71　ZL50 型装载机传动系

1-发动机;2-液力变矩器;3-油泵;4-变速油泵;5-转向油泵;6-变速器;7-驻车制动;8-传动轴;9-驱动桥;10-轮边减速器;11-轮胎;12-行车制动器

采用液力变矩器后,可以使装载机根据道路情况和阻力大小自动调节发动机输出的转矩和转速,以适应不断变化的各种工况,提高了装载机的适应性能。因此,可使发动机能经常在额定工况下工作。同时,还可避免因外载荷的突然增加而使发动机熄火。保证了各个油泵的正常工作,提高了装载机的安全性、可靠性和牵引性能。

变速器具有两个前进挡和一个倒退挡。Ⅰ挡和倒退挡采用行星变速机构,Ⅱ挡为直接挡,它们分别由一挡摩擦片离合器、倒挡摩擦片离合器的制动和直接挡闭锁离合器的接合来完成的。轮胎式装载机的驱动桥分为前桥和后桥,前桥刚性固定,后桥采用中心摆动结构,使后桥摆动中心与动力输入中心重合,减少了附加力引起的转矩对传动系统的冲击,延长了驱动桥的使用寿命,提高了司机的舒适性,同时也降低了整机重心,增加了整机的稳定性。前桥的主动螺旋锥齿轮为左旋,后桥则为右旋。

(二)转向系

转向系统能够根据作业要求保持装载机稳定地沿直线方向行驶或改变其行驶方向。轮胎式装载机目前大多采用铰接式结构,其转向系统主要由油泵、粗滤油器、精滤油器、液压转向器、分流阀、转向油缸等组成。其转向液压原理,如图 1-72 所示。

系统油路由主油路和先导油路组成。转向油缸的换向阀由先导油路来控制换向,先导油路的流量变化与主油路中进入转向油缸的流量变化成比例,低压小流量控制高压大流量。转向盘不转动时,转向器 7 两出口关闭,流量放大阀 2 的主阀杆在复位弹簧的作用下保持中立,转向油泵 5 与转向油缸 1 的油路断开,主油路经过流量放大阀中的流量控制阀卸荷回油箱。当转动转向盘时,转向器排出的油与转向盘的转角成正比,先导油进入流量放大阀后,通过主阀杆上的计量小孔控制主阀杆位移,即控制开口的大小,进而控制进入转向油缸的流量。由于流量放大阀采用了压力补偿,使得进出口的压力差基本保持一定值,因而进入转向油缸的流量与负荷无关,而只与主阀杆上开口大小有关。停止转向后,主阀杆一端先导压力油经计量小孔卸压,两端油压趋于平衡,在复位弹簧的作用下,主阀杆回复到中位,从而切断到油缸的主油路。

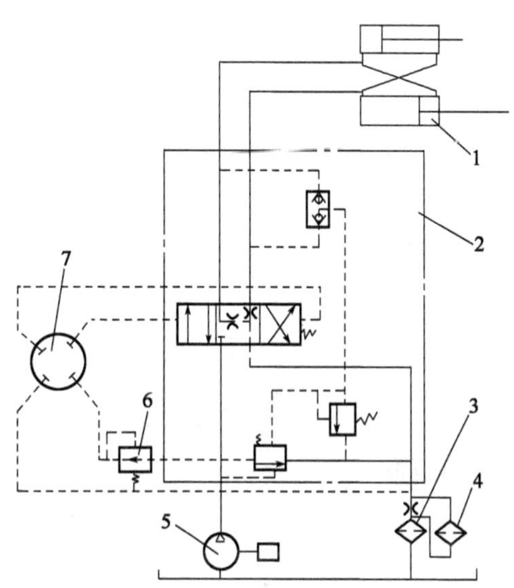

图 1-72　轮胎式装载机转向液压系统原理图

1-转向油缸;2-流量放大阀;3-精滤油器;4-散热器;5-转向油泵;6-减压阀;7-全液压转向器

液压操纵转向机构操纵力小,司机不易疲劳,动作迅速,有利于提高生产率。故在大型轮胎式机械中广泛采用液压转向机构。

(三)制动系

制动系用于机械行驶时降速或停驶,以及在平地或坡道上较长时间停车,按功能可以分为行车制动和驻车制动两大系统。

1. 行车制动系统

轮胎式装载机行车制动(又称脚制动)系统一般用气压、液压或气液混合方式进行控制。气液混合方式的气顶液双管路四轮制动如图 1-73 所示,它是由空气压缩机、油水分离器、储气罐、双管路气制动阀、盘式制动器等组成。

工作时,压缩空气经油水分离器 6 过滤后,经压力控制器 5、单向阀 9 进入储气罐 8。制动时,踩下气制动阀 4,压缩空气分两路进入前、后加力器 2,使制动液产生高压,进入盘式制动器 1 制动车轮。

2. 驻车制动器系统

驻车制动(又称手制动)系统用于装载机在工作中出现紧急情况时制动,也用在停车后使装载机保持原位置,不致因路面倾斜或其他外力作用而移动,以及当装载机的气压过低时制动机械起保护作用。

轮胎式装载机的驻车制动有两种形式:一种是机械式操纵的制动系统,它主要由操纵杆、软轴、制动器等组成,多用在小型轮胎式装载机上;另一种是气制动系统,它主要由储气罐、控制按钮、制动控制阀、制动气室、制动器等组成,可以实现人工控制和自动控制。人工控制是司机操纵制动控制阀上的控制按钮,使制动器接合或脱开;自动控制是当制动系统气压过低时,控制阀会自动关闭,制动器处于制动状态,如图 1-74 所示。人工控制时,司机手动操纵控制按钮 2,当按下控制按钮时,储气罐 1 中的压缩空气经驻车及紧急制动控制阀 3 进入制动气室 4,压缩空气进入制动气室时,压缩大弹簧,制动器 5 被松开,解除制动;当拉出按钮时,压缩空气被释放,大弹簧复位制动器接合,制动器处于制动状态。自动控制时,当系统气压过低制动器会自动进入制动状态。

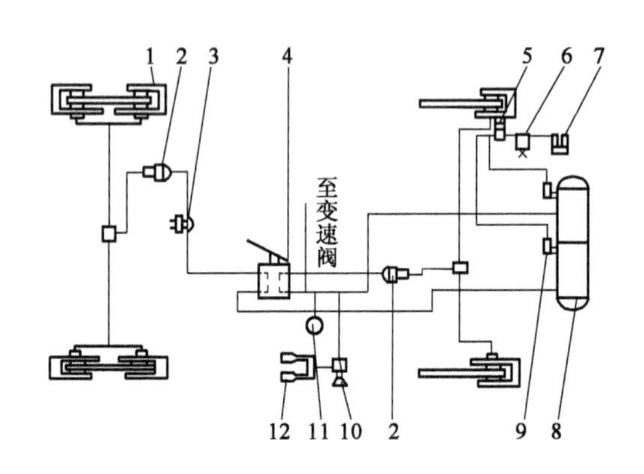

图 1-73　行车制动系

1-盘式制动器;2-加力器;3-制动灯开关;4-双管路气制动阀;5-压力控制器;6-油水分离器;7-空气压缩机;8-储气罐;9-单向阀;10-气喇叭开关;11-气压表;12-气喇叭

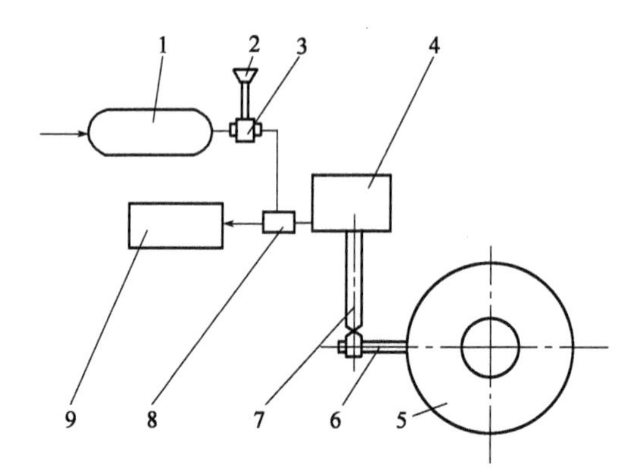

图 1-74　驻车及紧急制动系统

1-储气罐;2-控制按钮;3-驻车及紧急制动控制阀;4-制动气室;5-制动器;6-拉杆;7-顶杆;8-快放阀;9-变速操纵空挡装置

(四)工作装置

装载机的工作装置由连杆机构构成,常用的连杆机构有正转六连杆机构、正转八连杆机构和反转六连杆机构,如图 1-75 所示。

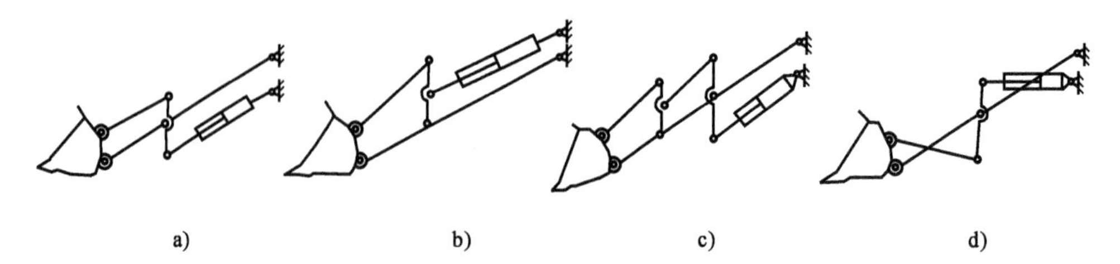

图 1-75　常用的铲斗工作装置连杆机构

a、b)正转六连杆机构;c)正转八连杆机构;d)反转六连机构

轮胎式装载机的工作装置广泛采用正转八连杆和反转六连杆机构。我国 ZL 系列轮胎式装载机的工作装置则多数采用反转 Z 型六连杆机构。

反转六连杆转斗机构由铲斗、动臂、摇臂、连杆(或托架)、转斗油缸和动臂油缸等组成,如图 1-76 所示。

在装载机进行作业时，工作装置应能保证：当转斗油缸闭锁，动臂举升或降落时，连杆机构能使铲斗上下平动或接近平动，避免铲斗倾斜而撒落物料；当动臂处在任何位置，铲斗绕动臂铰点转动进行卸料时，其卸料角不小于45°，在最高位置卸料后，当动臂下降时，又能使铲斗自动放平。

履带式装载机工作装置多采用正转八连杆或正转六连杆转斗机构。正转六连杆机构形成两个正转四连杆机构。该机构的转斗油缸通常布置在动臂的后上方并铰接在机架上，铲斗物料撒漏时不易损伤油缸。由于工作装置的重心靠近装载机，因而有利于提高铲斗的装载量。正转八连杆主要由铲斗、动臂、摇杆、拉杆、弯臂、转斗油缸和动臂油缸等组成，如图1-77所示。

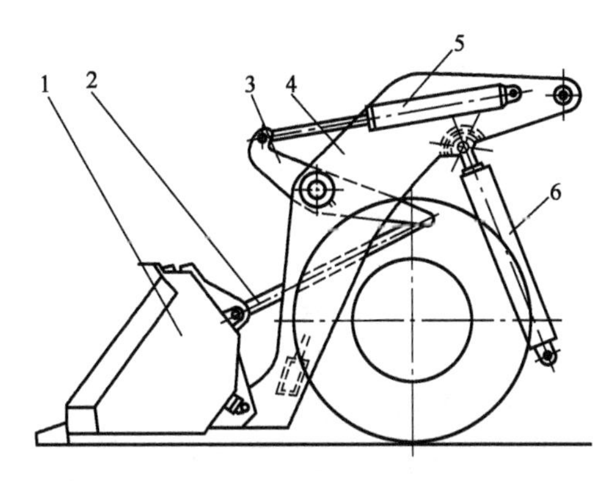

图1-76 轮胎式装载机工作装置结构

1-铲斗；2-连杆；3-摇臂；4-动臂；5-转斗油缸；6-动臂油缸

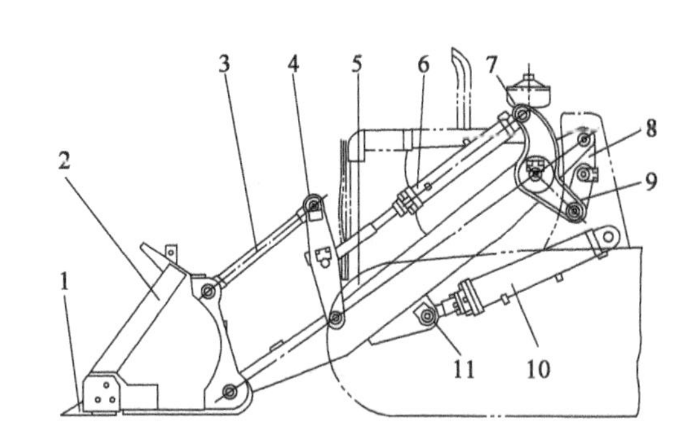

图1-77 履带式装载机工作装置

1-斗齿；2-铲斗；3-拉杆；4-摇杆；5-动臂；6-转斗油缸；7-弯臂；8-销臂装置；9-连接板；10-动臂油缸；11-销轴

1. 铲斗

装载机铲斗，如图1-78所示。铲斗斗体常用低碳、耐磨、高强度钢板焊接而成，切削刃采用耐磨的中锰合金钢材料，侧切削刃和加强角板都用高强度耐磨材料制成。

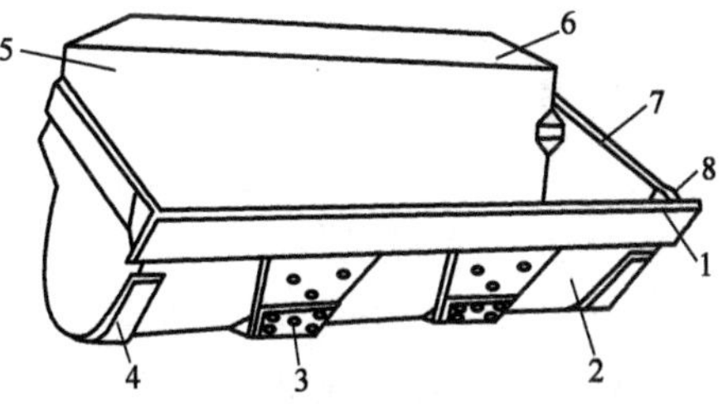

图1-78 铲斗结构图

1-切削刃；2-斗底；3-防护支脚；4-耐磨板；5-后斗壁；6-挡板；7-侧切削刃；8-角板

铲斗切削刃的形状分四种，如图1-79所示。齿形的选择应考虑插入阻力、耐磨性和易于更换等因素。齿形分尖齿和钝齿，轮胎式装载机多采用尖形齿，履带式装载机多采用钝齿形；斗齿的数目视斗宽而定，一般齿距在150～300mm比较合适。斗齿结构分整体式和分体式，中小型装载机多采用整体式；大型装载机由于作业条件恶劣，斗齿磨损严重，常用分体式。分体式斗齿分为基本齿和齿尖两部分，如图1-80所示，磨损后只需更换齿尖。

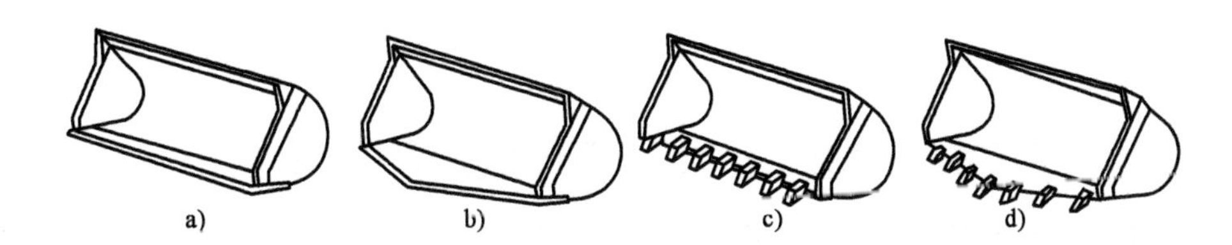

图1-79 铲斗结构形式简图

a)直型斗刃铲斗；b)V形刃铲斗；c)直型带齿铲斗；d)V形带齿铲斗

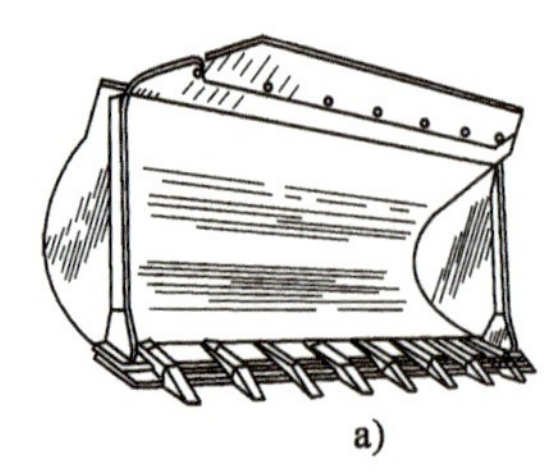
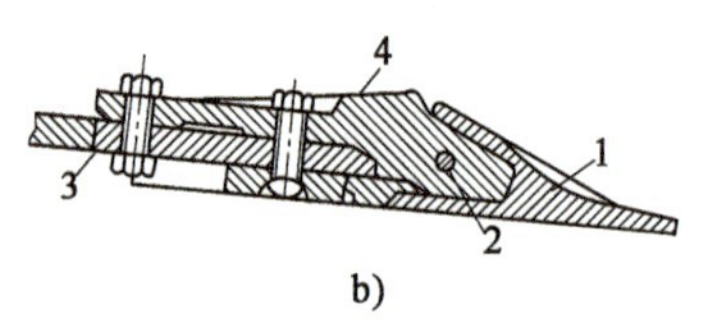

a) b)

图 1-80 分体式斗齿的铲斗

a)装有分体式斗齿的铲斗;b)分体式斗齿

1-齿尖;2-基本齿;3-切削刃;4-固定销

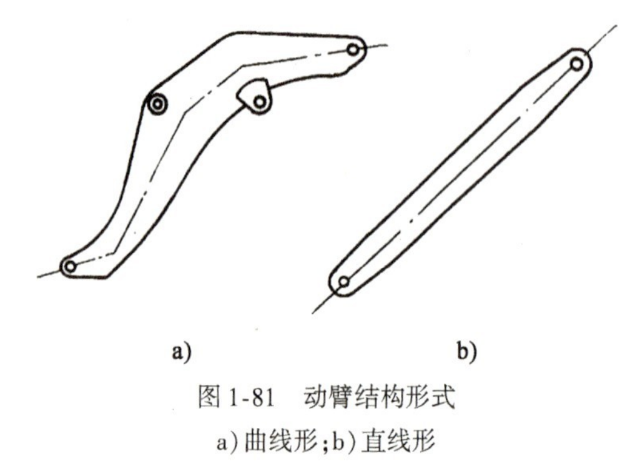

图 1-81 动臂结构形式

a)曲线形;b)直线形

2. 动臂结构

动臂用来安装和支承铲斗,并通过举升油缸实现铲斗升降。动臂的形状按其纵向中心形状分为直线形和曲线形两种,如图 1-81 所示。直线形动臂多用于正转式连杆工作装置(履带式装载机),曲线形动臂常用于反转式连杆工作装置(轮胎式装载机)。动臂的断面结构形式有单板、双板和箱形。单板式动臂结构简单,工艺性好,制造成本低,但扭转刚度较差,小型装载机多采用单板;大中型装载机多采用双板形或箱形断面结构的动臂,以加强和提高抗扭刚度。

3. 限位机构

为使装载机在作业过程中操纵简便、动作准确、安全可靠、生产率高,在工作装置中常设有铲斗前倾及后倾角限位、动臂升降自动限位装置以及铲斗自动放平机构。

在铲装、卸料作业时,对铲斗后倾、前倾角度有一定的要求,要进行限位控制,限位方式多采用限位挡块。后倾角限位的限位块分别安装(焊接)在铲斗后斗臂背面和动臂前端与之相对应的位置上;前倾角限位的限位块安装(焊接)在铲斗前斗臂背面和动臂前端与之相对应的位置上,也可将限位块放置在动臂中部限制摇臂转动的位置上。这样可以控制前倾及后倾角,防止连杆机构超越极限位置而发生干涉现象。

动臂升降气控自动限位由凸轮、气阀、储气罐、动臂油缸控制阀等组成。其功能是使动臂在提升或下降到极限位置时,动臂油缸控制阀能自动回到中间位置,限制动臂继续运动,防止事故发生。

铲斗气控自动放平机构由凸轮、导杆、气阀、行程开关、储气罐、转斗油缸控制阀等组成。其功能是使铲斗在任意位置卸载后自动控制铲斗上翻角,保证铲斗降落地面铲掘位置时,斗底与地面保持合理的铲掘角度。

拓展知识

CAT966D 型装载机工作装置液压操纵系统

装载机工作装置液压控制系统的发展主要经历了三个阶段:由操纵杆手动直接控制换向阀阀芯,到由手动先导比例减压阀液控主换向阀,之后发展为目前先进的计算机控制下的电液比例控制技术,其控制性能及自动化程度逐步提高。

装载机工作装置液压系统原理见图1-82，主要由工作油泵、分配阀、安全阀、动臂油缸、转斗油缸、油箱、油管等组成。

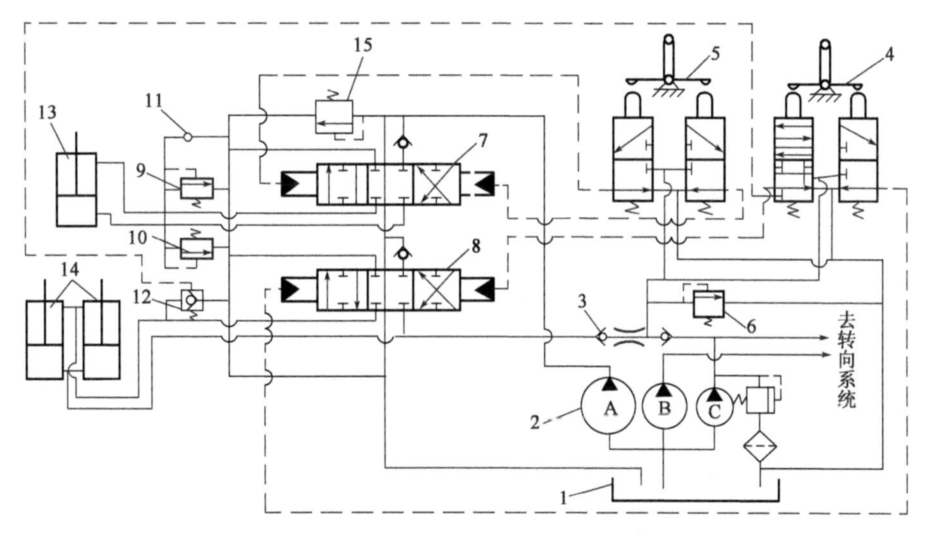

图1-82 CAT966D型载机工作装置液压系统

1-油箱；2-油泵组；3-单向阀；4-举升先导阀；5-转斗先导阀；6-先导油路调压阀；7-转斗油缸换向阀；8-动臂油缸换向阀；9、10-安全阀；11-补油阀；12-液控单向阀；13-转斗油缸；14-动臂油缸；15-主油路限压阀；A-主油泵；B-转向油泵；C-先导油泵

装载机工作装置的液压系统应保证工作装置能完成铲掘、提升、保持、翻斗等动作，这就要求动臂油缸操纵阀必须具有提升、保持、下降和浮动四个位置，而转斗油缸操纵阀必须具有后倾、保持和前倾三个位置。

在大中型现代化装载机的工作装置液压系统中，已普遍采用先导式操纵的液压系统，用以改善操作性能。采用先导控制方式，还可对多路换向阀进行远距离操纵，有利于结构较大的多路换向阀进行合理布置，缩短主工作油路，减少沿程压力损失，这对提高大功率装载机的经济效益有着十分重要的意义。

由图1-82可见，CAT966D型装载机工作装置的液压控制系统由工作装置主油路系统和先导油路系统组成。主油路多路换向阀由先导油路系统控制，操纵十分轻便。

先导控制油路是一个低压油路，由先导油泵C供油，举升先导阀4和转斗先导阀5分别控制动臂油缸换向阀8和转斗油缸换向阀7的阀杆（亦称主阀芯）向左或向右移动，改变工作油缸多路换向阀的工作位置，使工作油缸处于相应的工作状态，以实现铲斗升降、转斗或处于闭锁工况。

在先导控制回路上设有先导油路调压阀6，在动臂举升油缸无杆腔与先导油路的连接管路上设有单向阀。在发动机突然熄火的情况下，先导油泵无法向先导控制油路中提供压力油时，举升油缸在动臂和铲斗的自重作用下，无杆腔的液压油可通过单向阀3向先导控制油路供油，同样可以操纵举升先导阀4和转斗先导阀5，使铲斗下落，还可实现铲斗前倾或后转。

在转斗油缸13的两腔油路上，分别设有安全阀9和10，当转斗油缸过载时，两腔的压力油可分别通过安全阀9和安全阀10直接卸荷回油箱。

当铲斗前倾卸料速度过快时，转斗油缸的活塞杆将加快收缩运动，有杆腔可能出现供油不足。此时，可通过补油阀11直接从油箱向转斗油缸有杆腔补油，避免气穴现象的产生，消除机械振动和液压噪声。同时，工作装置的左右动臂举升油缸在铲斗快速下降时，也可通过液控单向阀12直接从油箱向举升油缸上腔补充供油,防止液压缸内形成局部真空,影响系统正常工作。

CAT966D型装载机的工作装置设有两组自动限位机构,分别控制铲斗的最高举升位置和铲斗最佳切削角的位置。

应用与技能

一、装载机的工作过程

装载机的工作过程由铲装、转运、卸料和返回四个过程组成。

铲装过程:首先将铲斗的斗口朝前平放在地面上,装载机以低速行驶,使铲斗插入料堆,当铲斗装满物料后,收斗使斗口朝上,完成铲装过程。

转运过程:举升动臂,使铲斗升起一定高度,装载机退行,行驶至卸料处。

卸料过程:铲斗对准卸料堆上方,使铲斗向前倾翻,物料卸下。

返回过程:物料卸完后,将铲斗收回至水平位置,装载机行驶至装料处,放下铲斗,准备铲装。

二、装载机的基本作业

(一)铲装松散材料(一次铲装法)

首先将铲斗水平置于地上,斗口朝前,低速前进使铲斗斗齿插入料堆,装满后收斗,提升动臂,倒退,转驶至卸料处卸料返回,如图1-83所示。

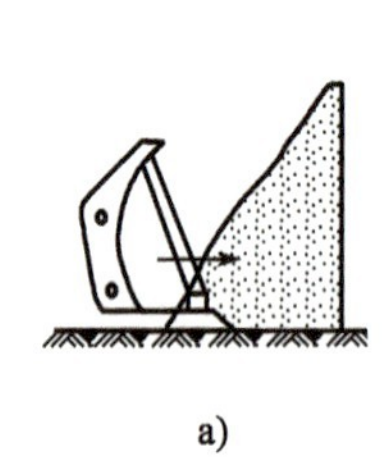
a)

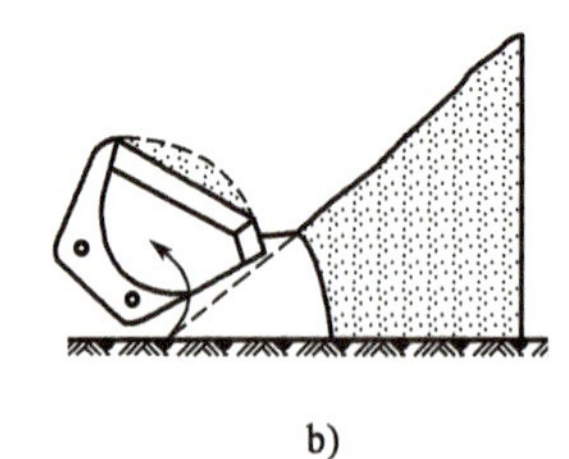
b)

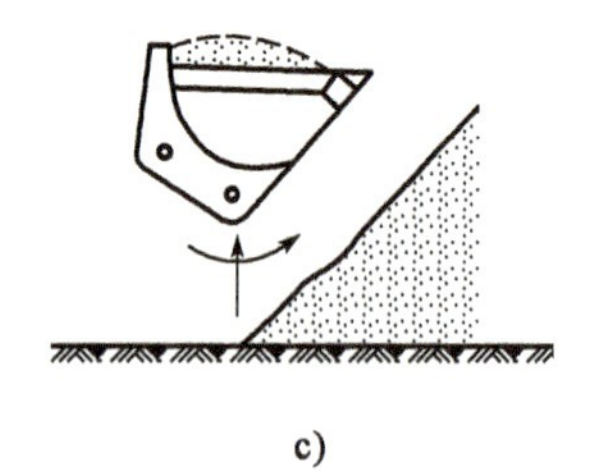
c)

图1-83 装载机铲装松散物料

一次铲装法操作简单,对司机操作水平要求不高,但作业阻力大,需把铲斗很深地插入料堆,因此,要求装载机有较大的插入力和较大的功率来克服铲斗上翻的转斗阻力,常用在铲装容重轻的松散物料,如煤、沙、焦炭等。

(二)铲装停机面以下的物料

铲装时放下铲斗,使其与地面形成一定的铲土角(10°~30°),装载机以Ⅰ挡速度前进,切土深度保持在15~20cm。作业时,为了减少阻力,可操纵动臂使铲斗上下颤动,或稍微调整铲土角度,直到铲斗装满为止。装满物料后收斗,举升动臂,驶离工作面运至卸料处,如图1-84所示。

(三)铲装土丘

1. 分层铲装法

铲装时,铲斗朝前铲装物料,当铲斗插入物料堆一定深度时,操纵动臂油缸提升铲斗,直至铲满铲斗,如图1-85所示。采用这种方法作业时,由于插入不深,阻力小,配合动臂提升,作业较平稳,铲装作业面长,充满系数较高。

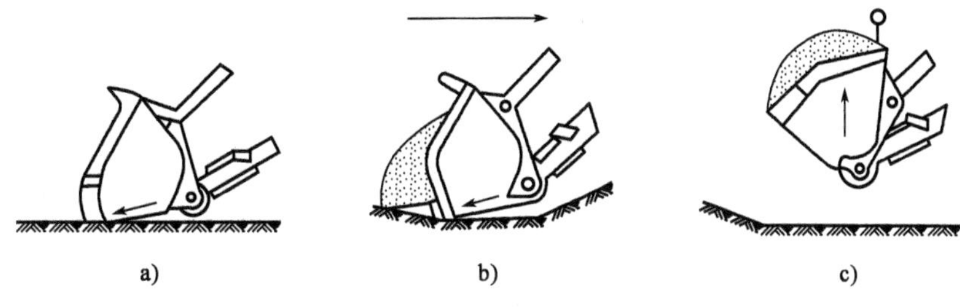

图 1-84　装载机铲装停机面以下物料

2. 分段法

作业时，铲斗稍稍前倾，待插入一定深度后，将铲斗提升一定高度，接着进行第二次插入，如此反复，直至装满铲斗或升到工作面处为止，如图 1-86 所示。这种方法适用于土质较硬的施工作业，由于铲斗依次进行插入和提升动作，铲斗的充满系数较高，但操作复杂，离合器易磨损。

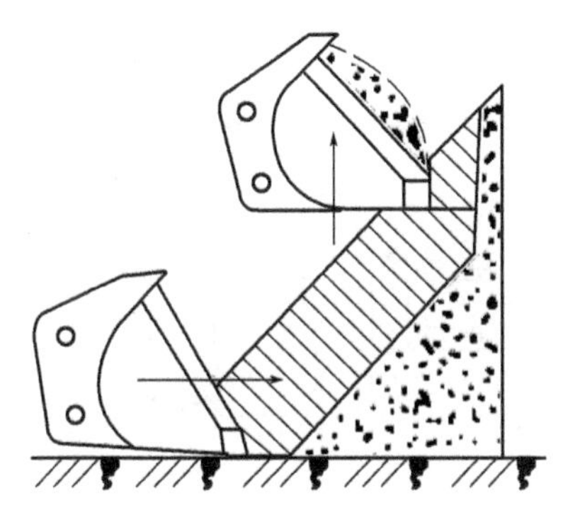

图 1-85　装载机分层铲装法

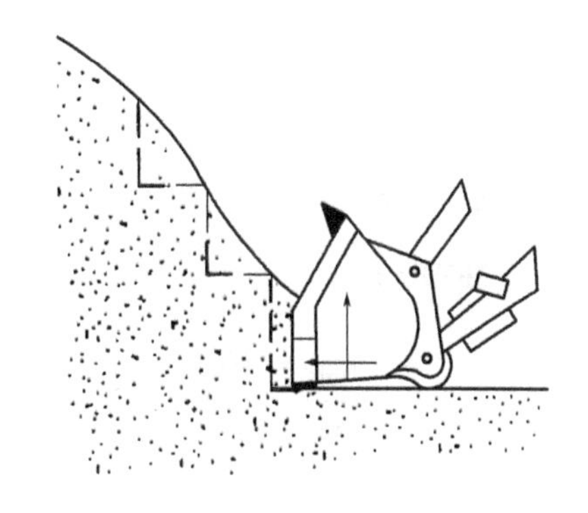

图 1-86　装载机分段铲装法

三、装载机的施工作业

装载机的施工作业，主要与自卸汽车配合。在施工中，装载机的转移、卸料与汽车位置配合的程度，对生产效率影响很大。因此，必须合理组织施工。常采用的施工作业方法有：

（一）V 形作业法

如图 1-87a）所示，作业时，自卸汽车与工作面呈一定角度，车箱斜对着工作面。装载机装满铲斗后，在倒车驶离工作面的过程中，转向一定角度，使装载机正对着自卸汽车，然后前行至自卸汽车前卸载。卸载后，装载机倒车驶离自卸汽车，再转向驶向工作面，进行下一个工作循环。

（二）I 形作业法（穿梭作业法）

如图 1-87b）所示，作业时，自卸汽车平行于工作面停放，并配合装载机前进和后退完成装载作业。装载机垂直于工作面铲装和倒退作业，将铲装的物料装满自卸汽车。采用这种方法时，装载机不用掉头，但需要自卸汽车来回行驶配合作业，机械间容易相互干扰，增加了装载机的作业时间。同时，要求装载机和自卸汽车的司机配合默契。

（三）T 形作业法

如图 1-87c）所示，自卸汽车平行于工作面停放，但距离较远。装载机装满后，倒退并转向

90°,然后相反方向转90°,驶向自卸汽车卸载。

(四)L形作业法

如图1-87d)所示,自卸汽车倒驶并垂直于工作面停放,装载机铲满物料后,倒退并转向90°,然后垂直驶向自卸汽车卸载。卸载后,倒退转向90°,驶向工作面,如此循环作业。

以上作业方法各有各自特点,施工时具体采用哪种形式,可根据的施工环境、场地、物料、司机等情况而定。

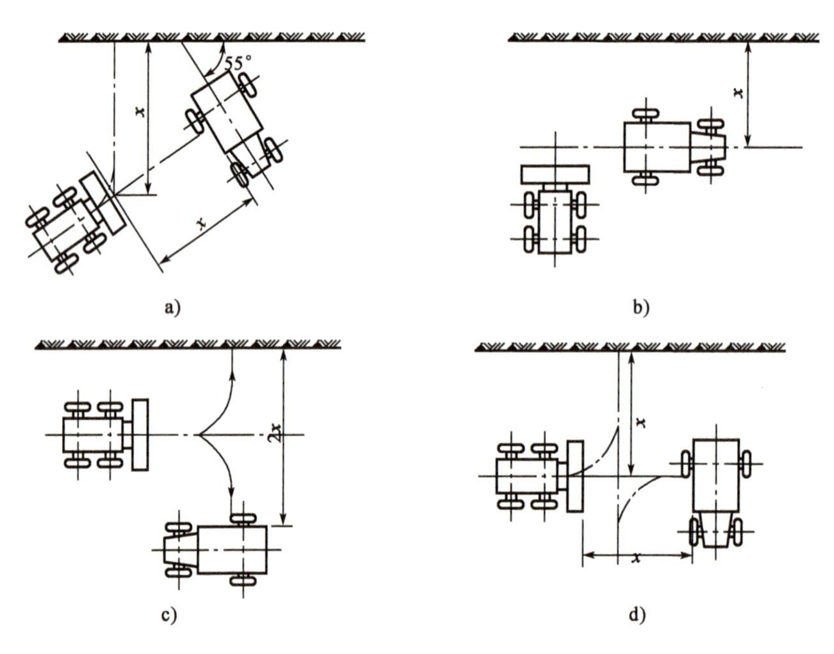

图1-87 装载机施工作业方法

任务四 平 地 机

相关知识

一、平地机的用途、分类及发展状况

(一)用途

平地机是一种以刮刀为主,配有其他辅助作业装置,进行土的切削、刮送和整平作业的工程机械。它可以进行砂石、砾石路面及路基面层的整形和维修,表层土或草皮的剥离,开挖边沟,修刮边坡等。平地机的刮刀比推土机的铲刀更加灵活;它能连续改变刮刀的平面角和倾斜角,并可使刮刀向任意一侧伸出。因此,平地机是一种多用途的连续作业式土方机械。

公路施工中,可利用平地机进行路基基底处理,完成草皮或表层剥离;从路线两侧取土,填筑高度小于1m的路堤;整修路堤的断面;旁刷边坡;开挖路槽和边沟;在路基上拌和、摊铺路面基层材料。平地机可以用于整修和养护土路,清除路面积雪。在机场和现代交通设施建设的大面积、高精度的场地平整工作中,更是其他道路施工机械所不能替代的。

除了具有作业范围广、操纵灵活、控制精度高等特点外,平地机在作业过程中空行程时间只占15%左右。因此,有效作业时间明显高于装载机和推土机,是一种高效的土方施工作业机械。

(二)分类

(1)按发动机功率分为轻型(功率小于56kW)、中型(功率在56~90kW)、重型(功率在90~149kW)、超重型(功率大于149kW)。

(2)按车轮对数、驱动轮对数和转向轮对数分为2×1×1、2×2×2、3×2×1、3×3×1、3×3×3等,如图1-88所示。其中:

四轮平地机:2×1×1型——前轮转向,后轮驱动;

2×2×2型——全轮转向,全轮驱动。

六轮平地机:3×2×1型——前轮转向,中后轮驱动;

3×3×1型——前轮转向,全轮驱动;

3×3×3型——全轮转向,全轮驱动。

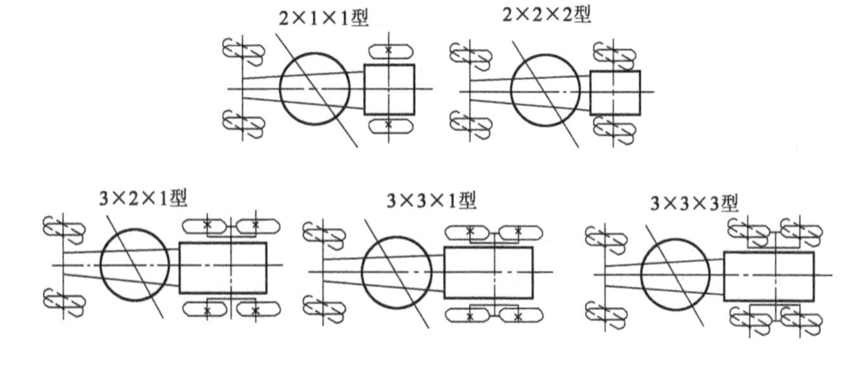

图1-88 平地机按车轮数分类示意图

驱动轮对数越多,在工作中所产生的附着牵引力越大;转向轮越多,平地机的转弯半径越小。因此,上述五种形式中3×3×3型的性能最好,大中型平地机多采用这种形式。2×2×2型和2×1×1型均在轻型平地机中使用。目前,转向轮装有倾斜机构的平地机获得了广泛的应用。装设倾斜机构后,在斜坡工作时,车轮的倾斜可提高平地机工作的稳定性;在平地上转向时,能进一步减小转弯半径。

(3)按车架结构分为整体式和铰接式。图1-89示出了最普通的箱形结构的机架,它是一个弓形的焊接结构。弓形纵梁2为箱形断面的单桁梁,工作装置及其操纵机构就悬挂或安装在此梁上。机架后部由两根纵梁和一根后横梁5组成。机架上面安装着发动机、传动机构和驾驶室;机架下面则通过轴承座4固定在后桥上;机架的前鼻则以钢座支承在前桥上。

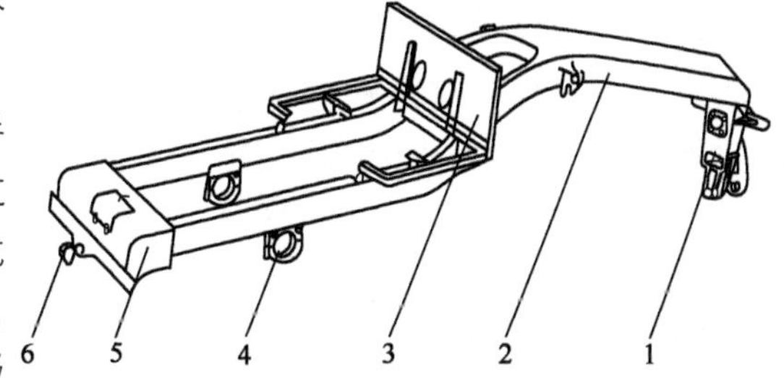

图1-89 整体式机架

1-铸钢座;2-弓形纵梁;3-驾驶室底座;4-轴承座;5-后横梁;6-拖钩

整体机架式有较大的整体刚度,但转弯半径较大;铰接式转弯半径小,可以容易地通过狭窄地段,能快速掉头,在弯道多的路面上尤为适宜,采用铰接式机架可以扩大作业范围,在直角拐弯的角落处,刮刀刮不到的地方极少,在斜坡上作业时,可将前轮置于斜坡上,而后轮和机身可在平坦的地面上行进,提高了机械的稳定性,使作业比较安全。

(4)按操纵方式分为机械操纵式和液压操纵式。

(三)型号编制方法

国产平地机编号第一个字母为P,Y表示液压式,数字表示发动机功率(马力)。PY180平地机表示发动机功率为180马力的液压式平地机。

(四)发展状况

随着科学技术的进步和工业的发展,平地机也因为采用了新技术、新工艺和新材料而不断发展改进。纵观近几十年来世界各主要平地机生产厂家和公司的发展情况,多数产品仅是做一些完善和修改,在机械结构上,平地机已发展到比较完善的地步。如果以它的操纵方式来反映它的发展阶段,则第一阶段是机械操纵、第二阶段为液压操纵,而现在已迈入第三阶段,即机电液一体化阶段。目前的发展趋势主要集中在操纵、维护、使用方面进一步与电子技术相结合,以便进一步提高平地机的综合性能。

美国是最早生产平地机的国家,平地机的产量居世界首位。美国卡特彼勒、德莱赛、约翰·迪尔等公司生产的平地机制造技术先进,其技术性能居世界先进水平。

日本小松制作所和三菱重工是世界著名的平地机生产企业,其电子技术应用领先于世界水平。小松平地机品种齐全,其中GD825A-1型超重型平地机采用了最先进的电子监控系统和负荷传感液控技术,性能先进,在世界市场上具有很强的竞争力。

我国生产平地机的历史较短,天津工程机械厂是我国最早生产平地机的专业厂家。该厂具有先进的设计和制造水平,近年引进德国FAUN公司的制造技术,形成了新的PY系列产品,其中PY180和F系列平地机系引进德国FAUN公司的平地机制造技术;PY250(16G)引进系列美国卡特彼勒公司的平地机制造技术。另外,还有哈尔滨第一机器制造厂生产的PY180(850)铰接机架式平地机引进美国德莱赛公司的A500E制造技术;温州冶金机械厂生产的PY220平地机引进英国Barford公司的ASG021平地机制造技术。可以预料,随着整个工程机械行业的发展和对引进技术的消化与吸收,我国平地机的研究和制造技术必将迅速提高,逐步满足国内市场的需求并参与国际市场的竞争。

据统计,全世界平地机的年产量约2万台,其中,中型平地机占总需求量的50%,功率一般为86~127kW。在世界范围内,各国正在加速现代化的进程,土方工程规模日益扩大,平地机有向大型化方向发展的趋势。

意大利ACCO公司生产的功率1700马力的平地机,其动力是由前后两端发动机共同提供的,前端700马力、后端1000马力,分别负责驱动前、后轮,它的刮刀宽达10m,该机型已经停产。目前在生产的最大平地机为卡特彼勒公司的24M平地机,发动机功率397kW。然而,与此同时,为满足狭窄场地施工作业的需要,一些国家也注重发展轻型平地机。日本生产的MGD743轻型平地机的功率只有26kW,是世界上最小的平地机。

由于平地机在配套施工机械中的利用率相对较低,市场需求量受到一定的限制,一些用户要求采用租赁方式解决配套使用的问题。这样,施工机械租赁公司在一些国家应运而生,成为平地机销售市场的大户。

(五)平地机的主要技术参数

表1-5所示为几种平地机的主要技术参数。

几种平地机的主要技术参数　　表 1-5

项目		型号						
		PY160	PY180	PY250	140G	GD505A-2	BG300A-1	MG150
车架结构		整体	铰接	铰接	铰接	铰接	铰接	铰接
额定功率(kW)		119	132	186	112	97	56	68
刮刀	宽×高(m×m)	3.7×0.56	4.0×0.61	4.9×0.78	3.7×0.61	3.7×0.66	3.1×0.58	3.1×0.58
	提升高度(mm)	540	480	419	464	430	330	340
	切土深度(mm)	500	500	470	438	505	270	285
前桥摆动角(°)		16	15	18	32	30	26	
前轮转向角(°)		50	45	50	50	36	36.6	48
前轮倾斜角(°)		18	17	18	18	20	19	20
最小转弯半径(m)		8.2	7.8	8.6	7.3	6.6	5.5	5.9
最大行驶速度(km/h)		35.1	39.4	42.1	41	43.4	30.4	34.1
最大牵引力(kN)		78		156				9.56
整机质量(t)		14.7	15.4	24.85	13.54	10.88	7.5	
制造商		天津工程机械厂			卡特彼勒	小松公司	小松公司	三菱重工

二、平地机的基本构造

(一)总体构造

平地机主要组成部分有发动机、传动系统、机架、行走装置、工作装置和操纵控制系统。图 1-90和图 1-91 分别为 PY180 型和 PY160B 型平地机的外形。PY180 型为铰接机架式平地机,而 PY160B 型则是整体机架式平地机。铰接机架式平地机外形尺寸(长×宽×高)为10280mm×2995mm×3305mm;整体机架式平地外形尺寸(长×宽×高)为 8146mm×2575mm×3340mm。虽然前者的长度和宽度均较大,但最小转弯半径为 7800mm,而后者的最小转弯半径为 8200mm,这显示出铰接机架式平地机机动灵活的特点。

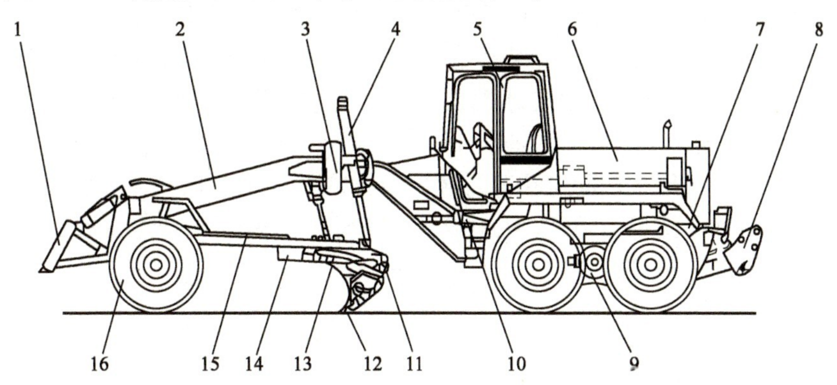

图 1-90　PY180 型平地机外形图

1-铲刀;2-前机架;3-摆架;4-刮刀升降油缸;5-驾驶室;6-发动机罩;7-后机架;8-后松土器;9-后桥;10-铰接转向油缸;11-松土耙;12-刮刀;13-铲土角变换油缸;14-转盘齿圈;15-牵引架;16-前轮

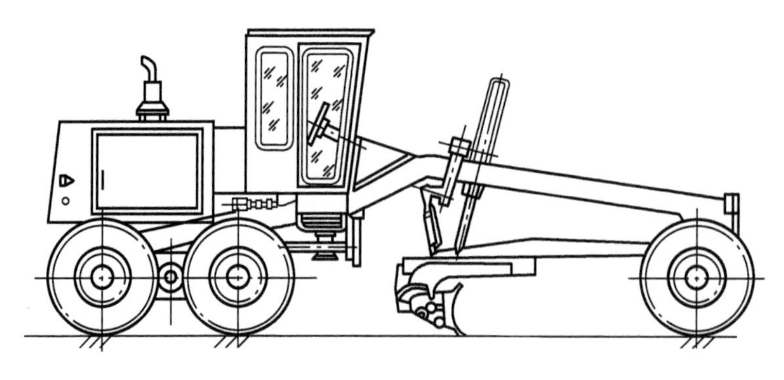

图 1-91　PY160B 型平地机外形图

平地机的发动机一般采用风冷或水冷柴油机，大多数柴油机都采用了废气涡轮增压技术。很多公司生产的平地机上装有工程机械专用柴油机，以适应施工中的恶劣工况；在高负荷低转速下可以较大幅度地提高输出转矩。另有许多公司使用普通的柴油机发动机，普通型柴油机价格较低，体积也比前者小，常在传动系统中装液力变矩器，使发动机的负荷比较平稳。

传动系统一般由主离合器、液力变矩器、变速器、后桥传动、平衡箱串联传动装置等组成，主离合器的功用是接合与分离发动机与传动系统之间的动力。主离合器在机械起步时可以使发动机与传动系统柔和地接合，使机械起步平稳；换挡时能将发动机与传动系迅速、彻底地分离，以减少换挡时齿轮间产生的冲击。过载时，主离合器能通过打滑来保护传动系统，以免遭破坏。液力变矩器可以使机器在挡位速度范围内实现无级变速。当外负荷增大时，它使机器自动减速，并同时增大输出转矩，自动适应外阻力的变化，提高了操作使用性能。

平地机的变速器一般有较宽的速度变化范围和较多的速度挡位，以满足正常行驶和作业时对速度的多种需求。当变速器为动力换挡变速器时，一般不需设主离合器，因为变速器内的换挡离合器就可起到主离合器的功用。

后桥传动是将变速器输入的动力进一步减速增矩，并通过圆锥齿轮传动将纵向传动转换为横向传动，将动力直接传给两侧的车轮(四轮平地机)，或传给两侧的平衡箱(六轮平地机)，再由平衡箱内的串联传动装置将动力传给驱动轮。

行走装置有后轮驱动型和全轮驱动型。当全轮驱动时，前轮的驱动力可由变速器输出，通过多级带万向节的传动轴转至前桥，或采用液压传动方式将动力传至前桥。

机架是一个支持在前桥与后桥上的弓形梁架。在机架上装着发动机、主传动装置、驾驶室和工作装置等。在机架中间的弓背处装有油缸支架，上面安装刮刀升降油缸和牵引架引起油缸。铰接机架设有左右铰接转向油缸，用以改变或固定前后机架的相对位置。

工作装置分为主要工作装置和附加工作装置。主要工作装置是刮刀。多数平地机将耙土器装在刮刀与前轮之前，用来帮助清除杂物和疏松表层土壤。此外，在平地机的尾部常安装有松土器，而在平地机前面安装有铲刀，用来配合刮刀作业。耙土器、松土器和铲刀均属平地机的附加工作装置，生产厂家可根据用户要求加装其中一种或两种。

(二)行走装置

1. 前后桥

小型四轮平地机，一般为后桥与机架固定，前桥与机架铰接，以保证四轮同时着地；六轮平地机，一般为后桥与机架固定，前桥与机架铰接摆动，后轮则通过平衡箱绕后桥摆动，这样保证了六轮同时着地，后四轮平均承载。这种结构形式已比较成熟，多年一直沿用。

PY180 平地机的前桥如图 1-92 所示，由前桥横梁 2、车轮轴 5、转向节 6、转向节销 9、转向节支承 4、梯形拉杆 8、倾斜拉杆 1 等主要零部件组成。前桥横梁与前机架铰接，可绕前机架铰接轴上下摆动，用以提高前轮对地面的适应性。前桥为转向桥，左右车轮可通过转向油缸推动左右转向节偏转，实现平地机转向，也可通过倾斜油缸和倾斜拉杆实现前轮左右倾斜。转向时，将前轮向转向内侧倾斜，可以进一步减小弯半径，提高平地机的作业适应性和机动灵活性，平地机在横坡上作业时，倾斜前轮使之处于垂直状态，有利于提高前轮的附着力和平地机的作业稳定性。

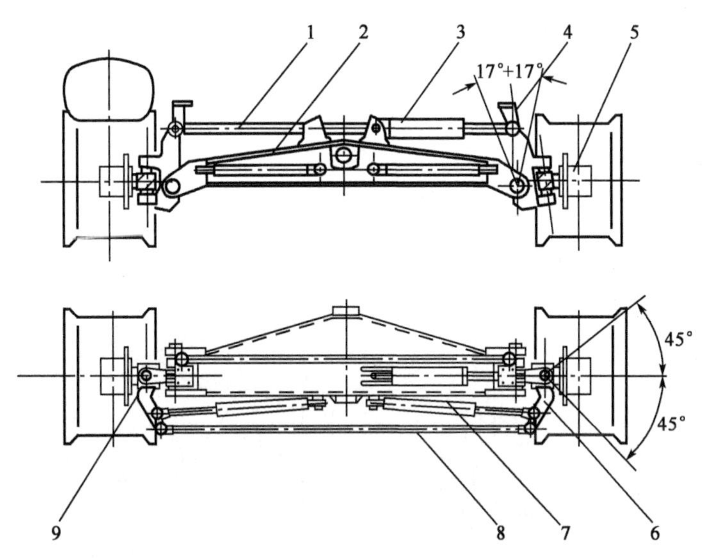

图 1-92　PY180 型平地机的前桥

1-倾斜拉杆；2-前桥横梁；3-倾斜油缸；4-转向节支承；5-车轮轴；6-转向节；7-转向油缸；8-梯形拉杆；9-转向节销

为了提高行驶、牵引性能和作业性能，一般六轮平地机都采用在后桥的每一侧由两个车轮前后布置的结构形式，但只用一个车桥。平衡箱串联传动就是将后桥半轴传出的动力，经串联传动分别传给中、后车轮。由于平衡箱结构有较好的摆动性，因而保证了每侧的中、后轮同时着地，有效地保证了平地机的附着牵引性能。此外，平衡箱可大大提高平地机刮刀作业平整性。如图 1-93a）所示，当左右两中轮同时被高度为 H 的障碍物抬起时，后桥的中心升起高度为 $H/2$，而位于机身中部的刮刀的高度变化为升高 $H/4$。如果只有一只车轮（图 1-93b）被高度为 H 的障碍物抬起，此时后桥的左端升高 $H/2$，后桥中心升高值为 $H/4$，刮刀的左端升高值 $3H/8$，右端升高值仅为 $H/8$。

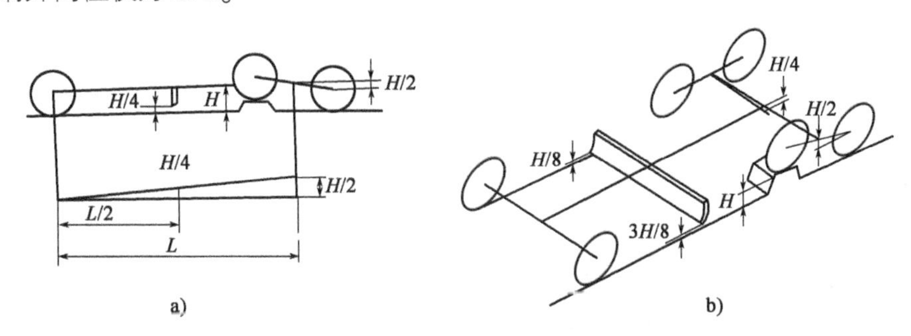

图 1-93　平地机越障时工作装置高度变化示意图

a）左右两中轮同时被障碍物抬起；b）左中轮被障碍物抬起

2. 转向装置

平地机的转向形式有以下三种：

(1) 前轮转向

这种单纯依靠前轮偏摆转向的平地机仍在生产，在铰接式机架出现之前，这种转向形式比较普遍。但这种转向形式过于简单，转弯半径大，有时不能满足作业中的特殊需要，因此这种转向方式目前已很少采用。

(2) 全轮转向

图 1-94a) 所示为四轮平地机全轮转向时的状态，它采用前轮和后轮分别偏摆转向的方式。图 1-94b) 为六轮平地机全轮转向时的示意图，前桥为偏摆车轮转向，后桥为桥体回转转向。PY160A 平地机即采用这种转向形式，它的后桥体上部与机架铰接，允许后桥体在水平面内绕铰点转动，见图 1-94c)。转向油缸 3 的一端与后桥壳体 2 铰接，另一端铰接在机架上。转向时，外侧的油缸缩进，内侧油缸伸出，后桥壳体 2 在油缸液压力的作用下相对于机架铰点转动。

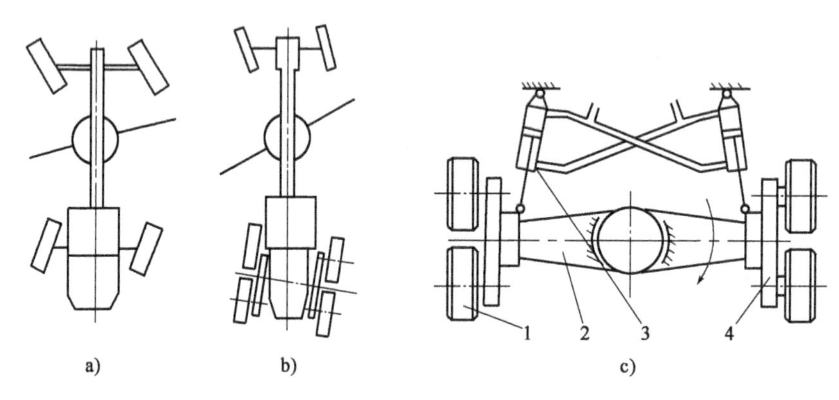

图 1-94 全轮转向示意图

a) 四轮平地机全轮转向；b) 六轮平地机全轮转向；c) 六轮平地机后桥转向

1-后轮；2-后桥壳体；3-转向油缸；4-平衡箱

(3) 前轮转向和铰接式机架转向

前轮转向形式仍为偏转车轮，机架被分为前后两部分，中间铰接，用油缸控制机架的偏摆角。有些平地机在驾驶室内的操纵台前还装有角度指示器，以显示机架的摆动角度。此外，为了防止在运输或高速行驶时出现意外事故，在铰接处还装有锁定杆，用以将机架锁住，起安全保护作用。

铰接式平地机有三种基本行走方式：直行、折身转弯、折身直行，如图 1-95 所示。由图 1-95b) 可见，机械折身转弯时，后轮驱动力作用方向偏离前轮中心，转弯阻力比单纯前轮转向时要小，同时允许前轮有更大的偏转角。图 1-95c) 所示的折身前进，也称偏置行驶，这是平地机作业时常用的行走方式。

(三) 传动系

1. 传动的形式与特点

这里讲的传动是指将发动机的动力传到变速器，主要有下列几种形式：

(1) 发动机—主离合器—机械换挡变速器

这是一种传统的传动方案。由于它具有结构简单、制造方便的特点，很多平地机，尤其在中小型平地机上现仍采用这种传动方案，甚至世界上最主要的平地机生产厂家，如日本小松公司、意大利的菲亚特·阿里斯公司,在它们生产的小型平地机 GD200A-1、GD300A-1、GD600R-1(功率分别为 48kW、56kW、108kW)和 F65A(49kW)上仍然采用这种传动方案。

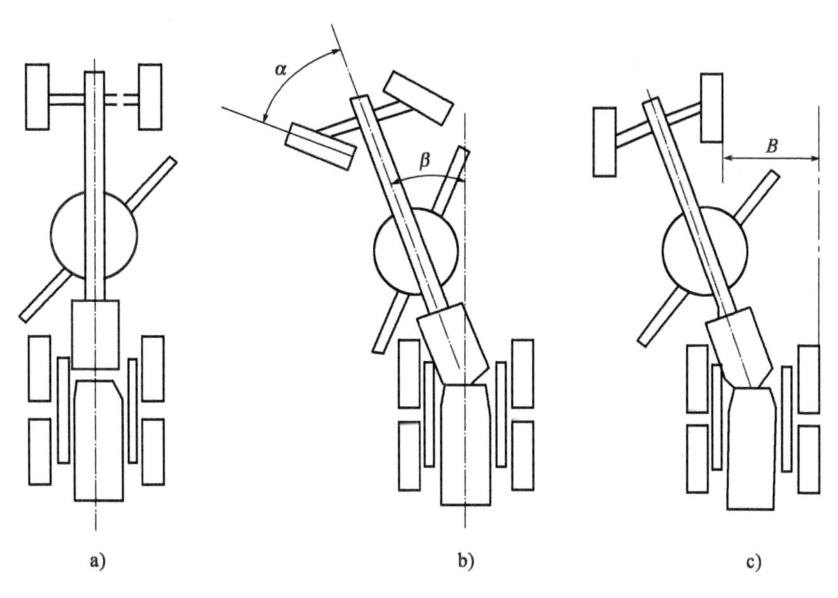

图 1-95 铰接式平地机的行走方式

a)直行;b)折身转弯;c)折身前进

(2)发动机—液力变矩器—主离合器—机械换挡变速器

这种传动形式由于增加了液力变矩器,变速器挡位可适当减少,便于司机集中精力操纵工作装置。因为仍然采用机械换挡式变速器,所以传动系统仍需设置主离合器。国产 PY160A 型平地机就是采用这种传动形式。

(3)发动机—动力换挡变速器

变速器多为行星齿轮式,由发动机直接驱动,它通过液压操纵控制多个换挡离合器,换挡时无冲击,操作简单、迅速。因此,目前世界上许多厂家生产的平地机采用这种形式的传动系,例如美国卡特彼勒公司的 G 系列、M 系列平地机,日本小松公司的 GD505A-2、GD505A-3 等。由于动力换挡变速器结构复杂、制造精度要求高,同时还需要一套液压操纵系统配合,因此制造成本比较高。

(4)发动机—液力变矩器—动力换挡变速器

这种传动形式是在前一种形式的基础上增加了液力变矩器,更进一步改善了机械的作业性能。目前国内外各主要生产厂家,在较大功率的平地机上均采用这种传动形式,PY180 型平地机的传动系属于此类型。

(5)发动机—液压泵—液压马达—变速器

这种传动方式即所谓的静液传动。它是由变量泵和定量马达组成的闭式回路,通过改变油泵的斜盘倾角来改变泵的流量。为了增大车速范围,马达后边接一个变速器,变速器直接与后桥连接。由于变量泵的流量变化范围已经很大,所以变速器只需两个速度,其结构较简单。静液传动可以使机械的操纵性能更进一步提高,且在很大的速度范围内可实现无级变速,恒功率控制,作业时,司机可以集中全力操纵控制刮刀。这种静液传动不同于液力变矩器,它可以在整个速度范围内保持比较恒定的传动效率,而液力变矩器只是在一定的速比范围内有较高效率值。此外,这种传动形式使传动系的结构大为简化。其主要缺点是总的传动效率比前几种传动形式低。因此,对于较大功率的平地机,这一缺点就较为明显。这种传动形式仅用于一些小型的平地机上,目前三一重工的 SHG 系列平地机(180/190/200)全部采用静液压传动系统。

2. PY180 型平地机传动系

PY180 型平地机的传动系,如图 1-96 所示。发动机输出的动力经液力变矩器,进入动力换挡变速器,然后从变速器输出轴输出,经万向节传动轴进入驱动桥的中央传动。中央传动设有自动闭锁差速器,左右半轴分别与左右行星减速装置的太阳轮相连,动力由齿圈输出,然后输入左右平衡箱轮边减速装置,通过重型滚子链传动减速增矩,再经车轮轴驱动左右驱动轮。驱动轮可随地面起伏迫使左右平衡箱做上下摆动,均衡前后驱动轮的载荷,提高了平地机的附着牵引性能。

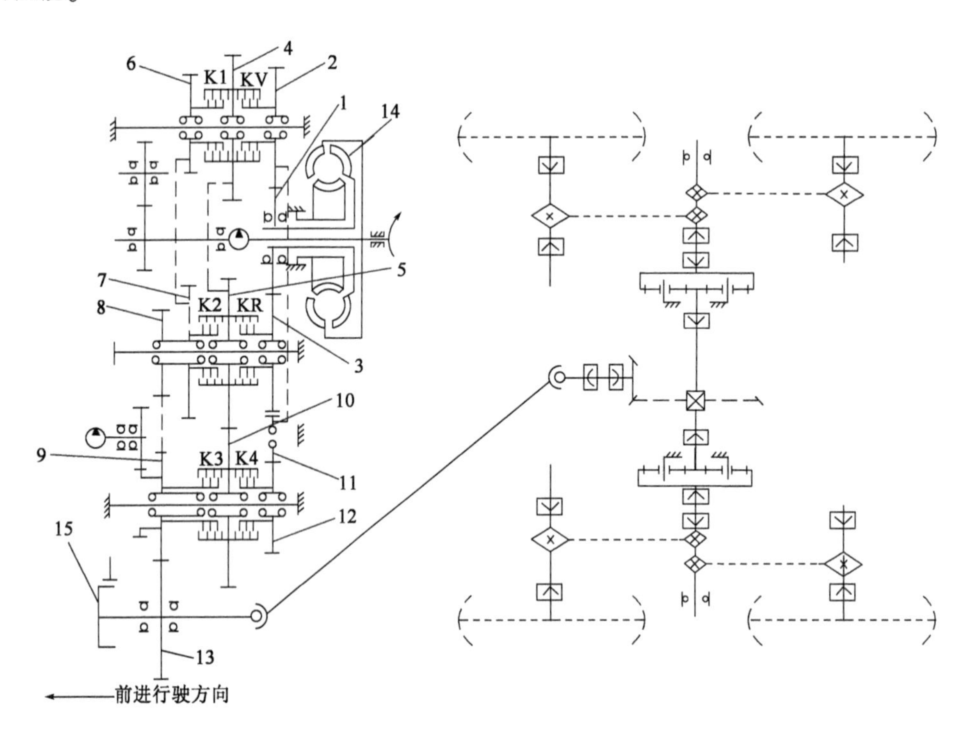

图 1-96 PY180 型平地机传动系统示意图

1-涡轮轴齿轮;2～13-常啮合传动齿轮;14-变矩器;15-停车制动器;KV、K1、K2、K3、K4-换挡离合器;KR-换向离合器

(四)工作装置

平地机的工作装置有刮土工作装置(刮刀)和松土工作装置,并可加装铲刀等辅助作业装置来配合刮刀作业。

1. 刮土工作装置

刮土工作装置是平地机的主要工作装置。刮土工作装置的结构,如图 1-97 所示。牵引架的前端是个球形铰,与车架前端铰接,因而牵引架可绕球铰在任意方向转动和摆动。回转圈支承在牵引架上,可在回转驱动装置的驱动下绕牵引架转动,从而带动刮刀回转。刮刀的背面有上下两条滑轨支撑在两侧角位器的滑槽上,可在刮刀侧移油缸的推动下侧向滑动。角位器与回转圈耳板下铰接,上端用螺母固定牢固。当松开螺母时,角位器可以摆动,从而带动刮刀改变切削角(也称铲土角)。

工作装置操纵系统可以控制刮刀做如下六种形式的动作:

①刮刀左侧提升与下降;②刮刀右侧提升与下降;③刮刀回转;④刮刀侧移(相对于回转圈左移和右移);⑤刮刀随回转圈一起侧移,即牵引架引出;⑥刮刀切削角的改变。

其中①、②、④、⑤一般通过油缸控制,③采用液压马达或油缸控制,⑥一般为人工调节或通过油缸调节,调好后再用螺母锁定。

不同的平地机,刮刀的运动也不尽相同,例如有些小型平地机为了简化结构没有角位器机构,切削角是固定不变的。

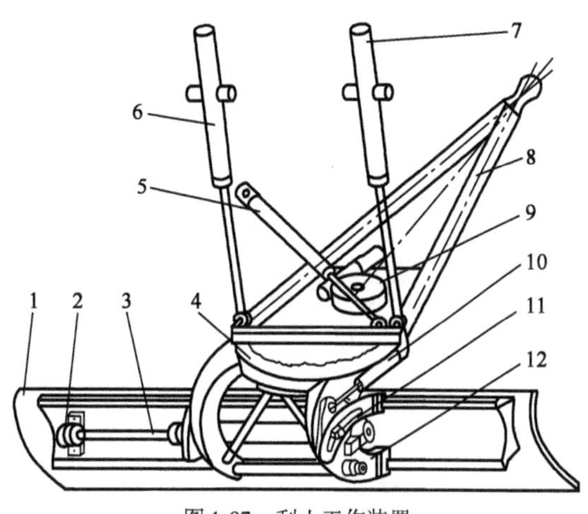

图 1-97 刮土工作装置

1-刮刀;2-油缸头铰接支座;3-刮刀侧移油缸;4-回转圈;5-牵引架引出油缸;6-左升降油缸;7-右升降油缸;8-牵引架;9-回转驱动装置;10-切削角调节油缸;11-角位器紧固螺母;12-角位器

(1)牵引架

牵引架在结构形式上可分为 A 形和 T 形两种。A 形与 T 形是指从上向下看牵引杆的形状。A 形牵引架(图 1-98)为箱形截面三角形钢架,其前端通过牵引架铰接球头 1 与弓形前机架前端铰接,后端横梁两端通过刮刀升降油缸铰接球头 4 与刮刀提升油缸活塞杆铰接,并通过两侧刮刀提升油缸悬挂在前机架上。牵引架前端和后端下部焊有底板,前底板中部伸出部分可安装转盘驱动小齿轮。在牵引架后端的左侧支架上焊有刮刀摆动油缸铰接球头 5。刮刀摆动油缸伸缩可使刮刀随转盘绕牵引架对称轴线左右摆动。

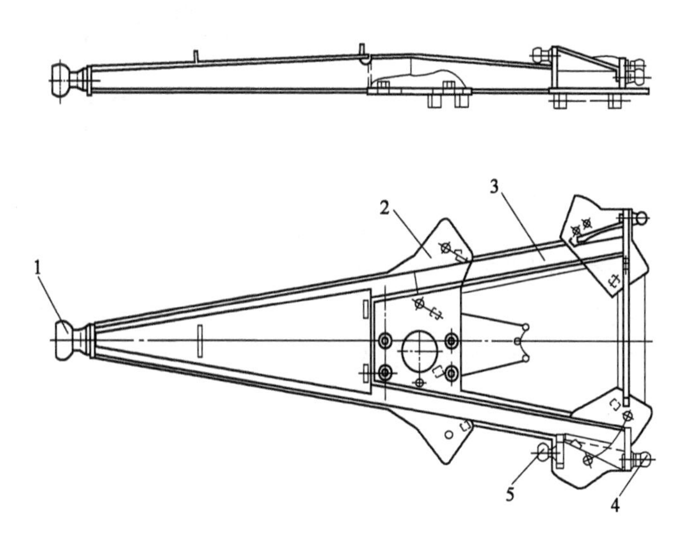

图 1-98 PY180 型平地机 A 形牵引架

1-牵引架铰接球头;2-底板;3-牵引架体;4-铲刀升降油缸铰接球头;5-刮刀摆动油缸铰接球头

与 T 形牵引架(图 1-99)相比,A 形牵引架承受水平面内弯矩能力强,相对于液压马达驱动蜗轮蜗杆减速器形式的回转驱动装置便于安装。所以 A 形结构比 T 形结构应用普遍。当松土耙土器装在刮刀与前轮之前时,A 形牵引架的运动占用空间大,容易与耙土器干涉。但是,如果使用液压马达驱动的蜗轮减速器的回转驱动装置,T 形结构布置不如 A 形结构方便。

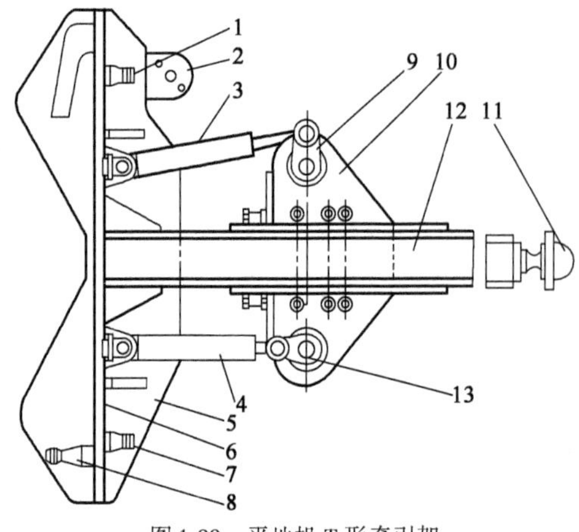

图1-99 平地机T形牵引架

1、7-刮刀升降液压缸球铰头;2-回转圈安装耳板;3、4-回转驱动油缸;5、10-底板;6-横梁;8-牵引架引出油缸球铰头;9、13-回转齿轮摇臂;11-球铰头;12-牵引杆

(2)转盘

转盘(图1-100)是一个带内齿的大齿圈,通过托板悬挂在牵引架的下方。转盘驱动小齿轮与转盘内齿圈相啮合,用来驱动转盘和铲刀回转。前底板和后端两侧底板下方对称焊有8个转盘支承座,通过8个垂直悬挂螺栓和托板将转盘悬挂在牵引架下方的转盘支承座上。转盘两侧焊有弯臂2,左右弯臂外侧可安装刮刀液压角位器。角位器弧形导槽套装在弯臂2的液压角位器定位销6上,上端与铲土角变换油缸活塞杆铰接。刮刀背面的下铰座安装在弯臂2下端的刮刀摆动铰销4上。刮刀可相对弯臂前后摆动,改变其铲土角。刮刀后面弯臂的铰轴上可安装1~6个松土耙齿。刮刀背上方焊有滑槽,刮刀滑槽可沿液压角位器上端的导轨左右侧移,刮刀可向左右两侧引出外伸或收回。刮刀背面还焊有刮刀引出油缸油塞杆铰接支座,液压引出油缸通过该铰接支承座将刮刀向左或向右侧移引出。

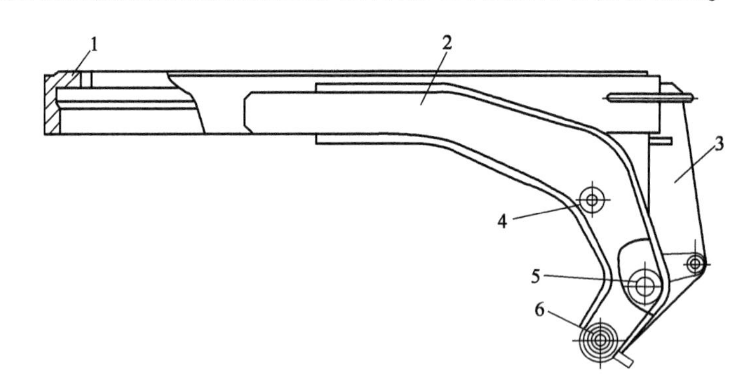

图1-100 PY180型平地机的转盘

1-带内齿的转盘;2-弯臂;3-松土耙支承架;4-刮刀摆动铰销;5-松土耙安全杆;6-液压角位器定位销

改变刮刀的工作位置,即可改变平地机的工作状态。平地机处于运输工况时,刮刀应提升至运输位置。刮刀升降时,牵引架可绕前机架球铰上下摆动。平地机处于作业工况时,可根据施工作业的需要,适时调整刮刀的工作位置。

回转圈(图1-101),由齿圈1、耳板2、拉杆等焊接而成。刮刀作业时的负荷都传到耳板上,因此耳板必须牢固。回转圈属于不经常传动件,所以齿圈制造精度要求不高。配合面的配合精度也不高,并且暴露在外。

安装在牵引架中部的刮刀回转液压马达,可通过蜗轮减速装置驱动转盘,使安装其上的刮刀相对于牵引架回转360°,用以改变刮刀相对于整机行驶方向的平斜角度。实现平地机侧移卸土填堤,或回填沟渠。

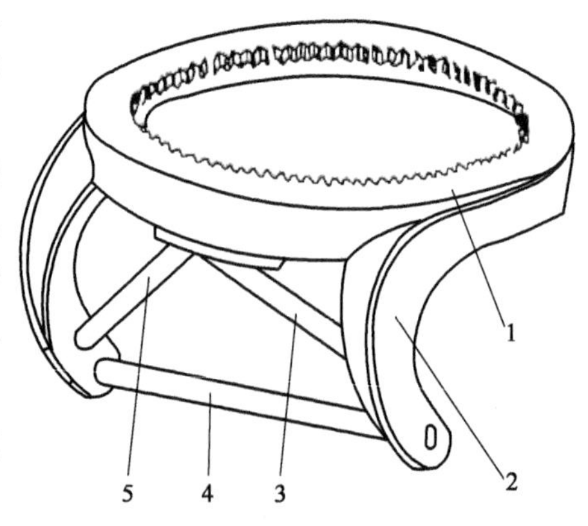

图1-101 回转圈

1-齿圈;2-耳板;3、4、5-拉杆

如果将刮刀在水平面内平置于地面，平地机则可向前直移刮土平地；若将刮刀回转180°，则可倒退进行平地作业。

回转圈在牵引架的滑道上回转，滑道是个易磨损部位，要求滑道与回转圈之间有滑动配合间隙且应便于调节。图1-102所示的回转支承装置为大部分平地机所采用的结构形式。这种结构的滑动性能和耐磨性能都较好，不需要更换支座承垫块。

回转齿圈8的上滑面与青铜合金衬片6接触，衬片6上有两个凸圆块卡在牵引架底板上；青铜合金衬片7有两个凸方块卡在支承块5上，通过调整垫片3调节上下配合间隙。回转圈在轨道内的上下间隙一般为1～3mm。用调整螺栓1调节径向间隙（一般值为1.5～3mm），用三个紧固螺栓4固定，支承整个回转圈和刮刀装置的质量和作业负荷。这种结构简单易调，成本也低，因此得到普遍采用。

（3）回转驱动装置

由回转圈带动刮刀回转基本上都是全回转式，即360°回转，属于连续驱动形式。驱动方式主要是液压马达带动蜗杆减速器驱动回转小齿轮；另一种是双油缸交替随动控制驱动小齿轮，工作原理如图1-103所示：回转小齿轮1上带有偏心轴4，偏心轴与两个回转油缸2的活塞连接；回转油缸的缸体分别铰接在牵引架底板3上。这样，就组成了一个类似曲柄柄连杆机构的V形结构，在两个油缸活塞杆伸缩和缸体绕铰点摆动的互相配合作用下，通过偏心轴带动小齿轮回转。

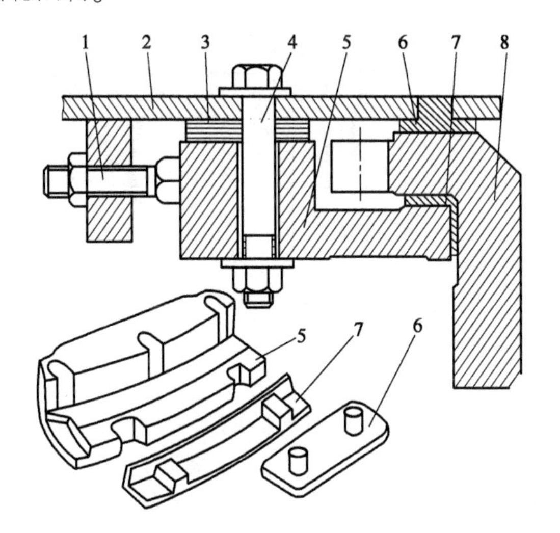

图1-102　回转支承装置

1-调节螺栓；2-牵引架；3-垫片；4-紧固螺栓；5-支承垫块；6-衬片；7-衬片；8-回转齿圈

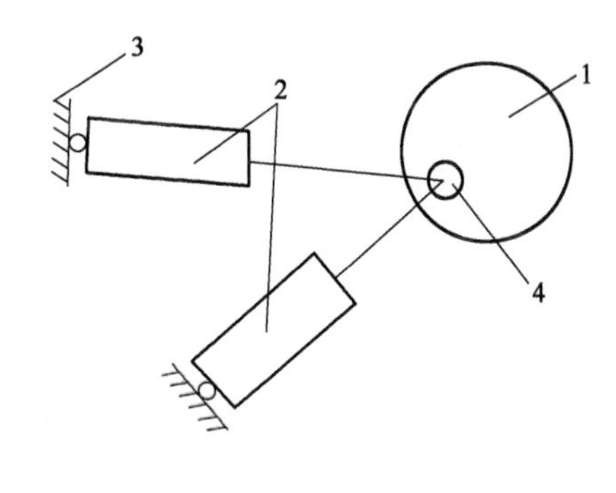

图1-103　双回转油缸驱动机构示意图

1-回转小齿轮；2-回转油缸；3-牵引架底板；4-偏心轴

目前，多数平地机采用液压马达带动蜗轮蜗杆减速器驱动形式，这种传动结构尺寸小，驱动力矩恒定、平稳。蜗轮蜗杆减速器的输出轴朝下，很容易漏油，因此对密封要求高。双油缸驱动形式传动过程中油缸的作用力和作用臂是交替变化的，因此驱动力矩变化幅度较大。目前国产PY160A、PY180和加拿大Champion公司的710型、720型等平地机均采用这种驱动形式。

作业时，当刮刀离回转中心较远的切削刃遇障碍物，产生很大阻力时，容易引起刮刀扭曲变形或损坏。为此，不少平地机在回转机构上采用缓冲保护措施。蜗轮蜗杆减速器有一定的自锁性能，因此一般不宜用液压过载保护；双油缸驱动因驱动力矩变化幅度大，也不宜用液压保护方法。因此，回转机构多采用机械方法保护，通常在蜗轮减速器内用弹簧压紧的摩擦片传递动力，当过载时摩擦片打滑而起保护作用。

(4) 刮刀

各种平地机的刮刀都基本相似，它包括刀身和切削刃两部分。刀身为一块钢板制成的长方形曲面弧形板，在其下缘和两端用螺栓装有切削刀片。刀片采用特殊的耐磨抗冲击高合金钢制成。刀片为矩形，一般有 2 ~ 3 片，其切削刃是上下对称的，因此，刀口磨钝或磨损后可上下换边或左右对换使用。为了提高刮刀抗扭抗弯刚度和强度，在刀身的背面焊有加固横条，在某些平地机上，此加固横条就是上下两条供刮刀侧伸时使用的滑轨。

刮刀相对于回转中心侧移是平地机作业中最常用的操作之一，目前生产的平地机基本上都采用了油缸控制刮刀侧移。为了扩大刮刀侧移的范围，刮刀体上一般都有两个以上油缸铰点，根据作业时的需要随时调换。

平地机刮土作业时，应根据土的性质和切削阻力大小适时调整刮刀切削角。刮刀切削角的调整有两种方式：人工调整（图 1-104a）和液压缸调整（图 1-104b）。图 1-104b）为液压调节切削角的一种结构。油缸体铰接在回转圈两侧，缸杆头部与角位器铰接，当松开紧固螺母后，操纵油缸伸缩，即可使角位器绕下铰点转动，使切削角改变，调好后人工将紧固螺母锁紧。目前人工调节方式比较多，尤其在中小型平地机上。不论采用哪种方式调整切削角，调整后都必须将紧固螺母锁紧。

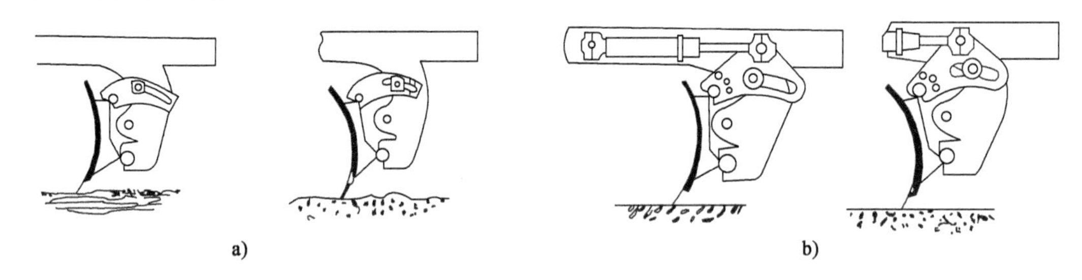

图 1-104　平地机刮刀切削角调整方式
a）人工调整；b）油缸调整

2. 松土工作装置

松土工作装置主要用于疏松比较坚硬的土，对于不能用刮刀直接切削的地面，可先用松土装置疏松，然后再用刮刀切削。松土工作装置按作业负荷程度分为耙土器和松土器。由于负荷大小不同，松土器和耙土器在平地机上安装的位置是有差别的。耙土器负荷比较小，一般采用前置布置方式，即布置在刮刀和前轮之间。松土器负荷较大，采用后置布置方式，布置在平地机尾部，安装位置离驱动轮近，车架刚度大，允许进行重负荷松土作业。

耙土器齿多而密，每个齿上的负荷比较小，适用于不太硬的土质。可用来疏松、破碎土块，也可用于清除杂草。耙过后的土块度较小，疏松效果好。松土器一般适用于土质较硬的情况，也可破碎路面或疏松凿裂坚硬的土质。由于受到机械牵引力的限制，松土器的齿数较少，但每个齿的承载能力大。

耙土器的结构，如图 1-105 所示。弯臂 3 的头部铰接在机架前部的两侧。耙齿 7 插入耙子架 6 内，用齿楔 5 楔紧，耙齿磨损后可往下调整。

松土器安装在平地机的尾部，一般为松土、耙土两用。通常，松土器上留有较多的松土齿安装孔，疏松较硬土时，插入的松土齿较少，以正常作业速度下车轮不打滑为限；当疏松不太硬的土时，可插入较多的松土齿，这时就相当于耙土器。

松土器有双连杆式和单连杆式两种(图 1-106)。双连杆近似于平行四边形机构,这种结构的优点是松土齿在不同的切土深度角基本不变,这对松土有利。另外,双连杆同时承载,改善了松土器架的受力状态。单连杆式松土器由于其连杆长度有限,松土齿在不同的入土深度下的松土角变化较大,但结构简单。

松土器的松土角一般为 40° ~ 50°,松土器作业时松土齿受到两个方向力的作用,即水平方向的切向阻力和垂直于地面方向的法向阻力。由于松土角所致,法向阻力一般为向下,这个力使平地机对地面的压力增大,使后轮减少打滑,增大了牵引力。

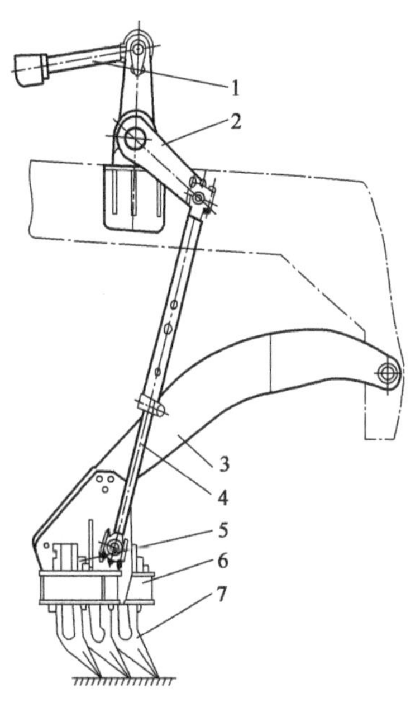

图 1-105　耙土装置

1-耙子收放油缸;2-摇臂机构;3-弯臂;4-伸缩杆;5-齿楔;6-耙子架;7-耙齿

图 1-106a)所示的松土器,在卡特彼勒公司的 G 系列平地机上采用,松土器连杆 5 和下连杆 6 右端铰接在平地机尾部的连接板上,左端与板土器架 3 铰接,油缸 4 的缸体铰接在松土器架 3 上,松土器 3 的截面为箱形结构,箱形架的后面焊后松土齿座,松土齿插入松土座内用销子定位,松土齿的头部装有齿套 2,齿套用高耐磨耐冲击材料制成,经淬火处理,齿套磨损后可以更换,使松土齿免受磨损。作业时,油缸 4 收缩,松土齿在松土器带动下插入土内,松土器有轻型和重型两种。

图 1-106 所示为重型作业用松土器,共有七个松土齿安装位置,一般作业时只选装三个或五个齿。轻型松土器可安装五个松土齿和九个耙土齿,耙土齿的尺寸比松土齿小,因而作业时阻力也小,作业时可根据需要选用安装作业耙齿。

3. 推土工作装置

推土工作装置是平地机主要的辅助作业装置之一,装在车架前端的顶推板上。铲刀的宽度应大于前轮外侧宽度,铲刀体多为箱形截面,有较好的抗扭刚度。铲刀的升降机构有单连杆式和双连杆式。双连杆式机构为近似平行四边形机构,铲刀升降时铲土角基本保持不变;单连杆式结构较简单。由于平地机上装置的铲刀与推土机上的不同,它主要是完成一些辅助性作业,一般不进行大切削深度的推土作业。因此,单连杆机构可以满足平地机推土铲作业的需要,图 1-107 所示为平地机上的单连杆推土工作装。

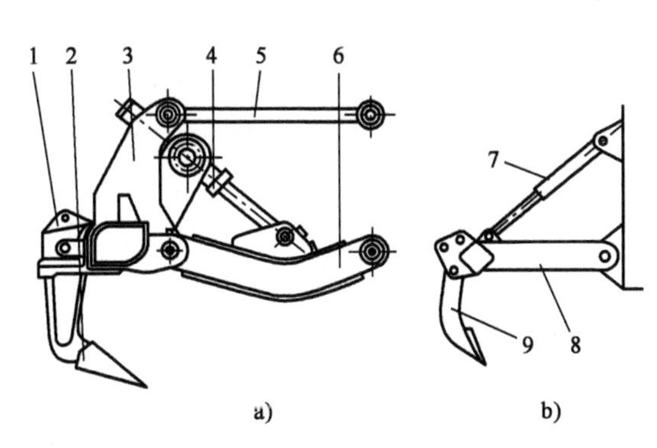

图 1-106　松土器的结构形式

a)双连杆式松土器;b)单连杆式松土器

1、9-松土器;2、8-齿套;3-松土器架;4-控制油缸;5-连杆;6-下连杆;7-油缸

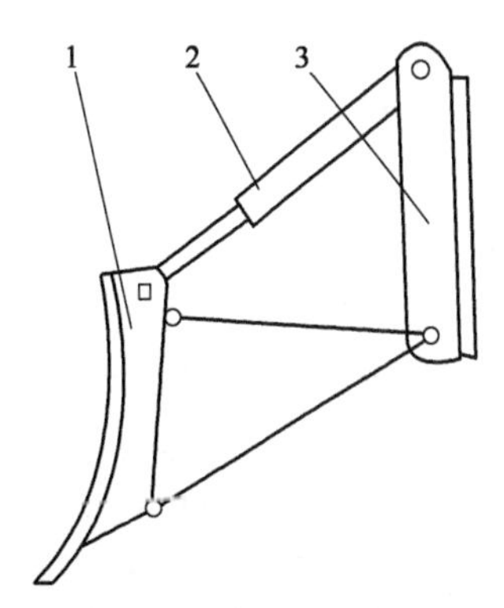

图 1-107　推土工作装置

1-铲刀;2-油缸;3-支架

铲刀主要用于切削硬土、填沟以及刮刀无法够到的边角地带的刮平作业。

拓展知识

现代较为先进的平地机上安装有自动调平装置。平地机上应用的自动调平装置是按照施工人员事先预设的斜度、坡度等基准，在作业中自动地调节刮刀的作业参数。采用自动调平装置，除了能大大地减轻司机作业的疲劳外，还可以提高施工质量和经济效益。由于作业精度高，使作业循环次数减少，节省了作业时间，从而降低了机械使用费用。又由于路面的刮平精度或物料铺平的精度提高，因而物料的分布比较均匀，可以节省铺路材料，提高铺设质量。

自动调平系统有电子型和激光型两种，一般都由专门的生产厂家生产，只有一些较著名的工程机械制造公司（例如美国的卡特彼勒公司和日本的小松公司）由自己设计制造，并专门配套本公司的设备。

一、电子调平装置

目前，国外各公司使用的电子调平装置在结构、原理上都大体相同，仅在一些具体的技术细节处理上有所不同。下面以美国的 Sundstrand-Sauer 公司生产的 ABS1000 自动调平系统为例介绍系统的结构原理。

如图 1-108 所示，该系统由四部分组成：控制箱、横向斜度控制装置、纵向斜度控制装置、液压伺服装置。控制箱装在驾驶室内，接收并传出各种信号。控制箱的体积不大，上面装有各种功能的旋钮、仪表灯和指示灯。司机可以通过控制箱上的旋钮来设置刮平高度和刮平横向坡度。控制箱上的仪表可以连续地显示出实际作业中的刮平高度和斜度偏差。控制箱上还有开关及状态显示。可随时打开或关闭整个系统，很容易地实现手工操作和自动操作的转换。

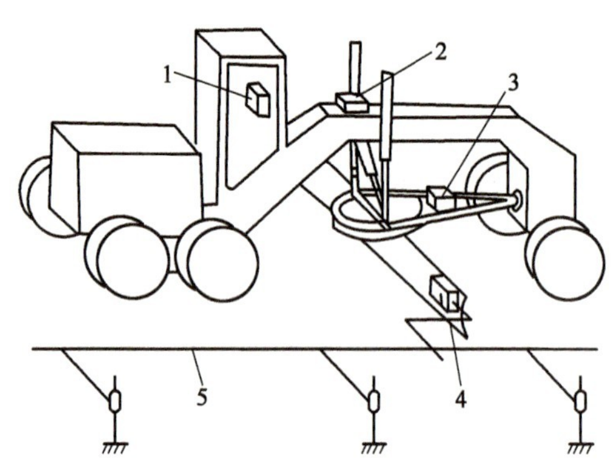

图 1-108　平地机自动调平装置

1-控制箱；2-液压伺服装置；3-横向斜度控制装置；4-纵向刮平控制装置；5-基准绳

横向斜度控制装置安装在牵引架上。它由斜度传感器和反馈转换器等元件组成的回路控制系统，同时用一个单独的机械系统来补偿（校验）回转圈转角和纵向倾斜引起的横向误差，整个系统就像一个自动水平仪，连续不断地检测刮刀横向坡度。当司机在控制箱上设置了斜度值后，如果实际测得的刮刀横向斜度与设置的斜度不同，立即通过信号到液压伺服装置，控制升降油缸调节刮刀至合适的斜度。

纵向刮平控制装置安装在刮刀一端的背面，用于检测刮刀的一端在垂直方向上与刮平基准的偏差。其工作原理与横向斜度控制装置相似，它包括一个刮平传感器（即转式电位器，并配有专用的减振装置）、高度调节器以及基准绳或轮式随动装置等附件。

当没有可参照的基准路面时，通常要在工作路面的一侧设置基准绳。基准绳的设置方式，如图 1-109 所示。桩杆钉入土内，上面套着横杆，横杆可以在桩杆上下滑动以调节基准绳的高度，调好后用螺钉定位。传感器上的摆杆在弹簧拉力作用下抵在基准绳的下面，弹簧的拉力可以起到补偿绳子下垂的作用。随着摆杆绕传感器轴转动，将跳动量传递到传感器。

二、激光调平装置

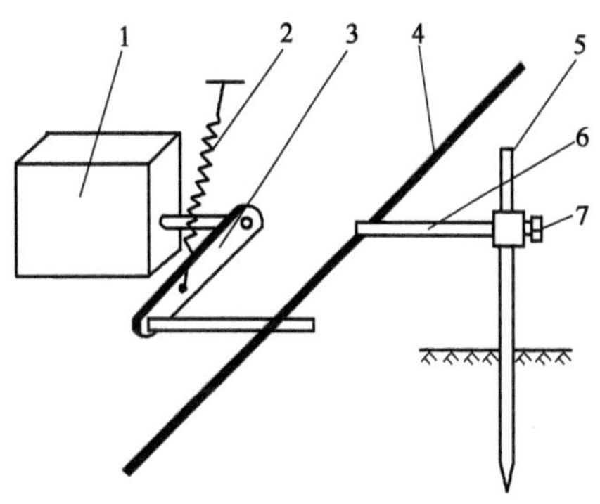

图 1-109 基准绳控制刮平

1-传感器；2-弹簧；3-摆杆；4-基准绳；5-桩杆；6-横杆；7-固定螺钉

激光调平装置是利用激光发射机发出的激光光束作为调平基准，控制刮刀升降油缸自动地调节刮刀位置。激光发射机通常安装在一个支架上，一般为三角架。发射机在发出激光束的同时，以一定的速度旋转，形成一个激光基准面。随着范围扩大，激光束渐渐扩散，一般有效范围的半径为 100～200m。在平地机的牵引架上（一侧或两侧）装有支柱，支柱上安装激光接收机，用来检测激光基准面。接收机上装有传感器，能在各个方向检测激光平面。在驾驶室内有控制箱，司机可以预设刮刀位置。当刮刀实际位置与设置位置发生偏差时，电信号传给液压控制装置以自动矫正刮刀位置。

激光调平系统的特点是在一个大的范围内设置基准，在该范围内工作的平地机都可通过接收装置接收基准信号，进行刮平精度的调整。因此，适用于进行航空机场、运动场、停车场、农田等大面积整地使用，也可用于道路平整施工。激光调平系统有两种：一种是显示加激光调平型，另一种是激光调平与电子调节结合型。

1. 显示加激光调平型

典型的激光调平是美国 Spectra-Physics 公司的 Laser-Plane（激光调平）系统。该系统由激光发射机、激光接收机、控制箱、显示器和液压电磁伺服阀等组成。激光发射机每秒旋转 5 次，激光基准面可以倾斜 0%～9% 的坡度，基准面斜度若向纵向和横向分解，可以作为纵向坡度和横向坡度基准的设定值。

显示系统是根据接收机的测量结果，不断地向司机显示刮刀实际位置与所需位置的偏差。司机观察显示器显示的指示，操纵刮刀的升降。显示器可装两个，根据两个接收机的测量结果分别显示刮刀两端的高度，也可以只装一个显示器，显示刮刀一端的情况。

控制箱可以实现“人工控制”与“自动控制”的转换，且有暂停、设置刮刀高度等功能。在“自动控制”模式下，利用激光接收机的信号控制液压伺服阀，可以自动地将刮刀保持在某个平行于激光束平面的位置上。

2. 激光调平与电子调节结合型

它与电子调平系统的不同之处是纵向刮平以激光束为基准，而电子调平系统中纵向刮平是以基准绳或者符合要求的路面为基准。典型的是日本小松公司生产的平地机上采用的自动找平系统。该系统的组成，如图 1-110 所示。刮刀纵向刮平采用激光调平方式控制，而斜度控制采用倾斜仪测量控制，这样激光接收机只需安装一个，装在纵向刮平控制一侧的牵引架上，以激光束为基准调节这一侧刮刀的高度。倾斜仪装在牵引架上，可以检测刮刀的横向斜度，按照设置的斜度要求控制另一侧升降油缸。控制箱装在驾驶室内，刮刀高度和倾斜度均可在控制箱上设置，可以实现自动控制和人工控制的相互转换。此外，还有一个优先设计，即当自动调节作业时，如果刮刀的负荷过大，则可用手动优先操纵各操纵杆。

倾斜仪（TILT）装在牵引架上，其功能与电子调平装置相同，用来检测刮刀横向倾斜度。倾斜仪（SLOPE）和旋转传感器用来补偿由于机体纵向倾斜和刮刀回转一定角度而造成的横向斜度测量误差。当刮刀的回转角为 0°时，则可不必使用这两个装置。

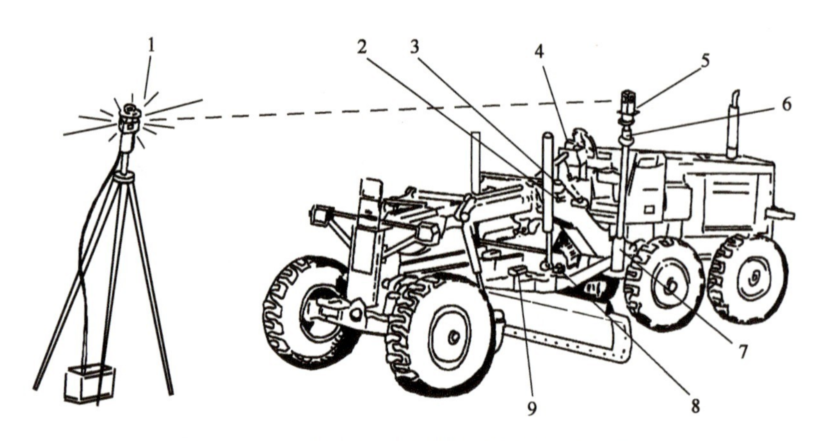

图 1-110　激光调平与电子调节结合型调平系统示意图

1-激光发射机;2-倾斜仪(SLOPE);3-液压箱;4-控制箱;5-接收机;6-2 号连接箱;7-1 号连接箱;8-倾斜仪(TILT);9-旋转传感器

应用与技能

一、平地机的工作角度

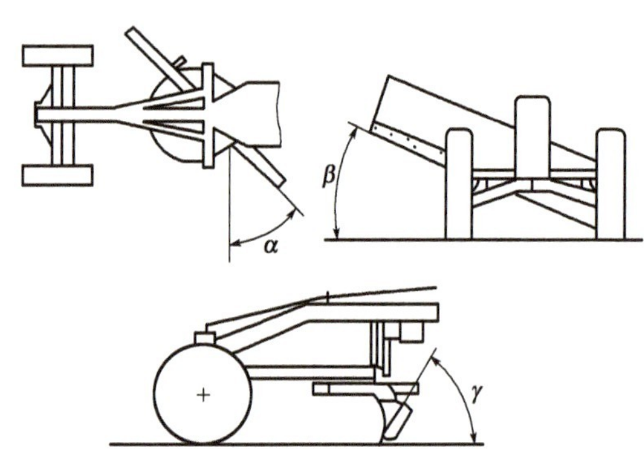

图 1-111　平地机的工作角度

平地机在施工过程中,必须根据工作进程的需要正确调整刮刀的工作角度,即刮刀水平回转角 α、刮刀倾向角 β、刮刀切土角 γ,如图 1-111 所示。刮刀的作业角度水平回转角是刮刀中线与机械行驶方向在水平面上的夹角;切削角(铲土角)是刮刀切削刃边缘与水平面的夹角;倾斜角是刮刀沿平地机行驶方向移动时所形成的平面与水平面之间的夹角。

二、平地机的基本作业

平地机是一种铲土、移土、卸土连续进行作业的土石方工程机械,主要工作装置是一把带转盘的长刮刀。在工程中主要的基本作业有铲土侧移、刮土侧移、刮土直移、机外刮土四种形式。

(一)铲土侧移

首先调整好铲土角和水平角,将刮刀的前置端下降,后置抬起,形成较大倾角。被铲起的土沿刮刀侧移,卸于左右两轮之间,如图 1-112 所示。作业时,应保持刮刀的前置端对正前轮轮辙,如有特殊情况,可将刮刀的前置端置于机外,但刮出的土应卸于两轮之间,避免轮胎压过,影响平地机的作业。

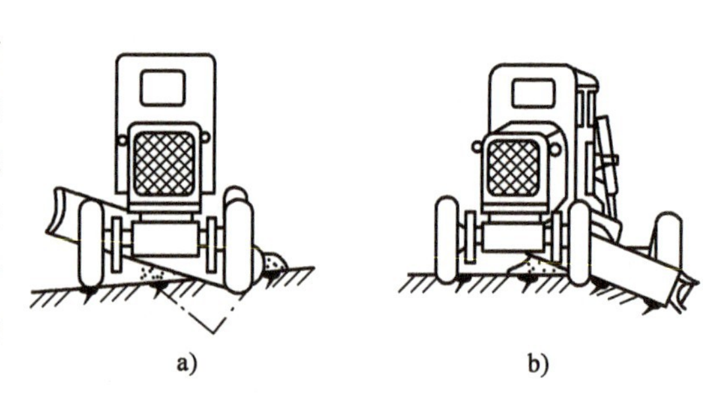

图 1-112　铲土侧移

a)刮刀前置端对正前轮轮辙;b)刮刀前置端伸出机外

在工程施工中,铲土侧移主要用于开挖边沟、修整路形等作业。

（二）刮土侧移

作业时，调整好铲土角和水平角，将刮刀两端同时放下切入土中，被刮起的土沿着刀身侧移，卸于一端。根据刮刀的侧伸位置，刮起的土卸于机身外侧或两轮之间，如图1-113所示。在工程施工中，刮土侧移主要用于修整路形、平整场地、回填土方等。

（三）刮土直移

作业时，刮刀两端等量下降，刮起的土随刮刀向前推送，少量从两端溢出，如图1-114所示。在工程施工中，适用于修整不平度较小的场地和路形。

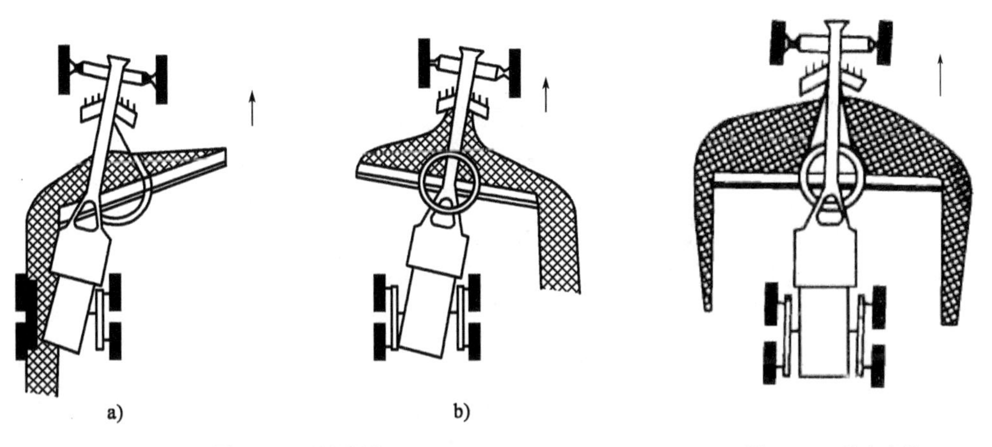

图1-113　刮土侧移
a)刮起的土卸于两轮之间；b)刮起的土卸于一侧

图1-114　刮土直移

（四）机外刮土

作业时，先将刮刀倾斜于机外，上端向前倾，刮刀切入土中，刮下的土沿着刀身侧移卸于两轮之间，如图1-115所示。在工程施工中，主要用于修刷路堤、路堑边坡及开挖边沟等作业。

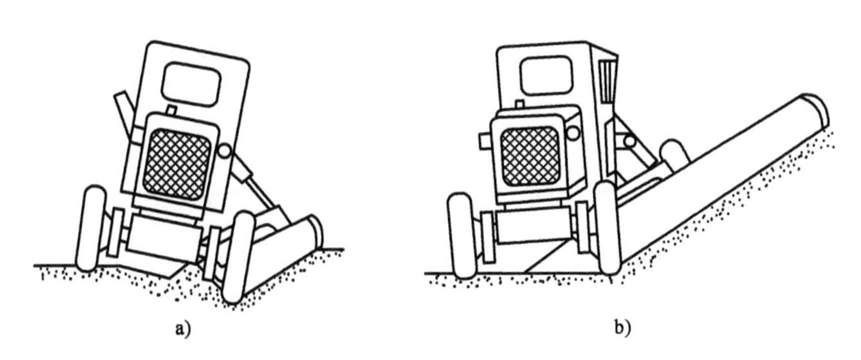

图1-115　机外刮土
a)刷边沟边坡；b)刷路堑边坡

三、平地机的施工作业

平地机在公路施工中主要用于平整、整形、刷坡、开挖边沟作业，也用于开挖路槽、移土填堤和路拌路面材料。

(一)平整作业

路基及场地的平整是平地机的主要作业项目。平整作业一般有纵向、横向、斜项和蜗向四种。平整路基顶面时,一般采用纵向作业法,沿路边向路中线推进;平整较大场地时,先进行纵向作业,然后进行横向作业,必要时进行斜向作业;蜗向作业使平整场地中央高四周低,有利于排水。斜坡的平整由低到高进行,刮刀的铲土角方向应使土埂由低处到高处推送。

(二)刷坡作业

刷坡作业是一种对斜坡表面的平整作业。采用机外刮土的作业方法,为使平地机行驶平稳前轮应向反刮刀侧伸方向倾斜。图 1-116 所示为路堤边坡的修刷。

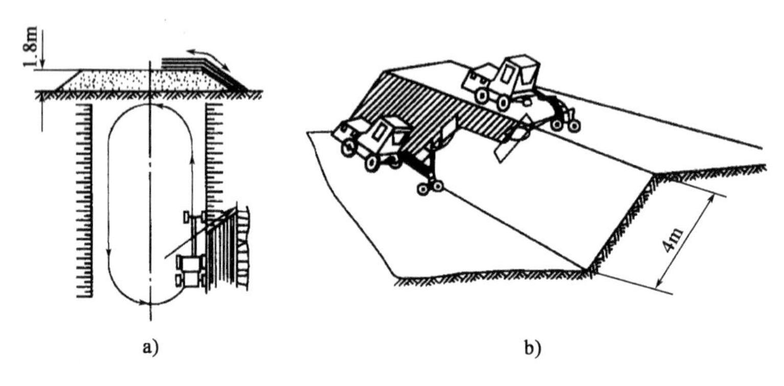

图 1-116 平地机修刷路堤边坡

a)单机刷坡;b)双机刷坡

当路堤边坡长度小于刮刀长度时,可用一台平地机在路堤上沿路堤边缘环形行驶,如图 1-116a)所示。如果路堤较高(边坡长度大于刮刀长度),一台平地机无法修刷全坡时,可用两台平地机联合作业,如图 1-116b)所示。一台平地机在路堤上向下刮土,另一台平地机在路基边缘沿取土坑向上刮土。作业时,保持路堤上的平地机先行刮土,并和堤下的平地机相距 10m 以上距离。

(三)修整路形

平地机修整路形就是按着路基路堑规定的横断面要求开挖边沟,并将边沟内所挖出的土移送到路基上,然后形成路拱,如图 1-117 所示。

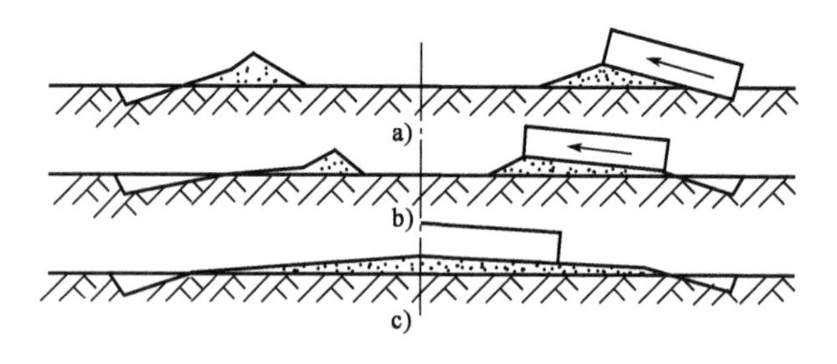

图 1-117 平地机修整路形示意图

a)开挖边沟;b)移土填堤;c)平整路堤顶面

(四)开挖边沟

平地机开挖边沟有一侧开挖和两侧开挖两种方法,如图 1-118 所示。一侧开挖,边坡的边沟可做成不同的坡度,但有空驶回程,效率低,如图 1-118a)所示。两侧开挖,边沟两侧边坡坡度相同,平地机环形运行,无空驶,效率高,如图1-118b)所示。

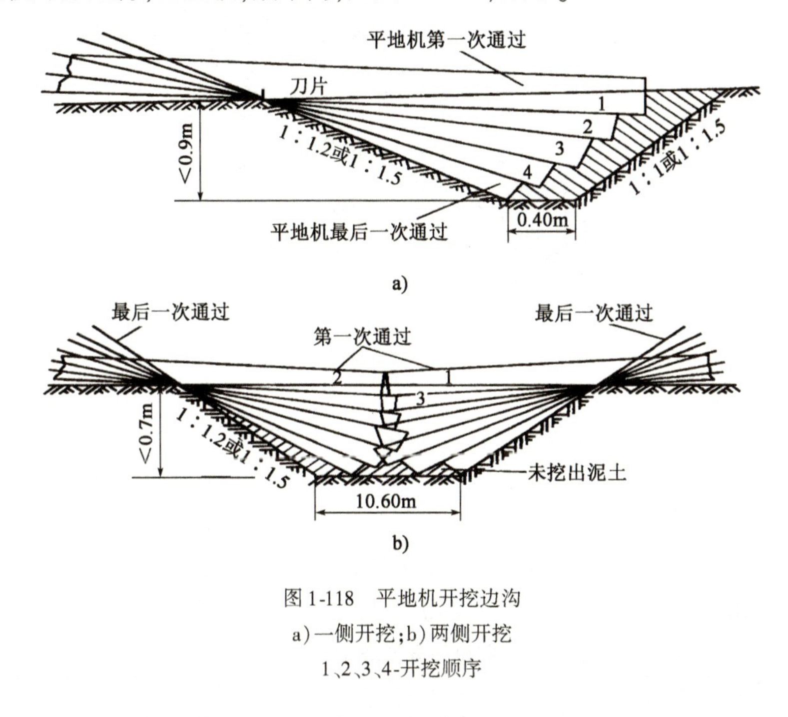

图1-118　平地机开挖边沟

a)一侧开挖;b)两侧开挖

1、2、3、4-开挖顺序

任务五　挖　掘　机

相关知识

一、挖掘机的用途、分类及发展状况

(一)用途

挖掘机是土石方开挖的一种主要施工机械,挖掘机的作业过程是用铲斗的切削刃切土并把土装入斗内,装满土后提升铲斗并回转到卸土地点卸土,然后再使转台回转,铲斗下降到挖掘面,进行下一次挖掘。在施工中,主要完成下列工作:开挖建筑物或厂房基础;挖掘土料,剥离采矿物覆盖物;采石场、隧道内、地下厂房和堆料场中的装载作业;开挖沟渠、运河和疏通水道;更换工作装置后可进行混凝土浇筑、建筑和工程结构物拆除、破碎、起重、安装、打夯、夯土等作业。

按作业特点分为周期性作业式和连续性作业式两种,前者为单斗挖掘机,后者为多斗挖掘机。由于在工程施工中多采用单斗挖掘机,因此,本节着重介绍单斗挖掘机。

(二)分类

按行走方式的不同分为轮胎式和履带式。按工作装置分为正铲、反铲、拉铲和抓斗四种(正铲挖掘机适用于停机面以上的物料,反铲适用于停机面以下的物料,拉铲适用于停机面以下的物料,如河道、基坑等)。

按传动方式分为机械式、机械液压式、机械电动式及电动式。

现在施工中主要采用全液压反铲挖掘机。图1-119为单斗挖掘机工作装置类型。

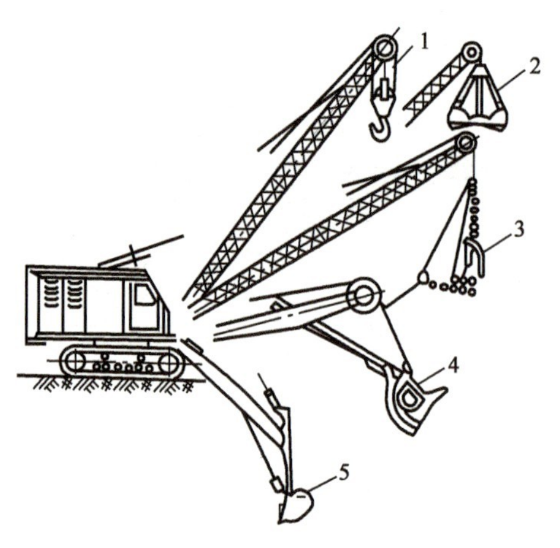

图 1-119　单斗挖掘机工作装置类型
1-起重;2-抓斗;3-拉铲;4-正铲;5-反铲

(三)型号编制方法

国产型号第一个字母为 W、Y 表示液压,数字单斗表示自重,多斗表示斗容量,如 WY200 表示整机质量为 20t 的履带式挖掘机。挖掘机型号及表示方法,见表 1-6。

挖掘机型号及表示方法　　表 1-6

类　型					特性	产　品		主　参　数	
名称	名称	代号	名称	代号	代号	名称	代号	名称	单位
挖掘机	单斗挖掘机	W	履带式	—	—	履带式机械挖掘机	W	整机质量级	t
					D(电)	履带式电动挖掘机	WD		
					Y(液)	履带式液压挖掘机	WY		
			汽车式	Q	—	汽车式机械挖掘机	WQ		
					Y(液)	汽车式液压挖掘机	WQY		
			轮胎式	L	—	轮胎式机械挖掘机	WL		
					D(电)	轮胎式电动挖掘机	WLD		
					Y(液)	轮胎式液压挖掘机	WLY		
			步履式	B	—	步履式机械挖掘机	WB		
					Y(液)	步履式液压挖掘机	WBY		
	多斗挖掘机		轮斗式	U	—	机械轮斗挖掘机	WU	生产率	m^3/h
					D(电)	电动轮斗挖掘机	WUD		
					Y(液)	液压轮斗挖掘机	WUY		
			链条斗式	T	—	机械链斗挖掘机	WT		
					D(电)	电动链斗挖掘机	WTD		
					Y(液)	液压链斗挖掘机	WTY		
	挖掘装载机	WZ	—	—	—	挖掘装载机	WZ	发动机标定功率	kW

(四)液压挖掘机的发展状况

近年来,由于电子技术的飞速发展及计算机的普遍使用,挖掘机开始由机电液一体化技术向自动化、智能化和机器人化的方向发展。采用机电液一体化技术的优点如下：

(1)提高了作业质量和工作的舒适性。

(2)采用机电液一体化技术可节约能源20%～30%。

(3)使操纵简单省力,可实现无人或远距离操纵。

(4)提高了安全性和可靠性,可进行状态自动监测和故障诊断。

国外挖掘机上应用机电一体化技术,主要体现的方面：

(1)泵—发动机电子负荷传感控制系统。

(2)挖掘机工况检测与故障诊断系统。

(3)无线遥控挖掘机。

(4)作业过程的局部自主化控制(即半自动化液压挖掘机)。

(5)全自动液压挖掘机。

挖掘机的另一个发展方向是大型化和超大型化发展。

二、单斗机械式挖掘机

单斗挖掘机是挖掘机械中使用最普遍的机械。有专用型和通用型之分,专用型供矿石采掘用,通用型主要用于各种建设施工中。其特点是挖掘力大,可以挖Ⅵ级以下的土和爆破后的岩石。

单斗挖掘机种类很多,按传动方式不同有机械式和液压式。本节主要讲述单斗机械式挖掘机。

(一)工作过程

挖掘机属于循环作业式机械,每一个工作循环包括：挖掘、回转、卸料和返回四个过程。

下面介绍机械传动式挖掘机的正铲、反铲、拉铲和抓斗的工作过程。

正铲挖掘机(图1-120)的工作装置由动臂2、斗杆5和斗口朝上的铲斗1组成。

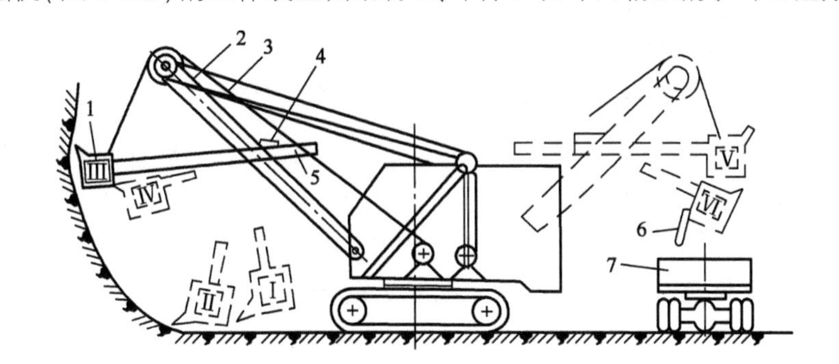

图1-120　正铲挖掘机工作过程简图

1-铲斗;2-动臂;3-铲斗提升钢索;4-鞍形座;5-斗杆;6-斗底;7-运输车;Ⅰ～Ⅵ-挖掘过程

正铲的工作过程如下：

1.挖掘过程

先将铲斗下放到工作面底部(Ⅰ),然后提升铲斗,同时使斗杆向前推压(有的小型挖掘机依靠动臂下降的重力来施压),斗内装满土料(Ⅱ→Ⅲ)。

2.回转过程

先将铲斗后退出工作面(Ⅳ),然后回转,使动臂带着铲斗转到卸料处上空(Ⅴ)。在此过程中可适当调整斗的伸出度和高度适应卸料要求,以提高工效。

3. 卸料过程

打开斗底卸料(Ⅵ)。

4. 返回过程

回转挖掘机转台,使动臂带着空斗返回挖掘面,同时放下铲斗,斗底在惯性作用下自动关闭(Ⅵ~Ⅰ)。

机械传动式正铲挖掘机适宜挖掘和装载停机面以上的Ⅰ~Ⅳ级土和松散物料。

机械传动的反铲挖掘机(图1-121)的工作装置由动臂5、斗口朝下的带杆铲斗2组成。动臂由前支架支持。

反铲的工作过程是:先将铲斗向前伸出,让动臂带着铲斗落在工作面上(Ⅰ);然后将铲斗向着挖掘机方向拉转,于是它就在动臂和铲斗等重力以及牵引索的拉力作用下,使斗内装满土(Ⅱ);将斗保持(Ⅱ)状态连同动臂一起提升到(Ⅲ),再回转至卸料处进行卸料。反铲有斗底可打开式与不可打开式两种。前者可打开斗底准确地卸料于车辆上(Ⅳ),后者需将铲斗向前伸出,使斗口朝下卸料(Ⅴ)。

反铲挖掘机适宜于停机面以下的挖掘,例如挖掘基坑及沟槽等。

机械传动的拉铲挖掘机(图1-122)的工作装置由格栅形动臂与带链索的悬挂铲斗组成。铲斗的上部和前部是敞开的。

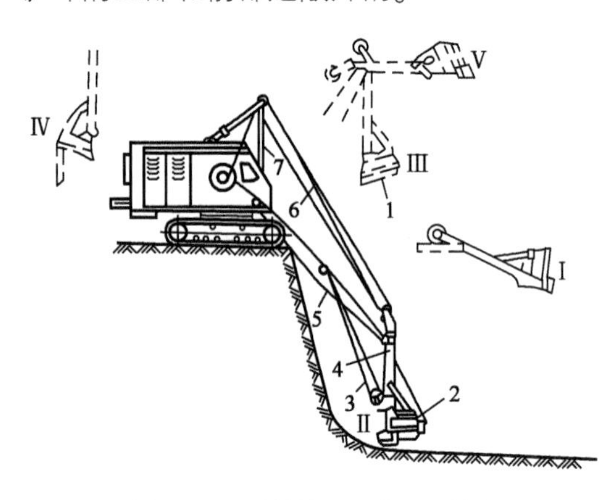

图1-121 反铲挖掘机工作过程简图

1-斗底;2-铲斗;3-牵引钢索;4-斗杆;5-动臂;6-提升钢索;7-前支架;Ⅰ~Ⅴ-挖掘过程

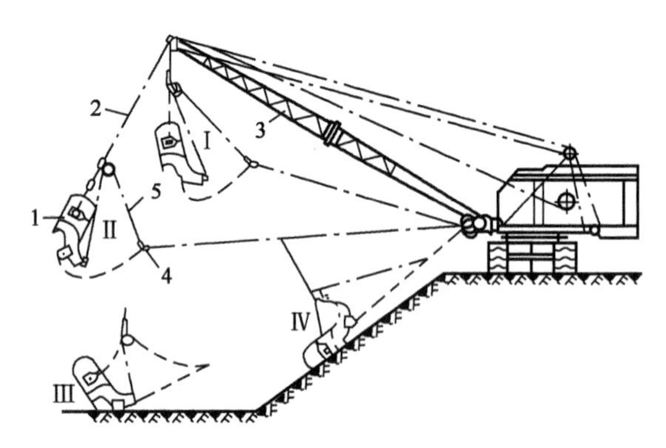

图1-122 拉铲挖掘机工作过程简图

1-铲斗;2-提升钢索;3-动臂;4-牵引钢索;5-卸料索;Ⅰ~Ⅳ-工作过程

拉铲的工作过程是:首先将铲斗以提升钢索2提升到位置(Ⅰ),拉收和放松牵引索3,使斗在空中前后摆动(视情况也可不摆动),然后共同放松提升索和牵引索,铲斗就被抛掷在工作面面上(Ⅱ→Ⅲ)。然后拉动牵引索,铲斗在自重作用下切入土中,使铲斗装满土(Ⅳ)(一般情况下当铲斗拉移3~4倍长的距离时,可装满)。然后提升铲斗,同时放松牵引索,使铲斗保持在斗底与水平面呈8°~12°仰角,不让土料撒出。在提升铲斗的同时将挖掘机回转到卸载处。卸料时制动提升索,放松牵引索,斗口就朝下卸料。再转回工作面进行下一次挖掘。

拉铲挖掘机适宜于停机面以下的挖掘,特别适宜于开挖河道等工程。拉铲由于靠铲斗自身重力切土,所以只适宜挖掘一般土料和砂砾。

抓斗挖掘机(图1-123)的工作装置是一种带双瓣或多瓣的抓斗1。抓斗用提升索4悬挂在动臂上。斗瓣的开闭由闭合索3来执行,为了不使斗在空中旋转,由一根定位索2来保证,定位索的一端固定在抓斗上,另一端与动臂连接。

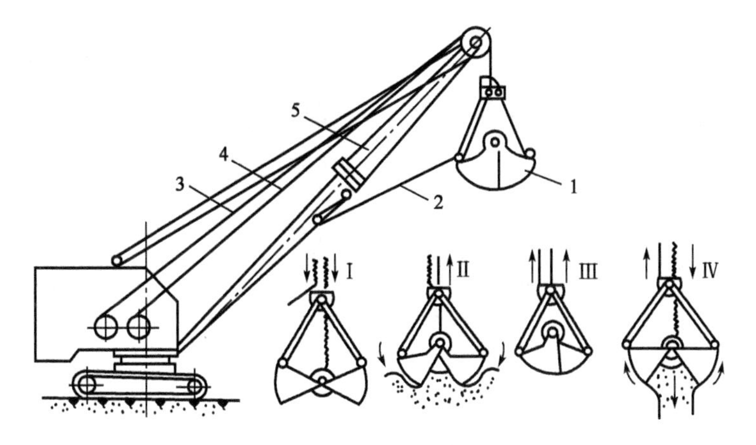

图 1-123　抓斗挖掘机的工作过程简图

1-抓斗；2-定位索；3-闭合索；4-提升索；5-动臂；Ⅰ～Ⅳ-工作过程

抓斗的工作过程是：首先固定提升索放松闭合索，使斗瓣张开。然后同时放松提升索和闭合索，让张开的抓斗落在工作面上，并在自重作用下切入土中(Ⅰ)。然后收紧闭合索，抓斗在闭合过程中抓满土料(Ⅱ)。当抓斗完全闭合成，以同一速度提升索和闭合索将抓斗提升(Ⅲ)，同时使挖掘机转到卸料位置。卸料时固定提升索，放松闭合索，斗瓣张开，卸出土料(Ⅳ)。

抓斗挖掘机适宜停机面以上和以下的挖掘，卸料时无论是卸在车辆上或弃土堆上都很方便。由于抓斗是垂直上下运动，所以特别适合挖掘桥基桩孔、陡峭的深坑以及水下土方等作业。但抓斗的挖掘能力也受自重的限制，只能挖取一般土料、砂砾和松散料。

(二)单斗机械式挖掘机的基本构造

单斗机械式挖掘机主要由三大部分组成，即工作装置、转台和行走装置，如图 1-124 所示。工作装置 1 包括铲斗、动臂及提升用的主绞车和变幅绞车；行走装置 2 包括车座、行走履带及其传动装置；转台 3 包括动力装置、传动装置和操纵装置(全部罩在机身内)。

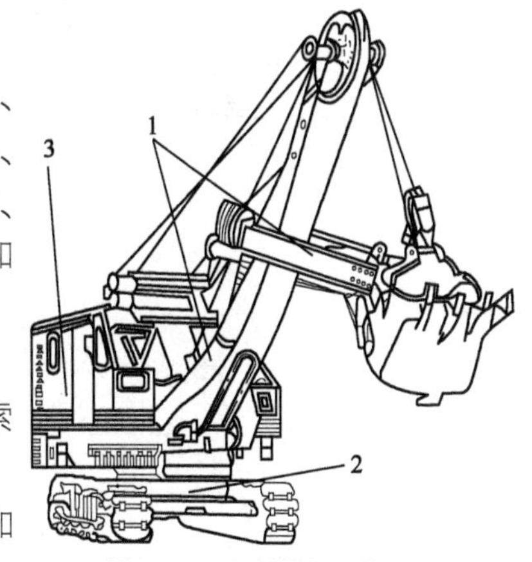

图 1-124　机械挖掘机外形图

1-工作装置；2-行走装置；3-转台

1. 正铲工作装置

正铲工作装置由铲斗、斗杆、动臂、推压机构、滑轮钢索和斗底开闭机构等组成。

正铲工作装置的结构形式有：单杆斗柄配双杆动臂和双杆斗柄配单杆动臂两种。前者多用于中小型(斗容小于 $1m^3$)挖掘机上，后者多用于 $1m^3$ 以上的挖掘机。

双斗柄配单杆动臂的正铲工作装置(图 1-125)，由动臂 8、斗柄 3、铲斗 1 和机械操纵系统等组成。

2. 反铲工作装置

反铲工作装置由铲斗、斗柄、动臂和钢索滑轮系等组成，如图 1-126 所示。

反铲斗有斗底可开启铲斗(图 1-127)和斗底不可开启铲斗(图 1-128)两种。斗底可开启的反铲斗卸料面积小(如车辆上卸料)。斗底不可开启的反铲斗，卸料时必须由斗柄带着铲斗一起翻转，使斗口朝下，因此卸料面积较大。此种斗的后部呈弧形以利卸料。反铲斗的刃口多制成圆弧状，以减小挖掘阻力。

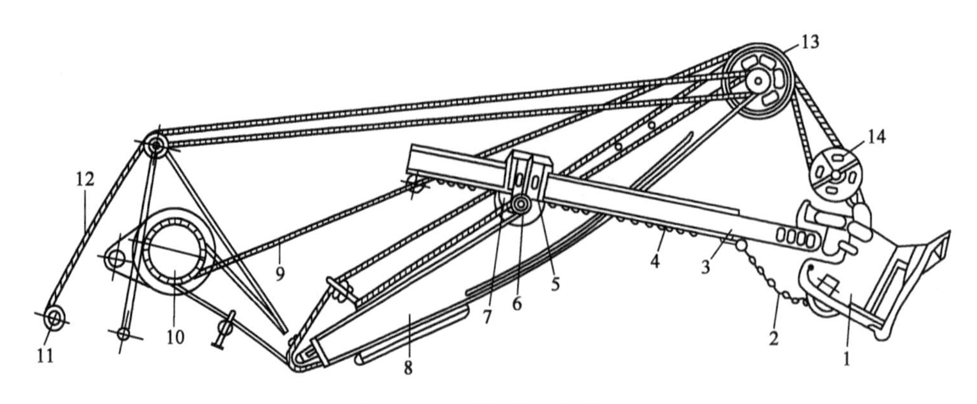

图 1-125　机械正铲工作装置

1-铲斗;2-斗底开启索链;3-斗柄;4-推压齿条;5-鞍形座;6-推压轴;7-推压齿轮;8-动臂;9-提升钢索;10-主卷扬筒;11-变幅卷筒;12-变幅钢索;13-定滑轮;14-动滑轮

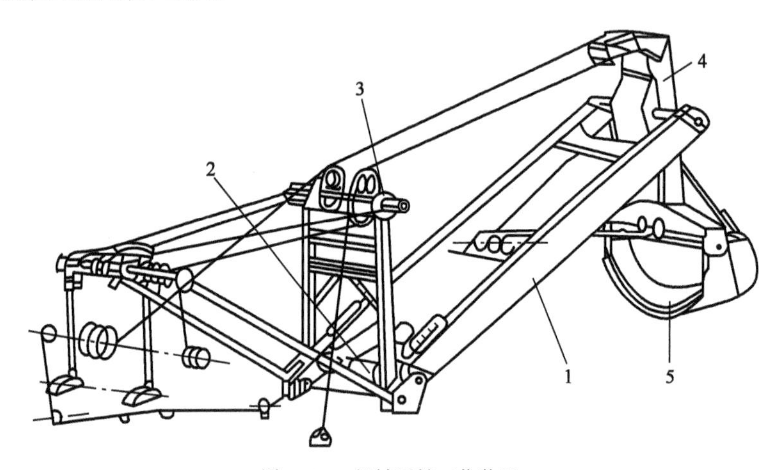

图 1-126　机械反铲工作装置

1-动臂;2-牵引机构;3-前支架;4-斗柄;5-圆弧铲斗

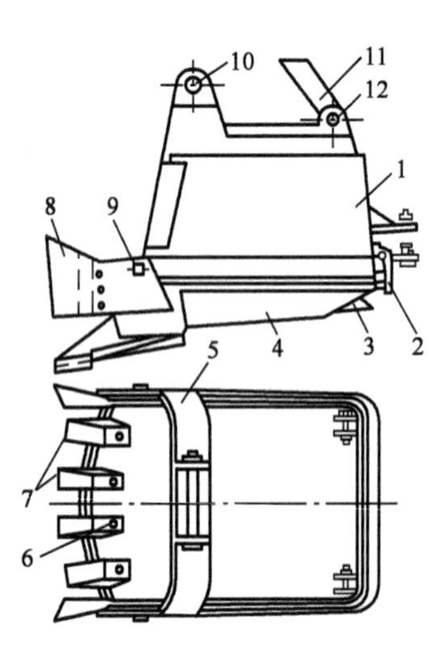

图 1-127　斗底可开启的反铲斗

1-斗体;2-斗底开启机构;3-安全突筋;4-斗底;5-拱板;6-螺钉;7-斗齿;8-侧齿;9-铰销;10、12-销孔;11-拉杆

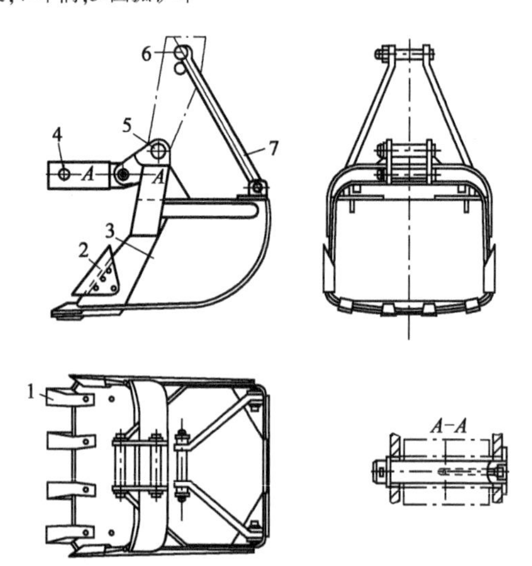

图 1-128　斗底不能开启的铲斗

1-斗齿;2-侧齿;3-斗体;4、5、6-销孔;7-拉杆

3. 拉铲工作装置

拉铲工作装置(图1-129)由动臂、铲斗和钢索三部分组成。动臂6用角钢焊成格栅式桁架,分节拼装。各节之间用接盘和螺栓连接。采用这种结构可减小动臂质量,扩大拉铲的工作范围。拉铲斗是一个簸箕形钢斗(图1-130),斗的后臂呈圆弧形。

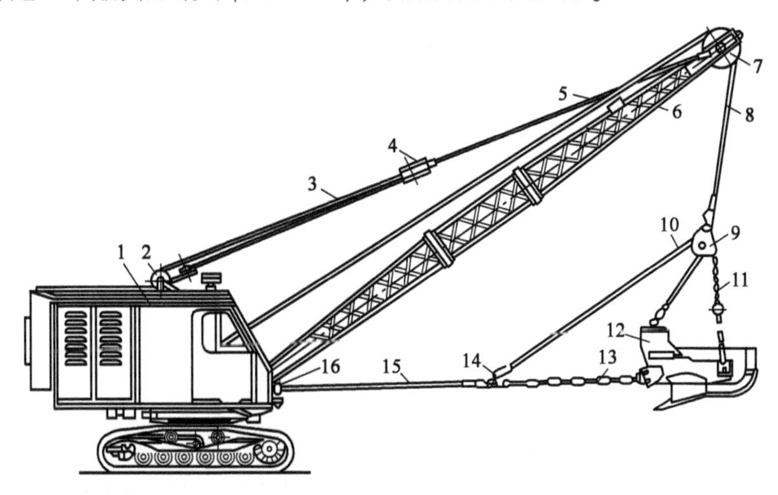

图1-129 拉铲工作装置

1-机身;2-门形架;3-动臂升降钢索;4-滑轮组;5-悬挂钢索;6-动臂;7-滑轮;8-铲斗升降钢索;9-悬挂连接器;10-卸土钢索;11-升降链条;12-铲斗;13-牵引链条;14-横向连接器;15-牵引钢索;16-导向滑轮

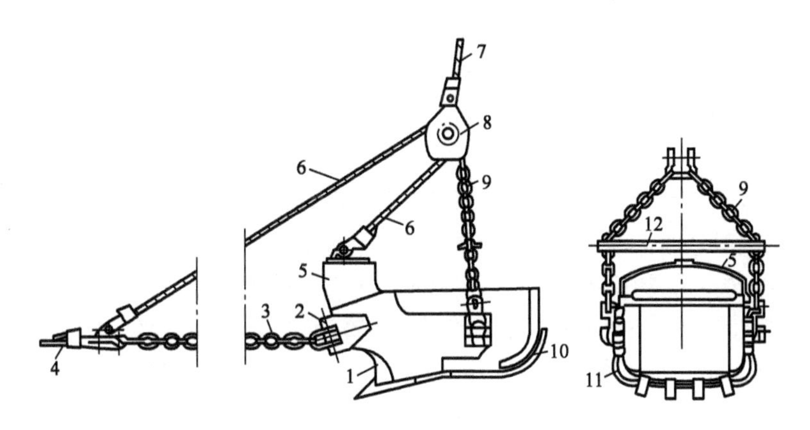

图1-130 拉铲斗

1-斗壁;2-耳环;3-牵引链;4-牵引索;5-拱板;6-卸料索;7-铲斗提升钢索;8-连接器;9-提升链;10-斗底;11-侧刃;12-横撑杆

(三)传动系

单斗机械式挖掘机传动系如图1-131所示,是机械式传动系统。发动机1的动力经主离合器2与链式减速器3传给换向机构水平轴28。然后分成两条传动路线:一路由齿轮4、5、13将动力传递至主卷扬轴12,驱动主卷筒回转,控制铲斗的动作;另一路由换向机构经垂直轴50、两挡变速器51,经齿轮47、36分别将动力传给回转立轴32和行走立轴34。

接合爪形离合器33,回转立轴32带动回转小齿轮绕固定的大齿圈37回转,从而带动回转平台回转。接合爪形离合器35,行走立轴34经锥形齿轮传动将动力传给行走水平轴43,再通过左右行走爪形离合器42和链传动把动力传递给左右驱动链轮,左右离合器42可将一边行走装置的动力切断而使机械转向。

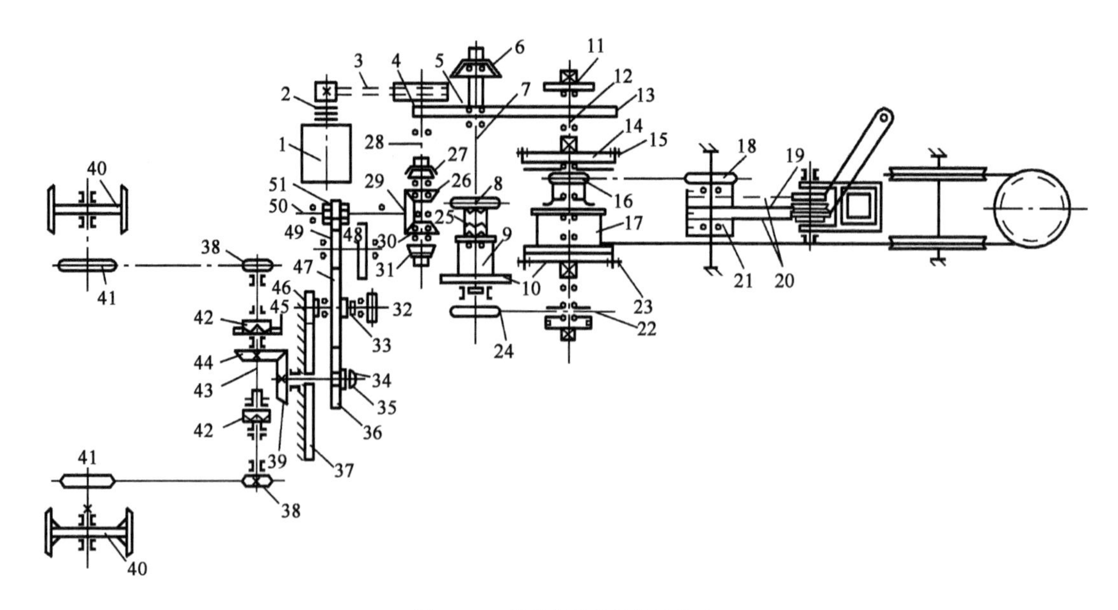

图 1-131 单斗挖掘机的机械传动

1-发动机;2-主离合器;3-减速器;4、5、13、36、47、48、49-圆柱齿轮;6、27、31-锥形离合器;7-变幅卷筒轴;8、16、18-推压机构传动链轮;9-变幅卷筒;10、14-主卷筒离合器;11-斗底开启卷筒;12-主卷扬轴;15、23、24、45-带式制动器;17-右主卷筒;19-回缩钢索;20-推压钢索;21-推压卷筒;22-超载离合器;25-离合器;26、29、30-换向齿轮;28-换向机构水平轴;32-回转立轴;33、35、42-爪形离合器;34-行走立轴;37-大齿圈;38、41-行走链轮;39、44-行走齿轮;40-驱动轮;43-行走水平轴;46-回转小齿轮;50-垂直轴;51-两挡变速器

三、单斗液压挖掘机

(一)总体构造

单斗液压挖掘机主要由发动机、传动系统、工作装置、回转机构、行走装置、操纵系统、机架等组成。发动机为整机提供动力,多采用柴油机。传动系统把动力传给工作装置、回转装置和行走装置,有机械传动和液压传动之分。回转机构使工作装置向左或右回转,以便进行挖掘和卸料。行走装置支承全机质量并执行行驶任务,有履带式、轮胎式与汽车式等。操纵系统操纵工作装置、回转装置和行走装置,有机械式、液压式、气压式及复合式等。机架为全机的骨架,除行走装置装在其下面外,其余组成部分都装在其上面,如图 1-132 所示。

(二)工作装置

单斗液压挖掘机常用的工作装置有反铲、抓斗、正铲等,以满足不同工况的需要,在铁路和公路工程中多采用反铲液压挖掘机。

1. 反铲工作装置

反铲工作装置由动臂、斗杆、铲斗、连杆、遥杆及动臂油缸、斗杆油缸、铲斗油缸组成。各部件之间连接及工作装置和回转装置的连接全部采用铰接,在油缸推力的作用下,各杆件围绕铰点摆动,实现挖掘、提升、卸土等动作,如图 1-133 所示。

动臂和斗杆是工作装置的主要构件,由高强度钢板焊接而成,多采用整体式结构,具有结构简单、强度好等特点。

铲斗形状和大小与作业对象有很大关系,铲斗结构如图 1-134 所示;铲斗斗齿结构如图 1-135所示。

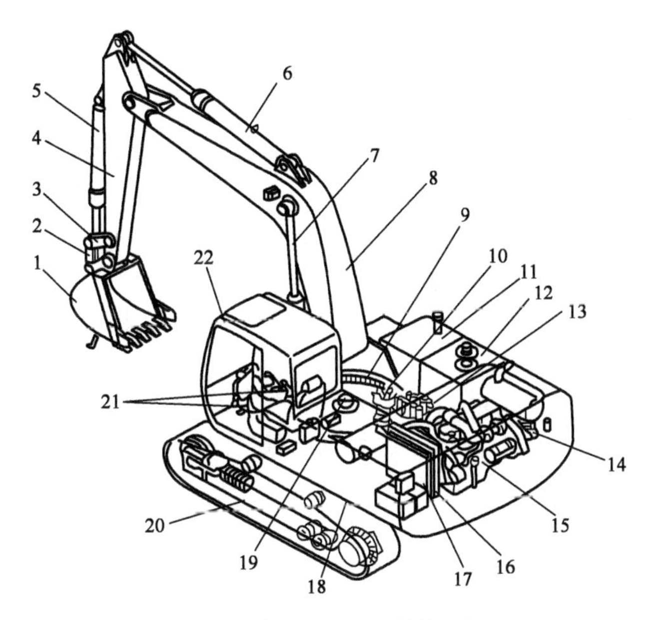

图 1-132　单斗液压挖掘机结构示意图

1-铲斗;2-连杆;3-摇杆;4-斗杆;5-铲斗油缸;6-斗杆油缸;7-动臂油缸;8-动臂;9-回转支撑;10-回转驱动装置;11-燃油箱;12-液压油箱;13-控制阀;14-液压泵;15-发动机;16-水箱;17-液压油冷却器;18-平台;19-中央回转接头;20-行走装置;21-操作系统;22-驾驶室

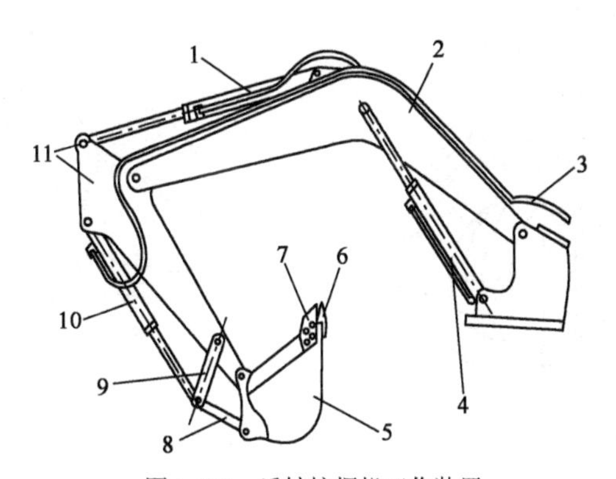

图 1-133　反铲挖掘机工作装置

1-斗杆油缸;2-动臂;3-液压管路;4-动臂油缸;5-铲斗;6-斗齿;7-侧齿;8-连杆;9-摇杆;10-铲斗油缸;11-斗杆

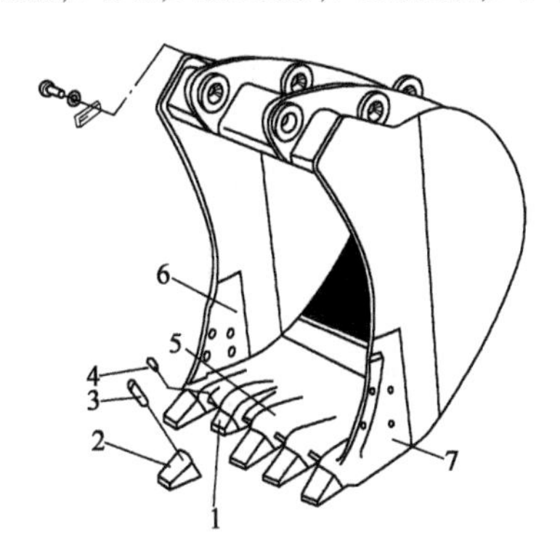

图 1-134　反铲铲斗结构

1-齿座;2-斗齿;3-橡胶卡销;4-卡销;5、6、7-斗齿板

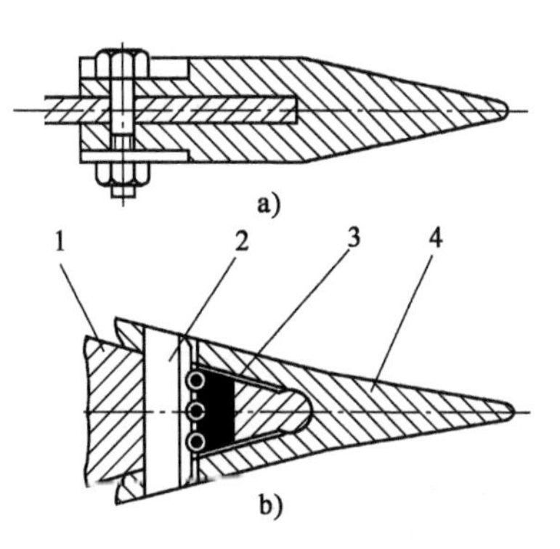

图 1-135　斗齿结构

a)螺栓连接方式;b)橡胶卡销连接方式

1-齿座;2-卡销;3-橡胶卡销;4-斗齿

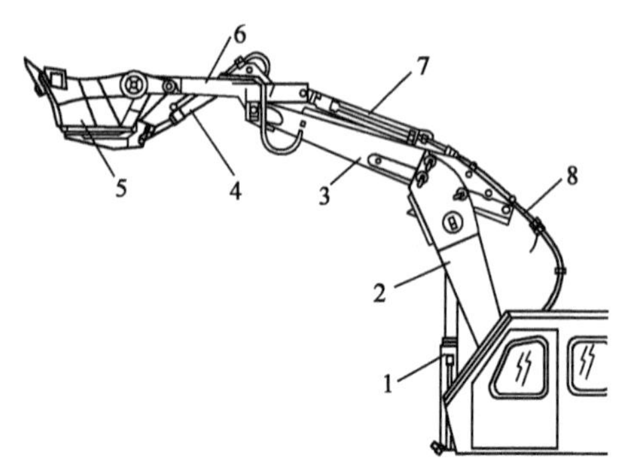

图 1-136　液压挖掘机正铲工作装置

1-动臂油缸；2-动臂；3-加长臂；4-斗底开闭油缸；5-铲斗；6-斗杆；7-斗杆油缸；8-液压软管

2. 正铲工作装置

单斗液压挖掘机的正铲工作装置（图 1-136）由动臂 2、动臂油缸 1、铲斗 5、斗底开闭油缸 4 等组成。铲斗的斗底用油缸开启，斗杆 6 铰接在动臂的顶端，由双作用的斗杆油缸 7 使其转动。

3. 抓斗工作装置

根据作业对象的不同，液压抓斗结构形式有梅花抓斗（图 1-137），它是多瓣（四或五瓣）的，每瓣由一只油缸来执行其开闭动作。其缸体端和活塞杆端分别铰装在上铰连和斗瓣背面的耳环上。各部油缸并联在一条总供油路上，所以各缸的动作是同步的，即斗瓣的开闭动作是协调一致的，另一种是双颚抓斗（图 1-138），它是由一个双作用油缸来执行抓斗的开闭动作，双颚式抓斗多用于土方作业。

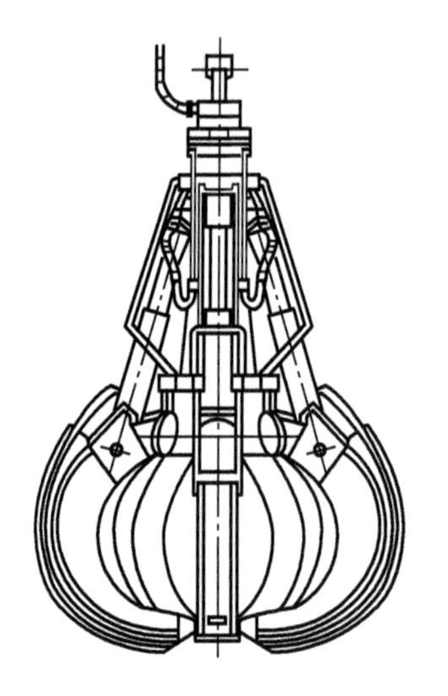
图 1-137　梅花抓斗结构示意图

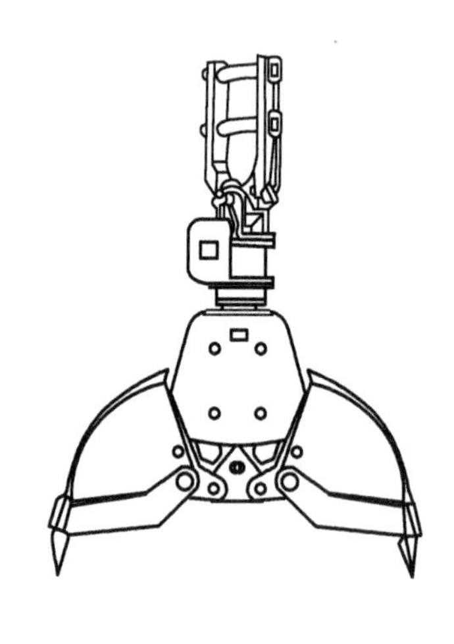
图 1-138　双颚式抓斗结构示意图

（三）回转装置

上部转台是液压挖掘机三大组成部分之一。在转台上除了有发动机、液压系统、驾驶室、平衡重、油箱等以外，还有一个很重要的部分——回转装置。以上这些部分在转台上的布置位置不尽相同，但都力求使转台上的传动机构尽量布置紧凑。图 1-139 所示为国产液压挖掘机转台布置的一种形式。

液压挖掘机的回转装置必须能把转台支承在固定部分（下车）上。不能倾翻倒，并应使其回转轻便灵活。为此，液压挖掘机都设置了回转支承装置（起支承作用）和回转传动装置（驱动转台回转），并统称为液压挖掘机的回转装置。

1. 回转支承装置

（1）转柱式回转支承

摆动式液压马达驱动的转柱式支承由固定在回转体上的上、下支承轴和上、下轴承座组成。轴承座用螺栓固定在机架上。回转体与支承轴组成转柱，插入轴承座的轴承中。外壳固定在机架上的摆动油缸输出轴插入下支承轴内，驱动回转体相对于机架转动。回转体常做成“匚”形，以避免与回转机构碰撞。工作装置铰接在回转体上，与回转体一起回转，如图 1-140 所示。

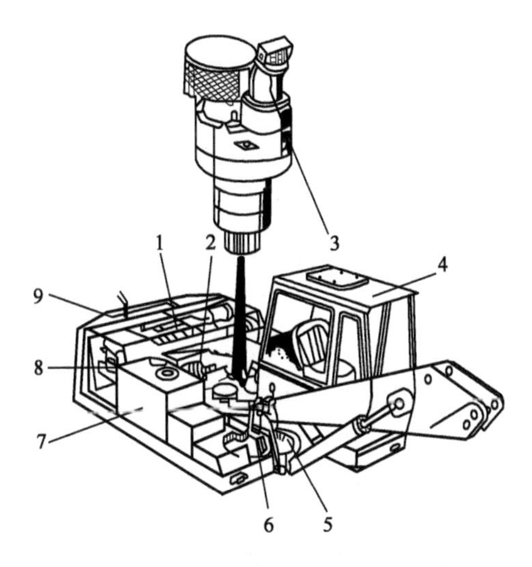

图 1-139　转台布置

1-发动机；2-换向阀；3-回转驱动液压马达；4-驾驶室；5-回转大齿圈和回转支承；6-中央回转接头；7-油箱；8-液压泵；9-平衡重

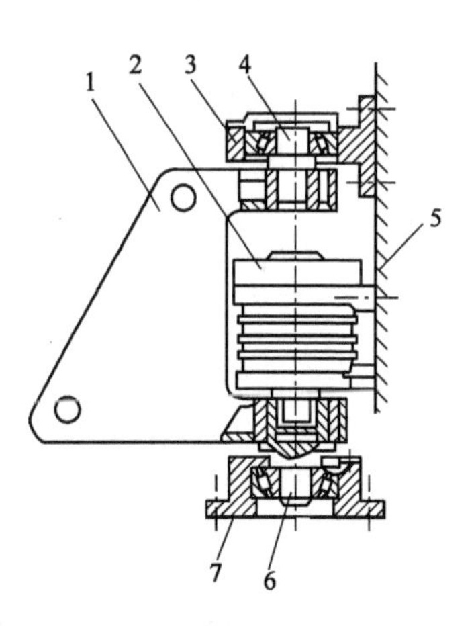

图 1-140　转柱式回转支承

1-回转体；2-摆动油缸；3-上轴承座；4-上支承轴；5-机架；6-下支承轴；7-下轴承座

（2）滚动轴承式回转支承

滚动轴承式回转支承实际上就是一个大直径的滚动轴承。它与普通轴承的最大区别是它的转速很慢。挖掘机的回转速度在 5～11r/min。此外，一般轴承滚道中心直径和高度比为4～5，而回转支承则达 10～15。所以，这种轴承的刚度较差，工作中要靠支承连接结构来保证。滚动轴承式回转支承的典型构造，如图 1-141 所示。

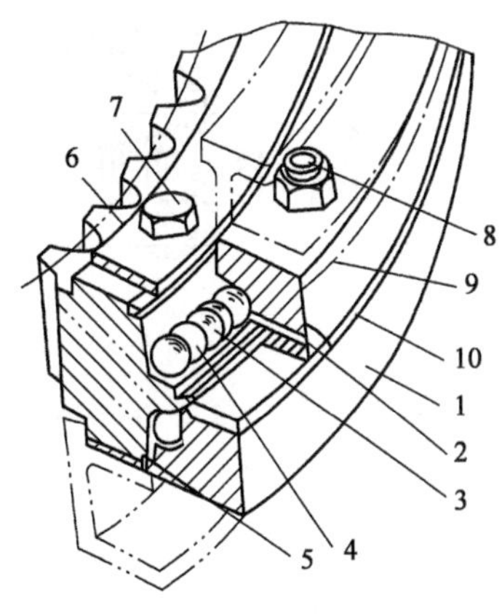

图 1-141　滚动轴承式支承

1-下座圈；2-油嘴；3-滚动体；4-隔离体；5-密封装置；6-内齿圈；7、8-螺栓；9-上座圈；10-调整垫片

2. 回转机构传动形式

（1）半回转液压挖掘机的回转传动装置

小型液压挖掘机常采用油缸驱动的传动机构。这种油缸活塞杆的一部分加工成齿条，与回转轴上的齿轮相啮合，这样，活塞的往复运动就可以使回转轴回转。

（2）全回转挖掘机的回转传动装置

①直接传动方案

在低速大转矩液压马达的输出轴上，直接装有传动小齿轮，与回转齿圈相啮合。国产 WY100、WY40、WLY25、W4-6C 等型挖掘机的回转传动装置都属于这种低速直接驱动方案。这种传动方案结构简单，液压马达的制动性能较好，但外形尺寸较大。

②间接传动方案

这种方案是由高速液压马达经齿轮减速器带动回转大齿圈来驱动回转机构。图 1-142 是斜轴式轴向柱塞液压马达通过行星减速驱动回转机构的示意图。国产 WY50、WY60A、

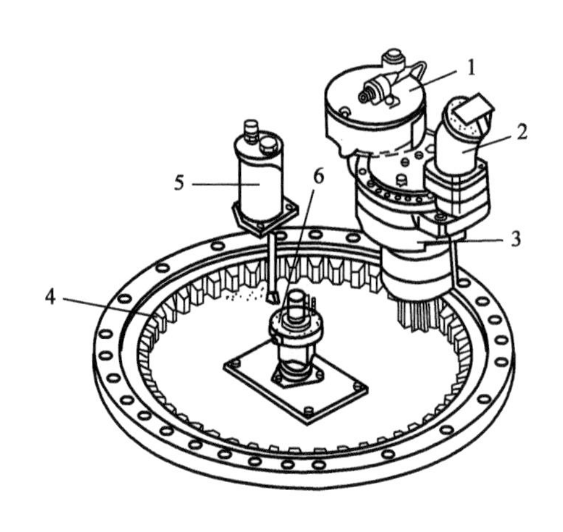

图 1-142　斜轴式高速液压马达驱动的回转机构

1-制动器;2-液压马达;3-行星减速器;4-回转大齿圈;5-润滑油环;6-中央回转接头

WY100B、WY160 等都采用这类高速驱动方案。这种方案结构紧凑,容易得到较大的传动比,且齿轮的受力情况也比较好。另外一个很大的优点是轴向柱塞式马达与同类型泵的结构基本相同,许多零件可以通用,便于组织生产,从而降低了成本,但必须装设制动器,以便吸收较大的回转惯性力矩。

(四)行走装置

行走装置是支承整机质量并完成行走任务的,一般有履带式和轮胎式两种。常用的为履带式行走装置。

1. 履带式行走装置

液压挖掘机的履带式行走装置都采用液压传动,且基本构造大致相同,如图 1-143 所示。

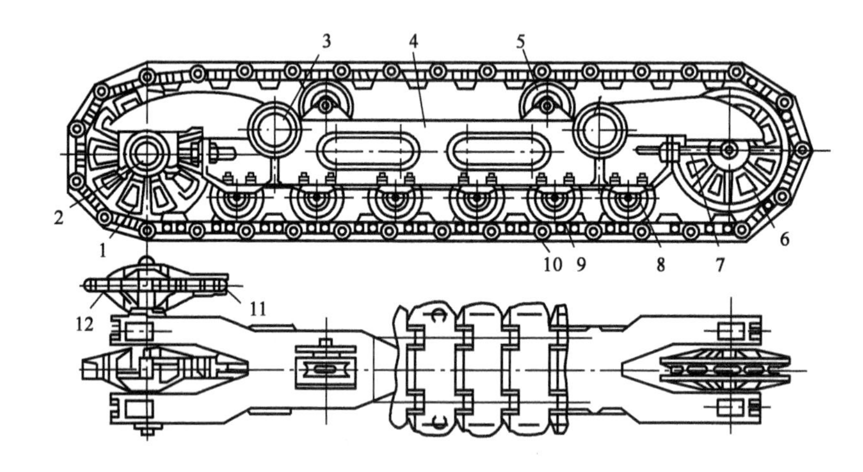

图 1-143　履带行走装置

1-驱动轮;2-驱动轮轴;3-下支承架轴;4-履带架;5-托链轮;6-引导轮;7-张紧螺杆;8-支重轮;9-履带;10-履带销;11-链条;12-链轮

行走架由 X 形底架、履带架、回转支承底座、驱动装置固定座组成,如图 1-144 所示。行走的各种零部件都安装在行走架上。由油泵出来的压力油经多路换向阀和中央回转接头进入行走液压马达。马达把压力能转变为输出转矩后,通过减速器传给驱动轮。当驱动轮转动后,与它相啮合的履带有移动的趋势。但是,由于履带和土间的附着力大于驱动轮、引导轮和支重轮等的滚动阻力,所以驱动轮沿着履带轨道滚动,从而驱动整台机器前进或后退。如果左右两边液压马达供油方向相反,则挖掘机就地转弯。

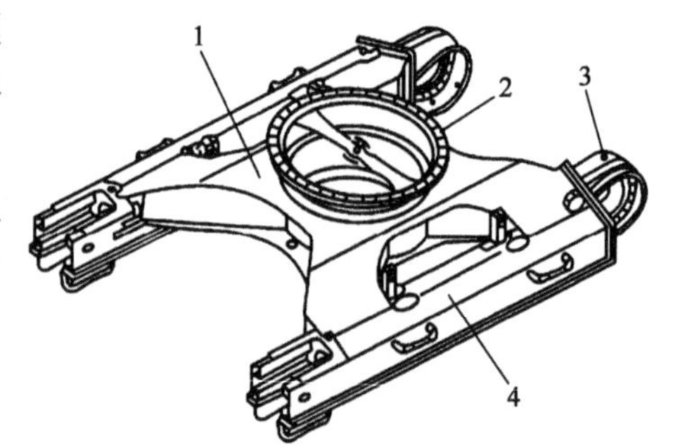

图 1-144　行走架示意图

1-X 形底架;2-回转支撑底座;3-驱动装置固定座;4-履带架

2. 轮胎式行走装置

液压驱动的轮胎式挖掘机行走装置结构，如图 1-145 所示。行走马达直接装在变速器上（变速器固定在底盘上），动力经变速器通过传动轴传给前后驱动桥，或再由轮边减速装置驱动轮胎。采用高速液压马达的传动方式使用可靠，传动系统比机械传动简单，省掉了上、下传动箱及垂直轴，结构布置较为简便。

轮胎式单斗液压挖掘机的行走速度不高，后桥常采用刚性固定，使结构简单。前桥轴是悬挂摆动的，如图 1-146 所示。

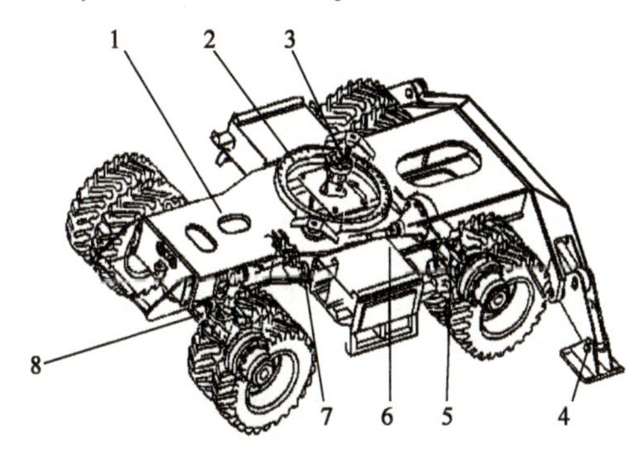

图 1-145 轮胎式挖掘机行走装置

1-车架；2-回转支承；3-中央回转接头；4-支腿；5-后桥；6-传动轴；7-液压马达及变速器；8-前桥

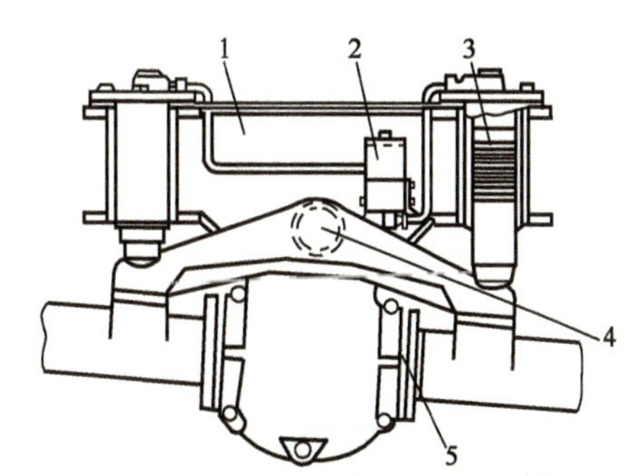

图 1-146 液压悬架平衡装置

1-车架；2-控制阀；3-悬架油缸；4-摆动铰销；5-前桥

车架与前桥 5 通过中间的摆动铰销铰接。铰的两旁边设有两个悬架油缸 3，它的一端与车架 1 连接，活塞杆端与前桥 5 连接，控制阀 2 有两个位置。挖掘机工作时，控制阀 2 把两个油缸的工作腔与油箱的联系切断，此时油缸将前桥的平衡悬架锁住，减少了摆动，提高了作业稳定性；行走时控制阀 2 左移，使两个悬架油缸的工作腔相通，并与油箱接通，前桥便能适应路面的高低坡度，上下摆动使轮胎与地面保持足够的附着力，使挖掘机有较高的越野性能。

应用与技能

一、反铲挖掘机的基本作业

反铲挖掘机适用于开挖Ⅰ～Ⅲ三类的砂土或黏土。主要用于开挖停机面以下深度不大的基坑或管沟及含水率大的土，最大挖土深度为 4～6m，经济合理的挖掘深度为 1.5～3.0m。对地下水位较高处也适用，挖出的土方卸于弃土堆或配备自卸汽车运走。

反铲挖掘机的开挖路线与自卸汽车的相对位置不同，其基本作业有沟端开挖法和沟侧开挖法两种。

（一）沟端开挖法

反铲挖掘机停在沟端，后退开挖，同时往沟一侧弃土或装自卸汽车运走。挖掘宽度不受挖掘机最大挖掘半径的限制，动臂只要回转 40°～90°即可卸料，同时可挖到最大深度，如图 1-147 所示。对于较宽的基坑，其最大挖掘宽带为反铲挖掘机最大半径的两倍，但自卸汽车须停在挖掘机后面装土，生产效率较低。若基坑的宽度超过挖掘机最大挖掘半径两倍时，可分段开挖，反铲挖掘机后退开挖到尽头后，转换位置方向开挖毗邻的路段，如图 1-148 所示。

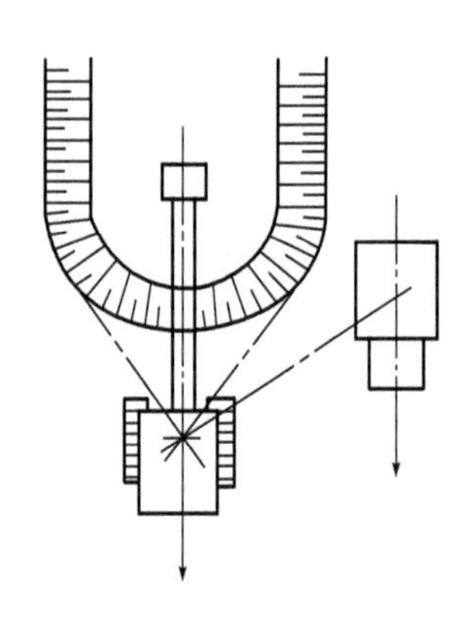

图 1-147　沟端开挖法

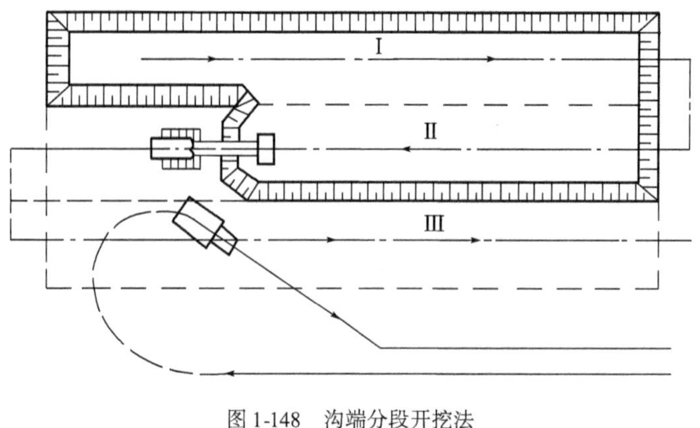

图 1-148　沟端分段开挖法

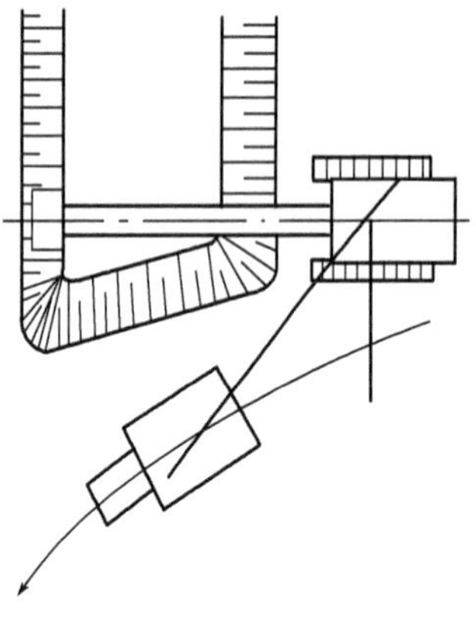

图 1-149　沟侧开挖法

（二）沟侧开挖法

反铲挖掘机停在沟侧沿着沟边开挖，自卸汽车停在沟端装土，如图 1-149 所示。此法动臂回转度较小，但挖土宽度小于挖掘半径，边坡不好控制，机械停靠在沟边，稳定性较差。适用于横挖土体和需将土方卸到较远的地方。

二、反铲挖掘机的施工作业

反铲挖掘机在工程施工中常用来挖掘路堑和填筑路堤，并与自卸汽车配合使用。在路基施工中，应根据施工技术要求，设计反铲挖掘机的施工方案。

（一）开挖路堑

在开挖路堑时，应严格按照路堑纵、横断面图的技术要求，选定正确的路堑开挖施工方案。绘制挖掘机的工作断面图，工作断面图应包含掘进道数（开挖层次）、桩号、运输车的位置及工作断面的曲线轮廓等。

如图 1-150 所示，反铲挖掘机首先在Ⅰ掘进道作业，反铲挖掘机沿路堑顶面纵向倒退沟端开挖，自卸汽车位于沟侧受料；在Ⅱ掘进道，反铲挖掘机沿路堑顶面纵向（反向）倒退沟端开挖，自卸汽车位于沟侧或Ⅰ掘进道顶面边侧受料；在Ⅲ掘进道，反铲挖掘机沿Ⅰ掘进道顶面纵向倒退沟端开挖，自卸汽车位于Ⅱ掘进道顶面边侧受料；以此类推。

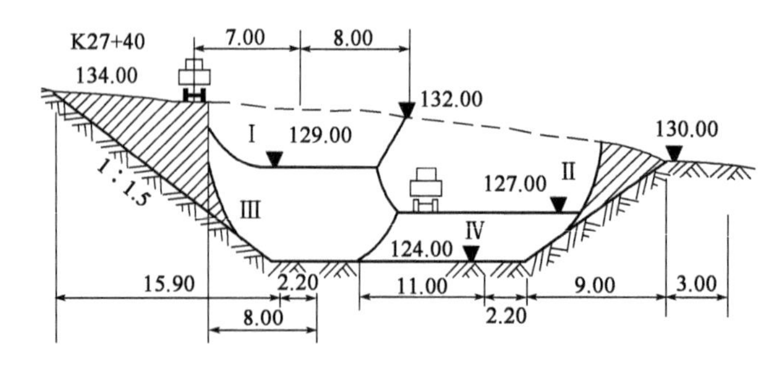

图 1-150　反铲挖掘机的工作断面图（尺寸单位：m）
Ⅰ、Ⅱ、Ⅲ、Ⅳ-掘进道

（二）填筑路堤

反铲挖掘机填筑路堤（亦称移挖作填）是结合开挖路堑一起进行的，即利用反铲挖掘机开挖出的土石方来填筑路堤。施工过程配合自卸汽车运土，并结合其他工程机械（推土机、平地机、压实机械）完成填筑路堤。图1-151为反铲挖掘机配合自卸汽车填筑路堤的施工布置图。反铲挖掘机在取土场按四个掘进道取土，按土质的好坏，分路进行运土。适用的土填筑路堤，不适用的土卸往弃土场。施工时，应进行合理的施工组织设计，根据工程总量、路段长度、流水方向和速度、施工期限等因素，确保反铲挖掘机与自卸汽车、推土机或平地机、压路机等机械的合理匹配。

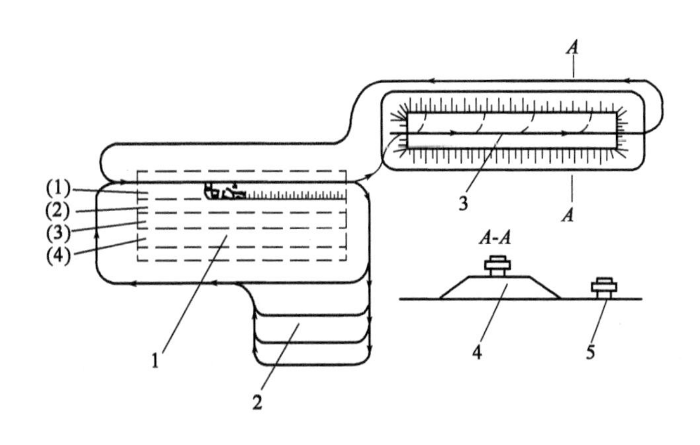

图1-151　反铲挖掘机配合自卸汽车填筑路堤的施工布置图

1-基坑；2-弃土场；3-路堤；4-重载道路；5-空载道路

归 纳 总 结

（1）推土机是使用比较广泛的机械，推土机的作业对象主要是各级土砂石料及风化岩石等，推土机的经济运距为50～80m。推土机主要以履带式为主，它的传动系统采用液力机械式，这种方式可根据推土机负荷的变化，自动地在较大范围内改变其输出转速和转矩，从而使推土机的工作速度和牵引能力在较宽的范围内自动调节，因此变速器的挡位数无需太多，且又可减少传动系统的冲击载荷。在铁路、公路等路基、场地填筑施工中，推土机常用作填筑土方的初始平整、压实。

（2）铲运机主要用于中距离（100～2000m）大规模土方填挖和运输工程，用来开挖路堑、填筑路堤、搬运土方等。现代自行式铲运机由机械传动向液力机械式和全液压传动方向发展。现代轮胎式自行铲运机大多采用铰接式双作用双油缸动力转向。如国产CL7型铲运机、日本小松WS16S-2型铲运机、美国卡特彼勒627B型铲运机。铲运机的运行路线有环形运行路线、8字形运行路线、之形运行路线、穿梭式运行路线、螺旋式运行路线五种，施工作业为填筑路堤和开挖路堑。

（3）装载机是一种作业效率较高的铲装机械，它具有作业速度快、效率高、操作轻便等优点，因而在国内外得到迅速发展，成为工程建设中土石方施工的主要机种之一。装载机以轮胎式为主，轮胎式装载机的动力是柴油发动机，大多采用液力变矩器、动力换挡变速器的液力机械传动形式（小型装载机有的采用液压传动或机械传动），液压操纵、铰接式车体转向、双桥驱动、宽基低压轮胎、工作装置多采用反转连杆机构等。装载机的施工作业，主要与自卸汽车配合。在施工中装载机的转移、卸料与汽车位置配合的程度，对生产率影响很大。因此，必须合理组织施工。

(4)平地机是一种以刮刀为主，进行土的切削、刮送和整平作业的施工机械，具有作业范围广、操纵灵活、控制精度高等特点，有效作业时间明显高于装载机和推土机，是一种高效的土方施工作业机械。平地机以轮胎式为主，全轮转向，全轮驱动性能最好，大中型平地机多采用这种方式。现代较为先进的平地机上安装有自动调平装置。平地机上应用的自动调平装置是按照施工人员事先预设的斜度、坡度等基准，在作业中自动地调节刮刀的作业参数。平地机在工程施工中主要用于平整、整形、刷坡、开挖边沟作业，也用于开挖路槽、移土填堤和路拌路面材料。另在工程整平作业中，推土机与平地机分工不同，如果说推土机用作路基、站场等工程的"初平"的话，平地机常常作为工程的"终平"。

(5)挖掘机是土石方开挖的一种主要施工机械，在施工中，主要完成下列工作：开挖建筑物或厂房基础；挖掘土料，剥离采矿物覆盖物；采石场、隧道内、地下厂房和堆料场中的装载作业；开挖沟渠、运河和疏通水道；更换工作装置后可进行混凝土浇筑、起重、安装、打夯、夯土等作业。

单斗液压挖掘机常用的工作装置有反铲、抓斗、正铲等，以满足不同工况需要，在铁路和公路施工中多数采用反铲液压挖掘机。挖掘机以履带式为主，机架上装有回转机构，回转机构使工作装置左右回转，以便进行挖掘和卸料。

反铲挖掘机适用于开挖Ⅰ～Ⅲ三类的砂土或黏土。主要用于开挖停机面以下深度不大的基坑或管沟及含水率大的土，最大挖土深度为4～6m，经济合理的挖掘深度为1.5～3.0m。反铲挖掘机的开挖路线与自卸汽车的相对位置不同，其基本作业有沟端开挖法和沟侧开挖法两种。

思考题

(一)推土机

1. 简述推土机的用途及分类。
2. 为什么广泛应用液力机械式推土机？
3. 推土机主要由哪几部分组成？
4. 机械式传动、液力机械式传动和全液压传动各有什么特点？
5. 为什么推土机常见的是履带式？
6. 推土机铲刀有直铲和侧铲之分，各有什么用途？
7. 如何调整直铲推土机铲刀的铲削角？
8. 为什么斜铲推土机作业效率高？
9. 为了减少积土阻力，铲刀应采用的结构形式是什么？
10. 推土机为什么配置松土器？
11. TY320(D155A-1A)型履带式推土机工作装置液压系统有几个回路？
12. 采用新结构对推土机的发展起到了哪些作用？
13. 推土机是如何完成铲土工作过程的？
14. 推土机的基本作业有哪些？

15. 什么是波浪铲土法？什么是槽式推土法？什么是下坡推土法？
16. 推土机填筑路堤的施工组织方法有哪两种？
17. 推土机开挖路堑的施工组织方法有哪两种？

（二）铲运机

1. 简述铲运机的用途及分类。
2. 铲运机主要由哪几部分组成的？
3. 铲运机传动方式有几种？试分析几种典型传动方式。
4. 铲运机工作装置由哪几部分组成？
5. 简述铲运机作业过程。
6. 铲运机的基本作业有哪些？什么是跨铲法？什么是助铲法？
7. 铲运机的运行路线有几种？各有什么特点？
8. 简述铲运机的施工作业方法。

（三）装载机

1. 简述装载机的用途及分类。
2. 简述装载机的发展状况。
3. 装载机主要由哪几部分组成的？
4. 装载机工作装置广泛采用什么机构？
5. 反转六连杆机构工作装置由哪几部分组成？
6. 铲斗切削刃的形状有几种？齿形如何选择？
7. 简述装载机工作过程。
8. 装载机的基本作业有哪些？
9. 装载机与自卸汽车施工作业有哪些配合方法？各有何特点？如何选择？

（四）平地机

1. 简述平地机的用途及分类。
2. 简述平地机的发展状况。
3. 平地机主要由哪几部分组成？
4. 整体式车架和铰接式车架的特点？
5. 平地机的转向形式有几种？
6. 平地机传动的形式与特点是什么？
7. 平地机刮土工作装置的组成是什么？
8. 平地机刮土作业时，根据土性质和切削阻力大小如何调整刮刀切削角？
9. 平地机耙土装置的作用与组成是什么？
10. 电子自动找平装置组成与原理是什么？
11. 平地机的基本作业及特点是什么？
12. 简述平地机施工作业。

（五）挖掘机

1. 简述挖掘机的用途及分类。
2. 简述挖掘机的发展状况。
3. 单斗机械式挖掘机正铲、反铲、拉铲和抓斗的工作过程是什么？
4. 单斗机械式挖掘机的基本构造是什么？

5. 简述单斗机械式挖掘机正铲工作装置、反铲工作装置及拉铲工作装置。
6. 简述单斗液压挖掘机的构造。
7. 简述单斗液压挖掘机的工作装置。
8. 简述单斗液压挖掘机的回转装置及行走装置。
9. 什么是沟端开挖？什么是沟侧开挖？
10. 简述反铲挖掘机的施工作业。

项目二

压实机械

知识要求：

1. 掌握和了解压实机械的用途、分类；
2. 掌握和了解静力压路机的结构及特点；
3. 掌握和了解振动压路机的结构、原理及特点；
4. 掌握和了解夯实机械的结构及特点；
5. 掌握和了解压路机的压实工艺。

技能要求：

具有静力压路机、振动压路机、夯实机械的使用、管理、维护能力；掌握路基压实原则、步骤、注意事项；掌握路面压实原则、步骤、注意事项。

任务提出：

在建设工程中，对路基土、路面铺砌层、建筑物基础、堤坝和机场跑道等必须进行压实，那么，为什么要压实？其目的是什么？用什么方式、方法进行压实？如何选择压路机？碾压过程中要注意哪些事项？

任务一　压实机械的用途及分类

相关知识

一、压实机械的用途

压实机械用来对各类土、混合料、堆石、砂砾石、石渣等各种材料进行压实。在公路工程中，路基土和路面铺砌层都必须进行压实，以提高基础的承载能力、不透水性和稳定性，使之有足够的强度和表面平整度。压实机械是一种利用机械自重、振动或冲击的方法对被压实材料重复加载，排除其内部水分和空气，使之达到一定密实度和平整度的工程机械。

二、压实机械的分类

（一）按作用原理分

1. 静力压实

静力压实是利用重滚轮沿被压实材料表面往复滚动，靠滚轮自重所产生的静压力作用，使被压材料产生永久变性，实现压实目的。有光轮压路机、轮胎压路机等，如图 2-1a）所示。

2. 振动压实

利用压路机滚轮产生的高频振动对被压实材料做快速反复冲击和滚轮自重产生的静压力的综合作用，使被压层达到压实目的。有组合式振动机（前轮为具有振动作用的光面钢轮、后轮为驱动胶轮）、双光轮振动压路机等，如图 2-1b）所示。

3. 振荡压路机

利用压路机滚轮产生的高频振荡（摆动）对被压实材料做快速反复冲击和滚轮自重产生的静压力的综合作用，使被压层达到压实目的。有振荡压路机和具有振荡功能的多功能压路机等，如图 2-1c）所示。

4. 夯实压实

利用压实机构从一定高度落下，冲击被压实材料而使之压实的方法。有打夯机、冲击式压路机等，如图 2-1d）所示。

5. 振动夯实

压实机构高频振动，同时以冲击夯实力和振动力作用在被压材料上，使之压实。有振动平板夯、快速冲击夯等，如图 2-1e）所示。

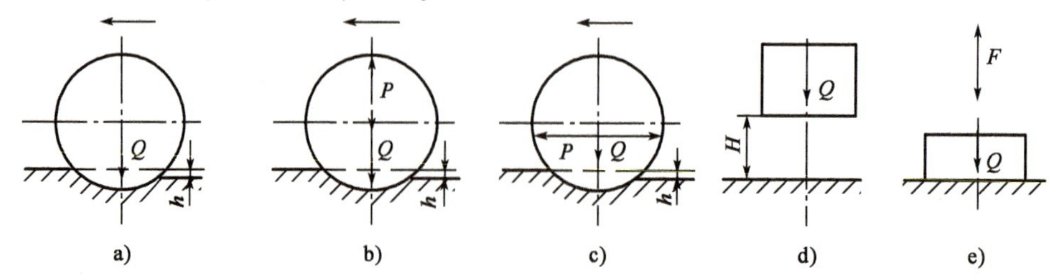

图 2-1　压实原理图

a）静力压实；b）振动压实；c）振荡压实；d）冲击压实；e）振动夯实

Q-静压力；F-垂直振动力；P-水平振动力；H-下落高度；h-碾压深度

(二)按压路机的行走方式分

有自行式、拖式和手扶式。

(三)按滚轮的外部结构分

有光轮、凸块轮、羊脚轮和充气轮。

三、型号编制方法

压实机械的型号编制及分类,见表2-1。

压实机械的型号及表示方法　　表2-1

类	组	型	特征	代号	代号意义	主参数	
						名称	单位
压实机械	光轮压路机 Y	拖式	T	YT	拖式	加载后质量	t
		两轮自行式	Y	2Y	两轮		
				2YY	液压转向		
		三轮自行式	Y	3Y	三轮		
				3YY	液压转向		
	羊脚压路机 YJ	拖式	T	YJT	拖式羊脚	加载总质量	
		自行式		YJ	自行式羊脚		
	轮胎压路机 YL	拖式	T	YLT	拖式轮胎	加载总质量	
		自行式		YL	自行式轮胎		
	振动压路机 YZ	拖式	T	YZT	拖式振动	结构质量	t
		自行式		YZ	自行式振动		t
		手扶式	S	YZS	手扶式振动		kg
	夯实机 H	振动式	Z	HZ	振动夯实	结构质量	kg
		内燃振动式	R	HZR	内燃振动夯实		
		蛙式	W	HW	蛙式夯实机		

任务二　静力作用压路机

相关知识

静力作用压路机是应用静力压实原理来完成工作,可用来压实路基、路面、广场和其他各类工程的地基等。

静力作用压路机分类:

按行走方式分自行式和拖式,自行式应用较广。

按质量分轻型、中型、重型和超重型。

按碾压轮的结构分有钢制光轮、凸块轮(或羊脚碾)和轮胎压路机。

按碾压轮数量分为单轮、双轮和三轮压路机。

按传动方式分为机械式、液力机械式和全液压式。

一、静力光轮压路机

自行式光轮压路机根据滚轮及轮轴数目分为：二轮二轴式、三轮二轴式和三轮三轴式三种，如图 2-2 所示。目前国产压路机中，只生产有二轮二轴式和三轮二轴式两种。

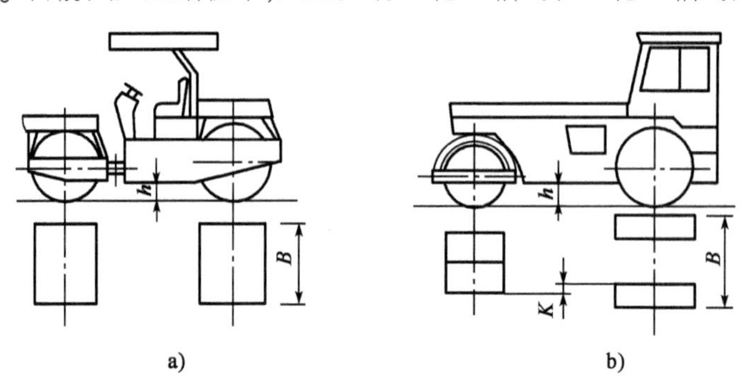

图 2-2　静力光轮压路机

a）二轮二轴式；b）三轮二轴式

根据整机质量静力光轮压路机又可分为轻型、中型和重型三种。质量在 5 ~ 8t 的为轻型，多为二轮二轴式，适宜于压实路面、人行道、体育场等。质量在 8 ~ 10t 的为中型，有二轮二轴和三轮二轴式两种。前者大多数用于压实与压平各种路面，后者多用于压实路基、地基以及初压铺筑层。质量在 12 ~ 15t、18 ~ 21t 的为重型，有三轮二轴式和三轮三轴式两种。前者用于最终压实路基，后者用于最后压实与压平各类路面路基，尤其适合于压实与压平沥青混凝土路面。此外，还有质量在 3 ~ 5t 的二轮二轴式小型压路机，主要用于路面的养护，人行道的压实等。

静力光轮压路机在压实地基方面不如振动压路机有效，在压实沥青铺筑层方面又不如轮胎压路机性能好。可以说凡是静力光轮压路机所能完成的工作，均可用其他形式的压路机来代替。所以，静力光轮压路机无论从使用范围或实用性能来分析，都是不够理想的。或者说有被淘汰的趋势。但由于静力压路机具有结构简单、维修方便、制造容易、寿命长、可靠性好等优点，因此，目前还在生产，并在大量使用着。

（一）总体构造

静力光轮压路机主要由发动机、传动系统、操纵系统、行驶滚轮、机架、驾驶室组成。发动机多为柴油机，安装在前部，机架由型钢和钢板焊接而成，支承在前后轮轴上。前轮为转向轮，后轮为驱动轮。在前、后轮的轮面上都装有刮泥板（每个轮上前、后各装一个），用来刮除黏附在轮面上的土或结合料，在机架的上面装有操纵台。

1. 二轮二轴式压路机

二轮二轴式压路机的传动系统，由主离合器、变速器、换向机构和传动轴等组成，如图 2-3 所示。从柴油机 1 输出的动力经主离合器 2、锥形齿轮副 3 和 4、换向离合器 5（左或右），长横轴 6、变速齿轮 7 和 8（Ⅰ挡）或齿轮 10 和 9（Ⅱ挡）传到万向节轴 11，再经两级终传动齿轮 15 和 14、13 和 12，最后传给驱动轮。换向齿轮与变速器齿轮同装在一个壳体内，两级终传动齿轮为开式传动。

液压转向操纵系统（图 2-4）由油箱、齿轮泵、操纵阀、双作用工作油缸及连接管道等组成。

通过操纵阀使高压油进入油缸的前腔或后腔，推动油缸活塞运动，活塞杆的伸缩带动转向臂向某一方向摆动，使前轮转向。

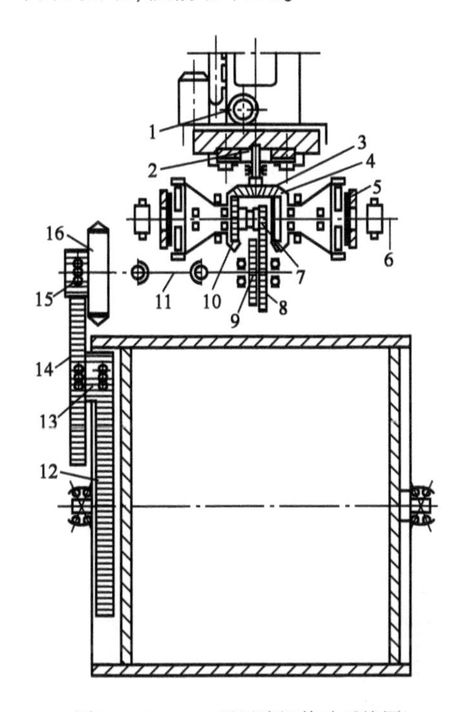

图 2-3　2Y8/10 型压路机传动系统图

1-柴油机；2-主离合器；3-锥形驱动齿轮；4-锥形从动齿轮；5-换向离合器；6-长横轴；7-Ⅰ挡主动齿轮；8-Ⅰ挡从动齿轮；9-Ⅱ挡从动齿轮；10-Ⅱ挡主动齿轮；11-万向节轴；12-第二级从动大齿轮；13-第二级主动小齿轮；14-第一级从动大齿轮；15-第一级主动小齿轮；16-制动鼓

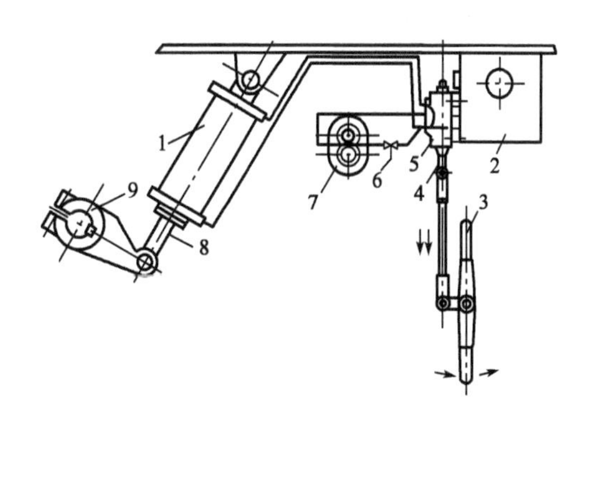

图 2-4　2Y8/10 型压路机液压转向操纵机构简图

1-工作油缸；2-油箱；3-转向手柄；4-控制阀柱塞；5-控制阀；6-阀门；7-齿轮泵；8-活塞杆；9-转向臂

2. 三轮二轴式压路机

三轮二轴式和二轮二轴式压路机在结构上的主要区别是：三轮二轴式压路机具有两个装在同一根后轴上的较窄而直径较大的后驱动轮，同时在传动系统中增加了一个带差速锁的差速器。差速器的作用是压路机因两后轮的制造和装配误差所造成滚动半径的不同、路面的不平度和在弯道上行驶时起差速作用，差速锁是使两后驱动轮联锁（失去差速作用），以便当一边驱动轮因地面打滑时，而另一边不打滑的驱动轮仍能使压路机行驶。

三轮二轴式压路机的传动系统有两种布置形式：一种是换向机构在变速机构之后，换向离合器为干式，装在变速器的外部。发动机 19 输出的动力经主离合 1 先传给变速器，再经换向机构、差速器、终传动传给驱动轮，如图 2-5 所示。如洛阳建筑机械厂生产的 3Y12/15A 型压路机、徐州工程机械制造厂生产的 3Y12/15A、3Y15/18 和 3Y18/21 采用这种形式；另一种换向机构在变速器的前部，它与变速机构装在同一个壳体内，换向离合器片是湿式的，如图 2-6 所示。上海生产的 3Y12/15A 型压路机采用这种形式。这种结构的优点是：零部件尺寸小、重量轻、结构紧凑、润滑冷却好、寿命长。但是，变速器各轮轴因其正反转而受交变载荷，换向机构的调整维修较困难。

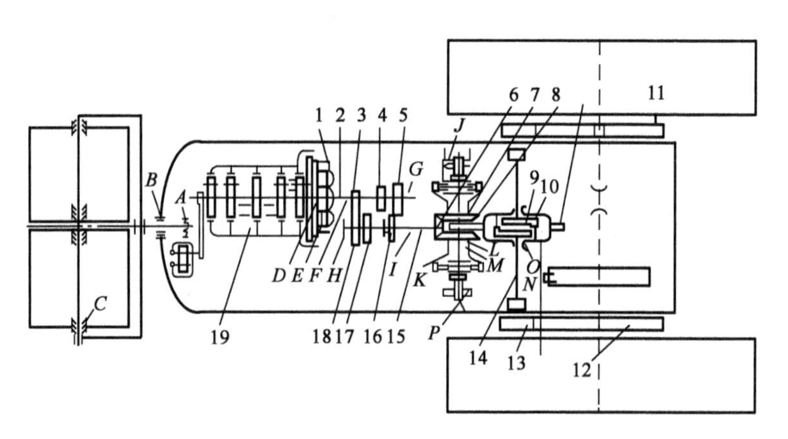

图 2-5　洛阳生产 3Y12/15A 型压路机传动系统简图

1-主离合器;2-变速器第一轴;3、4、5-主动变速齿轮;6-主动锥齿轮;7-从动锥齿轮;8-驱动圆柱齿轮;9-差速齿轮;10、11-中央传动齿轮;12-最终传动从动齿轮;13-最终传动主动齿轮;14-左右半轴;15-变速器第二轴;16、17、18-变速器从动齿轮;19-发动机;$A \sim P$-轴承

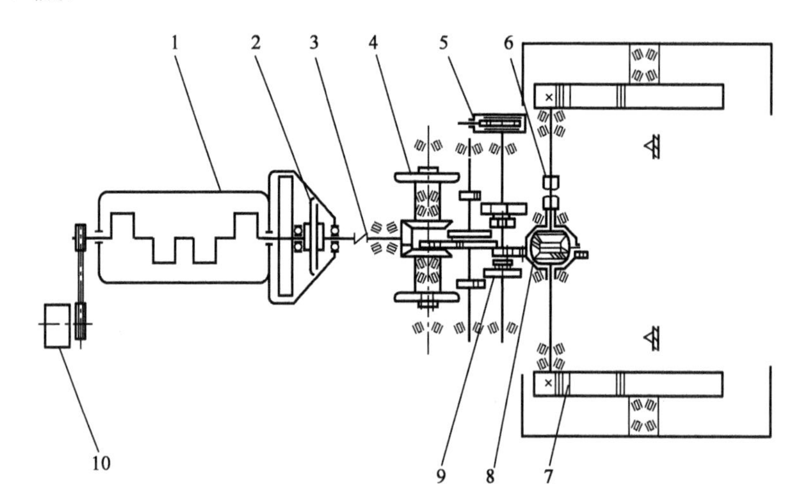

图 2-6　上海生产 3Y12/15A 型压路机传动系统简图

1-发动机;2-主离合器;3-挠性联轴器;4-换向离合器;5-盘式制动器;6-差速锁;7-最终传动;8-差速器;9-变速机构;10-齿轮油泵

(二)主要部件的构造

1. 换向机构

三轮二轴式压路机的换向机构由主动部分、从动部分和操纵机构等组成。洛阳生产的压路机的换向机构,如图 2-7 所示。其主动部分由大锥形齿轮、离合器壳和主动齿片等组成。两个大从动锥形齿轮 1 通过滚柱轴承支承在横轴 3 上,它与变速器输出轴上的小锥形齿轮常啮合。离合器外壳 7 用花键装在大锥形齿轮的轮毂上,并通过滚珠轴承支承在变速器壳体两侧的端盖 5 上。两面铆有摩擦衬片的主动齿片,以外齿与离合器壳的内齿相啮合,同时还可轴向移动。从动部分由驱动小齿轮、轴套、固定压盘、中间压盘和后压盘等组成。圆柱小驱动齿轮 17 装在横轴 3 上,轴套 9 装在横轴 3 外端的花键上,固定压盘 15 以螺纹形式与轴套连接,中间压盘 14 与活动后压盘 13 以花键形式与轴套 9 相连接,也可沿轴向移动。操纵机构由压抓 10、可调节的压抓架 12 和分离轴承 11 等组成。

换向操纵机构的左、右两个分离轴承由同一个操纵杆来操纵。当操纵杆处于中立位置时，则左、右两离合器在分离弹簧16的作用下处于分离状态，此时主动件部分在横轴上空转。当操纵杆处于任一结合位置时(左或右)，使一边离合器接合，而另一边离合器分离。接合的一边大锥齿轮则通过主、从动离合器片产生的摩擦力带动横轴连同小驱动轮一块向一个方向旋转，使动力输出。反之，横轴又以反方向旋转，将动力输出。

离合器摩擦片的间隙可通过转动压抓架的方法进行调整，压抓架向旋紧螺纹的方向转动，则间隙减小；反之，则间隙增大。调整时可将压抓架上的弹簧锁销自压盘孔拉出，即可转动压抓架，待调好后再将弹簧锁销插入调整后的销孔内。

2. 方向轮与悬架

二轮二轴式和三轮二轴式压路机方向轮的构造基本相同。方向轮依靠"门"形架和转向主轴与机架相连接。

二轮二轴式压路机的方向轮与悬架如图2-8所示，它由滚轮、轮轴、轴承、"门"形架和转向主轴等组成。方向轮由轮圈5和钢板轮辐4焊接而成。因为滚轮较宽，为了便于转向，减小转向阻力，一般都把方向轮分成两个完全相同的滚轮，分别用轴承2支承在方向轮轴1上。为了润滑轴承，在轮轴外装有储油管6，以便加注润滑油，此润滑油一年加注一次。轮内可灌砂或水，以调节压路机质量。

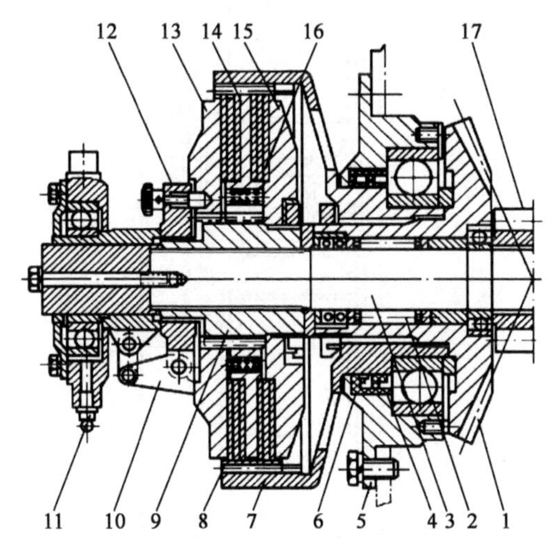

图2-7 洛阳生产3Y12/15A三轮二轴式压路机换向机构

1-从动锥齿轮；2-滚柱轴承；3-横轴；4-滚珠轴承；5-端盖；6-油封；7-离合器外壳；8-离合器主动片；9-离合器轴套；10-压抓；11-离合器分离轴承；12-压抓架；13-活动后压盘；14-中间压盘；15-固定压盘；16-分离弹簧；17-圆柱小驱动齿轮

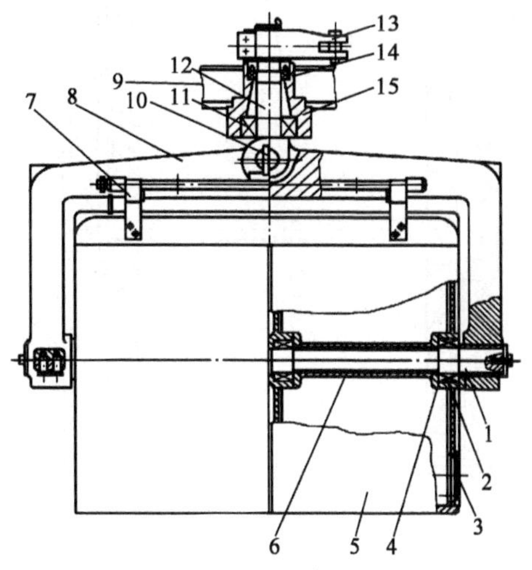

图2-8 二轮二轴压路机的方向轮

1-方向轮轴；2-锥形滚柱轴承；3-圆形挡板；4-轮辐；5-轮圈；6-储油管；7-刮泥板；8-"门"形架；9-机架；10-横销；11、14-轴承；12-转向立轴；13-转向臂；15-转向立轴轴承座

前轮轴的两端被固定在"门"形架的叉脚上，"门"形架的中间用横销10与转向立轴12相铰接，当方向轮在遇到道路不平时，以维持机身的水平度，从而保证压路机的横向稳定性。

转向立轴轴承座15焊接在机架9的端部，立轴靠上、下两个锥形滚柱轴承11和14支承在轴承座15内，它的上端固装着转向臂13。压路机转向时，转向臂被转向工作油缸的活塞杆推动并转动立轴和"门"形架，使方向轮按照转向的需要，向左(或右)转动一定的角度。

三轮二轴式压路机的方向轮与二轮二轴式压路机的方向轮基本相同，所不同的是"门"形架的叉脚不是直接固定在轮轴上，而是铰接在另一框架的前后边的中部，框架的左、右两侧固装在轮轴上。

3. 驱动轮

二轮二轴式压路机的驱动轮，如图 2-9 所示。它由轮圈、轮辐、齿轮、座圈和撑管等组成。其结构形式及尺寸与方向轮基本相同，所不同的仅在于它是一个整体，并装有最终传动装置的从动大齿轮。

最终传动大齿轮 9 用螺钉固定在左端轮辐的座圈 8 上。为了增加驱动轮的刚度，在左、右轮辐之间焊有撑管 2。轮辐外侧装有轴颈 5，以便通过轴承 6 与轴承座 7 将机架支承在滚轮上。对于 2Y8/10 型二轮二轴式压路机在驱动轮左、右轮幅的内侧还各铆有配重铁 4，以增加其质量。

三轮二轴式压路机的驱动轮如图 2-10 所示，它由轮圈、轮辐、轮毂及齿轮等组成。轮圈 7 和内外轮辐 1、5 由钢板焊成，后轮轴的两端支承在两个驱动轮的轮毂 2 上。在轮毂的内端装着从动大齿圈 4，为了便于吊运，在轮圈内还焊有三个吊环 6。轮内可以装砂子，用来调节压路机的质量。在轮辐上有两个装砂孔，用盖板封着。

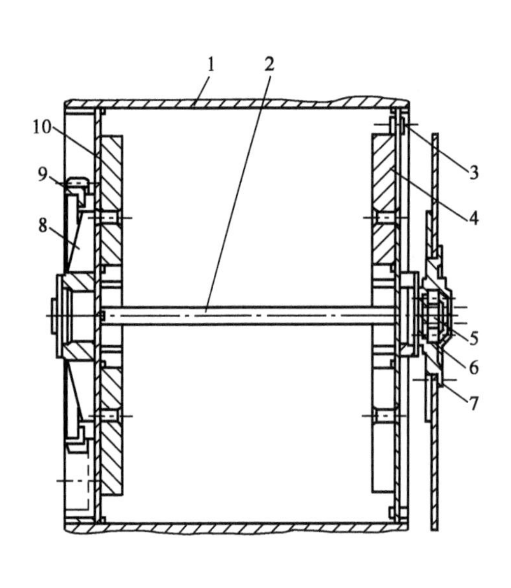

图 2-9　二轮二轴式压路机的驱动轮

1-轮圈；2-撑管；3-水塞；4-配重铁；5-轴颈；6-调心滚珠轴承；7-轴承座；8-座圈；9-最终传动大齿轮；10-轮辐

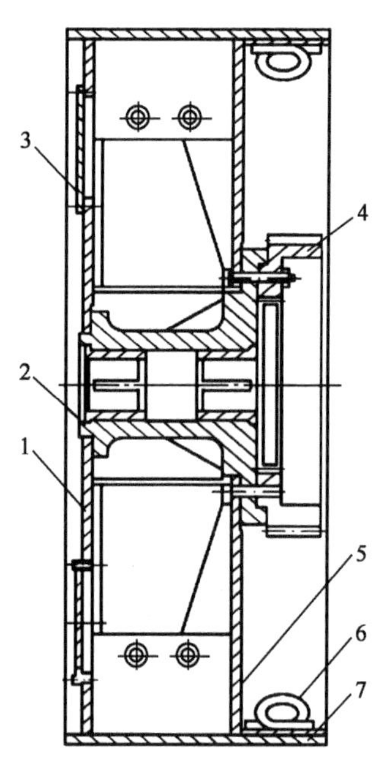

图 2-10　三轮二轴式压路机的驱动轮

1-轮辐；2-轮毂；3-盖板；4-大齿圈；5-轮辐；6-吊环；7-轮圈

二、轮胎压路机

轮胎压路机是利用充气轮胎的特性来进行压实的机械。它除有垂直压实力外，还有水平压实力，这些水平压实力，不但沿行驶方向有压实的作用，而且沿机械的横向也有压实的作用。由于压实力能沿各个方向移动材料粒子，所以可得到最大的密实度。这些力的作用加上橡胶轮胎所产生的一种“揉压作用”结果就产生了极好的压实效果。如果用钢轮压路机压实沥青混合料，钢轮的接触在沥青混合料的大颗粒之间就形成了“过桥”现象，这种“过桥”留下的空隙，就会产生不均匀的压实。相反，橡胶轮胎柔曲并沿着这些轮廓压实，从而产生较好的压实表面和较好的密实性。同时，由于轮胎的柔性，不是将沥青混合料推在它的前面，而是给混合料覆盖上最初的接触点，给材料以很大的垂直力，这样就会避免钢轮压路机经常产生的裂缝现象，另外，轮胎压路机在对两侧边做最后压实时，能使整个铺层表面均匀一致，而对路缘石的擦边碰撞破坏比钢轮压路机要小得多。轮胎压路机还具有可增减配重、改变轮胎充气压力的特点。这样更有益于对各种材料的压实。

自行式轮胎压路机按影响材料压实性和使用质量的主要特征分类如下：

(1)按轮胎的负载情况分

按轮胎的负载情况可分为多个轮胎整体受载、单个轮胎独立受载和复合受载三种。在多个轮胎整体受载的情况下，如图2-11a)所示，压路机的重力在不同连接构件的帮助下，分配给每个轮胎。当压路机在不平路面上运行时，轮胎的负载将重新分配，其中某个轮胎可能会出现超载现象。在单个轮胎独立受载的情况下，如图2-11b)中轮胎6和9，压路机的每个轮胎是独立负载。在复合受载的情况下，一部分轮胎独立受载，另一部分轮胎整体受载。

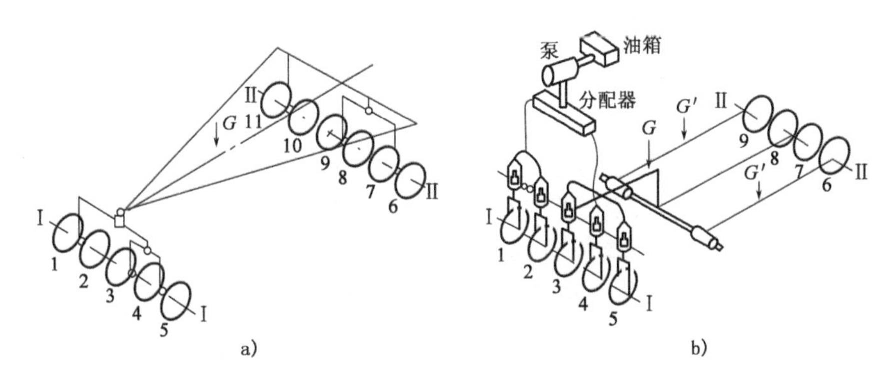

图2-11 轮胎压路机轮胎受载示意图

a)多个轮胎整体受载；b)轮胎复合受载

Ⅰ-Ⅰ-压路机前轴；Ⅱ-Ⅱ-压路机后轴；1～11-轮胎

(2)按轮胎在轴上安装的方式分

按轮胎在轴上安装的方式可分为各轮胎单轴安装、通轴安装和复合式安装三种。在单轴安装中，如图2-11b)中的Ⅰ-Ⅰ轴线所示的各轮胎，每个轮胎具有不与其他轮胎轴有连接的独立轴；在通轴安装中，如图2-11b)中的Ⅱ-Ⅱ轴线的轮胎7和8，几个轮胎是安装在同一根轴上；复合式安装包括单轴独立安装和通轴安装。

(3)按平衡系统形式分

按平衡系统形式可分为杠杆(机械)式、液压式、气压式和复合式等几种。

液压式和气压式平衡系统可以保证压路机在坡道上工作时，使其机身和驾驶室保持水平位置。图2-11a)所示为具有机械平衡系统的压路机的行走部分，而在图2-11b)中Ⅰ-Ⅰ轴线是具有液压平衡系统的结构形式。

(4)按轮胎在轴上的布置分

按轮胎在轴上的布置形式分为轮胎交错布置(图2-12a)、行列布置(图2-12b)和复合布置(图2-12c)。在现代压路机中，最广泛采用的是轮胎交错布置的方案。

(5)按转向方式分

按转向方式可以分为偏转车轮转向、转向轮轴转向和铰接转向三种。

偏转车轮和转向轮轴转向，会引起前、后轮不同的转弯半径，其值相差很大，可使前、后轮的重叠宽度减小到零，会导致压路机沿碾压带宽度压实的不均匀性。要提高这种转向形式的压实质量，就必须大大地增加重叠宽度，其结果又会导致减小压实带的宽度和降低压路机的生产率。

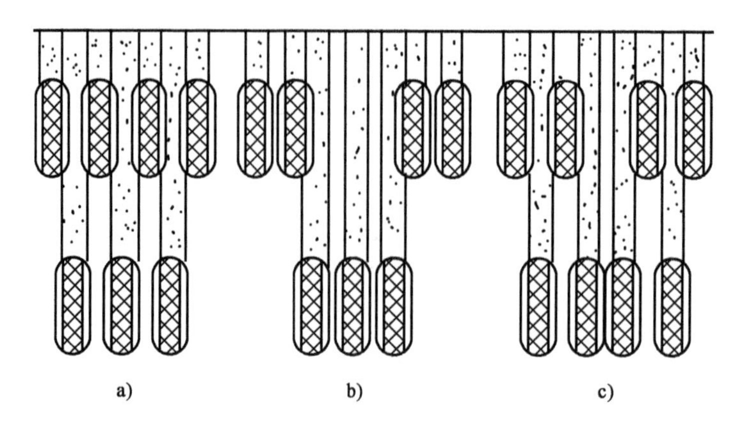

图 2-12　轮胎压路机轮胎布置简图

a)交错布置；b)行列布置；c)复合布置

前后轮偏转车轮转向、前后转向轮轮轴转向和铰接转向是较先进的结构，在一定条件下，可以获得等半径的转向。这样，当压路机在弯道上工作时，就可保证前后轮具有必要的重叠宽度。但对于铰接车架，由于轴距减小，压路机的稳定性较差。

轮胎压路机广泛用于压实各类建筑基础、路面和路基，而且更适用于压实沥青混凝土的路面。

（一）总体构造

轮胎式压路机由发动机、传动系、操纵系和行走部分等组成。图 2-13 为国产 YL9/16 轮胎压路机总体构造。该压路机属于多个轮胎整体受载式。轮胎采用交错布置的方案：前、后车轮分别并列成一排，前、后轮迹相互叉开，由后轮压实前轮的漏压部分。YL9/16 压路机的前面装有四个方向轮（从动轮），后面装有五个驱动轮，轮胎是由耐热、耐油橡胶制成的无花纹的光面轮胎（也有细花纹胎面），保证了被压实路面的平整度。

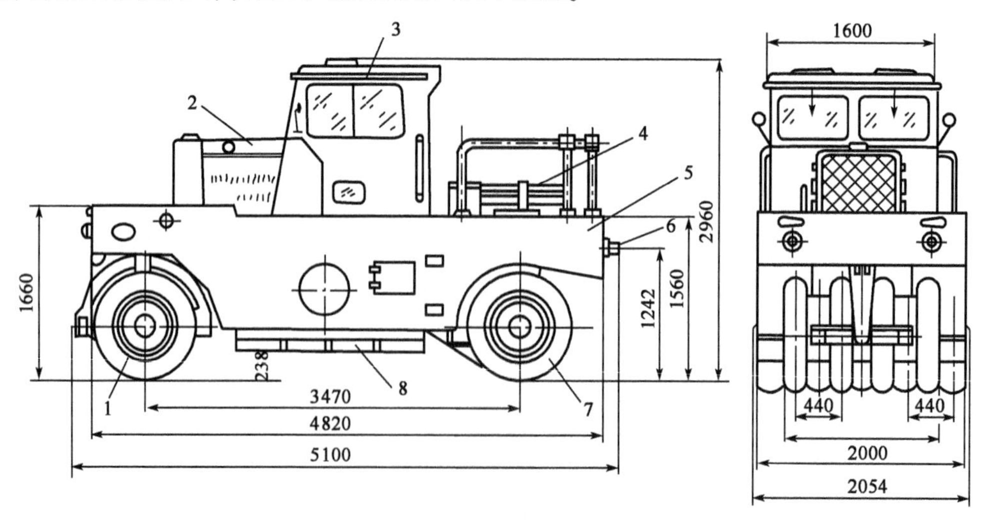

图 2-13　YL9/16 型轮胎压路机构造简图（尺寸单位：mm）

1-前轮；2-发动机；3-驾驶室；4-橡胶水管；5-拖挂装置；6-机架；7-驱动轮；8-配重铁

(二)主要部件的构造

1. 换向机构

YL9/16 型轮胎压路机的换向机构(图 2-14)为齿轮换向机构。

小主动锥齿轮 1 装在变速器输出轴的后端,与横轴 5 上的两个大从动锥齿轮 2 常啮合。当小主动锥齿轮 1 旋转时,则两个大从动锥齿轮 2 可在横轴 5 上自由相互反向旋转。在横轴的中央通过花键装着一个可用拨叉拨移的圆柱齿轮 3,圆柱齿轮向左或向右移动时,可分别与从动锥齿轮 2 小端面的内齿相啮合。当圆柱齿轮被拨到与左或右锥齿轮内齿啮合位置时,就可使动力正向或反向后传递,从而实现换向。该换向机构体积小、结构紧凑,但换向冲击较大。

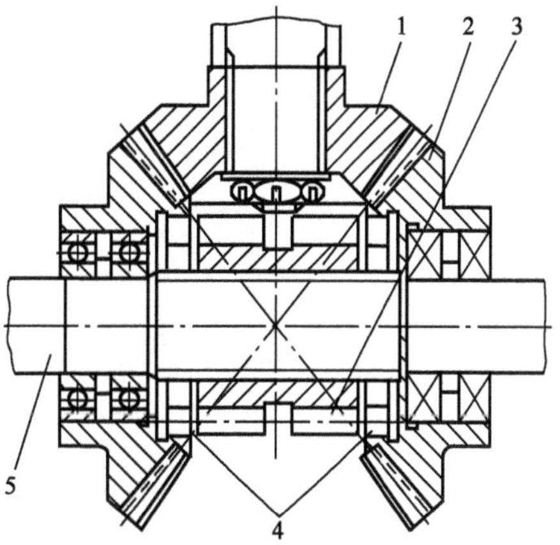

图 2-14 换向机构

1-主动锥齿轮;2-从动锥齿轮;3-换向齿轮;4-换向啮合内齿;5-横轴

2. 前轮

前轮(图 2-15)四个方向轮都是从动轮,它们分成可以上下摇摆的两组,通过摆动轴 8 铰装在前后框架 9 上,再通过立轴 4、叉脚 5、轴承 3 和立轴壳 2 与机架连接。在立轴 4 的上端固装着转向臂 1,转向臂的另一端与转向油缸的活塞杆端相铰接。两组轮胎可绕各自的摆动轴 8 上下摆动,其摆动量可由螺栓 11 来调整。当不需要摆动时,可用销子 10 将其销死。

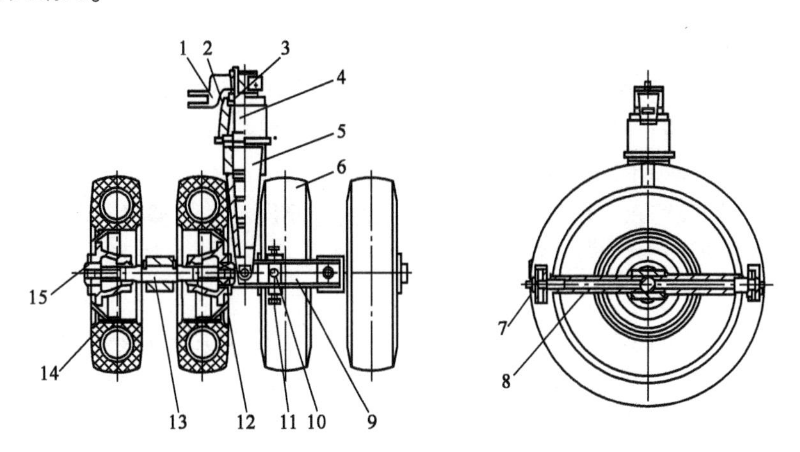

图 2-15 YL9/16 型轮胎压路机的前轮

1-转向臂;2-转向立轴壳;3、12-轴承;4-转向立轴;5-叉脚;6-轮胎;7-固定螺母;8-摆动轴;9-框架;10-销子;11-螺栓;13-轮轴;14-轮辋;15-轮毂

3. 驱动轮

驱动轮由两部分组成(图 2-16)。左边一组由三个车轮组成,右边一组由两个车轮组成。每个后轮都用平键装在轮轴上。左边三个车轮的轮轴是由两根短轴组成,靠联轴器 8 连接在一起。右边两个车轮共用一根短轴。左、右轮轴分别通过滚珠轴承装在各自的"门"形轮架 7 上,此轮架又通过轴承和螺钉安装在机架的后下部。

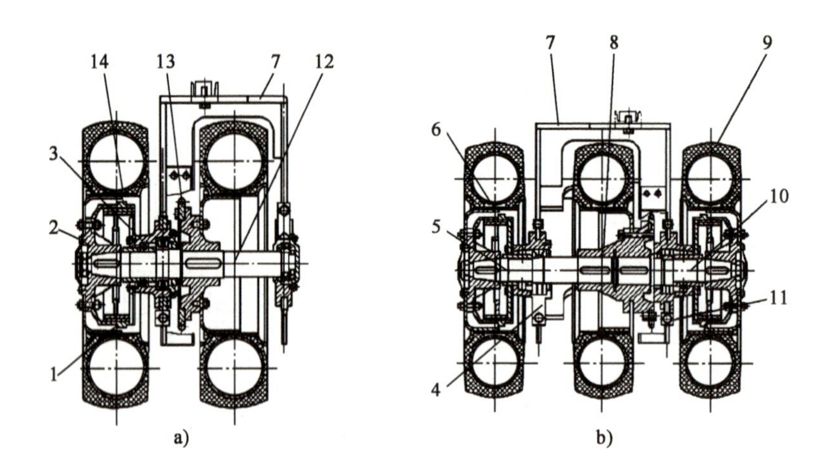

图 2-16　YL9/6 型轮胎压路机的驱动轮

a)右驱动轮;b)左驱动轮

1-制动鼓;2-轮毂;3-轴承;4-挡板;5-左后轮的左半轴;6-轴辋;7-“门”形轮架;8-联轴器;9-轮胎;10-左后轮的右半轴;11、13-链轮;12-右后轮轴;14-制动器

拓展知识

为了在静力光轮压路机的压实性能、操纵性能、安全性能和减小噪声等方面有所改进,静力光面滚压路机多采用以下技术。

1. 大直径的滚轮

国外先进的压路机中,串联压路机质量在 6 ~ 8t 的滚轮直径为 1.3 ~ 1.4m,质量在 8 ~ 10t 的滚轮直径为 1.4 ~ 1.5m,三轮压路机质量在 8 ~ 10t 的滚轮直径为 1.6m,质量在 10t 以上的滚轮直径为 1.7m。日本 KD200 型的压路机滚轮直径达 1.8m。

增大滚轮直径不仅可以减小压路机的驱动阻力、提高压实的平整度,而且当线压在很大范围内变化时,均能得到较高的密实度。

2. 全轮驱动

由于从动轮在压实的过程中,其前面容易产生弓形土坡,其后面容易产生尾坡。所以现代压路机多采用全轮驱动。采用全轮驱动的压路机,其前后轮的直径可做成相同的,其质量分配可做到大致相等。同时还可使其爬坡能力、通过性能和稳定性均能得到提高。

另外,还可采用液力机械传动、液压式传动和液压铰接式转向等技术。这样不仅可以提高压路机的压实效果,减少转弯半径,而且在弯道压实中不留空隙部,特别适宜压实沥青铺层。

任务三　振动压路机

相关知识

振动压路机是工程施工的重要设备之一,它主要用在公路、铁路、机场、港口、建筑等工程中，用来压实各种土、碎石料、各种沥青混凝土等。在公路施工中，多用在路基、路面的压实，是筑路施工中不可缺少的压实设备。振动压路机是依靠机械自身质量及其激振装置产生的激振力共同作用，用以降低被压材料颗粒间的内摩擦力，将土粒楔紧，达到压实土壤的目的。振动压实具有静载和动载组合压实的特点，不仅压实能力强、压实效果好、生产效率高，而且相对于静力压路机能节省能源，减少金属消耗，是现代工程建设中不可缺少的基础压实和路面压实的重要设备。由于振动压路机更新了压实技术、改进了压实工艺、降低了压实成本、提高了压实质量，因而，近三十年来振动压路机在品种、质量和数量上都得到了很大的发展。据统计，在美国、日本和欧洲的压路机市场上，振动压路机的销售量和保有量都占绝对的优势。在我国，振动压路机的生产也在逐年增长，主要生产厂家已先后引进国外先进技术，产品质量不断提高，部分产品已销往国外。

振动压路机已有半个世纪的发展历史，近十几年的发展更为迅速，特别是大型振动压路机得到了较好的发展。18 吨级振动压路机可对岩石、碎石等基础填方工程进行有效压实。液压调频调幅技术的应用，有效地扩大了振动压路机的压实范围。实践证明：振动压实不仅适用于路基和路面的压实作业，而且适合对沥青混凝土路面、干硬性混凝土路面的压实。

振动压路机可以按照结构质量、行驶方式、振动轮数量、驱动轮数量、传动系传动方式、按振动轮外部结构、振动轮内部结构、振动激励方式等进行分类。其具体分类如下：

(1)按结构质量可分为：轻型、小型、中型、重型和超重型。

(2)按行驶方式可分为：自行式、拖式和手扶式。

(3)按振动轮数量可分为：单轮振动、双轮振动和多轮振动。

(4)按驱动轮数量可分为：单轮驱动、双轮驱动和全轮驱动。

(5)按传动系传动方式可分为：机械传动、液力机械传动、液压机械传动和全液压传动。

(6)按振动轮外部结构可分为：光轮、凸块(羊脚碾)和橡胶滚轮。

(7)按振动轮内部结构可分为：振动、振荡和垂直振动。其中，振动又可分为：单频单幅、单频双幅、单频多幅、多频多幅和无级调频调幅。

(8)按振动激励方式可分为：垂直振动激励、水平振动激励和复合激励。垂直振动激励又可分为定向激励和非定向激励。

振动压路机的型号编制，如图 2-17 所示。

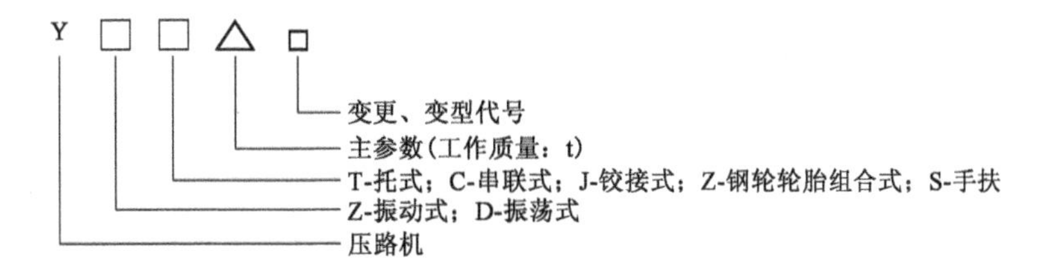

图 2-17　振动压路机的型号编制

例如：YZ18 表示工作质量为 18t 的轮胎驱动光轮振动压路机。

一、振动压路机的主要参数

振动压路机压实效果的高低，受其主要参数的影响，振动压路机主要参数包括振动频率和振幅、静重和静线压力、振动轮个数、压路机速度、振动轮直径与宽度、振动轮与机架的质量比、激振力与振动轮的质量比等。

（1）频率和振幅

振动压路机机架借助于橡胶元件使其与振动轮隔振，振动发生于旋转的偏心块，旋转速度决定振动频率。用偏心块的质量和偏心尺寸可以算出偏心力矩。偏心力矩直接决定振动轮的名义振幅。当振动轮放在中等柔软的弹性垫层例如橡胶上振动时，所得振幅为名义振幅。如果振动轮在作业的话，振幅会受到土性质的影响。在振动器—土共振时，实际振幅要比名义振幅更大。振动轮在很硬的地面上发生“蹦跳”时，振幅值将会更高。振幅的正确定义应该是，振幅等于振动轮上下运动时，高峰至高峰垂直距离的一半。

振动频率和振幅对压实效果有很大的影响，通常振动频率在25～50Hz（1500和3000次/min）时，压实效果最大。振动压路机用于大体积土和岩石填方的厚铺层时，振幅必须在1.5～2mm范围内，相应的频率为25～30Hz。采用大振幅的高频率联合作用，会引起振动轴承过高的应力和出现设计上的其他困难。对于沥青混合料的压实，最佳振幅为0.4～0.8mm，而适宜的频率在33～50Hz（2000～3000次/min）。压路机采用这些参数去压实粒状料和结合料的稳定基层也能取得良好的效果。

振动频率和振幅应视作业对象的不同而异，一般而言，压实表面时采用高频振动和小振幅，而在压实基层时采用低频振动和大振幅。

压实状态下的土，成为密实而具有弹性的物体。因为土的作用像一根弹簧，振动器—土系统有一个共振频率，通常在13～27Hz（800～1600次/min），其值取决于土和压路机的特性。在共振频率附近，振动轮的振幅将被扩大。振动压路机的压实效果，决定压实度和影响深度，能够概略地当作振动器—土系统共振频率（振幅扩大）和频率增长的影响联合效果来计算。

（2）静重和静线压力

振动压路机静重增加，而其他参数（频率、振幅等）不变，施加于土中的静态和动态压力，差不多与静重成比例地增加。压实试验已经证明，振动压路机的影响深度大致上与振动轮质量成正比。所以静线压力对振动压路机来说也是很重要的参数。

（3）振动轮个数

采用两个轮子全振动的振动压路机，碾压遍数能够减少，因而生产率可以提高。两个轮子全振动的两轮振动压路机与一个轮子振动另一个轮子不振动的两轮振动压路机在生产率方面比较，碾压土时，只有一个轮子振动的平均约等于两个轮子全振动的80%。碾压沥青混合料时，约等于50%。但是根据受压材料的类型的不同有较大的差异。

（4）压路机速度

压路机速度对于土压实效果有显著的影响。在铺层厚度一定时，传递填方内的能量与下列因素成比例，碾压遍数、压路机速度。根据这个公式，当压路机速度是2倍时，碾压遍数也要2倍。压路机有一个最佳的碾压速度，在碾压土和岩石填方时，振动压路机最佳碾压速度一般是在3～6km/h，在此速度下的生产率最佳。

在大型工程中，最佳碾压速度应通过压实试验来确定。在下列情况下最佳碾压速度建议采用3～4km/h：需要高密实度时、碾压难于压实的土时、碾压厚铺层时。

（5）振动轮直径与宽度

振动压路机振动轮直径与静单位线压力有关，线压力高，则振动轮的直径也必须大。现有结构振动压路机的滚轮宽度 B 一般大于滚轮直径 D 的1.1～1.8倍，即 $B \geqslant (1.1 \sim 1.8)D$。为了保证振动压路机在坡道上的近路边工作的稳定性，滚轮的宽度应不小于 $(2.4 \sim 2.8)R$。

(6)振动轮与机架的质量比

振动轮与机架的质量比对压实效果有一定影响。机架重一些是有利的,振动轮可以借助于机架的质量压向土,从而可以取得更有规律的振动。但是,机架的质量有一个上限,超过这个限度,机架的质量就如同一个阻尼器,对振动发生很大的阻尼作用,结果会增强自身振动,而使振动轮振动减弱。

(7)激振力与振动轮的质量比

激振力与振动轮的质量比对振动压路机的工作方式有比较大的影响,振动压路机通常是在冲击工艺工况下工作。试验表明,当激振力 P 大于振动轮的分配质量 G 两倍,即 $P \geqslant 2G$ 时,振动轮的振动可转到冲击工况。在压实非黏土时,在振动频率为 25~100Hz 情况下,应按 $P \approx G$ 进行选取;当压实黏性土时,振动压路机应能具有冲击振动,此时相对激振力可按不等式 $P \geqslant (3.5 \sim 4)G$ 进行选取。

二、振动压路机的总体构造

自行式振动压路机总体构造一般由发动机、传动系统、操纵系统、行走装置(振动轮和驱动轮)以及车架(整体式和铰接式)等总成组成。

应用最广泛的自行式振动压路机为轮胎—光轮(钢轮)式(图 2-18)、双光轮(钢轮)(图 2-19)式两种。

YZ18C 型振动压路机的总体构造如图 2-18 所示,属于我国振动压路机标准型中的超重型压路机。该机采用全液压控制、双轮驱动、单钢轮、自行式结构。本机包括振动轮部分和驱动车部分,它们之间通过中心铰接架铰接在一起,采用铰接转向方式,以提高其通过性能和机动性。适用于高等级公路及铁路路基、机场、大坝、码头等高标准工程的压实工作。

YZC12 型振动压路机总体构造,如图 2-19 所示。该机采用全液压控制、双轮驱动、双轮振动、自行式结构。该机型前后轮双驱动,保证了高效的牵引性能和良好的爬坡能力。前后轮振动(也可以前轮单独振动),提高了压实工作效率和压实质量。

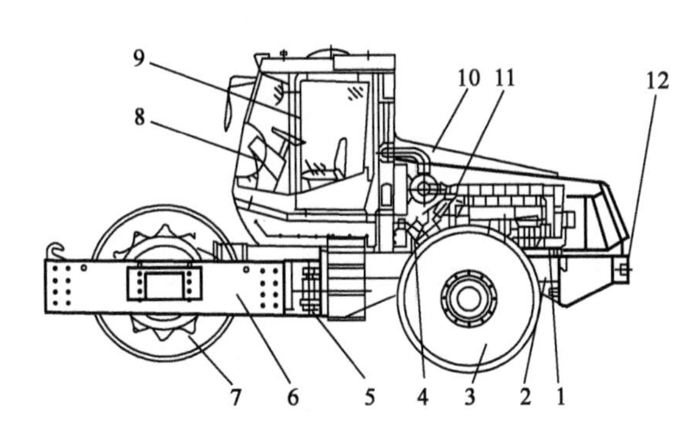

图 2-18 YZ18C 型振动压路机图

1-动力系统;2-后车架总成;3-后桥总成;4-液压系统;5-中心铰接架;6-前车架总成;7-振动轮总成;8-操作系统总成;9-驾驶室总成;10-覆盖件总成;11-空调系统;12-电气系统

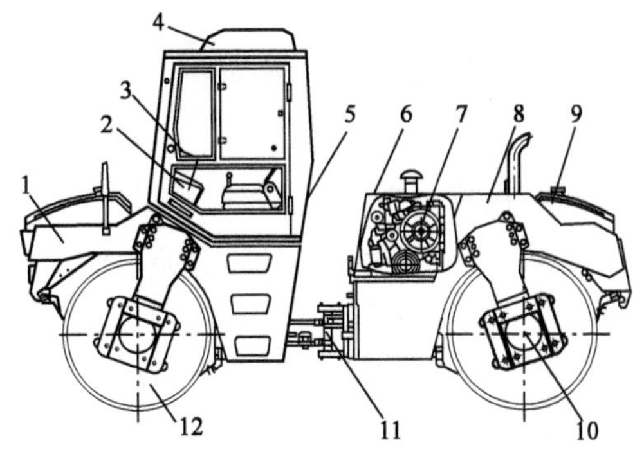

图 2-19 YZC12 型振动压路机

1-前车架总成;2-电气系统;3-操作系统总成;4-空调系统;5-驾驶室总成;6-发动机机罩;7-动力系统总成;8-后车架总成;9-洒水系统;10-液压系统;11-中心铰接架;12-振动轮总成

振动压路机的振动轮分光轮和凸块等结构形式(图 2-20)。双光轮式振动压路机又分为两轮铰接式振动(图 2-21a)和两轮串联式振动形式(图 2-21b)。

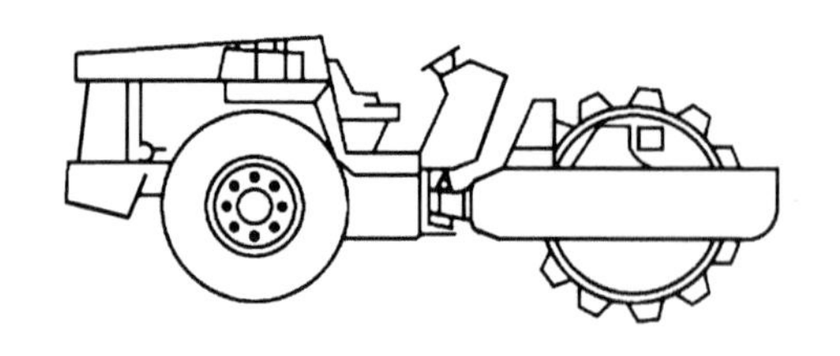

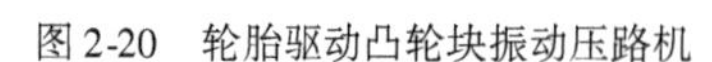

图 2-20　轮胎驱动凸轮块振动压路机

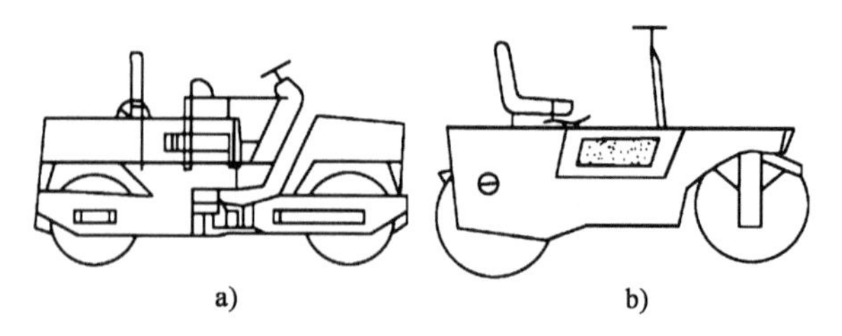

图 2-21　双光轮式振动压路机
a)铰接车架;b)整体车架

三、振动压路机主要部件构造

(一)动力装置

动力装置为振动压路机各个部分提供动力,一般采用柴油发动机。

1. YZ18C 型振动压路机动力装置

YZ18C 型振动压路机采用德国道依茨公司 BF6M1013 涡轮增压型水冷柴油机,具有很高的工作可靠性和燃油经济性,低噪声、低排放,完全符合国际标准。

生产商:德国道依茨公司;

型号:BF6M1013;

额定功率:133kW,2300r/min。

型式:六缸水冷式。

2. YZC12 型双钢轮振动压路机动力装置

YZC12 型双钢轮振动压路机与 YZ18C 型振动压路机一样采用德国道依茨公司 BF6M1013 涡轮增压型水冷柴油发动机,同样具有很高的工作可靠性和燃油经济性,低噪声、低排放,完全符合国际标准。

生产商:德国道依茨公司;

型号:BF6M1013;

额定功率:88kW,2300r/min;

型式:四缸水冷式。

(二)传动系统

振动压路机的传动系统可分为机械液压式传动和全液压传动两大类。

1. 机械液压式传动

采用机械液压式传动系统的压路机一般为液压振动、铰接式液压转向、机械式驱动的单光轮振动压路机。发动机通过离合器、变速器、差速器、轮边减速器,最后到达驱动轮,转向和振动轮的动力则是通过分动箱引出。图 2-22 所示为 YZ10B 型振动压路机的传动系统原理图。

2. 全液压传动式

采用全液压传动的振动压路机,其传动系统具有液压振动、液压转向和液压行走功能。图 2-23所示为 YZ10D 型振动压路机传动系统。

图 2-24 所示为 YZ18 型振动压路机全液压传动系统。该压路机为全液压双驱、双频、双幅、铰接式振动压路机。其液压系统由驱动系统、振动系统、转向系统三部分组成。驱动与振动为闭式系统,转向为开式系统。

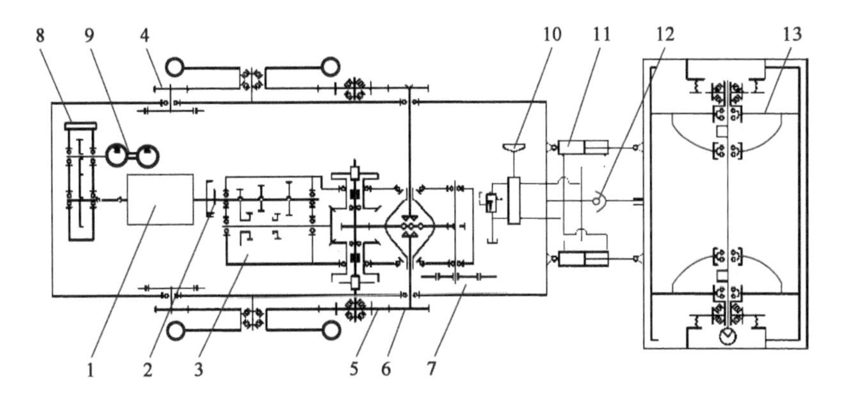

图 2-22　YZ10B 型振动压路机的传动系统

1-发动机；2-主离合器；3-变速器；4-行车制动；5-侧传动齿轮；6-末级减速主动小齿轮；7-驻车制动；8-副齿轮箱；9-双联油泵；10-方向器和转向阀；11-转向油缸；12-铰接转向节；13-振动轮

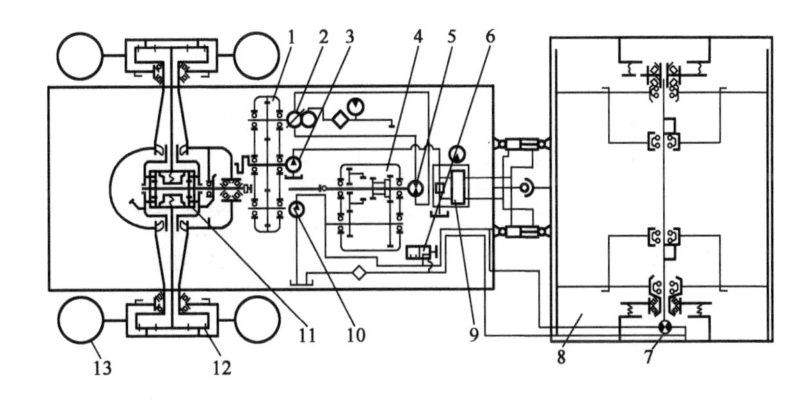

图 2-23　YZ10D 型振动压路机传动系统

1-分动箱；2-行走驱动泵；3-转向泵；4-变速器；5-行走马达；6-控制阀；7-振动马达；8-振动轮；9-液压转向器；10-振动泵；11-驱动桥；12-轮边减速机构；13-轮胎

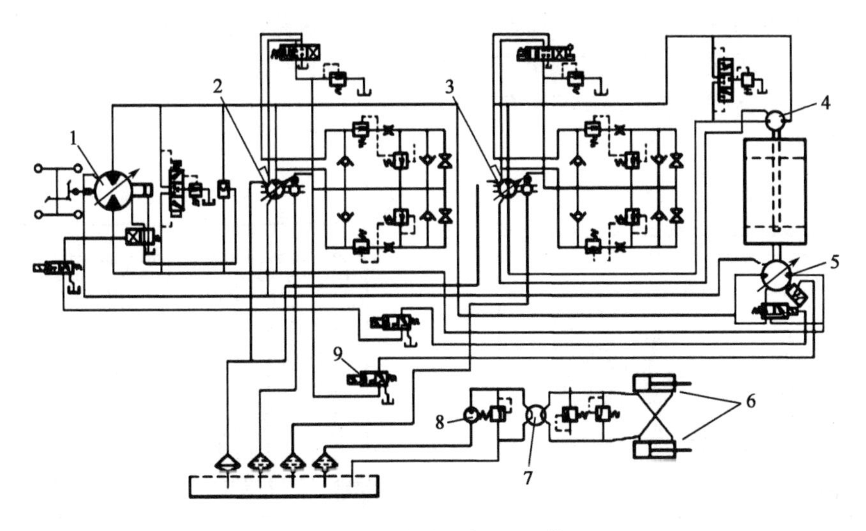

图 2-24　YZ18 型振动压路机液压传动系统

1-后行走马达；2-行走驱动泵；3-振动泵；4-振动马达；5-钢轮行走马达；6-转向油缸；7-液压转向器；8-转向油泵；9-制动阀

液压传动易于实现无级调速和调频,传动冲击小和闭锁制动功率损失小,易于功率分流,方便整机布置,操纵控制方便,易于实现自动化。液压传动在振动压路机上的应用不仅可以提高生产率和优化压实质量,而且为自动化控制和机器人化创造了条件。

(三)振动机构与振动轮

1. 振动原理

振动压路机是通过振动轮的变频变幅振动来完成对土、碎石、沥青混合料等的压实。振动压路机常见的振动机构有圆周振动机构、扭转振动机构等。振动轮内带有偏心块的振动轴旋转产生离心力,该离心力(也称激振力)绕圆周旋转,称为圆周振动(图2-25)。振荡压路机的振动轮内装两个振动轴,其转速、转向相同,但轴上振动块的位置相差180°,产生的离心力形成一对力矩,形成扭转振动(图2-26)。

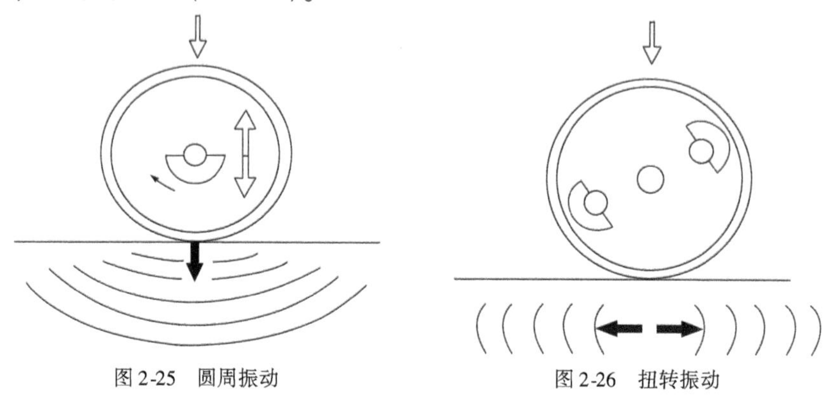

图2-25　圆周振动　　图2-26　扭转振动

2. 振动轮构造

振动轮由钢轮、振动轴(偏心块)、中间轴、减振器、连接板等组成,如图2-27所示。振动轮按其轮内激振器的结构不同分为偏心轴式和偏心块式。

3. 振荡压路机

振荡压实是压实技术的一次飞跃,它将传统振动压实激振力的纵向输出变为横向输出,原理如图2-26所示。

振动轮如图2-28所示,由两根偏心轴、中心轴、振荡滚筒、减振器等组成。动力通过中心轴、同步齿轮、驱动两根偏心轴同步旋转产生相互平行的偏心力,产生交变转矩,使滚筒产生水平方向的振动。振荡压路机可改善司机工作条件,降低能耗;可避免铺筑压材料被压碎;适合建筑物群间的压实。

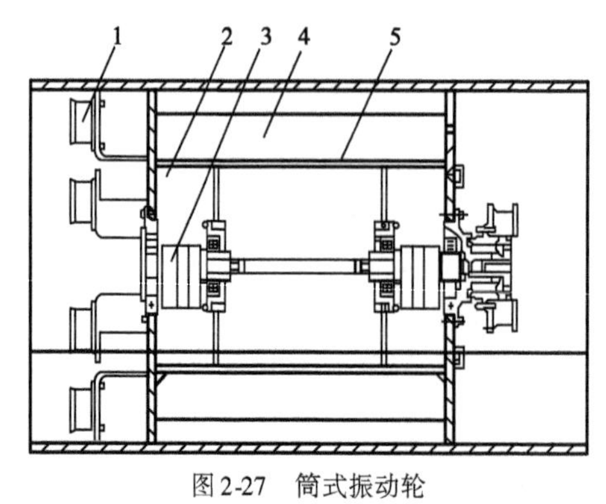

图2-27　筒式振动轮

1-减振器;2-振动室;3-偏心块;4-筋板;5-振动室壳

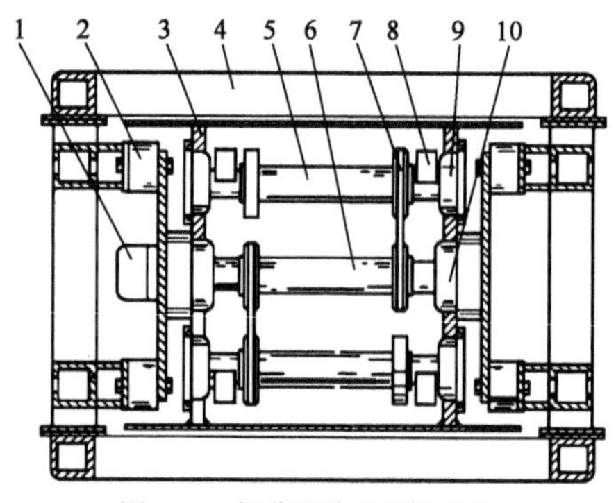

图2-28　振荡压路机的振动轮

1-电机;2-减振器;3-振荡滚筒;4-机架;5-偏心轴;6-中心轴;7-同步齿形带;8-偏心块;9-偏心轴轴承;10-中心轴轴承座

四、液压控制系统

振动压路机的液压系统包括液压行走、液压振动和液压转向三部分，如 YZ18 型振动压路机的液压系统（图 2-24）。

（一）振动压路机液压行走系统

振动压路机液压行走系统是一种静液压传动油路，主要是由油泵、液压马达及液压控制元件组成。图 2-29 所示是轮胎驱动振动压路机和两轮串联振动压路机常用的液压行走传动系统。

轮胎驱动振动压路机的液压行走系统，见图 2-29a）。动力由发动机经分动箱传给油泵和马达组成的闭式液压传动系统，再经变速器、驱动桥传给驱动轮胎。

两光轮串联振动压路机的液压行走系统，图 2-29b），动力由发动机经分动箱传给双向变量泵和两个液压马达组成的闭式液压系统，再经减速器驱动前后钢轮行走。

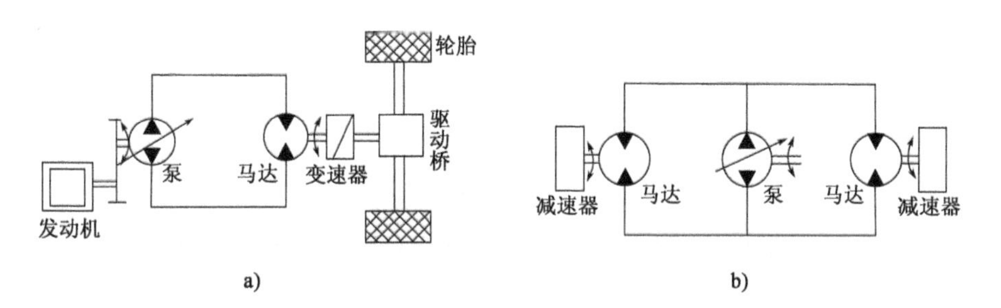

图 2-29 振动压路机液压行走系统
a）轮胎驱动振动压路机；b）两光轮串联振动压路机

（二）振动压路机液压振动系统

液压振动系统主要完成振动轮的起振功能。有两种组合形式，即定量泵和定量马达组成的开式液压油路和变量泵和定量马达组成的闭式油路。

图 2-30 所示为 YZ10B 型振动压路机的液压振动系统。

图 2-31 所示为 YZC12 型振动压路机的振动液压回路，该压路机为双钢轮串联，前、后轮均为振动轮，振动泵为双联形式。前、后钢轮的振动回路相互独立对称，可根据工况选择前、后振动轮同时振动或单独振动。

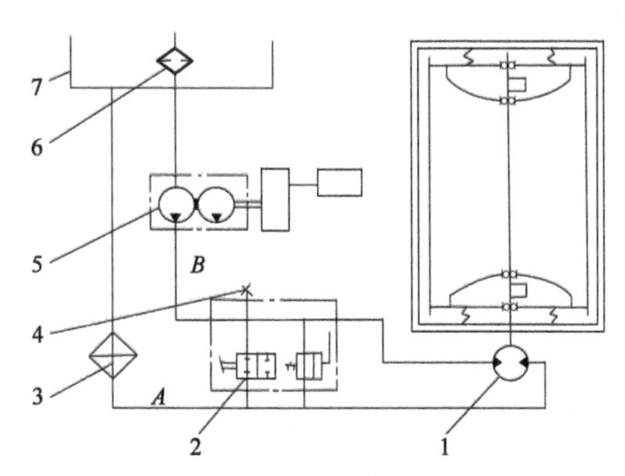

图 2-30 YZ10B 型振动压路机液压振动系统
1-齿轮马达；2-控制阀；3-冷却器；4-压力表接口；5-双联齿轮泵；6-滤油器；7-油箱

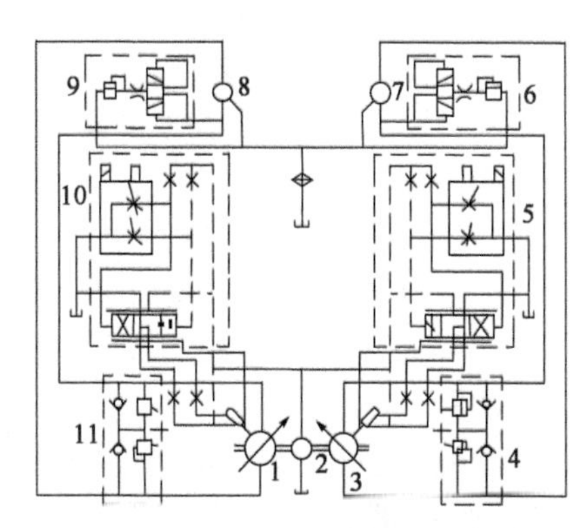

图 2-31 YZC12 型振动压路机振动液压回路
1、3-前、后钢轮振动油泵；2-辅助油泵；4、11-过载补油阀组；5、10-振动泵排量控制阀组；6、9-液控背压阀组；7-后钢轮振动油马达；8-前钢轮振动油马达

（三）液压转向系统

液压转向油路主要由油泵、全液压转向器、溢流阀、阀块、转向油缸等组成。结构形式多为全液压随动型。

全液压双钢轮串联压路机的转向系统（图2-32），前、后两个振动轮独立控制，两个转向油缸分别驱动前后两个振动轮，经方向阀的组合控制，具有灵活的转向方式，可实现蟹行功能（即前后轮轨迹错开一定距离），可提高道路连接处的压实质量。

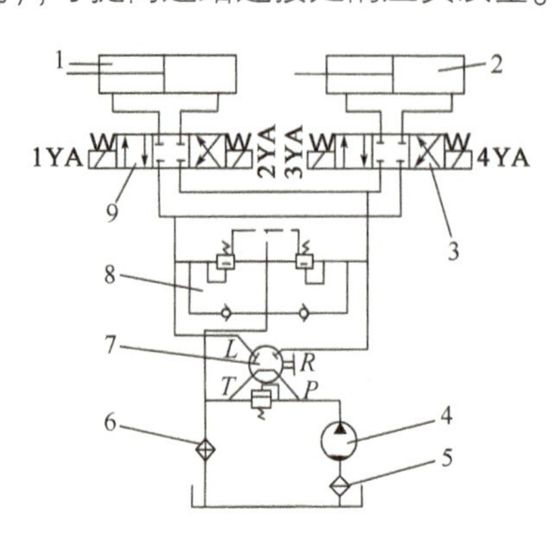

图2-32　蟹行液压转向系统

1、2-转向油缸；3、9-电磁阀；4-齿轮泵；5-滤油器；6-散热器；7-转向器；8-阀块

拓展知识

振动压路机新技术的应用在不断发展，其趋势主要有以下几个方面：

1. 液压（液力）化

早在20世纪60年代初，国际上先进的振动压实机械就已在大中型机型上采用了液压与液力技术，主要是在行走系统和振动动力源上采用了油马达，且可通过系统流量的控制实现行走速度和振频的无级调整，而静液压技术用于压路机的转向系统。20世纪70年代国外推出了全液压振动压路机。液压与液力技术的实施使压路机的作业更为可靠，结构更为紧凑，操纵也更为灵活和省力，且在制作工艺上更为简便。同时，液压与液力技术的运用为振动压路机自动检测和控制提供了条件。

2. 系列化

为满足不同施工工况的要求，国内外振动压路机产品系列不断扩大和完善，从整机质量仅300kg的手扶振动压路机直到整机质量18t的大型振动压路机，形成了自己不同的产品系列。根据用户的使用要求，一种产品又可以派生出多种变型产品。如瑞典戴纳帕克公司的CA25S振动压路机派生出用于黏土压实的CA25P、双轮驱动的CA25D和压实面层的CA25R等型号；德国伟博麦斯公司在其1.5t的小型振动压路机W152的基础上派生出W152K型压路机；德国宝马格公司在BW90S手扶振动压路机基础上派生出带有转向和司机座椅的BW90SL型振动压路机等。

3. 多振幅

振动压路机最初的振动机构只是单振幅，与静碾压压路机比较，其压实效果有明显提高。但在实际作业中，根据压实厚度、含水率及压实对象的不同，要求压实机械有不同的振动强度，而振动强度的大小与振幅的大小密切相关。如小振幅压实厚基础时效率低，反之用大振幅压实沥青路面面层则难以得到高的平整度。为适应工程施工压实作业的多工况要求，先进的振动压路机开发了双振幅、三振幅等多振幅振动机构，以适应工程的需要。振幅的调节主要通过改变振动机构的固定偏心块与活动偏心块间的夹角，调节方式有液压驱动、电磁吸引等方式。具有振幅调节的变振幅振动压路机目前主要由先进的工业国家生产，其典型产品是卡特彼勒公司的 CP-434(64t) 串联式振动压路机，它装有三振幅振动机构，前后轮可分别振动，也可同时振动。美国德莱赛兰公司的 VOS2-66B 型压路机具有五挡振幅(0.69～2.16mm)可调，这种机型已在我国机场及高速公路修建时进行了成功的使用。

4. 机电一体化

计算机技术、微电子技术、传感技术、测试技术的迅速发展，推动了振动压路机机电一体化的进程。如在碾压次数显示装置中采用电子管理装置自动计数，配合微电脑与前进、后退操纵手柄联为一体，即可自动计算碾压遍数，实现工程管理的自动化。另外，也可采用电子仪器进行压实状况管理，其方法是在压实滚轮上安装加速度传感器，用计算机对检测到的波形进行处理，并在驾驶室内由显示屏显示，以便操作者合理地进行施工作业。日本酒井株式会社开发的 RE-COM 型行走管理系统可以计算碾压遍数，而且可以进行行走速度的设定，自动控制机械的前后行走，实现了压实作业的综合自动管理。这些技术在振动压路机上的应用可以提高机器性能和生产能力，保证压实质量。可实现对振动压路机状态和参数的检测、处理和显示以及压实密实度自动检测；测试振动压路机可以在工程施工过程中对压实质量进行监控；智能压路机可以自动调节自身状态，使之与周围环境及压实材料相适应，优化压实过程等。

5. 结构模块化

国外一些压路机生产厂家开始生产有不同功能的模块结构和标准附件，通过更换模块和标准附件来改变压实性能和用途。例如，英国柯斯特尔公司设计生产有平足型、凸块型、Z 型等多种轮面结构的套筒式滚轮或组合模块；瑞典戴纳帕克公司正在改进 CA15、CA25、CA30、CA51 机型的设计，使压路机的一些零部件尽可能通用，如分动箱、变速器、减速器、驱动桥等，便于组织大批量生产。

6. 一机多用化

为扩大同一振动压路机的使用范围，用改进振动机构的操作控制，可使压路机具有垂直振动、振荡和静碾压功能，而且可以根据需要进行变换。也有在压路机上增设附属装置，如推铲。路面刮平修整装置等，增加压路机的多用途功能。

7. 舒适、方便、安全化

现代振动压路机在减振降噪方面进行了大量的研究工作，可以使司机连续工作不疲劳，从而提高了振动压路机的生产能力和使用寿命。

采用双转向盘、可移动转向盘、旋转座椅并且将操纵手柄设计在座椅扶手上，尽可能减少操纵失误和减轻司机的劳动强度，满足操纵方便性。

安装防倾翻驾驶室和防重降物驾驶室，以保障施工时机器和司机的安全。

任务四　夯 实 机 械

相关知识

夯实机械分振动夯实和冲击夯实机械，它们具有体积小、重量轻，主要用于狭窄工作面的土层、石渣的压实。振动夯实适用于非黏土、砾石、碎石的压实作业；冲击夯实适用于黏土、砂质黏土和灰土的压实作业。

冲击式压路机具有巨大的冲击力，影响深度可达2.5m。它对土方压实能产生极强的冲击波，具有地震波传播特性，大大提高土方紧密程度，减少路堤完工后的沉降变形；它对更大含水率土压实适应性好，更适用于干旱地区；能够实现自检压实，即通过低频、大振幅、高能量冲击土体，在路床下形成一个2m左右厚的连续稳定加强层，凭借表面上所获得的沉降量，即可直观地检测原路基的压实质量。使用于公路行业实现稳地基、强路床、薄面的压实等。

按结构和工作原理分有振动平板夯实机、振动冲击夯实机、蛙式夯实机等。

一、振动平板夯实机

振动平板夯由发动机、夯板、激振器、弹簧悬架系统等组成。振动平板夯分非定向和定向两种形式(图2-33)。非定向振动平板夯是利用激振器产生的水平分力自动前移；而定向振动平板夯是利用两个激振器壳体中心(两激振器中心)所处位置的不同，使振动平板原地垂直振动或在总离心力的水平分力作用下水平移动。

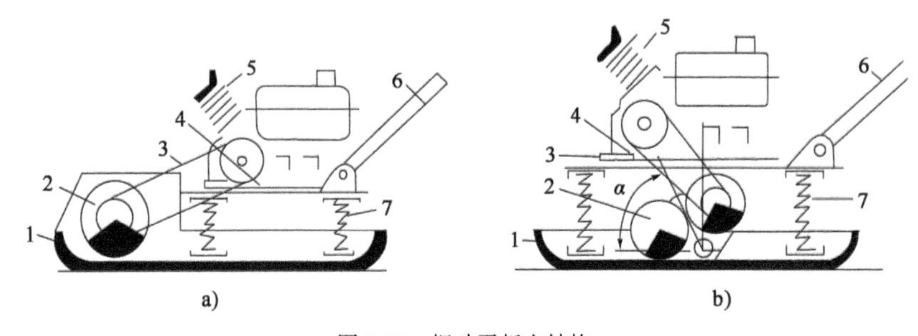

图2-33　振动平板夯结构

a)非定向振动式；b)定向振动式

1-夯板；2-激振器；3-V带；4-发动机底架；5-操纵手柄；6-扶手；7-弹簧悬架系统

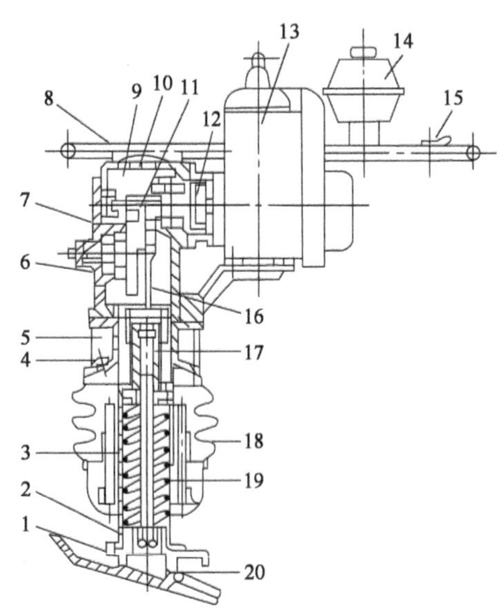

图2-34　内燃式快速冲击夯构造

1-夯板；2-内缸体；3-弹簧；4-加油塞；5-外缸体；6-大齿轮；7-箱盖；8-手把；9-曲轴箱；10-减振块；11-小齿轮；12-离合器；13-发动机；14-油箱；15-油门控制器；16-连杆；17-活塞头；18-防尘罩；19-活塞杆；20-放油塞

二、振动冲击夯实机

振动冲击夯实机有内燃式振动冲击夯和电动式振动冲击夯两种形式。振动冲击夯是由发动机(电机)带动曲柄连杆机构运动，产生上下往复作用力使夯实机跳离地面。在曲柄连杆机构作用力和夯实机重力作用下，夯板往复冲击被压实材料，达到夯实的目的。图2-34所示为内燃式振动冲击夯。

基本结构由发动机(电机)、激振装置、缸筒和夯板组成。

振动冲击夯又称快速冲击夯。它是一种新型的小型夯实机械，不仅适用于压实砂、石等散装物料，也适用于压实黏土，可广泛用于公路、道路、堤坝、水库、水利、市政工程路基的夯实，以及各种回填土、条形基础、基坑及墙角等狭窄地段的土夯实工作。

振动冲击夯实机的使用要点：

(1)内燃冲击夯起动后应让机器怠速运转

3min，然后逐渐加大油门，待夯机跳动稳定后，便可进行作业。

(2) 电动冲击夯起动时应现先检查电机旋向是否正确，否则需调换相线。

(3) 工作也时不宜将手柄握得太紧，以减轻对人体的振动。

(4) 正常工作时，不要使劲往下压手柄，以免影响夯机跳起高度。在较松的填料上作业或上坡时，可将手柄稍向下压，以增加夯机前进速度。

(5) 在特别需要增加压实载荷的地方，可以通过手柄控制夯机在原地反复夯实。

(6) 内燃夯机可通过调整油门的大小，在一定范围内改变夯机振动频率。

(7) 转移工地时，先将夯机手柄稍向上抬起，把运输轮装入夯板上挂钩内，再压下手柄使重心后倾，推动手柄便可使夯机做短途运输。

(8) 内燃夯机应避免在高速下连续工作，严禁在汽油机高速运转时按停车按钮，以免损坏汽油机。

(9) 电动夯司机要戴绝缘手套和穿绝缘鞋。作业时，导线不能拉得过紧。注意保持导线绝缘表面的完好无损，严禁冒雨作业。

(10) 夯机严禁在水泥路面或其他坚硬地面上工作。

三、蛙式打夯机

蛙式打夯机是利用偏心块旋转产生离心力的冲击作用进行夯实作业的一种小型夯实机械。它具有结构简单、工作可靠、操作容易等优点，应用于公路、建筑、水利等施工工程中。

图2-35为蛙式打夯机的结构简图，由电机、托盘、传动装置、夯板、电气设备等组成。电动机通过两级皮带减速后，驱动偏心块旋转，产生离心力使夯头夯实地面和夯机移动。

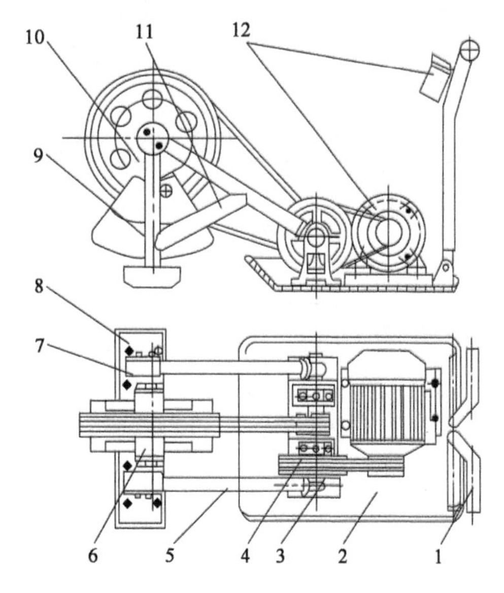

图2-35　蛙式打夯机构造

1-操纵手把；2-拖盘；3-轴销铰接头；4-传动装置；5-动臂；6-前轴装置；7-前轴；8-夯板；9-立柱；10-大皮带轮；11-斜撑；12-电气设备

蛙式打夯机的使用要点：

(1) 蛙式打夯机在工作前应检查传动皮带是否良好、松紧度是否合适、皮带轮与偏心块的安装是否牢靠。

(2) 夯实时夯土层必须摊铺平整，不准打坚石、金属及硬的土层。

(3) 夯实机扶手上应装按钮开关，并包绝缘材料，操作者应戴绝缘手套作业。其电源电缆必须完好无损，作业时严禁夯击电源线，移动时应停机将电源线移至夯实机后方，并应防止电源线扭结。

(4) 手握扶手时应掌握机身平稳，不可用力向后压，以免影响夯实机的跳动，但要随时注意夯实机的行进方向，并及时加以调整。

(5) 工作工程中，可根据需要，在一定范围内调整夯实机的跳动，但要随时注意夯实机的行进方向，并及时加以调整。

(6) 多机作业时，其并列间距不得小于5m，前后间距不得小于10m。

(7) 夯实机前进方向和靠近1m范围内，不准站立非司机。

应用与技能

一、路基的压实

(一)路基压实施工的一般方法

1. 路基压实施工的基本知识

(1)根据路基土质特性和所选用的压路机压实功能,确定适宜的压实厚度,见表2-2。

公路路基压实标准 表2-2

填挖类型		路面底面计起深度范围(cm)	压实度(%)	
			高速公路、一级公路	其他公路
路堤	上路床	0~30	≥95	≥93
	下路床	30~80	≥95	≥93
	上路堤	80~150	≥93	≥90
	下路堤	>150	≥90	≥90
零填及路堑路床		0~30	≥95	≥93

(2)测定土的含水率。含水率应控制在最佳含水率的±2%范围之内。表2-3为各类土的最佳含水率。一般土含水率是由工程技术人员通过实验的方法测定后,通知压路机司机。司机也可以通过"手握成团,没有水痕,离地1m,落地散开"的简易方法来判断土的含水率。

各种土的最佳含水率和最大干密度 表2-3

土壤类别	最佳含水率(%)	最大干密度(kg/cm^3)	土壤类别	最佳含水率(%)	最大干密度(kg/cm^3)
砂土	8~12	1.80~1.88	亚黏土	12~15	1.85~1.95
亚砂土	9~15	1.85~2.08	重亚黏土	16~20	1.67~1.79
粉土	16~22	1.62~1.80	黏土	19~23	1.58~1.70
粉质亚黏土	18~21	1.65~1.74			

(3)压路机作业员应在作业前,检查和调整压路机各部位及作业参数,保证压路机正常的技术状况和作业性能。

(4)在压实作业中,司机应与工程技术人员配合,随时掌握和了解压实层的含水率及压实度的变化,遵从技术人员的指导。压实度是路基压实施工中重要的技术质量指标,必须按规定要求,压实达到标准。

2. 路基压实作业步骤

路基的压实作业可按初压、复压和终压三个步骤进行:

(1)初压

对铺筑层进行的最初1~2遍的碾压施工作业。其目的是使铺筑层表层形成较稳定、平整的承载层,以便压路机以较大的作用力进行进一步的压实作业。一般采用重型履带式拖拉机或羊脚(凸块)碾进行路基的初压,也可用中型静压式压路机或振动压路机以静力碾压方式进行初压作业。初压时的碾压速度应不超过1.5~2km/h。初压后,需要对铺筑层进行整平。

(2) 复压

继初压后的 5 ~ 8 遍碾压作业。复压的目的是使铺筑层达到规定的压实度，它是压实的主要作业阶段。在复压作业中，应尽可能地发挥压路机的最大压实功能，以使铺筑层迅速达到规定的压实度。复压施工的碾压速度应逐渐增大。一般静光轮压路机为 2 ~ 3km/h，轮胎压路机为 3 ~ 4km/h，振动压路机为 3 ~ 6km/h。复压中，应随时测定压实度，做到达到压实度标准，又不过度碾压。

(3) 终压

继复压之后，对每一铺筑层竣工前所进行的 1 ~ 2 遍碾压施工。终压的目的是使压实层表面密实平整。终压施工作业采用中型静压式压路机会或振动压路机以静力碾压方式进行碾压，其碾压速度可高于复压时的速度。

3. 路基压实作业原则

路基的压实施工作业，应遵循的原则是"先轻后重、先慢后快、先边后中、注意重叠"。

(1) 先轻后重

先用较轻的或不加配重的压路机进行初压，然后再换用重型或加配重的压路机进行复压。

(2) 先慢后快

压路机碾压速度随着碾压遍数增加而逐渐由慢变快。随着碾压遍数的增加，铺筑层的密实度增加而可逐渐加快碾压速度，有利于提高压路机的作业效率。

(3) 先边后中

在碾压作业中始终坚持先从路基一侧，距路基边缘 30 ~ 50cm 处开始，沿路基延伸方向，逐渐向路基中心线处进行碾压，当碾压到超过路基中心线 30 ~ 50cm 后，再从路基另一侧边缘开始向路基中心线处碾压。进行弯道路段碾压作业时，则应由路基内侧低处逐渐向外侧高处碾压，碾压完一遍后，再从内侧向外侧碾压，连续重复循环下去。

(4) 注意重叠

指相邻的两碾压带重叠一定的宽度，防止漏压。

(二) 路基压实施工中的注意事项

(1) 进行路基压实作业时，压路机负荷较大，应做好压路机的技术保养工作。

(2) 为了保证铺筑层的质量，应做到当天铺筑当天压实。

(3) 碾压中，土体出现"弹簧"现象，也立即停止碾压，并采取相应的技术措施，待含水率降低后再进行碾压。对于局部"弹簧"现象，也应及时处理，不然会造层路基强度不均，留下隐患。

(4) 压实施工中，应随时掌握和了解压实层的含水率和压实度变化情况，以便及时调整作业规范。

(5) 碾压时，若压实层表层出现起皮、松散、裂纹等现象，应及时查明原因，采取措施处理后，再继续碾压。一般是土含水率低、压路机单机线压力高、碾压遍数过多及土质不良等原因而造成上述不良现象。

(6) 碾压时，相邻碾压轮迹应相互重叠 20 ~ 30cm。并随时注意路基边坡及铺筑层土体的变化情况，出现异常应及时处理，以免发生陷车或翻车事故。一般，碾压轮外侧面距路缘不小于 30 ~ 50cm，山区公路则距沟崖边缘不小于 100cm。

(7) 遇到死角或作业场地狭小的地段，应换用机动性好的小型压实机械，予以压实。切不可漏压，以免路基强度不均匀而留下隐患。

二、路面的压实

(一)下承层的碾压

在铺筑底基层之前,应用3Y10/12、3Y12/15、YL9/16等型号压路机对路基按"先慢后快"的原则碾压3~4遍。底路基铺好后立即碾压,以免因气候因素影响含水量,而不易实。下承层压实作业不宜采用振动压实,以免路基表层发生松散。

(二)基层的碾压

根据需要铺筑和压实垫层后,即可铺筑和压实基层。由于基层的种类和材料不同,压实作业方法也不尽相同。

1. 级配碎石和级配砾石基层的碾压

粗细碎石或砾石集料与石屑或砂按密实级配比例组配的混合料,称为级配碎石或级配砾石。用这种混合料铺筑基层,经过充分压实,石料颗粒相互嵌锁。形成密实稳定的整体,具有较高的强度和稳定性。这种混合料压实的前提条件主要是级配比例,塑性指数需符合规定,并且要拌和均匀且运至工地铺撒前无离析现象。

按"松铺厚度=松铺系数×压实厚度"计算并铺筑基层,以保证压实后铺筑层厚度符合工程要求。人工摊铺时松铺系数取1.40~1.45,机械摊铺时松铺系数取1.25~1.30。

压实级配碎、砾石基层,一般选用3Y12/15、YL9/16、YZJ10B、YZZ8等类型压路机,按"先边后中、先慢后快"的原则,碾压6~8遍。其中振动压路机压实效果较好,轮胎压路机次之,静光轮压路机较差。碾压时,应注意以下几点:

(1)相邻碾压带应重叠20~30cm。

(2)压路机的驱动轮或振动应超过两段铺筑层横接缝和纵接缝50~100cm。

(3)前段横接处可留下5~8m,纵接缝处留下0.2~0.3m不予碾压,待与下段铺筑层重新拌和后,再按第(2)条的要求进行压实施工。

(4)路面两侧应多压2~3遍,以保证路边缘的稳定。

(5)根据需要,碾时可向铺筑层上洒少量的水,以利压实和减少石料被压碎。

(6)不允许压路机在刚压实或正在碾压的路段内掉头及制动。

(7)压路机应尽量避免在压实段同一横断线位置换向。

2. 填隙碎石基层的碾压

用单一尺寸的粗粒碎石集料,摊铺压实后,再铺撒石屑充填石间孔隙并压实而形成的结构层,称为填隙碎石基层。填隙碎石基层的施工方法有干法和湿法两种:

(1)干法施工填隙碎石基层的碾压。

按松铺系数为1.2~1.3摊铺的粗粒石料铺筑层,先选用2Y8/10、YL6/10型静压压路机或YZJ10B、YZZ8型振动压路机以静力碾压方式,碾压3~4遍,使粗粒石料稳定就位。

然后,均匀地铺撒2.5~3cm厚石屑。再选用YZZ8、CC21型振动压路机碾压机以高振频、低振幅和较低的碾压速度进行振动压实。当大部分石屑嵌入石间孔隙内时,再次铺撒2~2.5cm厚的石屑,继续振动压实,直至全部孔隙均被填满为止。复压时,应随压随扫布石屑。

最后,向铺筑层喷洒少量的水,再换用3Y10/12、3Y12/15等压路机碾压1~2遍使压实层无明显轮迹和蠕动现象。

(2)湿法施工填隙碎石基层的碾压。

填隙碎石基层湿法施工在终压以前的施工程序和压实方法与干法施工相同。湿法施工是在终压作业开始之前,向铺筑层大量洒水,直到饱和。然后,采用3Y10/12、3Y12/15型压路机紧随洒水车后面进行碾压。碾压中,边压边扫布和补充石屑。一般碾压到水与压碎的石粉形成足够的石粉浆,充满全部孔隙时为止。通常,若压路机碾压轮前的石粉浆形成微状波纹,或是投入碾压轮下的粗粒石料能被压碎而不能压入压实层,即说明达到压实标准。

3. 稳定土基层在碾压

由石灰、水泥、工业废渣等材料分别与土按一定比例,加适量的水,充分拌和铺筑并经过压实的结构层称为稳定土基层。稳定土基层的压实方法与路基的压实方法相近。但是,由于对基层表面的质量有严格的要求,在碾压时应注意以下几点:

(1)严格控制松铺厚度,以保证压实后铺筑层的厚度符合工程技术要求。铺筑层厚度应遵循"宁高勿低,宁挖勿补"的原则,以保证基层的整体性与稳定性。

(2)不允许使用拖式压路机或羊脚(凸块)轮压路机进行压实施工。初压后,应仔细整平和修整路拱。在整平作业时,禁止任何车辆通行。

(3)严格控制含水率,一般铺筑层含水率应比最佳含水率高1%,不可小于最佳含量。碾压过程中,若表层发干,应及时补洒少量水。

(4)水泥稳定土铺筑的基层,从拌和到碾压之间的延迟时间应控制在2~4h,一般每作业段以200m左右长为宜,以免水泥固结,影响压实质量。其他材料铺筑的基层,也应做到当天拌和,当天碾压。

(5)碾压过程中若出现"弹簧"、松散、起皮、裂纹等现象,应查明原因及时处理。

(6)前一作业段横接缝处应留3~5m不碾压,待与下一作业段重新拌和后,再碾压,并要求压路机的驱动轮或振动轮压过横接缝50~100cm。

(7)碾压过程中,若出现坑洼,应将坑洼处的铺层材料挖松5~10cm深,补平后再压实。不能直接填平坑洼并压实,以免出现重皮现象,影响与面层的结合。

(8)路面两侧边缘应多压2~3遍,碾压时,应避免碾压轮沾带混合土。

(9)碾压作业时,应加强压路机的技术保养,保证压路机无冲击、无振颤且运转平稳。尽量避免压路机在刚刚压实或正在碾压的路段内掉头或紧急制动。

(10)每班作业结束后,应使压路机驶离作业地段,选择平坦坚实地点停放。若需要临时在刚刚压实或正在碾压的路段内停放,则应使压路机与道路延伸线呈40°~60°,斜向停放。

(11)压实终了,应及时整形,扫除多余的混合土,并铺盖素土养生。

(三)路面面层的压实

1. 沥青表面处治面层的碾压

沥青表面处治面层是由沥青和石料按层铺法或拌和法,铺筑的厚度不大于3cm的一种薄层沥青路面。沥青表面处治面层主要是为了改善原有路面的平整度、防水性能和提高抗磨耗能力。沥青表面处治面层,一般是在气候干燥且较热的季节施工。

层铺法施工的沥青表面处治面层,按设计要求有单层、双层和三层这三种。各层的压实作业方法相同。

在清理后的基层或原有路面上喷洒沥青,并铺撒粒径为5~10mm大的石料后,立即用2Y6/8、YL6/10型压路机先沿路缘石或修整过的路肩往返碾压1~2遍。然后按"先边后中、先慢后快"的原则碾压3~4遍,碾压速度可由2km/h逐渐提高到3~4km/h。

碾压结束后，即可开放交通，初期应控制通行车辆的速度（一般为20km/h），并依次引导车辆按“先边后中”的原则，均匀地在路面全宽内进行行车碾压。

沥青表面处治面层施工应做到及时铺撒，立即碾压，不得脱节。双层或三层沥青表面处治面层，最后一层应多碾压1～2遍。

2. 沥青贯入式面层的碾压

沥青贯入式面层是在初步压实的碎石层上喷洒沥青后，再分层铺撒嵌缝石料和喷洒沥青，并经压实而形成的一种路面结构层。沥青贯入式面层厚度一般为4～8cm。施工时，也应选在气候干燥炎热的季节。沥青贯入式面层的压实作业方法与填隙碎石基层相似。

待在清理后的基层上喷洒沥青并铺撒粗粒主层石料后，立即用2Y6/8、2Y8/10型压路机或YZZ8、CC21型振动压路机以静力碾压方式进行初压。先沿路缘或修整过的路肩，往返各碾压1次。然后，按“先边后中”的原则，以2km/h的碾压速度，碾压一遍后，检查和修整路形。接着，再碾压2遍，使主层石料稳定就位，无明显推移现象。

紧接初压之后，换用3Y10/12、3Y12/15、YL9/16型压路机以2～4km/h的碾压速度碾压4～6遍。碾压过程中，若发现石料被压碎得过多，应立即停止碾压，向铺筑层均匀地喷洒少量的水或是调整压路机的单位线载荷及平均接地比压后，再继续碾压。

当碾压到铺筑层石料嵌挤紧密，无明显轮迹时，喷洒沥青和铺撒第一次嵌缝石料。然后，最好选用YZZ8、CC21型振动压路机，以33～50Hz的高振频、0.6～0.8mm的低振幅和3～6km/h的碾压速度碾压3～4遍。接着，喷洒和铺撒第二层沥青和嵌缝石料，再碾压3～4遍，使嵌缝料大部分均匀地嵌入石间孔隙。然后，喷洒第三次沥青和铺撒封面料，并进行终压。

终压时，同样选用复压时的振动压路机以静力碾压方式碾压2～4遍，碾压到表层无明显轮迹为止。终压的碾压速度可提高到4～6km/h。

终压结束后，开放交通，并引导通行车以20km/h的速度，按“先边后中”的原则，在路面全宽内进行行车碾压。开放交通48h后，可用YL9/16、3Y10/12型压路机进行一次补充碾压，以消除路面表层的轮迹。碾压过程中，若因气温高，压实层材料发生蠕动现象，应立即停止碾压，待气温降低后再继续碾压。

沥青贯入式面层施工时，各作业程序应连续，不脱节。并做到当天铺筑，当天压实。通常，碾压作业的路段以200m左右为宜。

3. 沥青碎石和沥青混凝土面层的碾压

沥青碎石和沥青混凝土面层均是用沥青作为结合料，与一定级配的矿料均匀拌和成混合料，并经摊铺和压实而形成的一种沥青路面结构层。它们的主要区别在于矿料的级配不同。沥青碎石混合料中细矿料和矿粉较少，压实后表面较粗糙。沥青混凝土混合料，矿料级配严格，细矿料和矿粉较多，压实后表现较细密。

沥青碎石和沥青混凝土面层的施工方法主要有热拌热铺、热拌冷铺、冷拌冷铺等。我国目前多采用热拌热铺法施工。

沥青碎石和沥青混凝土面层压实施工可选择2Y6/8、2Y8/10、YL9/16、3Y10/12、3Y10/15、YZZ8等多型号的压路机。

（1）接缝的碾压

接缝的碾压有两种：

第一种为纵接缝的碾压。摊铺沥青碎石和沥青混凝土混合料时，纵接的形成情况不同，所采取的碾压方法也不同。

①两台以上的摊铺机梯形结队相随着进行全幅宽摊铺时，由于相邻摊铺带的沥青混合料温度相近，纵接缝无明显界限。此时，压路机正对纵接缝沿延伸方向往返各碾压一遍即可。

②一台摊铺机在一定的作业路段内，铺完一条车道后，立即返回摊铺相邻车道或是两台摊铺机前后距离较远时，由于先摊铺的摊铺带内侧无侧向限位，沥青混合料容易在碾压轮的挤压下产生侧向滑移。这时，压路机可先从距内侧边缘30～50cm处沿着纵缝延线往返各破压一遍。然后，将压路机调到路面外侧的路缘石或路肩处开始进行初压。当碾压到距路面内侧边缘30～50cm的最初碾压带时，使压路机每行程只侧移10～15cm，依次碾压到距路面内侧边缘5～10cm处时即暂停，对纵接缝碾压到越过纵接缝50～80cm处为止。这种碾压纵接缝的方法，要求前后摊铺间隔时间不能过长，一般不大于一个作业路段的摊铺时间。

③由于受机械或其他条件的限制，相邻两条摊铺带摊铺和压实的间隔时间过长时，可先使压路机沿距无侧限一侧的边缘30～50cm处往返碾压各一遍，然后从路面有侧限的一侧开始进行初压。当碾压到最初碾压的轮迹时，依次错轮碾压到碾压轮(刚性轮)越出无侧限边缘5～8cm处为止。由于待摊铺相邻车道时，已压实的摊铺带已冷却，需要进行接缝处理。一般是使新摊铺的混合料与压实的摊铺带搭接3～5cm，待纵接缝处加温后将搭接的沥青混合料推回新摊铺的混合料上，并整平。然后，立即使压路机碾压轮的大部分压在已压实的摊铺带上，仅留10～15cm宽压在新摊铺的沥青混合料上，并使压路机向新摊铺带方向依次侧移(每行程侧移15～20m)进行碾压，直至碾压轮全部侧移过纵接缝时为止。

第二种为横接缝的碾压。在碾压横接缝时，应选用刚性光轮的压路机沿着接缝方向进行横向碾压。开始碾压时，碾压轮的大部分应压在已压实的路段上，仅留15cm左右轮宽压在新摊铺的混合料上。然后，压路机依次向新铺路段侧移(每次侧移15～20cm)进行碾压。直至碾压轮全宽均侧移过横接缝为止。

(2)初压

初压的目的是防止热沥青混合料滑移和产生裂纹。选用2Y8/10、2Y12/15、YZZ8等压路机，按"先边后中"的原则，以1.5～2km/h的碾压速度，轮迹相互重叠30cm，依次进行静力碾压2遍。初压时应注意如下几点：

①掌握好开始碾压时沥青混合料的温度。若温度高，碾压时混合料易被碾压轮从两侧挤出和被碾压轮推拥或粘带，影响路面平整度；若混合料温度低，会给复压和终压带来困难而不易压实，而且碾压后易产生松散和麻坑。

②必须使压路机的驱动轮朝向摊铺方向进行碾压，其目的是减轻路面产生横向波纹和裂缝的可能性。

③进行弯道碾压时，应从内侧低处向外侧高处依次碾压，并尽量保持直线碾压。

④碾压纵坡路段时，不论上坡还是下坡，均应使驱动轮朝坡底方向，转向轮朝向坡顶方向，以免松散的、温度较高的混合料产生滑移。

⑤采用全驱动的双轮振动压路机进行初压时，可以使前轮振动碾压，后轮静力碾压。

⑥正在初压的路段内，不允许压路机急转弯、变速、制动和停车等。初压施工结束后，检查和修整摊铺层的平整度和路形。

(3)复压

紧接初压之后，立即进行复压作业。复压的目的是使摊铺层迅速达到规定的压实度。

选择的机型主要有8Y10/12、3Y12/15、YL9/16、YZ28、CC21等。复压作业仍遵循"先边后中、先慢后快"的原则进行碾压。复压作业时,除了初压作业的注意事项外,还应注意以下几点:

①每次换向的停机位置不在同一横缝线上。

②采用振动压路机碾压有超高的路段时,可使前轮振动碾压,后轮静力碾压,这样可有效地防止混合料侧向滑移。

③采用振动压路机碾压纵坡较大的路段时,复压的最初1~2遍不要进行振动碾压,以免混合料滑移。

④采用振动压路机进行振动碾压时,应是停驶前先停振;运行后再起振。

⑤已碾压半径较小的弯道时,若沥青混合料产生滑移,应立即降低碾压速度。

(4)终压

当复压使摊铺层达到压实度标准后,可立即进行终压作业。终压的目的是消除路面表面的碾压轮迹和提高表层的密实。终压选用的压路机基本与复压相同,而速度则高于复压时的碾压速度。以静力碾压的方式碾压2~4遍。为了有效地消除路面的纵向轮迹和横向波纹,可使压路机碾压运行方向与路中线呈15°左右夹角碾压1~2遍。

归纳总结

(1)压实机械是一种利用机械自重、振动或冲击的方法对被压实材料重复加载,排除其内部水分和空气,使之达到一定密实度和平整度的工程机械。

(2)压实的方法有静力压实、冲击压实和振动压实三种。常用压路机械有静力式光轮压路机、振动压路机、轮胎压路机。

(3)夯实机械分振动夯实和冲击夯实机械,它们具有体积小、重量轻,主要用于狭窄工作面的土层、石渣的压实。振动夯实适用于非黏土、砾石、碎石的压实作业;冲击夯实适用于黏土、砂质黏土和灰土的压实作业。

(4)路基的压实施工作业,应遵循的原则是"先轻后重、先慢后快、先边后中、注意重叠"。

(5)路面基层和面层的压实作业按初压、复压、终压三个步骤进行。

思考题

1. 压实机械的用途及分类是什么?
2. 静力光轮压路机有哪几种形式?各有何特点?
3. 轮胎压路机有何特点?
4. 轮胎压路机按轮胎在轴上布置有几种形式?常采用哪种布置方案?
5. 简述振动压路机的特点及主要技术参数。
6. 简述振动压路机的振动机构及振动原理。
7. 简述振荡压路机的振荡原理及特点。
8. 简述振动平板夯实机的构造及原理。
9. 简述振动冲击夯实机的构造、原理及使用要点。

10. 简述蛙式打夯机的构造、原理及使用要点。
11. 土的最佳含水率和最大干密度是什么。
12. 简述路基压实步骤、压实原则及注意事项。
13. 简述路面基层的碾压。
14. 简述路面面层的碾压。

项目三

水泥混凝土机械

知识要求：

1. 掌握和了解混凝土搅拌机的结构、原理；
2. 掌握和了解混凝土搅拌站的结构、原理；
3. 掌握和了解混凝土输送设备的种类、工作原理；
4. 掌握和了解混凝土振动器的分类、构造与原理。

技能要求：

具有混凝土搅拌机和搅拌站的使用、管理、操作及技术维护能力；具有混凝土泵的使用、维护能力；具有插入式振动器的使用、维护能力。

任务提出：

在公路、铁路、建筑、桥梁、港口、机场等工程中，水泥混凝土路面具有承载能力大、稳定性好、使用寿命长、平整度好、养护费用低等优点而广泛使用。那么，完成水泥混凝土的生产、输送、浇筑、振捣的机械设备有哪些？其结构原理是什么？使用、操作、维护技术如何？

任务一　混凝土搅拌机

相关知识

常见混凝土搅拌机的型号，见表3-1。

混凝土搅拌机型号的表示方法　　表3-1

类　别	机　型	特　性	代　号	代号含义	主参数
混凝土搅拌机J	强制式Q	强制式	JQ	强制式	出料容量(L)
		单卧轴式	JD	单卧轴强制式	
		单卧轴液压式	JDY	单卧轴液压上料强制式	
		双卧轴式	JS	双卧轴强制式	
		立轴涡桨式	JW	立轴涡桨强制式	
		立轴行星式	JX	立轴行星强制式	
	锥形反转出料式Z		JZ	锥形反转出料式	
		齿圈C	JZC	齿圈锥形反转出料式	
		摩擦M	JZM	摩擦锥形反转出料式	
	锥形倾翻出料式F		JF	锥形倾翻出料式	
		齿圈C	JFC	齿圈锥形倾翻出料式	
		摩擦M	JFM	摩擦锥形倾翻出料式	

一、混凝土搅拌机的工作原理与基本结构

混凝土搅拌机按工作原理分，有自落式和强制式，如图3-1所示。

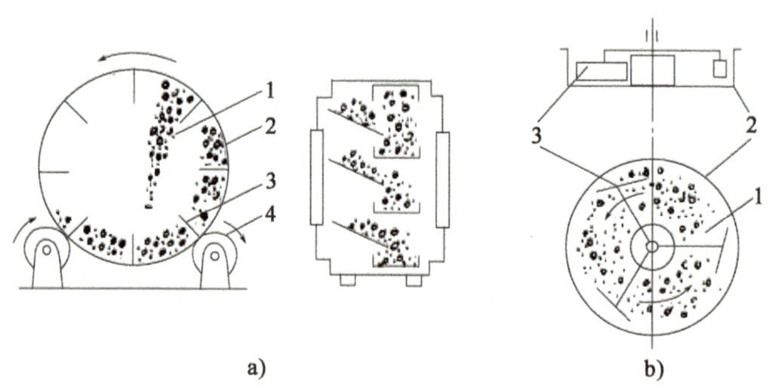

图3-1　自落式与强制式搅拌机工作原理

a)自落式；b)强制式

1-混凝土拌和料；2-搅拌筒；3-搅拌叶片；4-托轮

自落式搅拌机(图3-1a)工作机构为筒体，沿筒内壁圆周安装若干搅拌叶片。工作时，筒体绕其自身轴旋转，利用叶片对筒内物料进行分割、提升、洒落和冲击，使配合料的相互位置不断进行重新分布而得以拌和。其特点是搅拌强度不大、效率低，只适于搅拌一般集料的塑性混凝土。

强制式搅拌机(图3-1b)搅拌机构是水平式垂直设置在筒内的搅拌轴，轴上安装搅拌叶片。工作时，转轴带动叶片对筒内物料进行剪切、挤压和翻转推移的强制搅拌作用，使配合料在剧烈的相对运动中得到均匀拌和。其搅拌质量好、效率高，特别适合于搅拌于硬性混凝土和轻质集料混凝土。

混凝土搅拌机一般由以下几个主要部分组成:

(1)搅拌机构是搅拌机的工作装置,有搅拌筒内安装叶片和搅拌轴上安装叶片两种结构形式。

(2)上料机构是向搅拌筒内投放配合料的机构,常见的有翻转式料斗、提升式料斗、固定式料斗等形式。

(3)卸料机构将搅拌好的混凝土卸出搅拌筒的机构,有卸槽式、倾翻式、螺旋叶片式等。

(4)传动机构是将动力传递到搅拌机各工作机构上的装置,主要形式有带传动、摩擦传动、齿轮传动、链传动和液压传动。

(5)配水系统是按混凝土配比要求,定量供给搅拌用水的装置。一般有水泵、配水箱系统、水表系统以及时间继电器系统。

二、双锥反转出料混凝土搅拌机

双锥反转出料搅拌机的搅拌筒呈双锥形,按自落式工作原理进行搅拌,它是作为逐步取代鼓筒式搅拌机的一种机型。

(一)JZ350 型搅拌机的构造

图 3-2 所示为 JZ350 型搅拌机,主要由搅拌系统、进出料装置、配水系统、底盘及电气控制系统等组成。

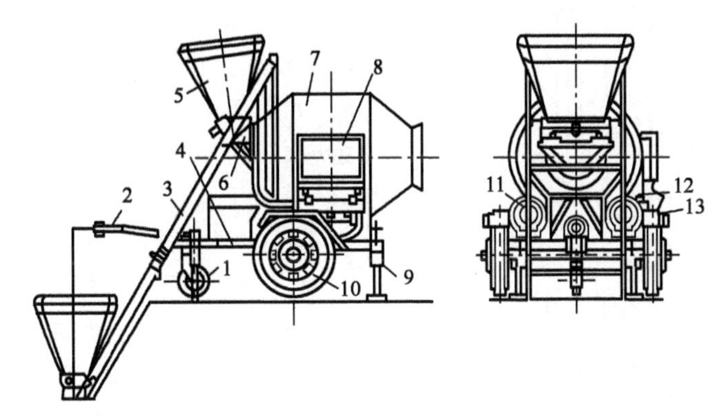

图 3-2 JZ350 型混凝土搅拌机

1-前支轮;2-牵引架;3-上料架;4-底盘;5-料斗;6-中间料斗;7-搅拌筒;8-电气箱;9-支腿;10-行走轮;11-搅拌动力和传动机构;12-供水系统;13-卷扬系统

(二)JZ350 型搅拌机的搅拌系统

JZ350 型搅拌机的搅拌系统由搅拌筒、托轮和传动机构等部分组成。搅拌筒由两端的截头圆锥和中间的圆柱体组成,常采用钢板卷焊而成。搅拌筒内焊有两组交叉布置的搅拌叶片,分别与搅拌筒轴线呈 45°和 40°夹角,且呈相反方向,如图 3-3 所示。较长的主叶片直接与筒壁相连,较短的副叶片则由撑脚架起,搅拌筒的进料圆锥一端焊有两块挡料叶片,以防止进料口处漏浆。在出料圆锥一端,对称地布置了一对与副叶片倾斜方向一致的螺旋形出料叶片。当搅拌筒正转时,螺旋运

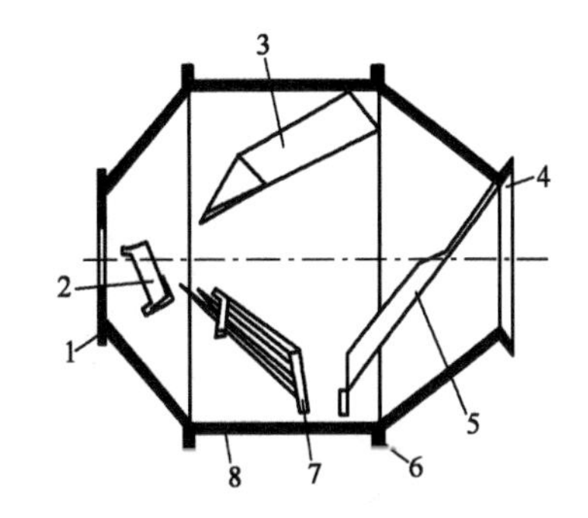

图 3-3 JZ350 型搅拌机的搅拌筒

1-进料口圈;2-挡料叶片;3-主叶片;4-出料口圈;5-出料叶片;6-挡圈;7-副叶片;8-筒身

动方向朝里，将物料堆向筒内；搅拌筒反转时，螺旋叶片运动方向朝外，将搅拌好的混凝土卸出。

三、卧轴强制式混凝土搅拌机

（一）卧轴强制式搅拌机的分类

卧轴强制式搅拌机兼有自落式和强制式两种机型的优点，即搅拌质量好、生产率高、能耗低，可用于搅拌干硬性、塑性、轻集料混凝土，以及各种砂浆、灰浆和硅酸盐等混合料。

卧轴强制式搅拌机在结构上有单卧轴、双卧轴之分。前者多属小容量机种，后者则适用于大容量机种，两者在搅拌原理、功能特点等方面十分相似。目前，国内生产的双卧轴强制搅拌机有 JS1000、JS2000、JS3000、JS4000 等型号。

（二）卧轴强制式搅拌机的结构及搅拌原理

单卧轴强制式搅拌机，由搅拌筒、水平轴、螺旋搅拌叶片及传动机构等组成。水平搅拌轴上分别装有对称布置的螺旋搅拌叶片和刮铲各两只。电动机经齿轮和链条驱动水平轴，使两个刮铲分别靠近搅拌筒两面端壁的拌和料，并向内推送，两只螺旋叶片则一边搅拌，一边又将拌和料推向搅拌筒另一端。因此，拌和料形成强烈对流搅拌，并很快制成均匀的混凝土。

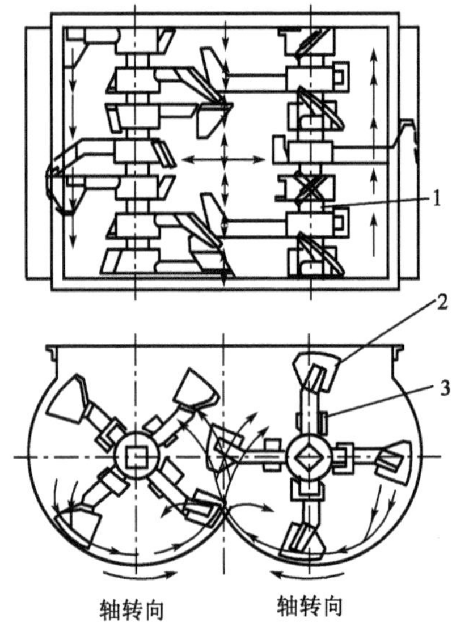

图 3-4　双卧轴强制式搅拌机构造
1-水平轴；2-搅拌叶片；3-中心叶片

双卧轴强制式搅拌机，由搅拌系统、传动装置、卸料机构等组成，如图 3-4 所示。搅拌系统由圆槽形搅拌筒和搅拌轴组成，在两根搅拌轴上安装了几组结构相同的叶片，但其前后上下都错开一定的空间，使拌和料在两个搅拌筒内不断地得到搅拌，一方面将搅拌筒底部和中间的拌和料向上翻滚，另一方面又将拌和料沿轴线分别向前堆压，从而使拌和料得到快速而均匀的搅拌。JZ350 型搅拌机的卸料机构如图 3-5 所示，设置在两只搅拌筒底部的两扇卸料门，由气缸操纵，经齿轮连杆机构后，获得同步控制。卸料门的长度比搅拌筒长度短，故有 80% ~ 90% 的混凝土靠其自重卸出，其余部分则靠搅拌叶片强制向外排出，卸料迅速干净。

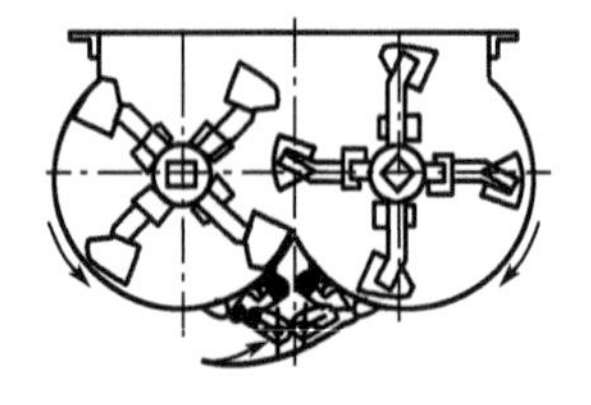
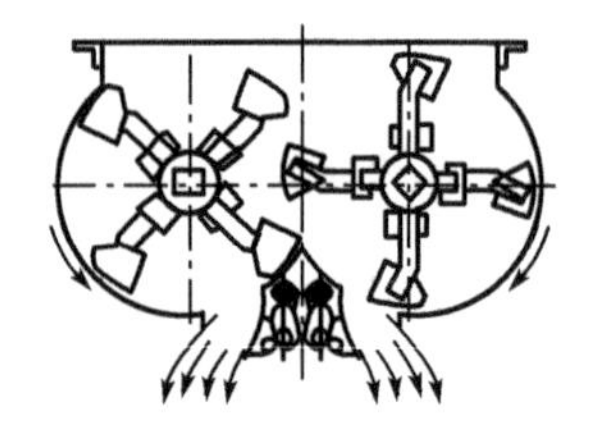
图 3-5　双卧轴强制式搅拌机卸料机构

四、立轴强制式混凝土搅拌机

立轴强制式混凝土搅拌机是一种适用于搅拌干硬性、高强和轻质混凝土的搅拌机，在国内外普遍采用。与自落式搅拌机相比。它具有搅拌质量好、搅拌效率高的特点。

立轴强制式搅拌机分涡桨式和行星式，其搅拌筒均为水平放置的圆盘。涡桨式的圆盘中央有一竖立转轴，轴上装有搅拌叶片；行星式的圆盘中则有两根竖立转轴，分别带动几个搅拌铲。在定盘行星式搅拌机中，搅拌铲除绕本身轴线自转外，两根转轴还绕盘中心轴线公转。在转盘行星式搅拌机中，两根转轴只自转，不公转，而是整个圆盘作与转轴回转方向相反的转动。由于转盘式能耗大、结构不理想，已逐渐被定盘式所取代。

图3-6为JQ1000型搅拌机，该机属于固定涡桨式强制搅拌机，主要由搅拌系统、传动系统、气动系统、供水系统和电气系统等组成。

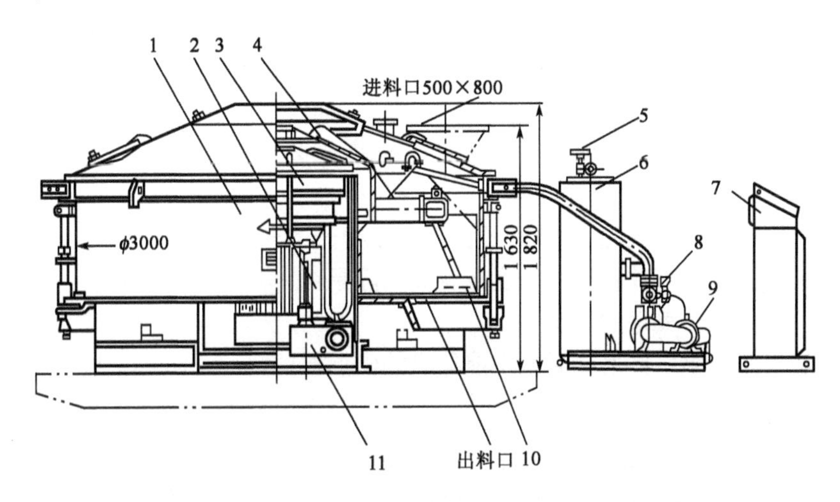

图3-6 JQ1000型立轴强制式搅拌机

1-搅拌筒；2-主电动机；3-行星减速器；4-搅拌叶片总成；5-调节手轮；6-水箱；7-操纵台；8-水泵及五通阀；9-水泵电动机；10-搅拌叶片；11-润滑泵

搅拌系统如图3-7所示，主要由搅拌筒、搅拌叶片总成及罩盖等组成。它靠安装在搅拌筒内带叶片的立轴旋转时，将物料挤压、翻转、抛出等复合动作进行强制搅拌。搅拌筒由内外筒及底板焊接而成，内外筒壁装有刮板，从而使拌和料的搅拌均匀迅速并不致粘在内外筒壁上。

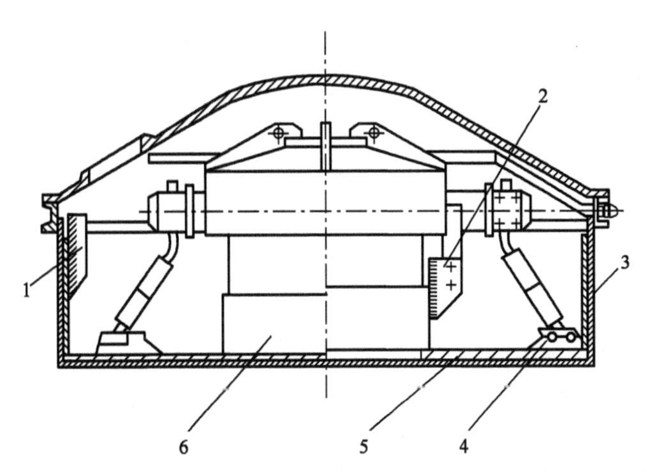

图3-7 JQ1000型立轴强制式搅拌机的搅拌系统

1-外刮板；2-内刮板；3-外衬板；4-搅拌叶片；5-底衬板；6-内衬板

应用与技能

一、混凝土搅拌机的使用要点及操作规程

(一)使用要点

1. 自落式混凝土搅拌机使用要点

(1)新机使用前,应严格按照使用说明书的要求,对系统及各部件进行检验和必要的试运转,达到规定的要求后方可投入使用。

(2)混凝土搅拌机起动前,配水泵要加满引水。

(3)起动后,应使搅拌筒达到正常转速后进行上料,上料后要及时加水。

(4)电力驱动的混凝土搅拌机,配电设备应有良好的接地装置。

(5)工作完毕后,应按清洁、紧固、润滑、调整、防腐等要求进行日常保养。

2. 强制式混凝土搅拌机的使用要点

(1)应严格筛选搅拌的混凝土集料,最大粒径不得超过允许值。

(2)应经常检查搅拌叶片和搅拌筒底及侧壁间隙是否符合规定的要求。

(3)必须保证各部件良好的润滑。

(4)其他使用要点参照自落式混凝土搅拌机的使用要点。

(二)操作规程

(1)应严格按搅拌机操作说明书规定的步骤操作。

(2)操作过程中,要随时注意机械的运转情况,如发现不正常的声音,应停机检查,待排除故障后,方可重新使用。

(3)混凝土搅拌机使用中,切勿使砂石落入机器运转部分,以免损坏运转部件。

二、混凝土搅拌机的维护

(一)日常维护

混凝土搅拌机的日常维护工作,在每班工作前、工作中和工作后进行。

(1)保持机体的清洁,清除机体上的污物和障碍物。

(2)检查各润滑处的油料及电路和控制设备,并按要求加注润滑油(脂)。

(3)每班工作前,在搅拌筒内加水空转1~2min,同时要检查离合器和制动装置工作的可靠性。

(4)混凝土搅拌机运转过程中,应随时检听电动机、减速器、传动齿轮的噪声是否正常,温升是否过高。

(5)每班工作结束后,应认真清洗混凝土搅拌机。

(二)一级维护

混凝土搅拌机一般工作100h以后进行一级维护。

让自落式混凝土搅拌机在一级维护中,除包括日常维护的工作内容外,尚须拆检离合器,检查和调整制动间隙,如离合器内外制动带磨损过甚则须更换。此外,还需检查钢丝绳、V带、滑动轴承、配水系统和行走轮等。

强制式混凝土搅拌机在一级维护中,须检查和调整搅拌叶片相副板与衬板之间的间隙、上

料斗和卸料门的密闭及灵活情况、离合器的磨损程度以及配水系统是否正常。采用链传动的混凝土搅拌机,需检查链条节距的伸长情况。

（三）二级维护

混凝土搅拌机的二级维护周期,一般为700～1500h。二级维护中,除进行一级维护的工作外,须拆检减速器、电动机和开式齿轮等。此外还须检查机架及进出料的操纵机构,清洗行走轮和转向机构等。

（1）拆检减速器时,须清洗齿轮、轴、轴承及油道,检查齿廓表面的磨损程度。拆检完毕,加注新的齿轮油。

（2）拆检电动机时,应清除定子绕组上的灰尘,清洗轴承并加注新的润滑脂,检查并调整定子和转子间的间隙。

（3）拆检开式齿轮时,需清洗齿轮齿廓,轴和轴承,检查磨损情况。磨损过度时应予以更换。

（4）上料离合器的内外制动带,如磨损过度应及时更换。

（5）混凝土搅拌机的机架发生歪斜变形时,应予以修复或校正。

（6）拆检量水器时,摆正套管位置,清除吸水管和套管周围以及内杠杆和拉杆上的腐锈并刷上防锈漆。

（7）拆检三通阀时,应清除阀腔和管道接口附近的腐锈和水垢,使水路保持畅通。

（8）对特有的机构,如橡胶托轮、行程开关、水表、电磁阀等,可根据情况定期检查、调整和清洗。

任务二　混凝土搅拌站

相关知识

一、混凝土搅拌站的用途与分类

混凝土搅拌站（楼）是用来集中搅拌混凝土的综合机械装置,也称为混凝土工厂。它具有机械化和自动化程度高、生产率高的特点,常用于混凝土工程量大、施工周期长、施工地点集中的大中型工程。

混凝土搅拌站型号较多,但其结构基本相似,均采用电气程序控制。混凝土搅拌站按作业形式可分为周期式和连续式;按搅拌机平面布置形式可分为巢式和直线式;按工艺布置形式可分为单阶式和双阶式。单阶式搅拌楼的砂、石、水泥等材料可以一次就提升到搅拌楼的最高层,然后按工艺流程进行,如图3-8所示,主要适用于大型永久性搅拌站。双阶式搅拌楼的砂、石、水泥等材料则分两次提升,第一次将材料提升至储料斗,经配料后,再将材料提升并卸入搅拌机,其工艺流程如图3-9所示,主要适用于中小型搅拌站。

二、混凝土搅拌站的结构及原理

混凝土搅拌站主要由集料供储系统、水泥供储系统、配料系统、搅拌系统和控制系统等组成。

搅拌楼的工艺流程已基本定型,其设备配置也大同小异,如图3-10所示,搅拌站可有各种不同的工艺流程和设备配置方式。

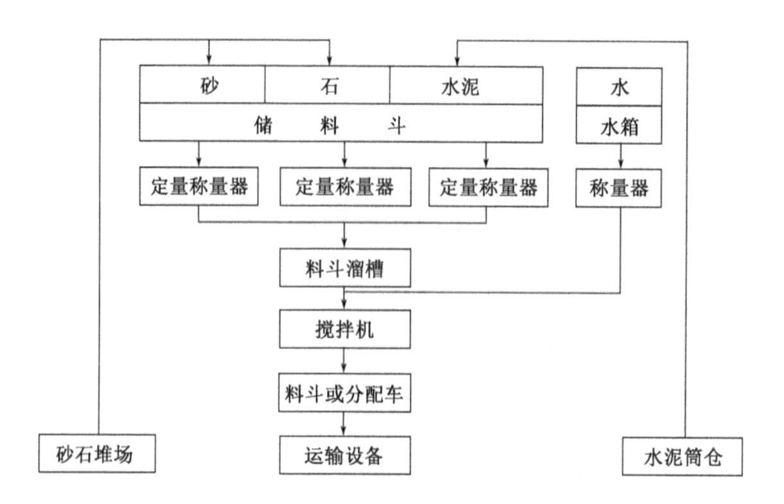

图 3-8 单阶式搅拌站工艺流程

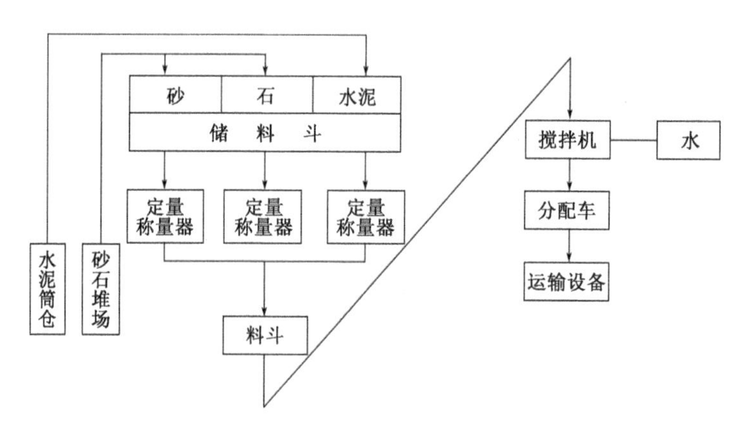

图 3-9 双阶式搅拌站工艺流程

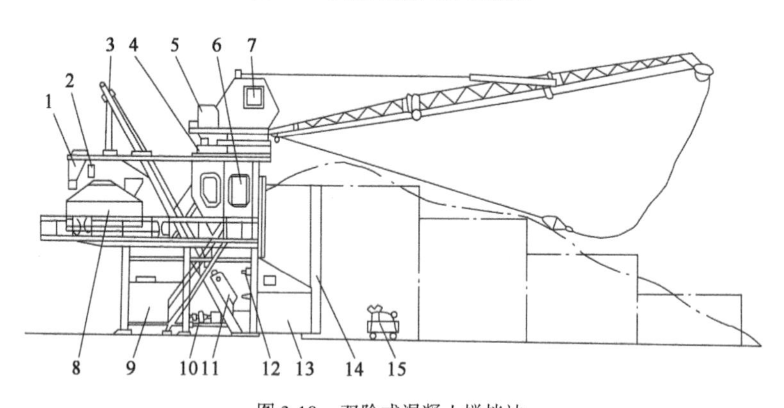

图 3-10 双阶式混凝土搅拌站

1-水泥秤;2-示值表;3-卷扬机;4-回转机构;5-拉铲绞车;6-操作室;7-拉铲操作室;8-搅拌机;9-水箱;10-水泵;11-料斗;12-电磁阀;13-集料秤;14-料仓壁;15-空压机

(一)集料的供料和储料系统

集料供储系统包括集料运输设备和集料储料仓。集料运输设备是把料场上的砂石材料运送到各相应的集料储料仓的设备。储料仓是直接向称量装置供料的中间仓库,它只需存放少量材料保证称量不中断。储料仓中装有料位指示器(料满和料空两个指示器或连续料位指示器),以实现自动供料。当料满时,料满指示器发出指令,使运输设备停车;当储料仓中的料面下降到最低位置后,料空指示器发出指令,使运输设备起动,向储料仓装料。储料仓的卸料口装有气动式扇形闸门控制卸料口开启程度,以调节给料量。粗集料储料仓常用两个反向回转的扇形闸门构成,以减小操作力。砂子储料仓外壁还需加装附着式振动器进行破拱。集料的供储方案很多,主要有以下几种:

1. 带式输送机(或斗式提升机)和钢储料仓

带式输送机或斗式提升机的运送高度大,能满足大产量连续作业的要求,所以混凝土搅拌楼均采用这种形式。同时,由于这种运输设备操作简单可靠,维修方便,所以在产量较大的搅拌站中也被广泛采用。这种形式的缺点是不能自己上料,必须用其他设备上料,或把它的受料部分装在地坑里,由自卸汽车直接卸入。

带式输送机比斗式提升机工作平稳,噪声小,速度快,连接作业生产率高,但占地面积比斗式提升机大。

与这种运输设备相配的是钢制储料仓(大型搅拌楼中也有采用钢筋混凝土料仓)。它被分割成多个隔仓,利用上面的回转分料器把带式输送机(或斗式提升机)送上来的不同种类、规格的集料装入相应的隔仓中。这种料仓做成防尘防潮隔声的密封式,输送带也安装防护罩,所以材料不受外界影响,也为冬季加热提供了方便。

2. 悬臂拉铲和星形料仓

悬臂拉铲与星形料仓组合的形式,如图 3-11 所示。悬臂拉铲不需要辅助设备可自行垛料扒升,把材料堆高,在受料口上面形成一个活料区,这部分材料靠自重经卸料口闸门卸出。星形料仓既是料场,又是储存仓,用挡料墙分隔成多仓,节省了大量钢材。由于堆料高,星形料仓的扇形角大(一般为 210°),所以集料储存量大,品种规格多。悬臂拉铲的缺点是劳动强度大,满足不了大批量连续生产的需要;转移和安装较麻烦,而且材料受外界影响。这种形式在中等产量的拆装式搅拌站中得到广泛应用。

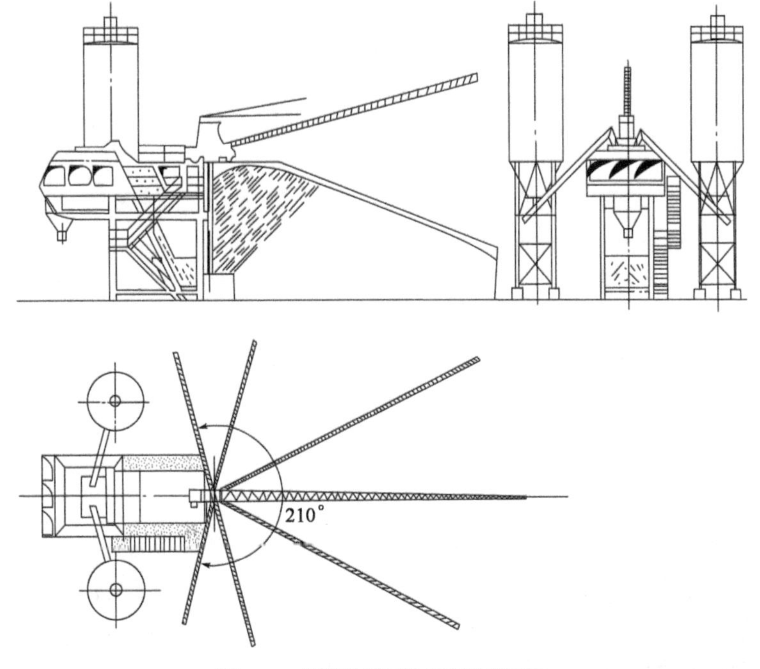

图 3-11　悬臂拉铲运输集料的搅拌站

3. 链斗式输送机和星形料仓

与链斗式输送机相配的储料仓也是星形料仓，但不需要挡料墙，也可不要活料仓。集料围绕搅拌站散堆堆放，由链斗直接运入称量斗中。这种形式也能自行装卸，堆料无死角，设备拆装运输比较简便，但速度慢、效率低。应用于产量在 $30m^3/h$ 以下的搅拌站中。

4. 装载机和小容量钢储料仓

装载机可以自装自卸，机动灵活，但装载机运送高度较小，只适用于小产量的移动式搅拌站。这种运输形式配以小容量的钢储仓。

(二)水泥的供料和储料系统

水泥供储系统包括水泥输送设备、水泥筒仓和水泥储料斗。水泥筒仓中的水泥通过输送设备运送到水泥储料斗，或直接运送到水泥称量斗中。为了使水泥均匀地卸入称量斗，采用给料机作为配料装置，一般采用螺旋输送机兼作配料和运输用。通常的水泥供储系统由一条与集料分开的独立的密闭通道提升、称量，单独进入搅拌机内，从根本上改变了水泥飞扬现象。水泥筒仓和储料斗采用气动破拱器进行破拱，在水泥筒仓和储料斗内有料位指示器以实现自动供料。水泥输送设备分机械输送和气力输送两大类。

1. 机械输送

机械输送分两种，一是由做水平运输的螺旋输送机和做垂直运输的斗式提升机组成；二是采用集水平和垂直运输于一体的倾斜式螺旋输送机。机械输送可靠性高，但投资大。

2. 气力输送

气力输送由输送泵、输送管道、吸尘器组成。水泥在输送泵中被压缩空气吹散呈悬浮状态，混合气体沿管道输送到目的地，再由吸尘器把水泥从气流中分离出来。气力输送设备简单，占地面积小，工艺布置灵活，没有噪声，但能耗大。

从筒仓到储料斗或称量斗的输送，大多采用机械输送。散装水泥车向水泥筒仓卸料采用气力输送，水泥筒仓上装有一根输送管道和吸尘器，利用散装水泥车上的输送泵即可把水泥输送到筒仓内。当使用袋装水泥时，需要一套袋装水泥气力抽吸装置进行气力输送。如果筒仓到储料斗的输送采用斗式提升机，那么只需搬动提升机上部的翻板，即可改变提升机上部的出口通道。

(三)配料系统

配料系统是对混凝土的各种组成材料进行配料称量，用来控制混凝土配合比的系统。配料系统由配料装置(给料闸门或给料器等)、称量装置和控制部分组成。

称量过程分为粗称和精称两个阶段。粗称用以缩短称量时间，精称用以提高称量精度。先按配合比设定称量值。控制系统通过电磁气阀操纵气缸来驱动储料仓的给料闸门完全打开，进行粗称。在称量时测定值不断与设定值比较；当接近设定值85%～90%时，控制系统使储料仓给料闸门逐渐关小，进行精称。当达到设定值时，闸门完全关闭，并由显示部分显示测定值。

(四)搅拌系统

自落式和强制式搅拌机均可作为搅拌站(楼)的主机。搅拌楼配2～4台搅拌机，因为一台搅拌机不能充分发挥搅拌楼其他设备的效率，而且由于搅拌机故障或检修将使整座搅拌楼停产是很不经济的。混凝土搅拌站通常只装一台搅拌机，但也有装两台的。

如搅拌站不配置搅拌机，就成为中心配料站。中心配料站利用混凝土搅拌输送车进行搅拌;另外,移动式配料站可与现场搅拌机配套作为组合式混凝土搅拌站使用。配料站投资少、见效快。不仅节省了搅拌机设备的费用,而且因降低了上料高度从而节省了上料设备的费用。

三、HZ25 型混凝土搅拌站

HZ25 型混凝土搅拌站是一种移动式自动化混凝土搅拌设备。它将砂、石、水泥等的储存、配料、称量、投料、搅拌及出料装置,全部组装在一个整体车架上,具有结构紧凑、重量轻、占地面积小的特点。它主要是由搅拌装置、供料系统、称量系统、电控系统以及外部配套设备等组成,如图 3-12 所示。

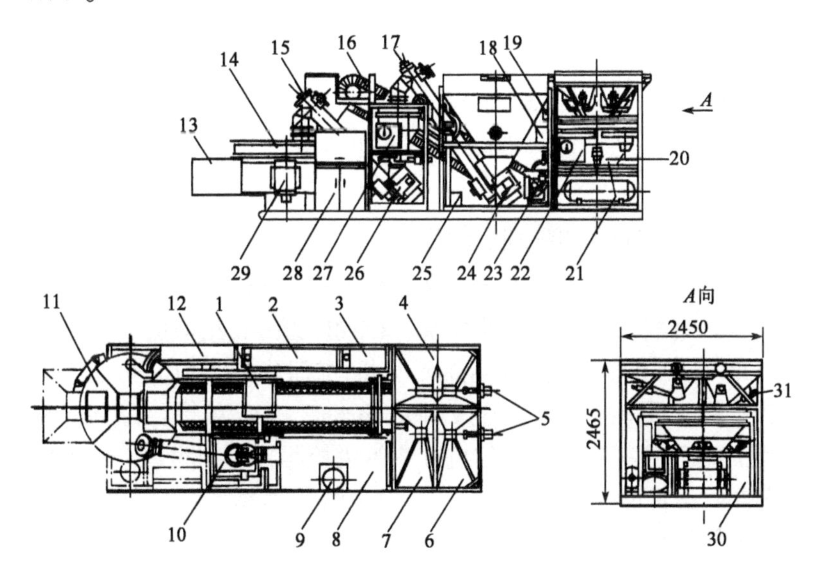

图 3-12 HZ25 型混凝土搅拌站(尺寸单位:mm)

1-电动机;2-水箱;3-添加剂箱;4-砂储料斗;5-料位指示器;6、7-石储料斗;8-水泥储存斗;9-水泥进料口;10-水泥称量斗;11-搅拌机观察口;12-电气控制箱;13-混凝土出料口;14-搅拌机;15-螺旋输送机;16-裙边胶带输送机;17-水泥称量螺旋输送机;18-电磁阀箱;19-接线盒;20-砂石称量斗;21-储气筒;22-计量表头箱(砂、石);23-空气压缩机;24-水泥计量螺旋输送电机;25-按线盒;26-水泥投料螺旋输送机电机;27-计量表头箱;28-电气操作箱;29-搅拌机电动机;30-外部电源箱;31-振动器

(一)搅拌机

HZ25 型搅拌站的搅拌机是由电动机驱动的,动力经 V 带传动,通过行星摆线针轮减速器,带动涡桨旋转进行搅拌。搅拌筒内装有四块侧衬板、八块底衬板和两块筒衬板。涡桨有三片外铲、两片内铲、一片外刮板和一片内刮板。

(二)供料系统

1. 砂石供料系统

采用装载机分别将砂石备料输送至砂石料斗,经累计称量后,通过胶带输送机向搅拌筒内投料。

2. 水泥供料系统

水泥由储料斗至称量斗的输送及经过称量的水泥投向搅拌筒,分别采用全叶片式螺旋输送机。

3. 配水系统

配水系统是由水箱、滤网、水泵、流量计、气动衬胶隔膜阀等组成，可以定时定量向搅拌筒内供水。

4. 外加剂供料系统

外加剂供料系统是由外加剂箱、滤网、附加剂泵、流量计及气动衬胶隔膜阀等组成。

（三）称量系统

HZ25 型混凝土搅拌站有两套杠杆秤，一套用于水泥称量；另一套用集料累计称量。杠杆秤的称量料斗通过Ⅱ级或Ⅲ级杠杆减力后，作用于示器的钢带拉索上，通过卷筒旋转，使扇形齿轮转动，固定在小齿轮上的指针有规律地动，指出称量数据。

（四）外部配套设备

外部配套设备包括水泥筒仓、装载机、移动式胶带输送机等，是施工单位自行配备的。这些外部配套设备均可与本机外部电源箱接通，以本机料斗中的龟式料位指示器研发信号进行自动控制。

（五）混凝土搅拌站的计算机控制系统

（1）硬件计算机控制系统，由称量仪显示称量值，并向 PLC 输出 0 ~ 10V 模拟信号，PLC 采用 OMRONCQM1 型模块结构，主要包括基本模块 CQMl-CPU21、模数转换模块 CQM-AD041、输出模块 CQMl-OC222 等，工控机采用工业控制计算机，如研华 IPC-610486 工控机。

（2）软件计算机控制系统控制程序分成两大部分，工控机为上位机，PLC 机为下位机，两大程序为上位机程序和下位机程序。上位机程序为主控程序，包括控制参数修改、实时监控、通信处理、级配登录数据管理等；下位机程序包括实时处理输出、开关信号输出、AD 模拟处理、响应上位机通信命令等。

应用与技能

一、混凝土搅拌站（楼）的使用要点及操作规程

（一）使用要点

（1）起动接通电源，按预拌混凝土配合比，设定砂、石、水泥、水及外加剂的数值，在确保输送机、空气压缩机及外部供料设备均起动运转情况下，起动搅拌机。

（2）根据计量方式，确定称量选择开关位置。自动计量时，将砂、石、水泥称量选择开关扳至自动位置；手动称量时，将其开关扳至手动位置，即可开始按照各自方式进行称量。

（3）投料放出自动放出时，砂、石、水泥、水和外加剂将自动依次放搅拌机进行搅拌，手动放出时，则需将各有关开关扳至手动位置。选择各手动按钮。

（4）出料混凝土搅拌完毕，打开搅拌机出料斗门，放出混凝土，放出完毕，关闭搅拌机出料斗门。

（二）操作规程

1. 作业前检查

（1）检查搅拌机润滑油箱及空压机曲轴箱的液面高度。搅拌机采用 L-AN32 全损耗系统用油，空压机冬季用 1 号压缩机油，夏天用 19 号压缩机油。

(2)冰冻季节和长期停放后使用,应对水泵和外加剂泵进行排气引水。

(3)检查气路系统中气水分离器积水情况。积水过多时,打开阀门排放。检查油雾器内油位,过低时应加20号或30号锭子油;打开储气筒下部排污螺塞,放出油水混合物。

(4)空运转5~10min后,检查油路、水路、气路通畅情况,有无溢漏现象。各料仓门启闭是否灵活。

2. 作业后清理维护

(1)清理搅拌筒内外积灰、出料门及出料斗积灰,并用水冲洗干净。

(2)用水冲洗外加剂和外加剂供给系统。

(3)冰冻季节,应放尽水泵、外加剂泵、水箱及外加剂箱内存水,并起动水泵和外加剂泵运转1~2min。

二、混凝土搅拌站(楼)的技术维护

(一)日常维护

(1)检查气路系统气水分离器中的积水情况,积水过多时,应打开阀门排水。

(2)检查各润滑处润滑情况,必要时加注润滑油。

(3)工作结束后,清理搅拌筒内外积灰、出料门及出料斗积灰,并用水冲洗干净。用水冲洗外加剂箱及外加剂供应系统。冰冻季节,应放尽水泵、外加剂泵、水箱及外加剂箱内存水。

(4)任意装置出现异常噪声时,应停机检查,查明原因排除故障。

(二)一级维护

每工作200h后必须进行一级维护。

(1)对各润滑点,必须进行润滑。

(2)检查搅拌机叶片等磨损情况,必要时调整间隙或更换。

(3)检查各传动装置工作情况,必要时进行调节。

(4)检查各接触器、继电器的静、动触头损伤情况,如有损伤或烧坏,应及时修复或更新。

(三)二级维护

每工作600h后必须进行二级维护。

(1)检查搅拌机搅拌叶片磨损情况,修复或更换磨损严重的叶片。

(2)更换减速器润滑油,消除漏油现象。轴承及齿轮磨损严重时,应予更换。

(3)按润滑表的规定对各润滑点进行润滑。

(4)检查电气控制系统,消除各电气元件表面的尘土。电气元件如有损坏,应予更换。

(5)检查各结构件的连接,如有松动,应予紧固,如有变形或损坏,应予修复或更换。

(6)检查水泵泄漏情况,必要时拆检水泵清除漏水现象。

任务三 混凝土输送设备

相关知识

水泥混凝土的输送,长距离一般用水泥混凝土搅拌输送车,短距离则用起重机、皮带机、混凝土泵及混凝土泵车等。

混凝土泵经过半个世纪的发展，从立式泵、机械式挤压泵、水压隔膜泵、气压泵发展到今天的卧式全油泵。目前，世界各地生产与使用的全是油泵。

混凝土泵是沿管道输送混凝土的专用设备，根据其结构和工作原理分有活塞式泵、挤压式泵、隔膜式泵和气罐式泵。

活塞式混凝土泵为两个混凝土缸并列布置，由两个油缸驱动，使活塞往复运动和分配阀交替启闭，交替吸入或泵出混凝土，使混凝土平稳而连续地输送出去。这种泵的容量大，泵送压力高，可实现计算机自动控制，目前应用较广，如图3-13所示。由油缸、混凝土缸、活塞、料斗、分配阀、摆臂、摆动油缸、出料口、水箱、换向装置等组成。当油缸1驱动活塞7向前推进时，将混凝土缸5中的混凝土向外排出，同时油缸2驱动活塞8向回收缩，将料斗中的混凝土吸入混凝土缸6中。当活塞到达行程终点时，摆动油缸动作，将分配阀切换，使混凝土缸5吸入，混凝土缸6排出。

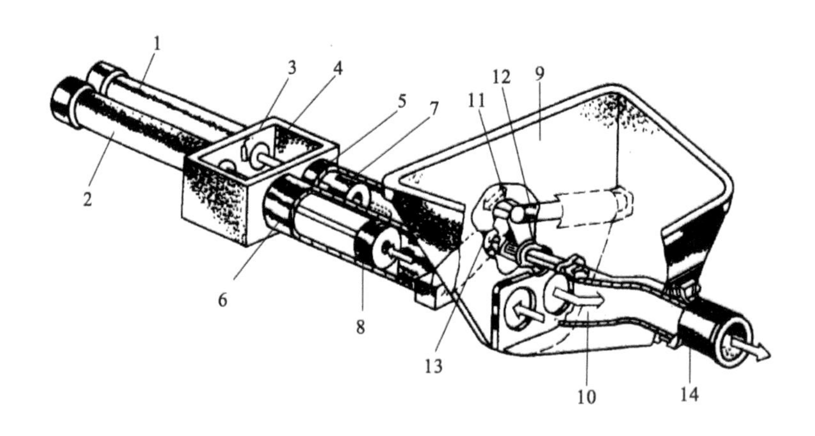

图3-13　活塞式混凝土泵的结构

1、2-油缸；3-水箱；4-换向装置；5、6-混凝土缸；7、8-活塞；9-料斗；10-分配阀；11-摆臂；12、13-摆动油缸；14-出料口

挤压式混凝土泵如图3-14所示，主要由泵体、软管、滚轮和行星齿轮等组成。通过装在行星齿轮上的多个轮子依次挤压软管，从而完成混凝土的吸、送作业。这种泵结构简单、紧凑、制作方便，但其噪声大，挤压软管容易损坏，对于坍落度较小和粗集料粒径达40mm的混凝土挤压困难。较适于输送轻质混凝土及砂浆。

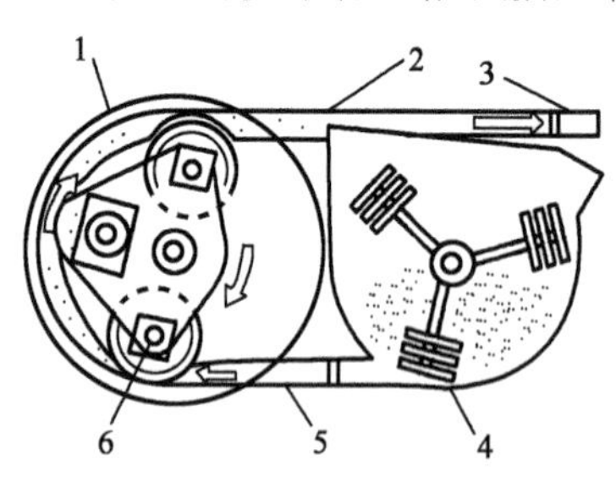

图3-14　挤压式混凝土泵

1-泵体；2-软管；3-输出管；4-集料斗；5-吸入管；6-滚轮

隔膜式混凝土泵如图3-15所示，由隔膜、泵体、控制阀、水泵和水箱等组成，是一种周期性工作的混凝土泵，依靠隔膜的往返运动来实现混凝土的输送。其优点是机构简单、泵自身无传动部件，主要部件是隔膜和控制阀，缺点是操作麻烦、隔膜易损坏、不便更换。

气罐式混凝土泵是依靠压缩空气来泵送混凝土的，泵体本身就是气罐，无传动机构，结构简单，容易维护，是一种周期性工作的泵。其特点是泵送出去的混凝土具有很大的喷射力及很高流速。

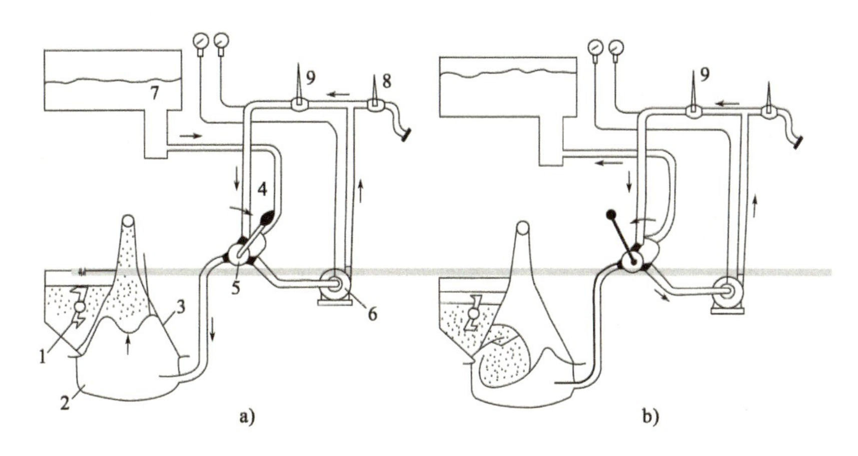

图 3-15　水压隔膜式混凝土泵

a)泵送混凝土;b)吸入混凝土

1-搅拌器;2-泵体;3-隔膜;4-手柄;5-控制阀;6-水泵;7-水箱;8-阀门;9-单向阀

应用与技能

一、混凝土泵的使用

混凝土泵在使用时,为确保达到规定的技术状况,需认真执行使用和维护规程,以提高混凝土泵送施工品质和进度。

(一)使用要点

(1)操作者及有关设备管理人员应仔细阅读使用说明书,掌握其结构原理、使用和维护以及泵送混凝土的有关知识;操作混凝土泵时,应严格按技术说明书中的有关技术规程执行。同时,应根据施工现场的具体情况,制定泵送方案,并在施工中贯彻实施。

(2)支撑混凝土泵的地面应平坦、坚实;整机需水平放置,工作过程中不应倾斜。支腿应能稳定地支撑整机,并可靠地锁住或固定。泵管机位置既要便于混凝土搅拌运输车的进出及向料斗进料,又要考虑有利于泵送布管以减少泵送压力损失,同时要求距离浇筑地点近,供电、供水方便。

(3)应根据施工场地特点及混凝土浇筑方案进行配管,配管设计时要校核管路的水平换算距离是否与混凝土泵的泵送距离相适应。弯管角度一般分15°、30°、45°和90°四种,曲率半径分1m和0.5m两种(曲率半径较大的弯管阻力较小)。配管时,应尽可能缩短管线长度,少用弯管和软管。输送管的铺设应便于管道清洗、故障排除和拆装维修。当新管和旧管混用时,应将新管布置在泵送压力较大处。配管过程中应绘制布管简图,列出各种管件、管卡、弯管和软管等的规格和数量,并提供清单。

(4)需垂直向上配管时,随着高度的增加(即势能的增加),混凝土存在回流的趋势,因此应在混凝土泵与垂直配管之间铺设一定长度的水平管道,以保证有足够的阻力阻止混凝土回流。当泵送高层建筑混凝土时,需垂直向上配管,此时其地面水平管长度不宜小于垂直管长度的1/40,如因场地所限,不能放置上述要求长度的水平管时,可采用弯管或软管代替。

(5)在混凝土泵送过程中,随着泵送压力的增大,泵送冲击力将迫使泵管来回移动,这不仅损耗了泵送压力，而且使泵管之间的连接部位处于冲击和间断受拉的状态，可导致管卡及胶圈过早受损、水泥浆溢出，因此必须对泵加以固定。

（6）混凝土泵与输送管连通后，应按混凝土泵使用说明书的规定进行全面检查，符合要求后方能开机进行空运转。空载运行10min后，再检查一下各机构或系统是否工作正常。

（7）在炎热季节施工时，宜用湿草袋、湿罩布等物覆盖混凝土输送管以避免阳光直接照射，可防止混凝土因坍落度损失过快而造成堵管。

（8）在严寒地区的冬季进行混凝土泵送施工时，应采取适当的保温措施，宜用保温材料包裹混凝土输送管，防止管内混凝土受冻。

（二）泵送工作要点

（1）混凝土的可泵性。泵送混凝土应满足可泵性要求，必要时应通过试泵送确定泵送混凝土的配合比。

①粗集料的最大粒径与输送管径之比应为：泵送高度在50m以下时，对于碎石不宜大于1∶3，对于卵石不宜大于1∶2.5；泵送高度在50～100m时，宜在1∶3～1∶4；泵送高度在100m以上时，宜在1∶4～1∶5。针片状颗粒含量不宜大于10%。

②泵送混凝土的水灰比宜为0.4～0.6。

③泵送混凝土的含砂率宜为38%～45%。细集料宜采用中砂，通过0.315mm筛孔的砂量应≥15%。

④泵送混凝土中水泥的最少含量为300kg/m³。

（2）混凝土泵起动后应先泵送适量水，以湿润混凝土泵的料斗、混凝土缸和输送管等直接与混凝土接触的部位。泵送水后再采用下列方法之一润滑上述部位：泵送水泥浆、泵送1∶2的水泥砂浆、泵送除粗集料外的其他成分配合比的水泥砂浆。润滑用的水泥浆或水泥砂浆应分散布料，不得集中浇筑在同一地方。

（3）开始泵送时，混凝土泵应处于慢速、匀速运行的状态，然后逐渐加速。同时，应观察混凝土泵的压力和各系统的工作情况，待各系统工作正常后方可以正常速度泵送。

（4）混凝土泵送工作尽可能连续进行，混凝土缸的活塞应保持以最大行程运行，以便发挥混凝土泵的最大效能，并可使混凝土缸在长度方向上的磨损均匀。

（5）混凝土泵若出现压力过高且不稳定、油温升高，输送管明显振动及泵送困难等现象时，不得强行泵送，应立即查明原因予以排除。可先用木槌敲击输送管的弯管、锥形管等部位，并进行慢速泵送或反泵，以防止堵塞。

（6）当出现堵塞时，应采取下列方法排除：

①重复进行反泵和正泵运行，逐步将混凝土吸出返回至料斗中，经搅拌后再重新泵送。

②用木锤敲击等方法查明堵塞部位，待混凝土击松后重复进行反泵和正泵运行，以排除堵塞。

③当上述两种方法均无效时，应在混凝土卸压后拆开堵塞部位，待排出堵塞物后重新泵送。

（7）泵送混凝土宜采用预拌混凝土，也可在现场设搅拌站供应泵送混凝土，但不得泵送手工搅拌的混凝土。对供应的混凝土应予以严格的控制，随时注意坍落度的变化，对不符合泵送要求的混凝土不允许入泵，以确保混凝土泵的有效工作。

（8）混凝土泵料斗上应设置筛网，并设专人监视进料，避免因直径过大的集料或异物进入而造成堵塞。

(9)泵送时,料斗内的混凝土存量不能低于搅拌轴位置,以避免空气进入泵管引起管道振动。

(10)当混凝土泵送过程需要中断时,其中断时间不宜超过1h。并应每隔5~10min进行反泵和正泵运转,以防止管道中因混凝土泌水或坍落度损失过大而堵管。

(11)泵送完毕后,必须认真清洗料斗及输送管道系统。混凝土缸内的残留混凝土若清除不干净,将在缸壁上固化,当活塞再次运行时,活塞密封面将直接承受缸壁上已固化的混凝土对其的冲击,导致推送活塞局部剥落。这种损坏不同于活塞密封的正常磨损,密封面无法在压力的作用下自我补偿,从而导致漏浆或吸空,引起泵送无力、堵塞等。

(12)当混凝土可泵性差或混凝土出现泌水、离析而难以泵送时,应立即对配合比、混凝土泵、配管及泵送工艺等进行研究,并采取相应措施解决。

二、混凝土泵车

混凝土泵车是将混凝土泵安装在汽车底盘上,利用柴油发动机的动力,通过动力分动箱将动力传给液压泵,然后带动混凝土泵进行工作。拌和好的混凝土通过布料杆,可送到一定的高程与距离。对于一般的建筑物施工这种泵车有独特的优越性。它移动方便,输送幅度与高度适中,可节省一台起重机,在一般建筑工地很受欢迎。

混凝土泵车有变幅、折叠、回转功能,可一次同时完成现场混凝土的输送和布料作业,具有泵送性能好、布料范围大、能自行行走、机动灵活和转移方便等特点,可在臂架所及的范围内布料。尤其是在基础、低层施工及需要频繁转移工地时,使用混凝土泵车更能显示出其优越性。特别适用于混凝土浇筑量大、超大体积及超厚基础混凝土的一次性浇筑和品质要求高的工程。据统计,目前地下基础的混凝土浇筑80%是由混凝土泵车完成的。

(一)混凝土泵车的分类

按臂架高度分为短臂架13~28m、长臂架31~47m、超长臂架51~62m三种。

按输送量分为小型44~87m^3/h、中型90~130m^3/h、大型150~204m^3/h三种。

按泵的压力分为低压2.5~5.0MPa、中压6.1~8.5MPa、高压10.0~18.0MPa和超高压22.0MPa四种。

按臂架节数分为2、3、4、5节臂。

按驱动方式分为汽车发动机驱动、拖挂车发动机驱动、单独发动机驱动三种。

按臂架折叠方式分为Z形折叠和卷折式两种。

(二)混凝土泵车的结构

混凝土泵车由专用汽车底盘、混凝土泵、搅拌器、臂架、输送管、末端软管、分配阀、操作系统、液压系统和电气系统等组成,如图3-16所示。

混凝土泵利用汽车发动机的动力,通过动力分动箱将动力传给液压泵,然后带动混凝土泵工作。混凝土泵安装在汽车底盘的尾部,以便混凝土搅拌输送车向混凝土泵的料斗卸料。

布料装置伸展状态如图3-17所示,由回转装置、变幅液压缸、第一节臂架、第二节臂架、第三节臂架、软管、输送管等组成。节臂架之间相互铰接,节臂的折叠靠各自的油缸伸缩来完成,输送管附着在臂架上,拐弯处用密封可靠的回转接头连接,整个臂架安装在回转装置的转台上,可做±180°全回转。臂末端的软管可摆动,可随浇筑口达到空间任意位置。

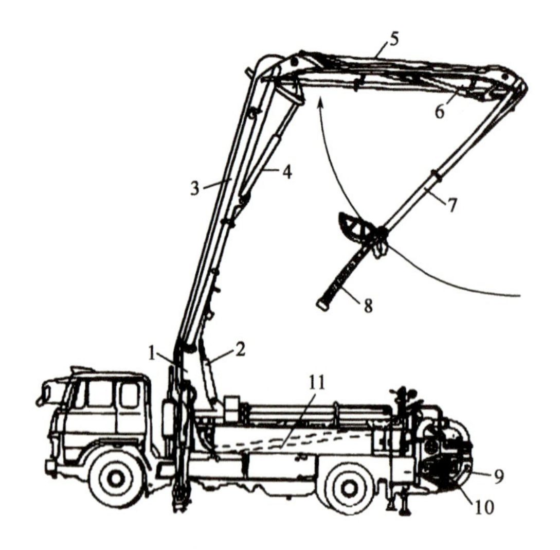

图 3-16　混凝土泵车

1-回转装置;2-变幅油缸;3-第一节臂架;4、6-油缸;5-第二节臂架;7-第三节臂架;8-软管;9、11-输送管;10-泵体

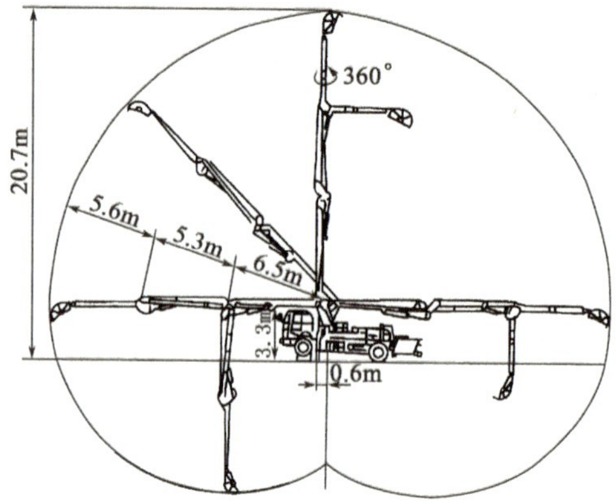

图 3-17　混凝土泵车布料范围示意图

任务四　混凝土振动器

相关知识

一、概述

用混凝土浇筑构件时,必须排除其中的气泡,进行捣固,使混凝土密实,消除混凝土的蜂窝、麻面等现象,以提高其强度,保证品质。混凝土振动器是一种通过振动装置产生连续振动而对浇筑的混凝土进行振动密实的机械。振动器工作时,混凝土内部的各个颗粒在一定的位置上产生振动,从而使摩擦力和黏着力不断下降,集料在重力的作用下相互滑动,重新排列,集料之间的间隙由砂浆填充,气泡被挤出,使混凝土达到密实效果。

混凝土振动器为一小型施工机械,但种类较多,常用的分类方法有以下几种:

(一)按传递振动方式分

按传递振动方式分为内部振捣器、外部振捣器。

1. 内部振动器(又称插入式振动器)

如图 3-18 所示,工作时振动头直接插入混凝土内部,其振动波直接传给混凝土,振动密实效果较好。多用于厚度较大的混凝土层,如桥墩、桥台基础、柱、梁及基础桩。优点是重量轻、移动方便,使用广泛。

2. 外部振动器

外部振动器可安装在模板上,又称附着式振动器,是通过模板将振动传给混凝土拌和物,使之密实,如图 3-19 所示。外部振动器也可安装特制的底板,作为表面振动器,工作时底板将振动波传给混凝土。外部振动器因振动从混凝土表面传递进去,振动密实效果不如内部振动器,多用于薄壳构件、空心板梁、拱肋、T 形梁,深度或厚度较小的构件。

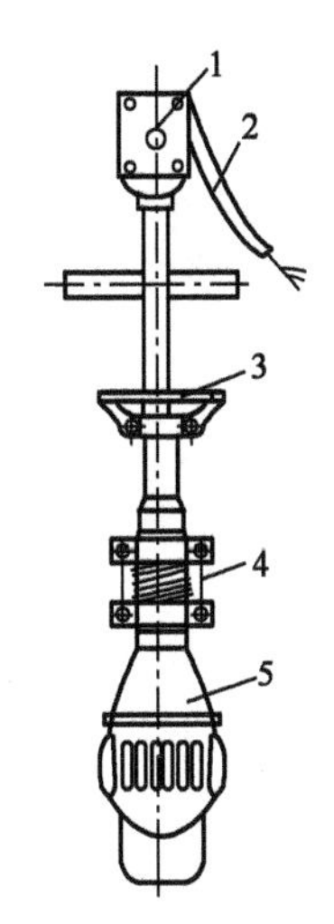

图 3-18 插入式振动器
1-开关;2-电缆;3-手把盘;4-减振器;5-振动头

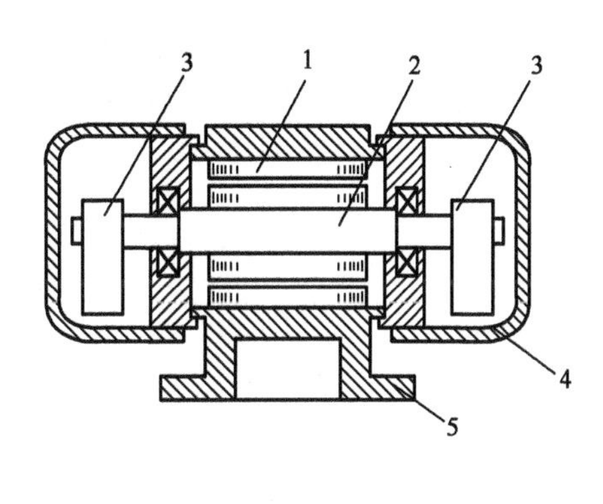

图 3-19 外部振动器
1-电动机;2-电机轴;3-偏心块;4-护罩;5-基座

(二)按动力来源分

按动力来源分为电动式、内燃式和风动式三种。

(三)按振动频率分

按振动频率分为低频式、中频式和高频式三种。

低频式的振动频率为 25 ~ 50Hz(1500 ~ 3000 次/min);中频式的振动频率为 83 ~ 133Hz(5000 ~ 8000 次/min);高频式的振动频率为 167Hz(10000 次/min)以上。

(四)按振动原理分

按振动原理分为偏心式和行星式。

偏心式振动器的结构原理,如图 3-20a)所示。它是利用振动棒中心安装的具有偏心质量的转轴,在高速旋转时所产生的离心力通过轴承传递给振动棒壳体,从而使振动棒产生圆周振动。其特点是振动频率和偏心轴的转速相等。因此,常用于中频振动器和适用于振捣塑性和半干性混凝土。但是随着轴承和软轴的质量提高,有些偏心式的振动器频率已提高到 1200 次/min,也适用于干硬性混凝土的振捣。

行星式振动器的结构原理,如图 3-20b)所示。转轴的滚锥除了绕其轴线与驱动轴同速自转外,同时还沿着滚道做周期的公转运动,滚锥沿滚道每公转一周,就使振动棒振动一次。

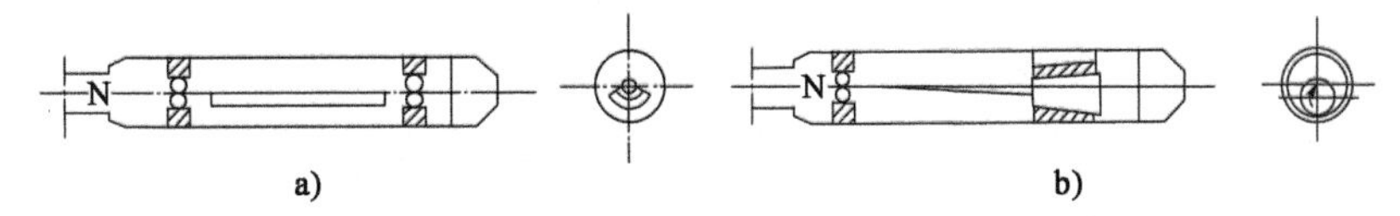

图 3-20 振动棒的振动原理
a)偏心式;b)行星式

当振动器的滚锥直径与滚道的直径越接近,振动频率就越高。因此,采用行星振动可在滚锥转速较低的情况下得到高振频的振动,有利于延长软轴和轴承的使用寿命。

二、插入式振动器的结构

插入式振动器又称内部式振动器,如图 3-21 所示。由电动机、增速器、软轴和激振体等组成的，其工作装置是一个棒状空心圆柱体，通常称为振动棒，内部装有振动子。在电机的驱动下振动子的振动使整个棒体产生高频低幅的机械振动。作业时将其插入以浇好的混凝土中，通过棒体将振动能量直接传到混凝土内部。一般只需 20～30s 的振动时间，即可把棒体周围 10 倍于棒体直径范围的混凝土振动密实。内部振动器主要适用于振实深度和厚度较大的混凝土构件或结构，对塑性、干硬性混凝土均可适用。

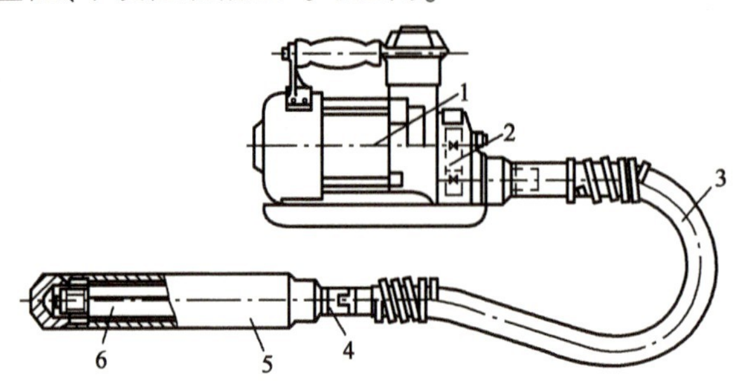

图 3-21　插入式振动器的结构示意图

1-电机；2-增速器；3-传动软轴；4-连接套；5-激振体；6-激振子

应用与技能

插入式振动器的注意事项：

(1)插入式振捣器的电动机通电后旋转时，若软轴不转，则电动机转向不对，任意调换两相电源线即可；若软轴转动振动棒不起振，可摇晃棒头或将棒头轻磕地面，即可起振。

(2)作业中应使振动棒自然沉入混凝土，一般应垂直插入，并插到下层尚未初凝层中 5～10cm，以促使上下层相互胶合。

(3)插入式振捣器振捣时，除了做到快插慢拔外，振动棒各插点间距应均匀。不要忽远忽近。一般间距不应超过振动棒有效作用半径的 1.5 倍。

(4)振动棒在混凝土内振捣时间，一般每插点振捣 20～30s，以混凝土不再显著下沉、不再出现气泡、表面泛出水泥浆和外观均匀为止，在振捣时应将振动棒上下抽动 5～10cm，使混凝土密实均匀；棒体插入混凝土的深度不应超过棒长的 2/3～3/4，以免因振动棒不易拔出而导致保护软管损坏；不许将保护软管插入混凝土中，以防砂浆浸蚀保护软管及砂浆渗入软管而损坏机件。

(5)使用插入式振捣器时，应避免将振动棒触及钢筋、芯管及预埋件，不得采取振动棒振动钢筋的方法来促使混凝土振密。以免因振动使钢筋位置变动、降低钢筋与混凝土之间的黏结力。

(6)振捣器作业时，保护软管弯曲半径应大于规定数值，软管不得有断裂。钢丝软轴使用 200h 后应更换，若软管使用过久，长度变长时应及时进行修复或换新。

(7)振捣器在使用中若温度过高，应停机冷却检查，若是机件故障，要及时修理。冬季低温下，振捣器作业前应缓慢加温，在棒内的机油解冻后，再投入作业。

(8)司机应注意用电安全，在穿戴好胶鞋和绝缘橡皮手套后方能操作插入式振捣器进行作业。

(9)振捣器作业完毕，应将振捣器电动机、保护软管、振动棒刷干净，按规定要求进行润滑保养工作；振捣器存放时，不要堆压软管，应平直放好，以免变形，应防止电动机受潮。

归 纳 总 结

(1)水泥混凝土是将水泥、砂、碎石和水按适当比例配合而成的,用于混凝土的搅拌、输送、浇筑、振捣等作业的机械设备称混凝土机械。

(2)混凝土搅拌机按工作原理分,有自落式和强制式。自落式搅拌机工作机构为筒体,沿筒内壁圆周安装若干搅拌叶片。工作时,筒体绕其自身轴旋转,利用叶片对筒内物料进行分割、提升、洒落和冲击作用,使配合料的相互位置不断进行重新分布而得以拌和。其特点是搅拌强度不大、效率低,只适于搅拌一般集料的塑性混凝土。

强制式搅拌机的搅拌机构水平式垂直设置在筒内的搅拌轴,轴上安装搅拌叶片。工作时,转轴带动叶片对筒内物料进行剪切、挤压和翻转推移的强制搅拌作用,使配合料在剧烈的相对运动中得到均匀拌和。其搅拌质量好、效率高,特别适合于搅拌干硬性混凝土和轻质集料混凝土。

(3)混凝土搅拌站(楼)是用来集中搅拌混凝土的综合机械装置,也称为混凝土工厂。它具有机械化和自动化程度高、生产率高的特点,常用于混凝土工程量大、施工周期长、施工地点集中的大中型工程。

(4)水泥混凝土的输送,长距离一般用水泥混凝土搅拌输送车,短距离则用起重机、皮带机、混凝土泵及混凝土泵车等。

(5)混凝土振动器是一种通过振动装置产生连续振动而对浇筑的混凝土进行振动密实的机械。

思考题

1. 简述混凝土搅拌机的基本构造与工作原理。
2. 简述 JZ350 型搅拌机的构造与工作原理。
3. 简述卧轴强制式混凝土搅拌机的构造与工作原理。
4. 简述立轴强制式混凝土搅拌机的构造与工作原理。
5. 简述混凝土搅拌机的使用要点及操作规程。
6. 混凝土搅拌机如何进行维护?
7. 简述混凝土搅拌站工艺流程。
8. 简述混凝土搅拌站的构造与工作原理。
9. 简述混凝土搅拌站的使用要点与操作规程。
10. 混凝土搅拌站如何进行维护?
11. 简述混凝土泵的种类及工作原理。
12. 简述混凝土泵的使用要点。
13. 简述插入式振动器的构造、工作原理及使用注意事项。

项目四

稳定土拌和机械

知识要求：

1. 掌握和了解稳定土拌和机的用途、分类、结构、原理；
2. 掌握和了解稳定土厂拌设备的用途、分类、结构、原理。

技能要求：

具有路拌稳定土路面使用、管理、维护能力；具有稳定土厂拌设备的使用、管理、维护能力。

任务提出：

经研究和实践证明，在公路、城市道路、广场、港口码头、停车场、飞机场的基层、底基层施工中，常用稳定土材料补强高等级道路的基层、底基层以及低等级道路的面层，以提高道路的整体强度和水稳定性，延长道路的使用寿命。稳定土拌和机的构造原理、施工程序和稳定土厂拌设备的构造原理、使用技术是我们需要掌握的。

任务一　稳定土拌和机

相关知识

稳定土拌和机械是一种将土粉碎与稳定剂(石灰、水泥、沥青、乳化沥青或其他化学剂)均匀拌和,以提高土稳定性,修建稳定土路面或加强路基的路面工程机械。稳定土拌和机械的应用可节约施工费用,加快施工进程,保证施工技术要求和质量,因此广泛用于公路、城市道路、广场、港口码头、停车场、飞机场的基层、底基层施工中。

稳定土拌和机械因拌和工艺不同,可分为:在路上直接进行拌和的稳定土拌和机、集中于某一场所进行拌和的稳定土厂拌设备。

一、用途与分类

稳定土拌和机是一种在行驶过程中,以其工作装置对土就地破碎,并与稳定剂(如石灰、水泥、沥青、乳化沥青或其他化学剂等)均匀拌和的施工机械。稳定土拌和机是一种旋转式加工稳定土材料的拌和设备,用以修筑道路、机场、城市建筑等设施的基础层拌和施工,亦可用于土拌和及旧路面翻新的破碎作业。

路拌法的施工为就地取材,因此施工简便、成本低廉,有厂拌法不可取代的优点。现场施工经验表明,对灰土、灰砂小颗粒等稳定材料,经过性能良好的拌和机 1 ~2 次的拌和作业,一般都可以达到质量要求。但目前国内一些粉料撒布机的性能均不够理想,所以靠人工作业的方式完成粉料即干稳定剂的撒布,其均匀性能难达到要求,这就影响了拌和机的使用效果。也就是说,稳定土拌和机就其本身而言,性能是可靠的。由于配合机械的缺陷,因而就影响了该设备在路面上的使用。相信在不久的将来,配套机械的问题一定会得到解决,路拌法将会得到更广泛的应用。

稳定土拌和机的分类:

按行走方式分为履带式(图 4-1a)、轮胎式(图 4-1b)、复合式(图 4-1c)。

按移动方式分为自行式(图 4-1d)、半拖式(图 4-1e)、悬挂式(图 4-1f)。

按工作装置的安装位置分为转子中置式(图 4-1g)、转子后置式(图 4-1h)。

按动力传动方式分为机械式、液压式、混合式。

按转子数量分为单转子和多转子。

按拌和方式分为正转和反转。

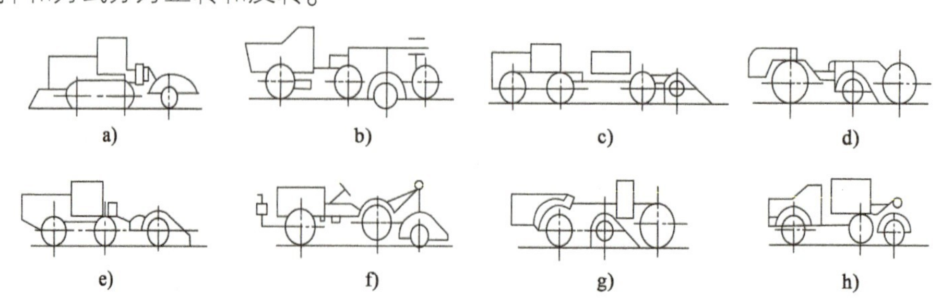

图 4-1　稳定土拌和机分类

a)履带式;b)轮胎式;c)复合式;d)自行式;e)半拖式;f)悬挂式;g)转子中置式;h)转子后置式

履带式稳定土拌和机由于机动性不好，所以目前很少生产。现代稳定土拌和机以轮胎式为主，其轮胎多为宽基低压的越野型轮胎，以满足机械在松软土上行驶作业时对附着牵引性能的要求。国内某些拌和机的前轮为载货汽车轮胎，混合花纹，降压使用；后轮安装越野型轮胎，胎面为牵引花纹，胎内气压0.28MPa。

由于液压技术日趋完善，液压传动具有结构设计布置简单等优点，稳定土拌和机目前以全液压传动为多见。行走和转子拌和系统采用液压马达驱动。行走系统中只采用一个液压马达作为变速器驱动桥总成的动力输入，而不是采用两个液压马达分别驱动两侧的驱动轮。

几种稳定土拌和机性能比较，见表4-1。

稳定土拌和机主要技术性能参数　　表4-1

项　目		型　号		
		WBL21	WB210	HPH100GS30b
发动机	型号	WD615.6B		GWC_8V-71
	功率(hp)①	225	160	304
	转速(r/min)	2200	1800	210
拌和宽度(mm)		2100	2100	2005
拌和深度(mm)		400	100～300	370～485
工作速度(km/h)		0～1.5	0～1	1.4
行走速度(km/h)		0～24.5	0～5.5	3.93
质量(kg)		13000	15500	13850
外形尺寸($L\times B\times H$)(mm×mm×mm)		8020×3185×3350	6633×2830×2332	8535×3050×2565
转鼓直径(mm)		125	1000	1220
刀排数×每排刀数		12×6	12×4	70
转鼓转速(r/min)		0～139	137～164	150～280
拌和转子数(个)		1	1	1

注：①1hp=745.7W。

二、稳定土拌和机工作原理

稳定土拌和机由基础车辆和拌和装置组成。拌和装置是一个垂直于基础车行驶方向水平横置的转子搅拌器，通称拌和转子。拌和转子用罩壳封遮其上部和左右侧面，形成工作室。车辆行驶过程中，操纵拌和转子旋转和下降，转子上的切削刀具就将地面的物料削切并在壳内抛掷，于是稳定剂与基体材料掺拌混合。

稳定土拌和机的主要功能是对土进行破碎，并使土与稳定剂均匀拌和，这一过程是在由转子罩壳构成的工作室里，通过转子的高速旋转来完成的。根据作业对象的不同，选用的转子旋转方向也不同(即正转或反转)，当在较松软的土层上进行拌和作业时，一般采用正转方式，即旋转的刀具从土层表面开始自上而下进行切削、破碎与拌和；当在坚硬的土层上进行拌和作业或铣削旧沥青混凝土路面时，多采用反转方式，即旋转刀具从土层的底部自下而上进行切削、破碎与拌和。下文分析将稳定剂(石灰或水泥)已铺撒在土层上时稳定土拌和机的作业过程。

从图4-2可以看出，正转时高速旋转的刀具从土层上切下一块很薄的月牙形土屑，并把它抛向罩壳，这就是切削破碎过程；抛出的土以一定的力量碰撞罩壳壁，随后向四下飞散开，其中一部分土颗粒被粉碎；也有部分土颗粒再次与刀具相碰，或互相碰撞，这一过程被称为二次破碎；也有部分与罩壳碰撞后飞散开的土颗粒和沉落下来的土颗粒被刀具带起并抛向转子上部的罩壳壁 B 区内，其中有部分土颗粒逐渐向前，置于 A 区并形成前长条土堆；位于 A 区的土将再次受到转子刀具的冲击切削。以上的过程反复进行多次，土颗粒被破碎得很细，并与稳定剂均匀拌和，最后大部分土颗粒因失去速度而沉落在地面上，此时土因疏松而体积增大，并在罩壳后壁下面 C 区形成圆形土堆，经罩壳拖板下缘刮平、整形，形成一条具有一定厚度、且表面平坦的稳定土带层。

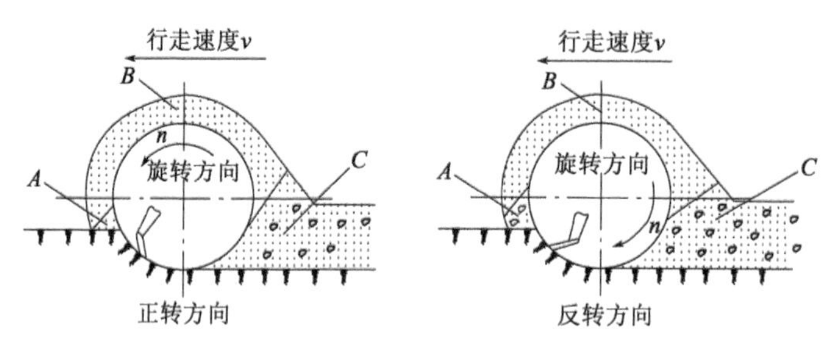

图 4-2　转子旋转工作示意图

在反转状态，转子刀具从沟底向上切削土，并将切下来的土沿机械前进方向向前抛，在转子前面形成前长条形土堆；在同一作业状态下，长条土堆的尺寸将基本保持不变，并沿土处理路段连续延伸；被切下来的土有相当大的一部分被抛入 C 区，一部分被向上抛并撞击前壁，和罩壳相碰的土颗粒将向下飞散，而且和刀具相碰的土颗粒将沿转子旋转方向被向罩壳的后壁抛去。可以看出，被处理的土基本上都被拌刀从转子上方抛到 C 区，经罩壳拖板下缘的刮平、整形，形成稳定土层带。

从上述的工作原理分析可知，整个拌和过程是切削和拌和两个阶段，但这两个阶段不是绝对分开的，而是互相交织在一起，并往往是同时发生的。

现代的稳定土拌和机几乎都是单转子工作装置，一般在同一作业带上要拌和两遍，有的甚至要拌和三遍、四遍，这要由机械的性能和工程的性质决定。

三、稳定土拌和机主要构造

稳定土拌和机由主机和作业装置两个基本部分组成。主机是稳定土拌和机的基础车辆，其组成部分包括发动机和底盘。底盘作为拌和作业装置的安装基础，它由传动系统、行走驱动桥、转向桥、操纵机构、电气、液压系统、驾驶室、翻滚保护架以及主机架等部分构成，各个部分均安装于主机架上，如图 4-3 所示。

（一）动力传动系统

现代稳定土拌和机传动形式有两种：一种是行走系统和转子系统均为液压传动，称全液压式；另一种是行走系统是液压传动，转子系统为机械传动，称液压—机械式。目前较为普遍地采用全液压式。

全液压式稳定土拌和机的传动系统，如图 4-4 所示。其行走系统传动路线为：发动机、万向节、传动轴、分动箱、行走变量泵、行走定量马达、两速式变速器、驱动桥；转子传动路线为：发动机、万向传动轴、分动箱、转子变量泵、转子定量马达、转子。

液压—机械式传动系统，如图 4-5 所示。美国莱克斯诺公司生产的 SPDM-E 稳定土拌和机采用的就是这种动力传动方式。其行走传动系统与上述全液压式的行走传动系统类似，为液压式;而转子传动系统为机械式,其传动路线为:发动机、离合器、变速器、两级万向节、换向差速器、传动链、转子。

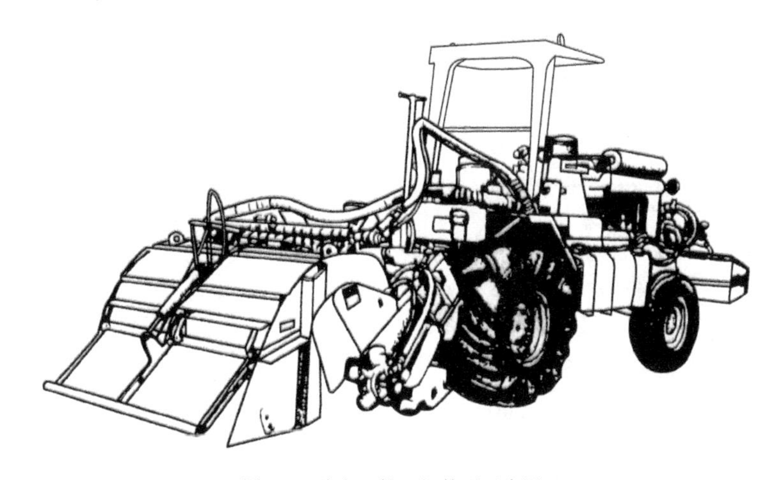

图 4-3　稳定土拌和机外形示意图

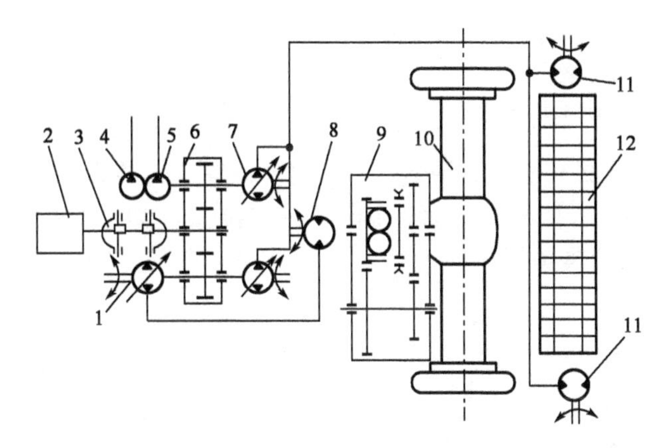

图 4-4　全液压式稳定土拌和机传动原理图

1-行走变量泵;2-发动机;3-万向节传动轴;4-转向油泵;5-操纵系统油泵;6-分动箱;7-转子变量泵;8-行走定量马达;9-变速器;10-驱动桥;11-转子定量马达;12-转子

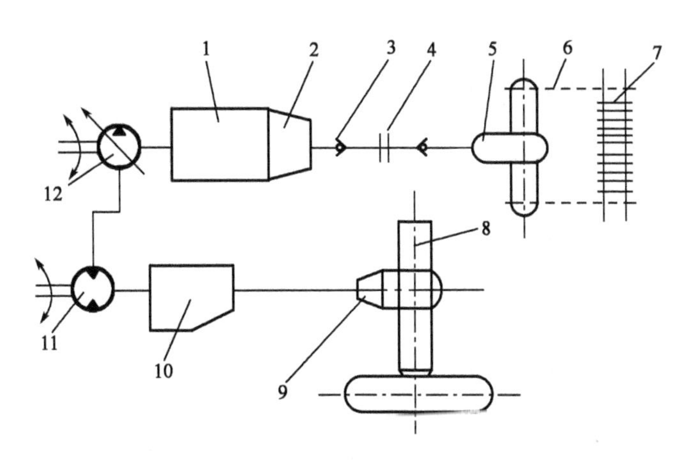

图 4-5　液压机械式稳定土拌和机传动系统示意图

1-发动机;2-二挡变速器;3-万向节;4-保险箱;5-换向差速器;6-链传动;7-转子;8-驱动桥;9-差速箱;10-二挡变速器;11-行走定量马达;12-行走变量泵

（二）工作装置

工作装置有后置式工作装置（图4-6）（由转子、转子升降油缸、罩壳、举升臂及附件组成）和中置式工作装置（图4-7）。中置式与后置式工作装置的区别仅为悬挂方式不同，其他并无差别。转子由转子轴及轴承、刀盘和刀片等组成，通过调心轴承支承在举升臂上。

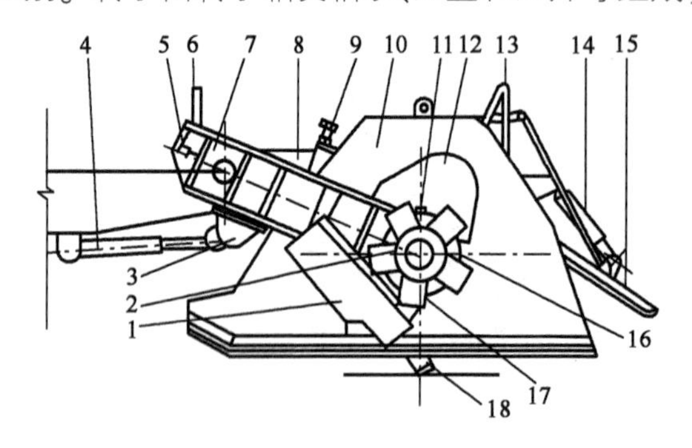

图4-6　后置式工作装置

1-分土器；2-液压马达；3-举升臂；4-举升油缸；5-保险销；6-深度指示器；7-纵臂；8-牵引杆；9-调节螺钉；10-罩壳；11-封土板；12-尾门开度指示器；13-尾门油缸；14-尾门；15-加油口；16-油面口；17-放油口；18-转子

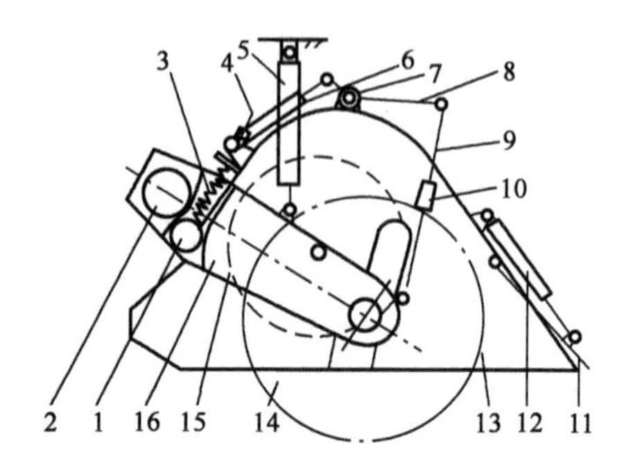

图4-7　中置式工作装置

1-下管梁；2-上管梁；3-弹簧；4-立杆；5-提升油缸；6-调节油缸；7-管轴；8-摇臂；9-推杆；10-调节螺管；11-尾门；12-尾门油缸；13-罩壳；14-转子；15-挡灰板；16-链条壳

转子有刀盘式、刀臂式和鼓式三种结构。刀盘和刀臂式结构多用于拌和作业。转子轴采用大口径薄壁空心钢管，其上焊接刀盘和刀臂，刀库焊接在刀盘或刀臂上，刀具活装于刀库中。图4-8所示为几种常用刀具类型。

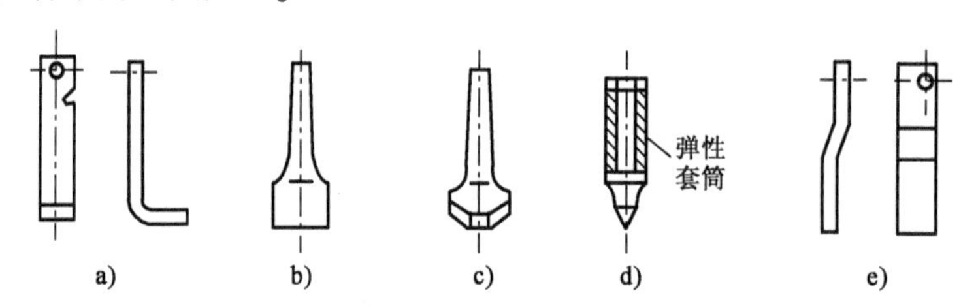

图4-8　常用刀具类型

a）直角刀；b）铲刀；c）尖铲刀；d）子弹刀；e）弯条刀

四、WBY210型拌和机液压系统

稳定土拌和机械的液压系统一般由行走系统、转子驱动系统、转向系统和辅助系统四部分组成。行走系统和转子驱动系统多采用“变量泵—定量马达”容积式调整方式，使系统有较高的传动效率。图4-9所示为WBY210型拌和机液压系统。

行走泵30为双向柱塞变量泵，与行走马达29（安装在变速器驱动桥总成的前端）组成闭式回路。由方向控制阀控制斜盘方向，进而改变行走马达的转速和旋向，实现机械的无级变速和前进、倒退。斜盘的中位状态可实现行走系统的制动。行走泵还集成有补油泵、操纵伺服阀、压力限制阀、单向补油阀和补油溢流阀以及外接补油过滤器等。

转子系统由两台转子泵10并联，将油液供给两台并联的转子马达19，组成闭式变量泵—定量马达液压回路。基本组成：转子泵10、过滤器11、压力继电器15、电磁溢流阀16、蓄能器14、溢流阀12、低压溢流阀13、单向阀17、回油过滤器18、转子马达19。转子系统和行走系统的协调工作由行走泵30上的压力限制阀决定。

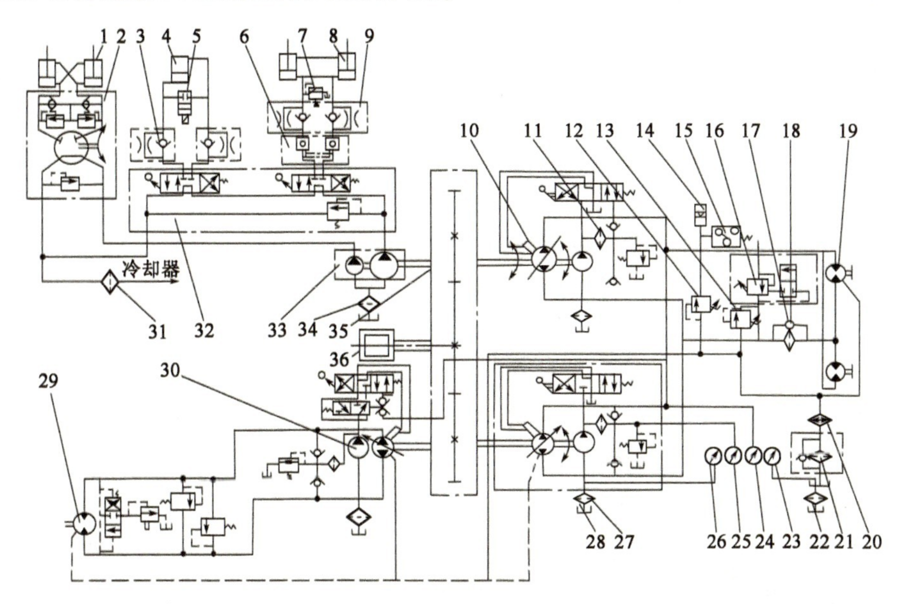

图4-9 WBY210拌和机液压系统原理图

1-转向油缸;2-转向器;3、9-单向节流阀;4-尾门启闭油缸;5-电磁浮动换向阀;6-液控单向阀;7、12、13、16-溢流阀;8-转子升降油缸;10-转子泵;11、18、21、27、31、34-过滤器;14-蓄能器;15-压力继电器;17-单向阀;19-转子马达;20-冷却器;22-空气过滤器;23-液位计;24、25-压力计;26-真空表;28-油箱;29-行走马达;30-行走泵;32-操作阀块;33-双联齿轮泵;35-分动器;36-发动机

应用与技能

一、路拌稳定土路面施工前的准备工作

在施工前,应做好技术、人员、材料和机械设备等方面的准备工作,主要内容如下:

(1)认真熟悉设计文件,确定施工组织形式和工艺流程。

(2)合理地进行人员配置,在施工品质上要有专人把关。

(3)做好混合料中的二灰(石灰、粉煤灰)最佳配合比试验和二灰与土的最佳配合比试验;根据配合比备好所需的各种工程材料。

(4)确保机械的完好率,保证零配件的供应,使运输、拌和、碾压形成良好的生产流水线,确保施工顺利进行。

(5)在全面开工前至少一个月,进行二灰土基层(底基层)试验施工。试验的面积为400~800m^2。试验路段要求使用与主体工程一致的材料、配合比、拌和机械、压实机械及施工工艺,以检验准备采用施工方案的适宜性。具体应包括采用不同的撒铺厚度进行拌和、碾压,测量其干密度、含水率,检验二灰土的拌和均匀程度,以确定拌和机械的性能、碾压遍数和施工工艺等。

二、路拌稳定土路面施工程序

1.现场清理和测量放线

清理现场的垃圾、杂草,修补小冲沟。使用测量仪器校核各控制桩,进行高程放样,确保线型准确，保证全线高程贯通。用石灰划出边线及行车道与路肩的分界线。

2. 路床修整

根据高程测量数据，做填方、挖方和路床高程，并根据高程指挥倒土，用推土机推平，平地机整型，压实机械稳压。对整型后的路床报监理人员验收。

3. 路拌二灰土基层（底基层）施工

（1）原材料摊铺

首先测试整型后路床铺土层的干密度和松散系数，计算出铺层厚度。按此厚度进行排料、打网格、倒土、摊铺、整平、稳压。铺土层应包括路肩和中央隔离带用土。在此基础上就可以摊铺粉煤灰。

粉煤灰的摊铺，也应测试出摊平、整型、稳压一遍后的干密度和松散系数，计算出摊铺厚度。按此厚度进行排料、打网格、倒料、摊平、整型、稳压、洒水，使其含水率为33%～36%。挖验厚度，做高程。最后用平地机精平一遍，压实机械通压一遍后，即可摊铺石灰。

石灰的摊铺，摊铺前先计算出石灰的用量。计算时应考虑石灰等级折减、含水率折减、质量湿度折减等。再由运输车辆的装载容量，除以折减后单位面积的用量，得出每一运输车辆所能摊铺的面积。再根据计算面积打网格、运灰、摊灰。

（2）混合料拌和

拌和前，应首先检查稳定土拌和机的轮压，拌和刀具的磨损程度，以及拌和深度指针是否归零等。然后进行试拌，拌和深度应控制在下层松铺土恰好能拌到为止。误差要求±2cm。拌和由两侧向中间进行，控制拌和速度在6m/min。若拌和后大块较多，要拌和第二遍。每次拌和应由专人随机检查，挖验拌和深度。

（3）现场取样

拌和完毕后，按取样频率取样，测定混合料的石灰剂量、含水率，并做抗压强度试验。

（4）洒水碾压

取样石灰剂量合格后，先用凸块压路机振压一遍，然后洒水，洒水时夏季含水率可适当大于施工最佳含水率，只要不积水，不翻浆即可；其他季节应达到最佳含水率。然后用平地机整平，用光轮压路机碾压一遍（每次重叠1/2轮宽），再用振动压路机振压三遍。

振压之后，进行复中线，断面找平，做高程，并预留1cm作为碾压下沿预留量，最后，根据高程用平地机精平，用光轮压路机碾压一遍。

（5）洒水养生

洒水时应均匀，洒水量和养生时间要根据气候条件来决定，养生期间应封闭交通。

任务二　稳定土厂拌设备

相关知识

一、用途与分类

稳定土厂拌设备是路面机械的主要机种之一，是专门用于拌制各种以水、硬性材料为结合剂的稳定混合料的搅拌机组。由于混合料的拌制是在固定场地集中进行的，使厂拌设备能够方便地具有材料级配准确、拌和均匀、节省材料、便于计算机自动控制统计打印各种数据等优点，因而广泛用于公路和城市道路的基层、底基层施工。稳定土厂拌设备也适用于其他货场、停车场、航空机场等工程建设中所需的稳定材料的拌制任务。

用厂拌设备获得稳定混合料的施工工艺，习惯上称为厂拌法。稳定土厂拌设备，一般采用连续作业式叶桨拌和器进行混合料的强制搅拌。其基本工作原理为：将各种选定的物料（如石灰、砂石、土、粉煤灰等）利用装载机分别装入配料斗，经带式给料机计量后送至带式集料机；同时，粉料仓中的稳定剂（石灰、水泥等）粉料由螺旋输送机输入计量料斗，经粉料给料机计量后送至带式集料机；上述材料由集料机送至搅拌机拌和。在搅拌机物料口处的上方设有液体喷头，根据各种物料的含水率情况，由供水系统喷洒适量的水，使之达到道路施工所需的要求。在必要的情况下，可采用相应的供给系统喷洒所需的稳定剂。搅拌后的成品料——稳定土，经带式上料机送至混合料存仓暂时储存。存仓底部的液压控制的斗门开启时，混合料卸入自卸汽车，运往施工现场。

稳定土厂拌设备可以根据主要结构、工艺性能、生产率、机动性及拌和方式等进行分类。

（1）根据生产率大小，稳定土厂拌设备可分为小型（生产率小于200t/h）、中型（生产率200～400t/h）、大型（生产率大于400～600t/h）和特大型（生产率大于600t/h）四种。

（2）根据设备拌和工艺可分为非强制跌落式、强制间歇式、强制连续式三种。在强制连续式中又可分为单卧轴强制搅拌式和双卧轮强制搅拌式。在诸多的形式中，双卧轴强制连续式是最常用的搅拌形式。

（3）根据设备的布局及机动性，稳定土拌和设备可分为移动式、分总成（模块）移动式、部分移动式、可搬式、固定式等结构形式。

移动式厂拌设备是将全部装置安装在一个专用的拖式底盘上，形成一个较大型的半挂车，可以及时地转移施工地点。设备从运输状态转到工作状态不需要吊装机具，仅依靠自身液压机构就可实现部件的折叠和就位。这种厂拌设备一般是中小型生产能力的设备，多用于工程分散、频繁移动的施工工程。

分总成（模块）移动式厂拌设备是将各主要总成分别安装在几个专用底盘上，形成两个或多个半挂车或全挂车形式。各挂车分别被拖到施工场地，依靠吊装机具使设备组合安装成工作状态，并可根据实际施工场地的具体条件合理布置各总成。这种形式多在大中生产率设备中采用，适用于工程量较大的施工工程。

部分移动式厂拌设备。在转移工地时将主要的部件安装在一个或几个特制的底盘上，形成一组或几组半挂车或全挂车形式，依靠拖动来转移工地，而将小的部件采用可拆搬移的方式，依靠汽车运输完成工地转移。这种形式在中大生产率设备中采用，适用于城市道路和公路工程施工。

可搬式厂拌设备是将各主要总成分别安装在两个或多个底架上，各自装车运输实现工地转移，再依靠吊装机具将几个总成安装组合成工作状态。这种形式在大、中、小的生产率设备中采用，具有造价较低、维护保养方便等优点，适用于各种工程量的城市道路和公路施工工程。

固定式厂拌设备固定安装在预先选好的场地上，一般不需要搬迁，而是形成一个稳定材料生产工厂。因此，一般规模较大，具有大、特大生产能力，适用于城市道路施工或工程量大且集中的施工工程。

二、稳定土厂拌设备结构与原理

稳定土厂拌设备主要包括集料配料机组、结合料供给系统、斜置集料皮带输送机、供水系统、搅拌机、混合料储仓、堆料皮带输送机和电器控制系统等，如图 4-10 所示。

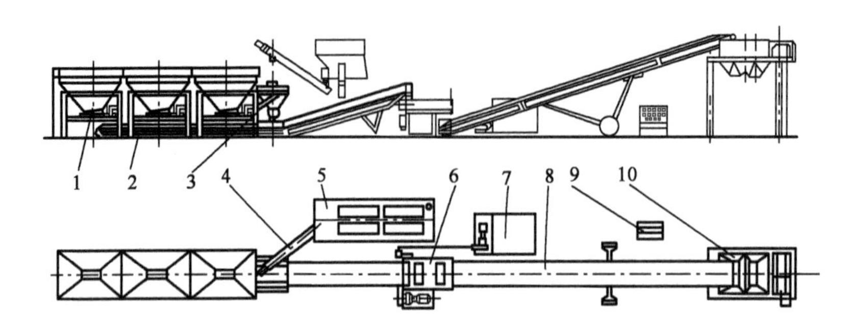

图 4-10 WCB200 型稳定土厂拌设备布置图

1-配料斗；2-集料机；3-粉料配料斗；4-螺旋输送机；5-卧式存仓；6-搅拌器；7-供水系统；8-上料输送机；9-电器控制柜；10-混合料存仓

（一）工作原理

稳定土厂拌设备的工作过程：装载机把不同规格的集料装入配料机组的各料斗中，配料机组按规定比例连续按量将集料配送到集料皮带输送机上，再由集料皮带输送机送到搅拌机中；粉料（结合料）由运输车输送到粉料仓中，再由螺旋输送机将结合料输送到小粉料仓中，最后由给料机按规定比例连续将结合料输送到集料皮带输送机上及搅拌机中；水经流量计计量后直接连续泵送到搅拌机中，搅拌机将各种材料均匀搅拌为成品混合料。成品混合料在混合料储仓中暂存，并由运输车送往施工现场。

（二）生产工艺流程

稳定土厂拌设备可拌制水泥稳定土、石灰稳定土、石灰工业废渣稳定土等。拌制各类稳定土的工艺流程基本相同。图 4-11 为水泥稳定碎石底基层的生产工艺流程。

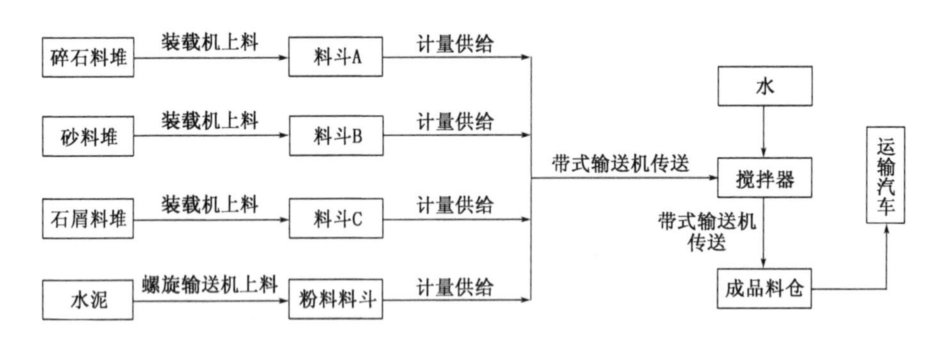

图 4-11 稳定土厂拌设备生产工艺流程

三、主要构造

（一）配料机组

配料机组一般由几个料斗和相对应的配料机、水平集料皮带输送机、机架等组成，如

图 4-12所示。

每个配料机都是一个完整独立的部分,可根据用户需要进行组配。配料机由料斗、料门配料皮带输送机及驱动装置等组成。料斗由钢板焊接而成,通常在上口周边装有挡板,以增加料斗的容量;斗壁上装有仓壁振动器,以消除物料结拱现象。料斗上口还装有倾斜的栅网,以防装载机上料时将粒径过大的矿料装入料斗而影响供料性能。

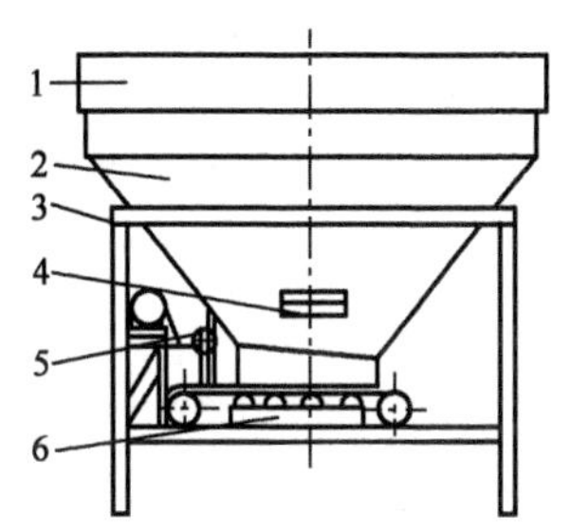

图 4-12 配料机

1-舷板;2-料斗;3-斗架;4-振动器;5-斗门调节器;6-集料带式输送机

出料闸门安装在料斗下方,调节开启度可以改变配料皮带输送机的供料量。配料皮带输送机用调速电机或液压马达通过减速机驱动,皮带输送机后部有张紧装置,用于调节皮带输送机正常张紧度和修正皮带跑偏量。配料机的作用是将物料从料斗中带出并对材料计量,其方式有容积式和称重式。容积式计量方法是用调节料斗闸门的开启高度和调节配料机转速的方法改变配料的容积量;称重式是在容积式的基础上,用电子传感器测出物料单位时间内通过的总量信号,并根据信号改变配料机的转速。我国多采用容积式计量。

(二)集料和成品料皮带输送机

集料皮带输送机用于将配给机组供给的集料送到搅拌器中,与通用皮带输送机的工作原理和结构形式相同。成品料带式输送机用于将搅拌器拌制好的成品料连续输送到储料仓。它们均为槽式皮带输送机,主要由输送带、机架、传动滚筒、改向滚筒、驱动装置、张紧装置等组成,如图 4-13 所示。

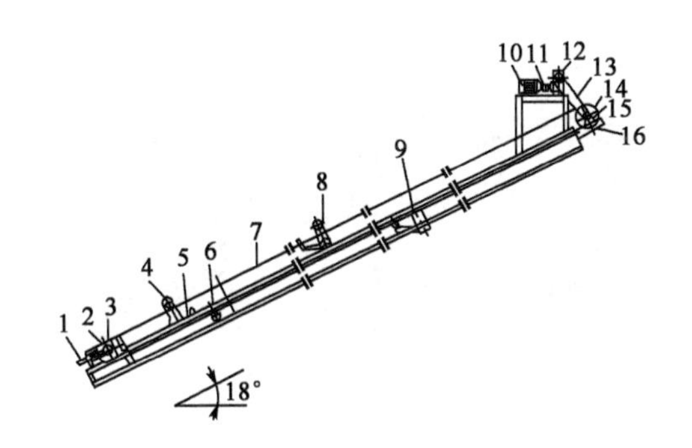

图 4-13 皮带输送机简图

1-张紧螺杆;2-从动滚筒轴承座;3-从动滚筒;4-槽形托辊;5-空段清扫器;6-下平托辊;7-输送带;8-槽型调心托辊;9-调心下平托辊;10-电动机;11-联轴器;12-减速器;13-链条;14-主动滚筒;15-主动滚筒轴承座;16-弹簧清扫器

(三)结合料配给系统

结合料配给系统主要包括粉料储仓、螺旋输送机和粉料给料计量装置。粉料储仓按结构形式分为立式储仓和卧室储仓。

(1)立式储仓(图 4-14),具有占地面积小、容量大、出料顺畅等优点,这种储仓更适合于固定式厂拌设备使用。卧式储仓同立式储仓相比,仓底必须增设一个水平螺旋输送装置,才能保证出料顺畅。但卧式储仓具有安装和转移方便,上料容易等优点,广泛用于移动式、可搬式等厂拌设备。

(2)卧式储仓(图4-15)仓底须增设一个水平螺旋输送装置,以保证出料顺畅。具有安装、转移方便,上料容易等优点,广泛用于移动式、可搬式等厂拌设备。

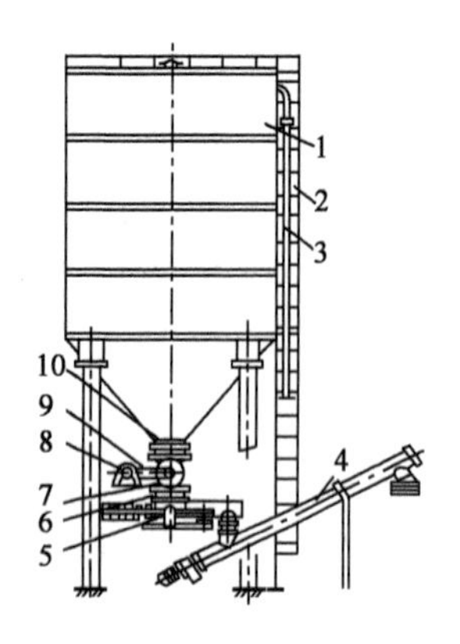

图4-14　立式储仓供料系统图

1-料仓;2-爬梯;3-粉料输入管;4-螺旋输送机;5-螺旋电子秤;6-连接管;7-叶轮给料机;8-减速器;9-V带;10-闸门

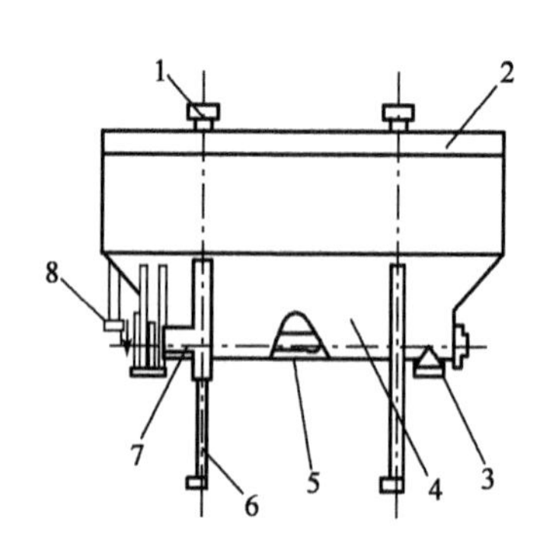

图4-15　卧式储仓供料系统

1-粉料斗架;2-活动上盖;3-出料口;4-仓体;5-螺旋输送机;6-支腿;7-减速器;8-进料口

(四)搅拌器

搅拌器是稳定土厂拌设备的关键部件。它的结构形式有多种,其中双卧轴强制连续式搅拌器具有适应性强、体积小、效率高、生产能力大等特点,是常用的结构形式,如图4-16所示。搅拌器主要由两根平行的搅拌轴、搅拌臂、搅拌桨叶、壳体、衬板、进料口、出料口以及动力驱动装置等组成。

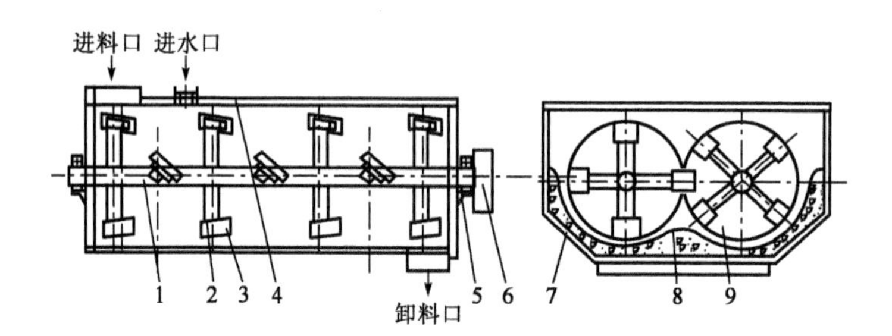

图4-16　双卧轴搅拌机示意图

1-搅拌轴;2-搅拌臂;3-搅拌桨叶;4-盖板;5-轴承;6-驱动系统;7-壳体;8-保护层;9-有效搅拌区

搅拌器的壳体通常做成W形拌槽,由钢板焊制而成。为保证壳体不受磨损,在壳体内侧装有耐磨衬板。有些稳定土厂拌设备搅拌器的桨叶在搅拌轴的安装倾角可做调整,以适应不同种类物料和不同方式的拌和。桨叶一般用耐磨铸铁制成,磨损后能方便地更换。

搅拌器的工作原理是:进入搅拌机内的集料、粉料和水,在互相反转的两根搅拌轴上双道螺旋桨叶的搅拌下,受到桨叶径向、轴向力的作用,使物料一边产生挤压、摩擦、剪切、对流从而进行剧烈地拌和,一边向出料口推移。当物料移到出料口时,已得到均匀地拌和并具有压实所需的含水率。

(五)供水系统

供水装置是稳定土厂拌设备的必要组成部分。WCB200型厂拌设备的供水系统由水泵

（带电动机）、水箱、三通、供水阀、回水阀、流量计、管路等组成。

水箱由钢板焊接而成，泵与电动机装在同一机座上。三通一端与水泵出口相连，其余两端分别连接到供水阀和回水阀。供水阀用于切断或接通向搅拌器给的水。给水阀的后方串联有LZB-80型玻璃转子流量计，该流量计为直接读数型，能显示供水量的瞬时值。供水量的大小应能保证拌制的稳定土达到出厂设计含水率。考虑到碾压之前的运输和摊铺工序中水分的蒸发散失，通常的施工工艺设计中稳定土出厂含水率应稍大于该种材料碾压时的最佳含水率。由于水泵的转速、吸程及扬程的近似不变，水泵供水为定值，所以当供水阀打开时，调节回水阀的开度和回水量就可以调节向搅拌器的供水量。回水阀的出口还可以接胶皮管，手动关闭供水阀后，用水清洗设备或向场地洒水。

（六）混合料储仓

混合料储仓是稳定土厂拌设备的一个独立部分，其功用是在运输车辆交替或短时间内无运输车辆时，为使厂拌设备连续工作而将成品料暂时储存起来，如图4-17所示。

成品料仓的结构形式有多种，常见的有料仓直接安装在搅拌器底部、直接悬挂在成品料皮带输送机上、带有固定支腿安装在预先设置好的水泥混凝土基础上。为了防止卸料时混合料产生离析现象，需控制卸料高度。卸料高度越大时，其离析现象也越严重。因此，有些设备的料仓设计成能调节卸料高度的结构形式。

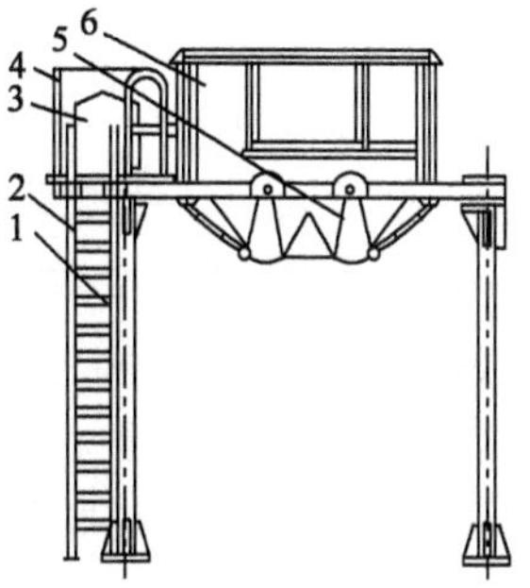

图4-17　成品料仓简图

1-立柱；2-爬梯；3-液压装置；4-栏杆；5-斗门；6-仓体

（七）电气控制系统

电气控制系统包括电源、各执行元件、运行显示系统、操纵控制系统。不同形式的电器控制系统有不同的结构组成。

稳定土厂拌设备的控制系统形式主要有计算机集中控制和常用电器元件控制两种。在控制系统的电路中都设有过载和短路保护装置及工作机构的工作状态指示灯，用来保护电路和直接显示设备的运转情况。凡自动控制型厂拌设备的控制系统，一般都装置有自动控制和手动控制两套控制装置，操作时可自由切换。任何形式的控制系统都必须遵守工艺路线中各设备起动和停机程序。这主要是为了保证搅拌器拌筒内无积料，防止该电机带载起动。为了确保操作安全，有些厂拌设备在搅拌器盖板上装有位置开关，盖板打开时，整个设备不能起动工作，以保安全生产。

稳定土厂拌设备的工作，通常至少需要2名熟练的操纵人员：一人在控制室负责整台设备的起动（停止），并在发生意外情况时及时断电停机；一人在设备工作中巡视各机构的工作情况，若发现给料机不给料、皮带跑偏、搅拌器桨叶脱落等情况时，及时排除或通知控制台停机检修。给料机的料斗上装在仓壁振动器，若发现某个给料机由于斗内物料结拱产生供料不畅或中断时，可用操纵台上的按钮手动控制相应料斗的振动器产生振动，消除料斗的结拱现象。

电气控制系统多采用380V、50Hz电源，自动空气开关作为过载和短路保护，电压表、电流表及指示灯显示设备的运转情况。各电动机均用熔断器与热继电器做短路和过载保护。电源控制、电压控制等均集中在控制台上操作。电气控制系统可由时间继电器控制顺序起动或停车，也可用按钮单台起动、停止各电动机的运转。

拓展知识

一、国内发展水平及趋势

20世纪90年代之前，我国的公路基层材料主要采用路面现场拌和（路拌）的施工工艺。我国于80年代开始研制稳定土厂拌设备，生产率多为50～300t/h，自90年代初开始，随着我国公路建设的兴起和公路施工技术的发展，带动了我国稳定土厂拌设备的发展。生产制造厂已从开始的一两家变为多家，产品的结构形式多为固定式，规格以300t/h居多，1998年已有500t/h的厂拌设备推向市场。我国生产制造的稳定土厂拌设备，在基本技术性能方面一般都能达到施工技术规范所规定的要求、价格远低于国外同类规格的设备，并且可满足施工技术规范所规定的要求。因此，在路面机械市场上和已投入使用的稳定土厂拌设备中，大多数是国产产品，进口产品较少。同其他路面机械产品相比，我国的稳定土厂拌设备生产能力是较强的。有关数据显示，我国有不少的厂家生产稳定土厂拌设备。但从整体上看，大多数生产厂的产品技术档次低、规格系列少、制造规模不足。一些企业通过测绘途径获取产品图样，尚未把握产品的核心技术。还有一些产品是在作坊式的生产条件下仿制而成的。产品创新力度不足，产品技术进步不快，产品雷同现象严重，同一模式产品到处可见，无特点可谈。国产设备在技术性能、外观质量、耐用性、制造精度等方面和国际先进设备相比还存在一定差距。因此，提高我国产品技术性能及质量、发展新品种、多规格的系列产品及大型化是我国开发研制稳定土厂拌设备的主要方向。随着我国公路建设事业的高速发展，对稳定土厂拌设备的需求也在增长，市场前景看好。一些筑路机械生产企业积极引进、消化国外同类产品的先进技术，填补国内现有稳定土厂拌设备相关应用技术的空缺，完善其功能，有些已经在整体技术上达到国外同类机型现有技术水平。我国稳定土厂拌设备应在现有的基础上形成系列化，填平补齐产品的空当；上质量，完善提高产品的综合性能；上档次，适应高等级公路建设的需求。在作业性能、人机关系、环境保护、能源利用等方面要进行技术创新。产品的开发要立足于先进性、经济性、实用性和可靠性。

二、国外发展水平及趋势

稳定土厂拌设备在国外发展较早。有关资料表明：在20世纪80年代初，苏联科列明楚克筑路机械厂已生产出生产率为240t/h、主机为连续作用的双轴叶片式的稳定土厂拌设备；日本新潟铁工所生产有NM系列生产率为40～300t/h和NDM系列生产率120～600t/h两大系列稳定土厂拌设备，主机分别为双轴叶片连续式和鼓筒式。法国SAE公司、意大利MARINI公司等厂商生产的稳定土厂拌设备，在国际市场上均有较高的知名度，其产品技术方面具有一定的代表性。国外产品均各具特色，不同厂家有不同的风格。发达国家生产的稳定土厂拌设备已形成系列产品。生产率一般为200～1200t/h。集料计量大多采用自动控制的连续称量技术，级配准确且精度高。搅拌器随厂家不同在结构上各有特点，但都具有传动合理、适应性强、拌和效率高、使用寿命长和易于保养等优点；同时，重视采用计量、防污染、防离析等方面的新技术，并在不断改进和发展，总趋势可归纳如下：

（一）颗粒含水率快速、连续检测技术

水量的多少对水硬性结合料的力学性能和施工性能有着重要的影响，各厂家生产的厂拌

设备，几乎都采用连续强制搅拌方式，这就要求厂拌设备的供料系统不仅具有快速检查原材料含水率的能力，而且必须是连续的检测。这方面技术已取得很大进展，如电容式、中子式、红外线等粒料含水率快速连续检测仪的开发与应用。

（二）既能连续又能间歇强制拌和的多用途厂拌设备

为了扩大厂拌设备的使用范围，使厂拌设备不仅能拌制稳定材料，也能拌制各种水泥混凝土混合料，国外一些厂家正在研究多用途的厂拌设备。这种厂拌设备具有连续搅拌作业和间歇搅拌作业两种功能。通过在控制室操作键盘可方便地转换物料计量程序，实现物料的连续计量与输送或分批计量与输送。在连续计量时，搅拌器中的搅拌桨叶安装角度一致，构成常用的双卧轴强制连续搅拌器，可满足连续生产稳定土材料的需要。在间歇计量时，搅拌器中的几个桨叶通过改变安装角度，能使物料在搅拌器中循环运动，因而变成双卧轴强制间歇式搅拌器，其搅拌时间可随意设定，这种分批计量的搅拌方式，能满足拌制水泥混凝土或其他需要长时间搅拌特殊材料的需要。该设备的关键技术在干物料的计量控制技术及特殊搅拌器的多功能特性。

（三）各主要组成部件的搭配

多数厂家生产的稳定土厂拌设备，都由多个总成相互组配而成。因此，在保证设备基本性能的前提下，其部件可以根据用户实际需要进行不同的组合，其总体布局也可根据施工场地的要求而变化。例如，在生产率为300t/h条件下，根据用户需要，生产厂可提供由2～4个配料斗为一组的配料装置，粉料仓可提供立式料仓或卧式料仓，总体布局可布置成一字形或J字形等多种形式。因此，研究和开发结构形式多样、布局更为灵活的厂拌设备，也是各生产厂家普遍重视的课题之一。

（四）无衬板搅拌机

近年来，国外一些生产厂家针对稳定土的特性和连续搅拌的作业特点，研制出无衬板搅拌机。有、无衬板搅拌机的工作原理基本一样，但两者的抗磨机理截然不同。无衬板搅拌机最大限度地加大了叶桨与机体之间的间隙。搅拌机工作时，在机体和叶桨之间的间隙中形成一层几乎不移动的混合料层，起到衬板的作用，保护机体不受磨损。这种无衬板搅拌机，机体一般设计成平底斗形，具有结构简单、制造容易、重量轻、造价低、生产率高、物料不产生阻塞和挤碎现象、搅拌均匀等优点。

（五）建立用户联络控制中心

国外的稳定土厂拌设备生产厂家设立控制中心，与用户厂拌设备的控制计算机通过国际通信网络联网，及时准确地掌握厂拌设备的运转情况、调节和改变设备的工作状态、解决设备出现的问题以及培训指导设备的使用技术。

（六）设备大型化

机械化施工设备的配套性要求，促使稳定土厂拌设备的向大型化方向发展。近年来，市场对稳定土厂拌设备生产率的需求已从前几年的100t/h，上升为300～400t/h，还有进一步发展为600～800t/h的趋势。

（七）结构模块化

可解决大型化所带来装、拆、吊、运等不利因素，既有利于制造厂生产和产品系列化，又符合公路工程施工的特点。结构模块化是固定式稳定土厂拌设备的必由之路。扩展拌和范围：

使稳定土厂拌设备不仅只能拌制稳定土材料,而且还能拌制各种属于冷拌范围的路面材料。如碾压混凝土、乳化沥青混凝土等。

(八)动态含水率控制

影响稳定土含水率的主要因素是小粒径集料含水率的不均匀。对小粒径集料的含水率和稳定土成品料的含水率进行有效的监控,可进一步提高稳定土的质量。目前的问题是连续动态检测取样装置的精度、寿命和由此而带来产品成本的增加。

应用与技能

一、稳定土厂拌设备拌和场地的选择

根据工程规模等情况适当选择好安放拌和设备的场地。主要从以下几个方面考虑:

(1)考虑地形地貌。要利用有利地形,选择地势较高处,在场地四周挖好排水沟,保证雨天场内不积水,天晴后随时可以开机生产。

(2)要征用足够大的拌和场地,应依施工季节和进度安排等情况考虑征用土地面积大小。其中,应考虑原材料有适当的储存场地,以利雨后能有材料施工;还要考虑运输车辆和装卸机械进出所占场地以及厂拌设备安装所占用的土地。

(3)考虑水源、电力及运距等情况。

二、熟练掌握厂拌设备的性能

稳定土厂拌设备有供料系统(包括各种料斗)、拌和系统、控制系统(包括各种计量器和操作系统)、输送系统和成品储存系统。目前,国产设备有拼装固定型和移动式(拖运行走型)等种类,厂拌设备安装前应对司机进行上述五大系统的培训,使之掌握厂拌设备各个系统的性能,把握住厂拌设备运转的每一道环节,有效地控制好生产的混合料的质量。

三、调试设备准确控制混合料级配

1. 调试前准备

正式投入生产使用前,应进行级配调试,目的是为了得到准确的、符合工地施工要求的配合比。一般情况下,砂、土、粉煤灰等密度较小的集料所在仓开门高度为 15 ~ 25cm 较为合适。开门高度确定后,不要再轻易变动,否则或使级配发生变化。

2. 控制成品混合料质量

正确掌握控制柜内仪表和辅以人工双向控制原材料剂量。在施工中,原材料受天气气候影响使其含水率变化较大,造成生产出的成品料级配不准确。因此,要根据料场原材料情况每天进行 5 ~ 6 次含水率检测,依此调整加水器计量。水泥是活性结合料,准确计量至关重要。水泥受外部影响条件较多,例如在有效存储期内受潮湿气候或干燥气候以及码堆存放挤压等的影响。而此厂拌设备又不是称重法计量,控制柜内程序参数受各材料等外部条件影响而经常易变,难以制作供较长时间使用的仪表内部准确统一的电脑程序。因此,可采取定时定量用 EDTA 滴定法检测成品料的水泥剂量和人工过磅。数水泥包与设备的仪表控制读数三对照,来保证水泥剂量的准确性。经过开始几天的摸索进行设备调试,找出各料斗的仪表控制读数与现场检测数值相比较,进行反复调试确保设计配比的实现。

3. 关注天气重视拌和场环境

雨水较多的地区,必须要储备砂和土,以防下雨时无法从河内取砂和地内取土。还要关注天气情况,每天均要听天气预报,如果要下雨就要用塑料布盖好砂子和石灰土,以防雨后砂和土含水率过大,无法生产混合料而影响工程进展乃至细集料过湿不能顺利地从喂料斗中流出直接影响配料的准确性而影响混合料的质量。

道路施工受大自然影响很大,而生产出的混合料要求材料级配准确和含水率最佳。材料级配和含水率与大自然密切相关,砂子和土的天然含水率随天气变化而变化。因此,在材料装进拌和机料斗前,要进行各种材料天然含水率测定,进行加权平均计算得出混合料天然含水率,以便控制加水器加水剂量,生产出的混合料含水率,还要考虑受运至铺筑现场的运距、天气、温度的影响而适当大于设计最佳含水率。要经常保持厂拌设备的整洁完好和拌和场地材料堆放整齐,每次拌和结束后或下班前要派专人清理出料口,除去残留混合料,以免影响下次生产。下班前机械设备司机要严格检查设备各个系统部位,坚持经常维护,保证设备正常运转。

4. 控制好生产混合料时间

生产混合料时间和运到施工现场的时间直接关系到水泥稳定混合料的延迟时间而影响混合料的强度。公路基层施工技术规范规定从拌和到碾压之间路拌法施工延迟时间为 3 ~ 4h,如果按厂拌法施工则要求延迟时间更短。因此,关键是保证均衡供料,合理调度和合理安排运输混合料的车辆,做到随拌随运,拌和场内不阻车和足够的车辆运出混合料。控制好拌和及出料时间,以免影响摊铺碾压而超出规定的延迟时间。

归 纳 总 结

(1)稳定土拌和机械是一种将土粉碎与稳定剂(石灰、水泥、沥青、乳化沥青或其他化学剂)均匀拌和,以提高土稳定性,修建稳定土路面或加强路基的路面工程机械。

稳定土拌和机械因拌和工艺不同,可分为在路上直接进行拌和的稳定土拌和机;集中于某一场所进行拌和的稳定土厂拌设备。

(2)路拌稳定土路面施工程序包括施工前的准备工作和施工程序。

(3)稳定土厂拌设备是路面机械的主要机种之一,是专门用于拌制各种以水、硬性材料为结合剂的稳定混合料的搅拌机组。由于混合料的拌制是在固定场地集中进行的,使厂拌设备能够方便地具有材料级配准确、拌和均匀、节省材料、便于计算机自动控制统计打印各种数据等优点,因而广泛用于公路和城市道路的基层、底基层施工。稳定土厂拌设备也适用于其他货场、停车场、航空机场等工程建设中所需的稳定材料的拌制任务。

思考题

1. 简述稳定土拌和机的用途与分类。
2. 简述稳定土拌和机的工作原理。
3. 简述稳定土拌和机的主要构造。
4. 简述路拌稳定土路面施工程序。

5. 简述稳定土厂拌设备的用途及分类。
6. 简述稳定土厂拌设备的发展状况。
7. 简述稳定土厂拌设备的工艺流程。
8. 简述稳定土厂拌设备的主要构造。
9. 简述稳定土厂拌设备的使用技术。

项目五

沥青混凝土拌和设备

知识要求：

1. 掌握和了解沥青混凝土拌和设备的用途、分类；
2. 掌握和了解间歇强制式沥青混凝土拌和设备的结构、原理；
3. 掌握和了解连续滚筒式沥青混凝土拌和设备的结构、原理。

技能要求：

具有沥青混凝土拌和设备使用、管理、维护能力；掌握间歇强制式沥青混凝土拌和设备的工艺流程；掌握连续滚筒式沥青混凝土拌和设备的工艺流程。

任务提出：

沥青混凝路面又称黑色路面，沥青混凝土广泛用于公路、城市道路、机场、码头、停车场、货场等工程施工中。沥青混凝土拌和设备是将各种规格的集料（砂、石）、黏结剂（沥青或渣油）和填料（矿粉）按一定比例混合，在规定的温度下拌和成均匀的混合料。沥青混凝土拌和设备是沥青路面施工的关键设备之一，其性能、工艺水平直接影响到沥青路面的质量。

任务一　沥青混凝土拌和设备用途及分类

相关知识

一、用途

在修筑沥青混凝土道路的路面施工工程中，要完成沥青混凝土的拌和、运输、摊铺和压实等一系列工序，这些工序中的第一道工序就是沥青混凝土的拌和。所谓沥青混凝土就是将各种规格的集料（砂、石）、黏结剂（沥青或渣油）和填料（矿粉）按一定比例混合而成的混合料。用于拌和这种混合料的机械设备就称作沥青混凝土拌和设备。沥青路面有时用到不加填料的混合料，称为黑色粒料，也要用沥青混凝土拌和设备来拌制。

除小型移动式沥青混凝土拌和设备外，沥青混凝土拌和设备一般不是一台单机，而是多种设备的有机组合。由于沥青混凝土拌和设备包含一个高高立起的楼状主拌和机组，而且设备的正常运作需要一个较大的固定场地，所以又称为拌和楼或拌和站。

沥青路面修筑工程中所涉及的多种配套机械中，以沥青混凝土拌和设备所占的投资比重最大，其运用技术和生产调度管理也相应较复杂。沥青混凝土拌和设备是一个小型生产厂。如果把路面施工工程看作一个系统，则沥青混凝土拌和设备相当于一个子系统。沥青混凝土路面采用热铺工艺，摊铺温度在110～140℃。无论从混凝土的质量和生产经济性考虑，成品沥青混合料都不宜长时间存放，因此沥青混凝土拌和设备的运作不是独立的，而是与整个路面施工密切相关，沥青混凝土拌和设备技术运用的好坏，严重影响路面工程施工的质量、进度和生产效益。实践表明，沥青混凝土拌和设备是控制路面施工工程的一项关键设备。

按照施工要求，沥青混合料拌和设备所应具有以下功能：

（1）矿料的初步配料、加热烘干、重新筛分与计量。

（2）沥青的加热、保温、输送与计量。

（3）填料的输送与计量。

（4）将按照一定的配合比计量好的热矿料、矿粉与热沥青均匀地拌和成所需要的成品料。

二、分类

沥青混凝土拌和设备一般按其生产工艺、额定生产率的大小和机动性三个方面进行分类。其中，主要的是按生产工艺进行分类。

（一）按生产工艺划分

按生产工艺划分为间歇式（循环式）和连续式（滚筒式）两种。

1. 间歇式沥青混凝土拌和设备

间歇式沥青混凝土拌和设备的工艺特征是，各种成分是分批计量好后投入拌和筒进行拌和的，拌和好的成品料一批从拌和筒卸出，接着进行下一批料的拌和，形成周而复始的循环作业过程。循环式拌和工艺也由此得名。

2. 连续式沥青混凝土拌和设备

连续式沥青混凝土拌和设备的工艺特征是各种原材料是连续地进入拌和筒中，拌好的成品料也是源源不断地从拌和筒卸出。在结构上，这种设备的集料烘干和拌和在同一个滚筒中进行,所以又叫作滚筒式沥青混凝土拌和设备。

在性能上,连续式沥青混凝土拌和设备的作业生产率高于间歇式沥青混凝土拌和设备。但连续式沥青混凝土拌和设备有以下不足:

(1)采用动态称重,计量精度比较低,难以保证集料级配。尤其是各种原材料都是在烘干前称重,集料含水率的变化会严重影响混合料的配比。先进的滚筒式拌和设备虽然可以测出冷集料的含水率进行修正,但仍不如对脱水集料直接静态计量精度高。

(2)难以避免沥青接触火焰而使其品质降低。

由于上述原因,连续式沥青混凝土拌和设备拌出的成品料质量,不如间歇式沥青混凝土拌和设备拌出的成品料好。目前,在高等级黑色路面施工中,广泛采用间歇式沥青混凝土拌和设备。我国现行的道路施工规范规定高等级沥青路面必须采用间歇式沥青拌和设备。

(二)按设备额定生产率划分

按设备额定生产率划分为大、中、小三种。

实际上,机型的大小并无严格定义,从工程使用的角度考虑,大致可如下划分:

(1)小型机:额定生产率小于30t/h。

(2)中型机:额定生产率在30~350t/h。

(3)大型机:额定生产率大于350t/h。

目前,用于养路工程中的小型沥青混凝土拌和设备,其额定生产率可小于8t/h,而最大型的沥青混凝土拌和设备生产率可达450t/h。

(三)按设备机动性划分

按设备机动性划分为固定式、半固定式和移动式三种。

固定式沥青混凝土拌和设备的各项独立装置,以地脚螺栓固定在水泥混凝土地基上,一般属于大、中型设备,其安装和搬迁工程量很大。

半固定式沥青混凝土拌和设备的各独立装置,可分装在几辆平板车上,由牵引车挂接运输,在工地上由挂车的支腿顶升起来,只需完成较小量的安装工程,就可以投入生产,转移工地前的拆卸也比较方便。现在的半固定式沥青混凝土拌和设备,往往在设备上附带自充气的轮胎式行走装置,拆下后可直接由牵引车挂接运输。

移动式沥青混凝土拌和设备的全套装置,安装在一台牵引车底盘上,用牵引车头挂接,就可以转场运输。由于牵引车底盘的承重能力和安装位置有限,这种设备结构设计和生产工艺都比较简单,一般只适应于小型养护作业。

沥青混凝土搅拌设备的分类、特点及适用范围,见表5-1。

沥青混凝土拌和设备的分类、特点及适用范围 表5-1

分类形式	分　类	特点及适用范围
生产能力	小型	生产能力30t/h以下
	中型	生产能力30~350t/h
	大型	生产能力350t/h以上
搬运方式	移动式	装置在拖车上可随施工地转移,多用于公路施工
	半固定式	装置在几个拖车上在施工地拼装,多用于公路施工
	固定式	固定在某地点,又称沥青混凝土工厂,适用于集中工程、城市
工艺流程	间歇强制式	按我国目前规范要求,高等级公路建设应使用间歇强制式搅拌设备
	连续滚筒式	普通公路建设使用连续滚筒式搅拌设备

三、拌和工艺与设备组成

机型因工艺流程而不尽相同,国内外最常用的机型是间歇强制式和连续滚筒式。沥青混凝土搅拌设备工序及对应的装置,见表5-2。

沥青混凝土搅拌设备工序及对应的装置　　表5-2

拌制工序	工序对应的装置
冷集料的粗配与供应	冷集料的定量供给和输送装置
冷集料的烘干与加热	集料的烘干、加热与热集料输送装置
热集料的筛分、存储与二次称重、供给	热集料筛分装置及热集料储仓和称重装置
沥青的熔化、脱水及加热	沥青储仓、保温罐、加热脱桶装置
石粉定量供给	石粉储仓、运输及定量供给装置
沥青定量供给	沥青定量供给系统
各种配料的搅拌	搅拌器
沥青混凝土混合料成品储仓	沥青混凝土混合料成品储仓

任务二　间歇强制式沥青混凝土拌和设备

相关知识

一、间歇强制式沥青混凝土拌和工艺

间歇强制式沥青混凝土拌和工艺流程为不同规格的冷砂、石料经冷矿料储存及配料装置的给料机进行初配后,由冷矿料输送机送至烘干滚筒烘干、加热,一般以柴油、重油或渣油作为燃料,由燃烧器雾化燃烧,并采取逆流加热方式;矿料被烘干、加热至140~160℃后从滚筒排出,由热矿料提升机送入筛分装置进行二次筛分;筛分好的各种砂、石料分别储存在热储料仓的隔仓内,然后按预先设定的比例先后进入热矿料称量斗内累计称重计量;与此同时,储存在专用筒仓里的矿粉由螺旋输送机送至矿粉称料斗内称重计量,此外,储存在保温罐内的热沥青(170~180℃)由沥青输送泵经带保温的沥青管道,抽送至沥青称量桶内称重计量;各种材料按配合比分别计量后,按预先设定的程序先后投入到拌和器内进行强制拌和,待拌和均匀之后,或直接卸入运输车辆中,或送至成品料储存仓内暂时储存。矿料在烘干、筛分、拌和等生产过程中产生的燃烧废气、水蒸气以及灰尘,通过除尘装置净化处理后排入大气。间歇式拌和设备采用电网电力或大型柴油发电机组发电驱动,生产过程可以人工操作,也可以自动控制。其工艺流程,如图5-1所示。

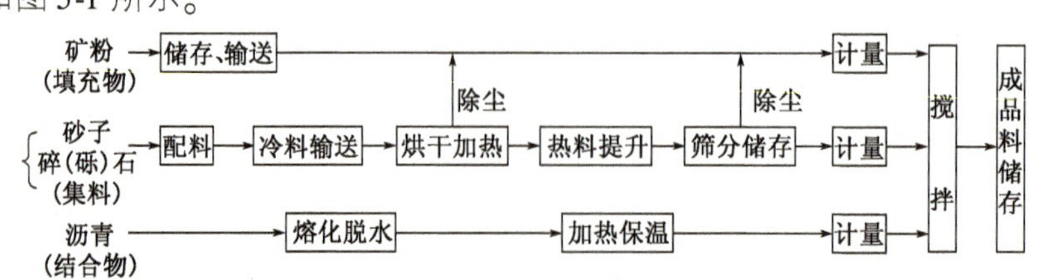

图5-1　间歇强制式沥青混凝土拌和设备工艺流程图

间歇强制式沥青混凝土拌制工艺流程特点是：冷集料采用逆流加热烘干，温度高；矿料的级配和油石比计量精度高；可随时变更矿料级配和油石比，拌制出的沥青混合料质量好。但工艺流程长、设备庞杂，耗能高，建设投资大、搬迁较困难，对除尘装置要求较高、投资大。

二、间歇强制式沥青混凝土拌和设备的总体构造

间歇强制式沥青混凝土拌和设备的基本结构，如图5-2所示。主要由冷矿料供给系统、烘干滚筒、热矿料供给系统、矿粉供给系统、沥青供给系统、拌和器、成品料储存仓、除尘装置等组成。

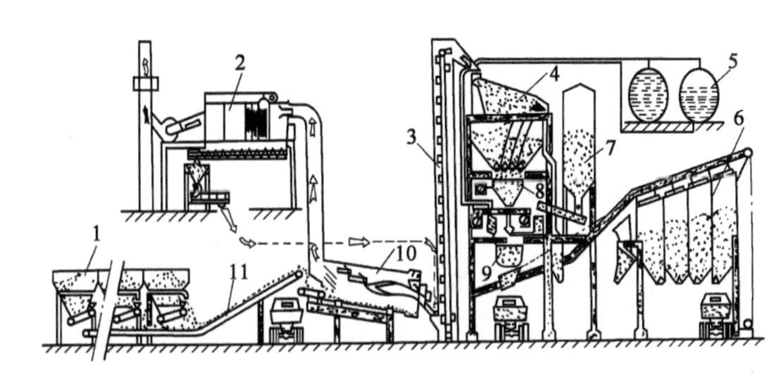

图5-2 间歇强制式沥青混凝土拌和设备的基本结构

1-冷矿料储存及配料装置；2-除尘装置；3-热矿料提升机；4-热矿料筛分及储存装置；5-沥青供给系统；6-成品料储存仓；7-矿粉储存仓；8-热矿料计量装置；9-拌和器；10-冷矿料烘干滚筒；11-冷矿料输送机

三、主要组成部件

(一)冷矿料供给系统

冷矿料供给系统由冷矿料储存与配料装置、冷矿料输送机等组成(图5-3)。

冷矿料一般储存在露天场地上，或存放在特制的筒仓内。前者称为堆场式，后者称为筒仓式。

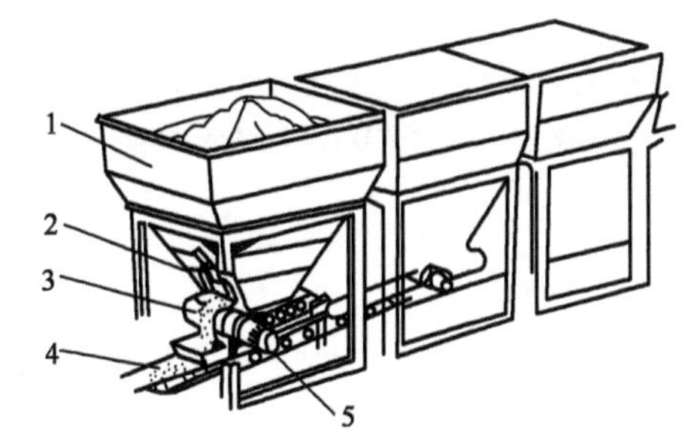

图5-3 冷矿料供给系统

1-料斗；2-闸门；3-配料皮带；4-输送皮带；5-电动机

配料装置主要由配料斗、给料机、集料皮带输送机和机架组成。各种规格的冷矿料，在进入烘干滚筒之前应进行初配。这在沥青混合料的生产过程中是一个很重要的工序。它直接关系到矿料加热温度的稳定，热储料仓内各种砂、石料储料量的均衡，拌和设备生产过程的连续，乃至成品料的质量。因此，冷矿料配料的精确度和操作的自动化程度，已成为衡量拌和设备技术先进性的一个重要指标。配料斗的数量根据工程需要来确定，一般为4~6个。料斗是用钢板拼焊而成的。每个料斗可以由独立的机架支撑，也可用同一机架将几个料斗连成一个整体。

常用的给料机有两种形式：电磁振动式和皮带式。带式给料器(图5-4)结构简单，易于调整速度，在沥青混凝土搅拌设备中应用较多。给料方式均采用体积计量。

冷矿料输送机负责将经给料机卸出后的冷矿料输送到烘干筒内。冷矿料输送机一般采用皮带输送机。皮带输送机噪声小，不易产生卡阻现象，架设容易。在大多数沥青拌和设备上均

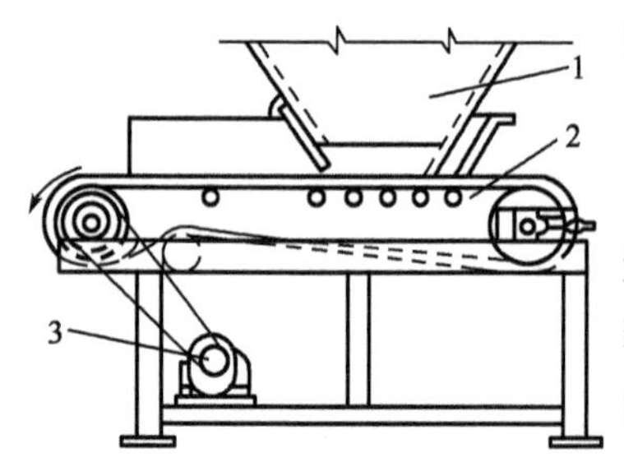

图 5-4 带式给料器
1-料斗;2-皮带机;3-电动机

配置这种冷集料给料装置。

(二)冷矿料烘干、加热系统

冷矿料的烘干、加热是很重要的工序。为了使沥青很好地裹覆在砂石料的表面,并使成品料具有良好的摊铺性能,矿料应基本上完全脱水,并加热至较高温度(普通沥青混凝土通常控制在 140~160℃)。

冷矿料烘干、加热系统包括以下两大部分:一是烘干滚筒及其驱动装置,二是加热装置,它们组成一个热交换体系,如图 5-5 所示。长圆柱形筒体 2 通过滚圈 3、6 支承在滚轮 17 上,中小型的滚筒用四个滚轮支撑(每个滚圈下两个),大型滚筒用八个滚轮支撑(两个一组)。滚轮安装在支架 21 上,从而由支架承受整个烘干筒的重力。滚筒安装倾角一般为 5°~8°,由轴向限位滚轮 20 限位。滚圈与水平滚轮之间留有一定间隙,以免滚筒受热膨胀后卡死。间歇式沥青混凝土拌和设备采用逆流式烘干工艺,燃烧器 12 安装在筒体下端中心孔处。喷出的火焰上沿筒内上行至排烟口排向除尘系统。集料从筒体高端的加料箱投入烘干筒内,与燃烧器喷出的火焰逆向对流,升温脱水后由卸料口 15 排出。

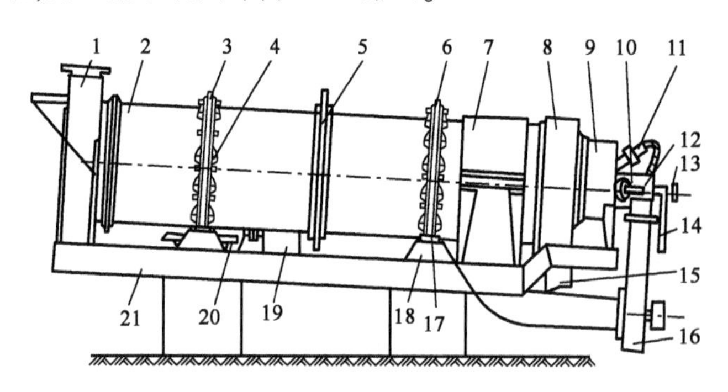

图 5-5 冷矿料烘干加热装置
1-加料箱和排烟口;2-筒体;3、6-滚圈;4-胀缩件;5-传动机构;7-冷却罩;8-卸料箱;9-火箱;10-点火喷头;11-火焰探测器;12-燃烧器;13-供油调节器;14-输油管;15-卸料槽;16-鼓风机;17-支承滚轮;18-防护罩;19-驱动装置;20-轴向限位滚轮;21-支架

1. 干燥滚筒

干燥滚筒用来加热烘干冷湿集料。为了使冷湿集料在较短的时间内用较少的燃料充分脱水升温,要求干燥滚筒能使集料在滚筒内均匀分散,有足够的停留时间,能尽可能多地与热气直接接触。烘干滚筒内部结构,如图 5-6 所示。

滚筒内叶片(图 5-7),为使冷集料在干燥滚筒内均匀、分散地前进,沿滚筒内壁不同区段安装有不同形状的叶片和升料槽板。滚筒旋转时叶片将集料刮起、提升并于不同的位置跌落,使集料与热气流充分接触。滚筒的倾斜度、转速、长度和直径、叶片的排列和数量决定集料在筒内停留的时间,调整这些参数可改变冷集料在筒内的移动速度,控制生产率。

2. 烘干滚筒驱动

干燥滚筒有三种驱动方式:齿轮驱动、链条驱动、摩擦轮驱动。齿轮驱动噪声大,工作可靠,质量大,小型设备用;链条驱动结构简单,精度低,中型设备用;摩擦轮驱动靠摩擦力驱动滚筒,是支重轮又是驱动轮支承在滚筒两端,大型设备用。

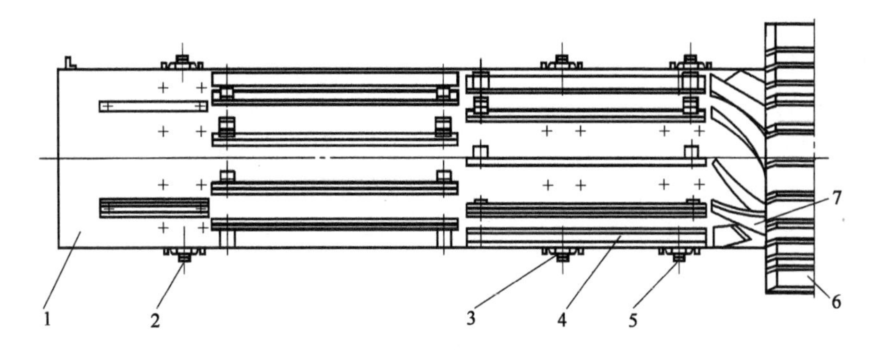

图 5-6 干燥滚筒的内部结构

1-筒体;2、5-筒箍;3-传动齿圈;4-升料槽板(叶片);6-进料箱;7-螺旋叶片

3. 加热装置

加热装置的功用是将集料烘干并加热到工作温度。由燃油箱、油泵、输送管道、燃烧器、鼓风机等组成。

燃烧器的作用是将燃料雾化成尽可能多的细小油粒,并均匀地分布在燃烧区的空气流中与空气充分混合,以利于完全燃烧。燃烧器的核心是燃烧喷嘴,喷嘴按照液体燃料雾化的方法不同,将燃烧器分为机械式、低压式和高压式三种。

图 5-7 干燥滚筒内的叶片

(1)机械式燃烧器

依靠燃油本身的高压(一般为 1 ~ 2.5MPa)将燃油从喷嘴喷出并雾化,助燃空气通过鼓风机进入火箱。其特点是不需要另外的压缩空气作为雾化剂,工作噪声小,助燃空气可预热到较高的温度,燃烧器结构简单紧凑。但因燃油雾化单靠本身的油压,雾化质量和与空气混合质量受影响,喷油能力的调节范围也有限,喷嘴的喷孔很小易堵塞,仅用于小型沥青混合料搅拌设备。

(2)低压式燃烧器

燃油以 0.05 ~ 0.08MPa 的低压经喷嘴喷出,同时以 0.3 ~ 0.8kPa 的低压空气从喷嘴喷孔周围的缝隙中喷出使燃油雾化并助燃。其优点是因空气参与雾化使燃油雾化质量高,低压供气噪声较小,喷嘴不易堵塞,维护较简单。燃烧过程的调节范围宽、易调节。但燃烧器体积较大,生产能力较小,通常用于中小型搅拌设备中。

(3)高压式燃烧器

喷嘴利用 0.3 ~ 1.2MPa 的高压蒸汽或 0.3 ~ 0.7MP 的压缩空气对燃油进行冲击和摩擦使油液雾化并助燃。其特点是:维护简单、调节范围宽、不易堵塞,火焰长但噪声大。适用于大中型沥青搅拌设备。

(三)热矿料提升机

热集料提升机是把从烘干滚筒中卸出的热集料运送至筛分设备的装置,通常采用链斗式提升机。为减少运料过程中的热量损失,以及作为安全措施,链斗提升机通常安装在封闭的壳体内。

链斗提升机(图 5-8)一般多选用深形料斗离心卸料方式,但在大型拌和设备上,也可用导槽料斗重力卸料方式。重力卸料方式因其链条运动速度低,磨损和噪声都相对较小。

(四)热集料筛分装置

筛分装置的作用在于把热集料提升机送来的砂石料按不同粒径重新分开,以便在拌和之前分别进行精确计量。

筛分装置有滚筒筛和振动筛等不同形式,作为评价筛分过程的主要技术经济指标是生产率和筛分效率。前者是数量指标,它应与拌和设备的生产能力相匹配;后者是质量指标,它表示筛分过程进行的完全程度和筛分产品的质量。所谓筛分效率即某一规格筛网实际所得筛下的产品质量与被筛分物料中所含小于这一筛孔尺寸物料的质量比。与滚筒筛相比,振动筛具有体积小、生产效率高、筛分质量好、维修简便等优点,因此被广泛采用。

筛分装置类型(按结构和作用原理)有单轴振动筛、双轴振动筛和共振筛几种形式。搅拌设备中多采用多层平面筛网式单轴或双轴振动筛,振动筛内有几个不同规格的筛网(图5-9)。第一道筛网为粗筛网,将超规格的集料弃除掉,其他筛网孔径由上至下逐层减小,最底层为砂筛网。

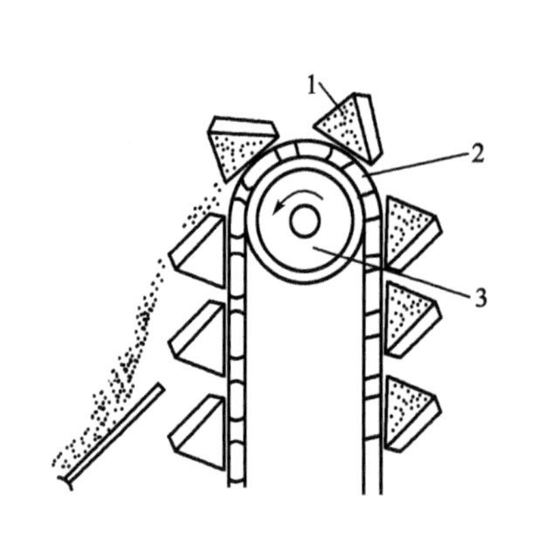

图5-8　斗式提升机

1-料斗;2-牵引链;3-主动链轮

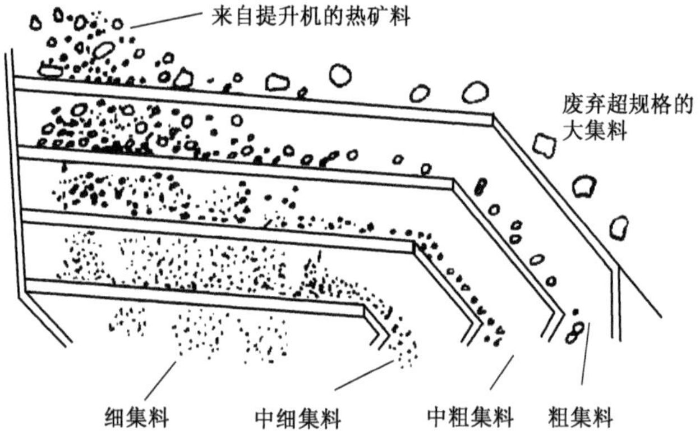

图5-9　筛分过程示意图

(五)热集料的储存与计量装置

对二次筛分后的砂石料再分别予以精确计量,是间歇式拌和设备区别于其他类型拌和设备最显著的特点之一,也是间歇式拌和设备可以获得较高级配精度和油石比精度的重要保证。

1. 热储料仓

筛分好的各种砂石料在计量之前分别储存在热集料储料仓的几个隔仓内,以便按一定的配合比分别计量。隔仓的数目视所需矿料的规格而定,一般为4个。

2. 热集料计量装置

在间歇式拌和设备上材料的计量采取质量计量方式。它包括称量斗和计量秤两部分。目前,绝大多数拌和设备采用电子计量秤。称量时,不同规格的热集料按预先设定的质量比依次放入称量斗中,拉力式称量传感器将检测到的信号通过屏蔽电缆送至控制台的程控器,并且一一叠加计量,司机可从控制台的称量数字显示器上读出计量值。达到设定值后,热储料仓的放料门自动关闭,一批集料称量完成后,称量斗的斗门开启,计量好的热集料便被卸至拌和缸内。集料秤卸空后下一个计量周期开始。

(六)矿粉的供给与计量装置

在拌制沥青混凝土混合料时需加入适量的矿粉,以减少混合料的空隙率,提高混合料强度。

1. 矿粉供给系统

在较大型的拌和设备上，矿粉储存在专用的筒仓内（图5-10）。根据矿粉的供给方式，相应地采用不同的方法将矿粉送至筒仓内。若用粉料罐车供给矿粉，一般采用气力输送的方法上料；若供应的是袋装矿粉，则常用斗式提升机上料，也有采用风动输送和人工拆袋上料的方式。将筒仓内的矿粉送至矿粉计量装置，有几种不同的方法。最简单的方法是直接用一台螺旋输送机供料，如西安筑路机械厂引进英国派克汉尼汾公司制造技术生产的拌和设备，矿粉从筒仓经螺旋输送机直接送至矿粉称量斗，但这种供料方式要求矿粉储罐靠近主拌和楼安装，且单级螺旋输送器的输送距离和倾角较大。也可以先将矿粉用螺旋输送器直接到主拌和楼底部，再通过链斗提升机构提升到矿料计量装置上部的容器内。

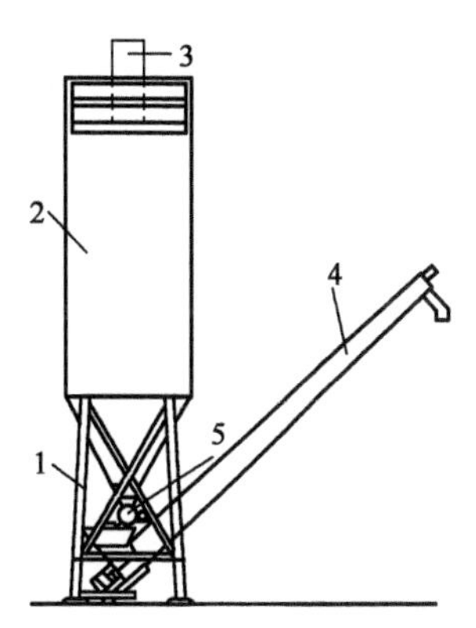

图5-10　仓筒式粉料储仓
1-支架；2-储料仓；3-空气过滤器；4-螺旋输送机；5-转阀

2. 矿粉计量装置

在沥青混合料中，矿粉的含量需要严格控制。有关规范中明确规定：矿粉必须单独计量，不允许与砂石料累计计量。因此，拌和设备上设置了专门的矿粉计量装置，同样矿粉计量装置也由称量斗和电子计量秤组成。

（七）沥青供给系统

沥青供给系统包括保温罐、沥青泵、计量装置、喷射装置以及连接管路和阀门等。它用于储存、保温熔化后的液体沥青，并且适时、定量地供给。

常温下的沥青呈固体状态，因此拌和设备使用的沥青应先行熔化、脱水、掺配并加热至一定温度。通常，熔化沥青是在专门的储油库内进行的，而熔化后的液体沥青用油罐车运送至拌和场，并放入保温罐内储存。有些固定式的拌和站本身设置了沥青熔化装置，这样通过沥青泵和连接管路就可以将沥青输送至保温罐内。

沥青熔化有多种加热方式，现在国内主要采取导热油或蒸汽间接加热方式。在非永久性拌和站，常用导热油加热系统（图5-11）加热，导热油在加热炉中被加热到300℃，由热油泵送入沥青储罐的蛇形管中，导热油以自身的热量去加热沥青，降温后的导热油又流回到加热炉中再次被加热，并此循环工作，整个加热系统结构紧凑，便于拆装。如果采用桶装固态沥青一般采用导热油脱桶装置作为拌和站的辅助设备进行沥青熔化；在永久性拌和站，如果采用固态沥青，也有利用太阳能辅之以电加热来熔化沥青的。无论是哪一种加热方式，熔化时的温度必须严格加以控制，防止长时间高温加热或局部过热而导致沥青老化；另外，在沥青熔化、脱水过程中一定要辅之以搅动，以防止“溢锅”等意外事故发生。

沥青的计量有容积式称量装置和重力式称量装置两种。容积式称量装置（图5-12）通过控制沥青注入阀开启把通过输送系统送来的沥青注入量筒，随着沥青的注入浮子上移，而与之相连的重块下移，当重块触及传感器触点时发出信号，关闭沥青注入阀，称重完成。然后沥青排出阀开启，称量好的一份沥青通过输送管路至搅拌器内喷管喷出。

重力式称重装置（图5-13）的量桶由拉力传感器控制，称重时锥形底阀关闭，沥青通过注入管三通阀进入量桶，当注入量达到规定值时拉力传感器发出信号，执行机构使三通阀换位，切断注入管进入量桶内沥青通路，注入管与回流管相通。随后锥形底阀开启，称量好的沥青通过喷管喷入搅拌器内。

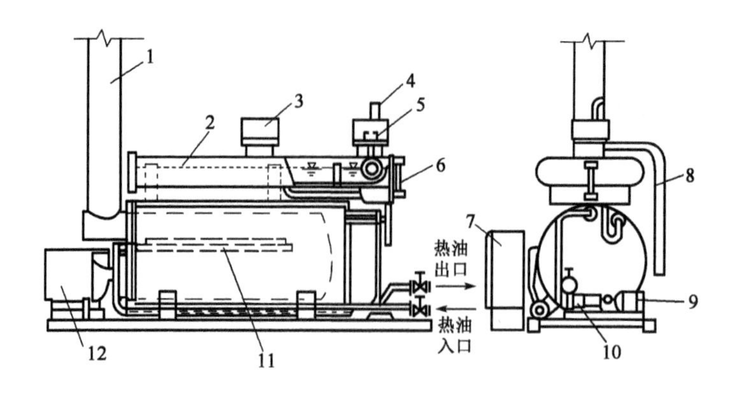

图 5-11　导热油加热装置

1-排烟管;2-调节罐;3-供油口;4-通气管;5-检测仪;6-油面指示器;7-控制柜;8-溢流管;9-电动机;10-热油泵;11-加热管;12-燃烧器

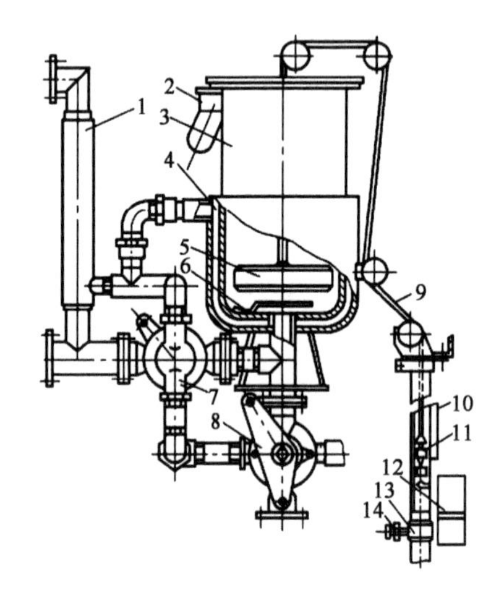

图 5-12　容积式沥青称量装置

1-沥青注入管;2-溢流管;3-量桶;4-保温套;5-浮子;6-挡板;7-沥青注入阀;8-沥青排放阀;9-软钢绳;10-标尺;11-重块;12-传感器;13-夹头;14-调整螺钉

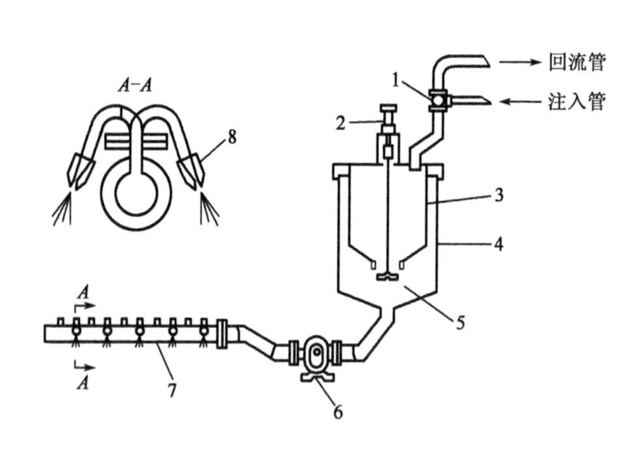

图 5-13　重力式沥青称量和喷射装置示意图

1-三通阀;2-拉力传感器;3-沥青量桶;4-沥青罐;5-锥形底阀;6-沥青喷射泵;7-喷管;8-喷嘴

(八)拌和器

拌和器是把按一定配合比称量好的砂石料、矿粉和沥青均匀地拌和成所需成品混合料的装置。拌和时投料顺序有两种:一种是先将砂石料放入拌和缸内干拌 3 ~ 5s 后加入沥青,待拌和几秒之后,再加入矿粉继续进行拌和;另一种是在放入砂石料之后先加入矿粉,待干拌几秒后,再加入沥青继续进行拌和。目前,大多数拌和设备采用第一种投料顺序。拌和设备的生产能力在很大程度上取决于拌和缸的容量,一般情况下,拌和设备的生产能力不是固定值,当冷矿料含水率或所拌制的混合料种类不同时,生产率是有所变化的。间歇式拌和设备的拌和方式为强制式,其构造如图 5-14 所示。搅拌桨叶由耐磨材料制成,双搅拌轴由齿轮带动,反向旋转,转速 40 ~ 80r/min。桨叶呈螺旋线排列,使物料在搅拌中产生径向和轴向移动。

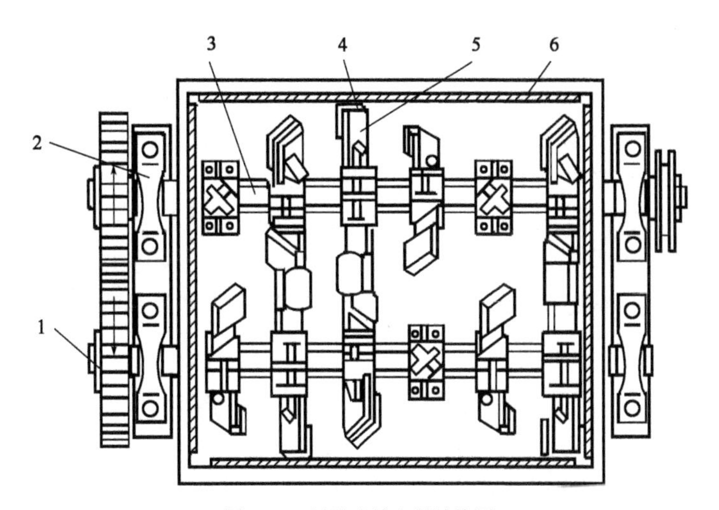

图 5-14　间歇式拌和器结构图
1-传动齿轮;2-轴承;3-拌和轴;4-拌料板;5-拌和臂;6-衬板

(九)集尘装置

采用传统式拌和工艺,矿料在烘干、筛分、计量和拌和等生产过程中会逸散出大量灰尘,尤其是在烘干过程中,还有一些燃烧废气排出,造成环境污染,这是国家环境保护法所不允许的,因此集尘装置对拌和设备来说是非常重要的组成部分。随着工业生产的发展,人们对环境保护的普遍重视,以及大型拌和设备的不断出现,要求有更高效率的除尘设施,因此集尘装置同样经历了由简到繁、由一种到多种、由不完善到逐步完善的发展过程。

间歇式拌和设备的集尘装置通过管道连接在烘干滚筒进料端的烟箱之后。它主要有三大类:干式集尘器、湿式集尘器和布袋式集尘器。干式集尘器多用作一级集尘装置,后两种集尘器常用作二级集尘装置,它们的配合使用可以达到较理想的除尘效果,但是这样往往会使设备庞大,投资费用增高。有的集尘装置的费用甚至占到整个拌和设备成本的30% ~40%,而且管理费用也高,这是在传统式拌和设备上难于解决的矛盾。现有的拌和设备,主要依据生产规模及拌和场地周围环境等因素来考虑集尘装置的设置。

1. 一级集尘装置

旋风除尘器(图 5-15)为干式集尘器,是沥青混凝土拌和设备除尘系统的一级集尘器。旋风除尘器的主要优点是结构简单、基建投资、运行和维护费用都较低。旋风除尘器本身没有相对运动的部件,维护工作量小,工作时烟气阻力较低,对粉尘负荷和运行负荷的适应性均较好,对于粒径大于 5μm 的粉尘除尘效率也较高,但对微尘的除尘比较困难,因而旋风除尘器只能作为沥青混凝土拌和设备除尘器的初级集尘器。

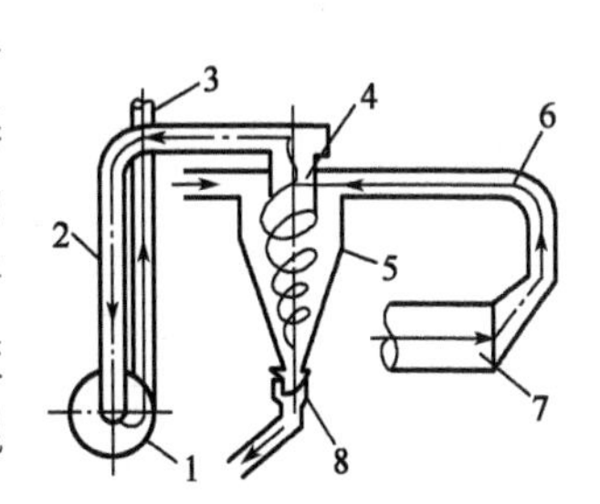

图 5-15　旋风式除尘器示意图
1-抽风机;2-抽风管;3-烟囱;4-吸风小筒;5-集尘筒;6-风管;7-干燥滚筒;8-卸尘闸门

工作原理:在抽风机的吸力作用下废气经风管进入集尘筒,在集尘筒内自上而下旋转运动时产生离心力,使气体中的粗粉尘被甩出撞在筒壁上并落至集尘筒下方;集尘筒下方的圆锥形既做收集尘粒用又使旋风圈缩小。集尘筒中的尘粒被回收到热集料提升机或石粉输送机作为粉料而被再利用。

2. 二级集尘装置

湿式除尘器又名洗涤除尘器，其结构形式很多，有液珠、液网和液层三大类型。国内沥青拌和设备中已使用的湿式除尘器有水浴式、喷淋式和文丘里等几种形式。水浴式和喷淋式湿式除尘器是比较简易的形式，也能取得一定的除尘效果，但效果不明显；文丘里湿式除尘器除尘效率很高，对于 0.5μm 的粉尘除尘效率可达 99%。

袋式除尘器(图 5-16)是一种利用有机纤维或无机纤维为过滤布袋将气体中的粉尘过滤出来的净化设备，是一种高效的除尘器，可捕集 0.3μm 以上的粉尘，除尘效率可达 95% ~ 99%，其排出烟气的含尘浓度可达到 $100mg/m^3$ 以下，甚至达到更高标准的要求。

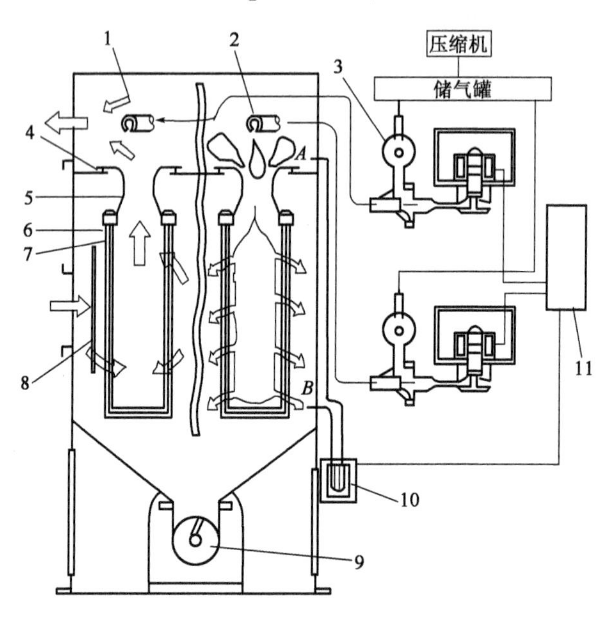

图 5-16　袋式除尘器结构示意图

1-净气；2-喷吹管；3-脉冲阀；4-管座板；5-喉管；6-滤袋；7-袋骨架；8-折流板；9-螺旋输送机；10-压差计；11-控制器

工作原理：含尘气体进入箱体在折流板的截流下被分散流动，从每个滤袋外侧进入袋内，在滤袋的筛分、拦截、冲击和静电吸引等作用下，微尘黏附于滤布缝隙间，将粉尘从烟气中分离出来，清洁的气体经抽风机由烟囱排出。

(十)成品料储存仓

由拌和器拌和好的沥青混合料(即成品料)可直接卸入自卸汽车运往工地；也可用一个单斗提升机(运料小车)将其运送至成品料储存仓内暂时存放，以作为保障向摊铺现场供料的一项措施。目前一些大型的拌和设备，特别是作为生产商品沥青混合料的拌和站，成品料储存仓(图 5-17)则是必不可少的基本配置，因为这样可将预先拌制好的、不同配合比的沥青混合料存放在不同的储料仓内，以随时满足不同用户的需求。有些拌和设备仅通过成品料仓向自卸汽车卸料。采用这种方式，可以降低主拌和楼的高度。

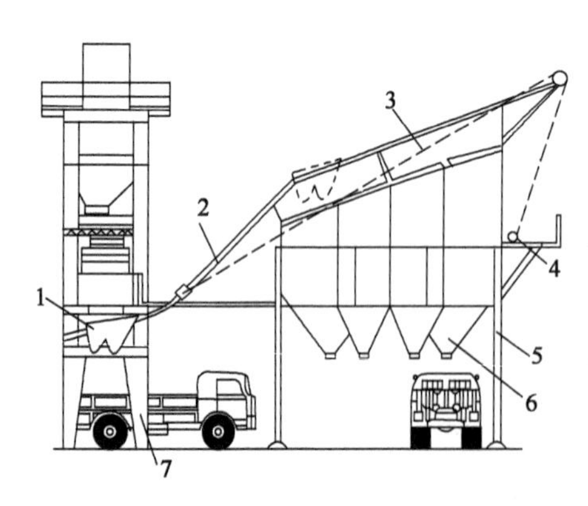

图 5-17　成品料储仓示意图

1-运料车；2-轨道；3-钢索；4-驱动机构；5-支架；6-成品料仓；7-搅拌楼

成品料储存仓根据用途的不同，即物料在其中存放时间的长短,其结构形式也不同。小型的储料仓因容量有限,在生产过程中仅起到缓冲的作用,成品料在其中存放1h左右便被运走了,因此它的结构形式较为简单,其储料仓用钢板拼焊而成,也不必采取任何保温措施。若存放的时间较长时,通常在钢板拼焊的壳体外面包有80~100mm厚的保温材料,最外层再用蒙皮封住。此外,在储存仓下部的倒锥体部分还可装设电加热器;或者通入导热油。这些保温措施,都是为了使成品料在仓内保持一定温度,以满足生产的需要。若存放时间超过72h,仓内还必须通入惰性气体,以防止成品料氧化,这一点对于生产商品沥青混合料的拌和站是应予考虑的。

任务三　连续滚筒式沥青混凝土拌和设备

相关知识

一、连续滚筒式沥青混凝土拌和工艺

即冷矿料的烘干、加热及与热沥青的拌和是在同一滚筒内进行的,其拌和方式是非强制式的,它依靠矿料在旋转滚筒内的自行跌落而实现集料的混合,并被沥青均匀裹覆。其工艺流程,如图5-18所示。

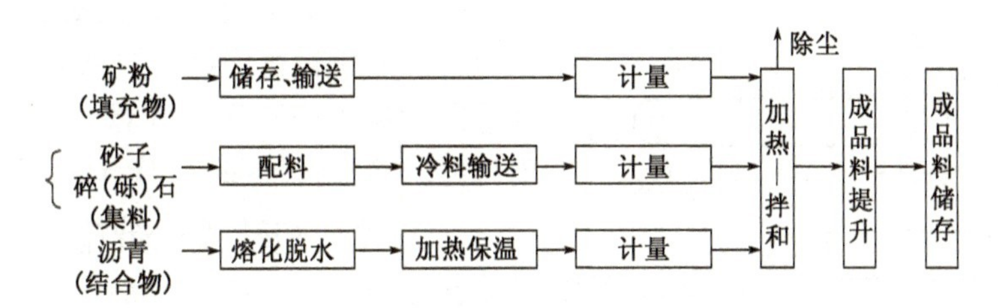

图5-18　连续滚筒式沥青混凝土拌和设备工艺流程图

采用滚筒式拌和工艺,使得所需要的设备得以简化,能耗降低。而最显著的特点是烘干筒兼作拌和装置,湿矿料在滚筒内烘干后随即被液态沥青裹覆,这样粉尘发散量大为减少,不需要设置复杂的除尘设施即可达到环保要求。随着对防止环境污染问题的普遍重视,这种新型的拌和工艺,已引起人们极大的兴趣,并获得了很大发展。

二、连续滚筒式沥青混凝土拌和设备的总体构造

滚筒式拌和设备由于其工艺流程简化,而且生产过程连续进行,因此它的设备组成与间歇强制式拌和设备相比,虽然有很大的不同,但是由于它们的功能是相同的,所以仍有许多设备是相同的。下面仅就滚筒式拌和设备与间歇式拌和设备的不同部分加以介绍,相同之处不再赘述。其结构,如图5-19所示。

三、主要组成部件

(一)冷矿料配料装置

滚筒式拌和设备的冷矿料配料装置同样包括配料斗、给料机、集料皮带机和机架。所不同的是由于设备中不再设矿料的二次筛分与计量装置,因此矿料的级配精度取决于冷矿料配料

装置的给料精度，所以作为调节供料量的给料机多选用皮带式给料机，甚至有的采用电子皮带秤，变体积计量方式为质量计量方式，以提高配料精度。

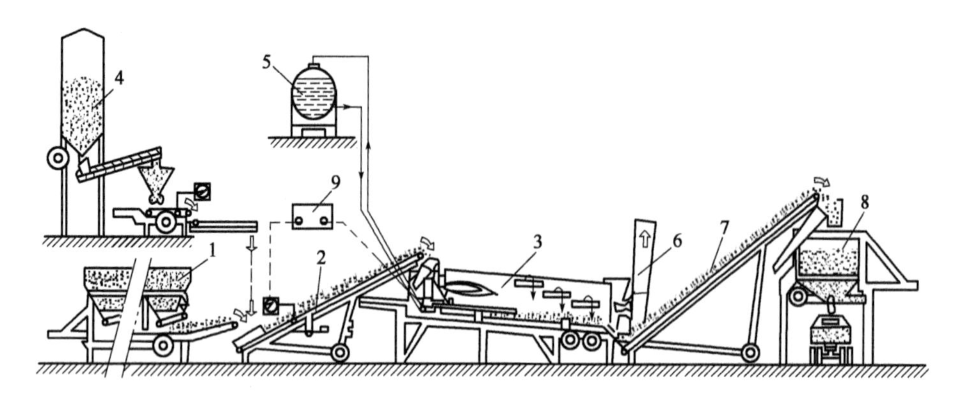

图 5-19　连续滚筒式沥青混凝土拌和设备结构图

1-冷矿料储存和配料装置；2-冷矿料输送机；3-干燥拌和筒；4-矿粉供给系统；5-沥青供给系统；6-除尘装置；7-成品料输送系统；8-成品料储存仓；9-控制系统

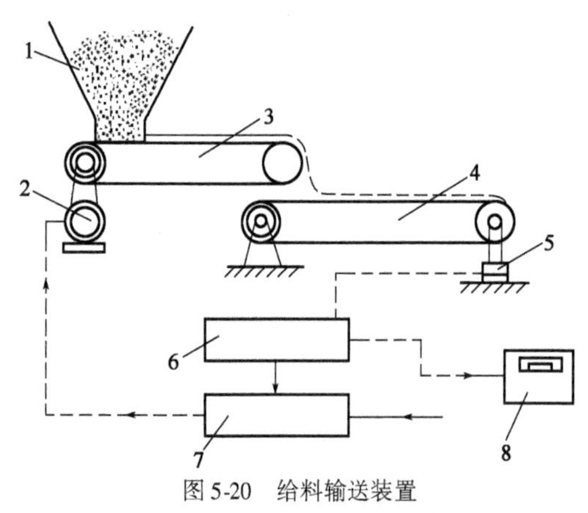

图 5-20　给料输送装置

1-料斗；2-调速电机；3-给料器；4-称重皮带机；5-质量传感器；6-速度传感器；7-流量控制器；8-流量指示器

电子皮带秤（图 5-20）由质量和速度传感器及控制元件组成。传感器采集信息输给控制装置放大并与设定值比较，通过改变调速电机的转速，使给料器的给料量保持在要求的范围之内。检测信号同时输入控制室的计算机，操作台可连续自动地显示冷集料的瞬时和累计生产量。

（二）冷矿料称重皮带输送机

各种规格的冷矿料经配料装置配料后，由称重皮带输送机运送至烘干—拌和滚筒。因此，称重皮带输送机不仅是运输装置，而且是各种级配料质量总和的称重装置。在称重皮带输送机的进料端设有一个备用振动筛，用以去除大于某一限定规格的石料（常为 40mm）进入烘干—拌和滚筒。在该机的中部承载边装有质量传感器和速度传感器，当物料通过时，传感器将检测到的质量和速度信号输入控制室的微机，同时在操作台的面板上可连续、自动地显示出冷矿料的瞬时生产量（t/h）和累计生产量（t）。

（三）烘干—拌和滚筒

烘干—拌和滚筒是滚筒式拌和设备的核心部分。它的外部结构形式、驱动方式、支撑方式等与间歇强制式拌和设备的烘干滚筒基本一致。最大的区别是它的加热装置设在滚筒的进料端，集尘装置设在滚筒的出料端，物料与热气流同向流动，即采用顺流加热的方式。另外，在筒内一次完成冷集料的烘干、加热和与沥青的混合搅拌。图 5-21 所示为干燥拌和筒示意图。

（四）矿粉的供给与计量

矿粉加入烘干一拌和滚筒常见的有两种方法：一种是单独计量后，用螺旋输送机将矿粉送至冷矿料的称重皮带输送机上，随冷矿料一起进入烘干一拌和滚筒；另一种是计量后，采用气力输送的方式经管道从出料端进入滚筒，它的出口设在沥青管路的出口之下。采用前种方法，简单易实现，但是如果滚筒内风速过大，则容易使矿粉流失，成品料因填料的减少而品质恶化；采用后一种加入方式，由于矿粉从管内排出后即被上面喷洒的沥青黏附，因此不易被吹走，但是极易结团，难于拌和均匀。故保证矿粉的加入量和均匀的拌和效果，是滚筒式拌和设备的一个技术关键。

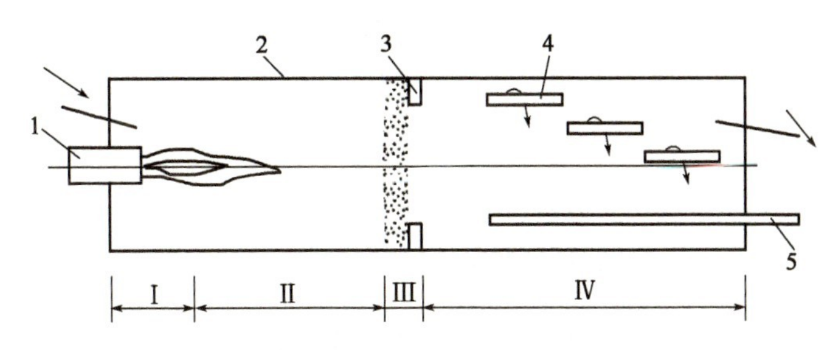

图 5-21 干燥拌和筒示意图

1-燃烧器；2-筒体；3-漏斗形叶片；4-提升抛撒叶片；5-沥青喷管；Ⅰ-冷拌区；Ⅱ-烘干加热区；Ⅲ-料帘区；Ⅳ-搅拌区

再有，对于滚筒式拌和设备需要解决一个矿粉连续计量的问题。目前有两种计量方法：第一种是采用电子皮带秤进行计量，即在矿粉仓底部的叶轮给料器之后设一电子皮带秤，该皮带秤将连续采集的信号输入到控制室的微机里，由微机进行数值比较，若与设定的数值有差异时，系统将自动变更叶轮给料器的转速，调整供料量；第二种计量方法称为失重计量法。这种计量装置由加料阀、称重给料仓、失重给料秤和微机四部分组成，并与调速电机驱动的螺旋给料机联机运行。

拓展知识

一、双滚筒式沥青混凝土拌和设备简介

新一代的沥青混合料拌和设备必须能够处理高比例的回收材料，能够提高砂石料的加热温度，不得排放污染大气的气味和烟雾（不透明度要求为零），其生产效率必须等于或高于现有的拌和设备，必须能够接受各种回收材料并能生产出优质成品料。双滚筒式沥青混凝土拌和设备（图 5-22）是一种全新的设备，即烘干—拌和滚筒采用了双层结构。内筒相当于一个大的旋转主轴，其内部结构、支撑和驱动方式与间歇式拌和设备的烘干滚筒相类似，筒内仍作为冷矿料的加热空间，但采取了逆流加热的方式，冷矿料在这里被烘干、加热后，从燃烧器这一端的内筒筒壁的缝隙中流入到外筒的内腔中。在内筒的外壁上装有许多可更换的拌和叶桨，当内筒旋转时，叶桨就拨动外筒内腔中的各种混合料向与燃烧器相反的方向做螺旋推进运动，变自落式拌和为强制式拌和，并且沿滚筒经历了较长的运动轨迹（即较长的拌和时间），从而得到了均质的成品料。外筒与机架固定是不旋转的，筒壁外侧包有绝热材料和密封薄铁板，筒壁内侧装有耐磨衬板。外筒的内腔提供了一个大的裹覆空间，收回材料从燃烧器这一端进入外筒，首先与从内筒流入的已加热的新鲜砂石料混合，吸收新鲜砂石料所携带的热量，使旧沥青得以软化、升温，再生料中的水蒸气和轻油气则从新鲜砂石料流出的缝隙中被吸入燃烧器而焚化，因而大大降低了因采用回收材料所造成的污染，并使回收料的比例可高达 50%；回收材料的热量 90% 来自新鲜的热砂石料，10% 来自内筒壁和拌和叶桨的热传导，因此即便提高砂石料的加热温度，也不致造成筒壁的热损失，相反可节约 10% 的燃料。随后，矿粉等添加剂也从外筒加入到这一裹覆空间，由于避开了热气流，所以解决了单滚筒拌和设备难以避免的矿粉失

散问题，并且在叶桨的强制搅动下，可以均匀地分散在混合料中。最后，在外筒壁适当的位置，喷入新鲜的沥青，实现对上述各种集料的裹覆。在这里沥青也因避开了燃烧器的烈焰，而防止了可能出现的老化，其分裂出来的轻质油，同样被吸入燃烧火焰中而焚化。优质成品料从外筒远离燃烧器一端卸出，充分燃烧后不再有烟雾的气体从内筒进料端一侧经集尘装置排入大气。由于回收材料和新鲜沥青中的轻质油已被充分燃烧，布袋式集尘装置的过滤袋不再被油污侵蚀，因而大大提高了使用寿命。另外，外筒底侧开有一个液压操纵的大的活门，可供司机进入腔内检查、维修之用。

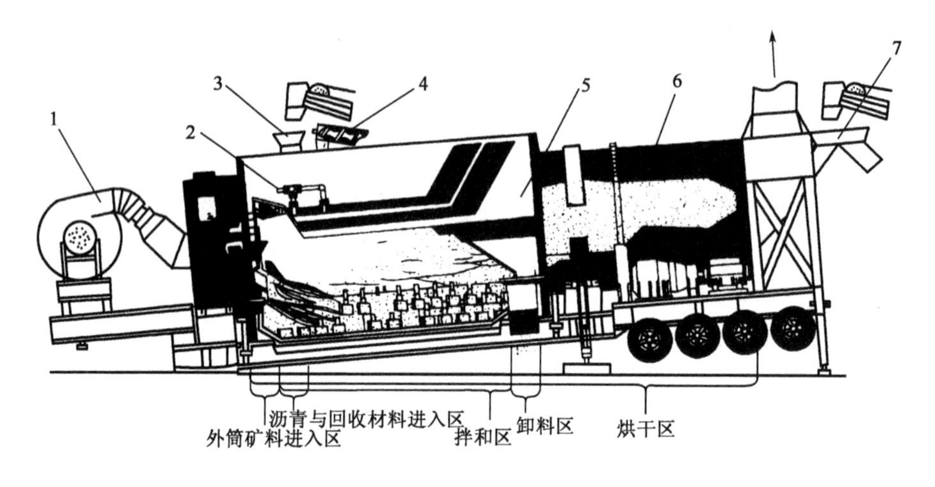

图 5-22　双滚筒式沥青混凝土拌和设备

1-燃烧器；2-新沥青入口；3-回收材料入口；4-矿粉入口；5-外筒；6-内滚筒；7-新矿料入口

其优点可归结如下：

(1) 回收材料的利用率可高达50%，并且无黑烟排放。

(2) 粉尘排放可降低至95mg/m^3。

(3) 较高的砂石料加热温度。

(4) 可使用多种再生料。

(5) 可使用较软的沥青。

(6) 节省燃料达10%。

(7) 提高产量15%。

二、沥青混凝土拌和设备控制系统

沥青混合料拌和设备是个较复杂的生产设备，其生产过程复杂，工作环境恶劣，灰尘多、干扰源多、振动大，特别是现代的公路系统对沥青混合料成品的质量要求较高，因而对沥青混合料设备的控制系统提出较高要求。这就要求控制系统可靠性高、实时性好（响应速度快）、可维修性与环境相容性好、功能强、性价比高。

沥青混凝土搅拌设备的控制系统有三种，即手动系统、程序控制系统和计算机控制系统。随着传感技术、计算机处理技术和控制技术的进步，计算机控制的全自动混凝土搅拌设备已广泛使用。对于混凝土搅拌设备，其自动控制的对象主要是集料的加热温度、集料的级配和计量、石粉的含量以及油石比。

归 纳 总 结

(1)在修筑沥青混凝土道路的路面施工工程中，要完成沥青混凝土的拌和、运输、摊铺和压实等一系列工序，这些工序中的第一道工序就是沥青混凝土的拌和。所谓沥青混凝土就是将各种规格的集料(砂、石)、黏结剂(沥青或渣油)和填料(矿粉)按一定比例混合而成的混合料。

(2)间歇强制式沥青混凝土拌和工艺流程为不同规格的冷砂、石料经冷矿料储存及配料装置的给料机进行初配后，由冷矿料输送机送至烘干滚筒烘干、加热，一般以柴油、重油或渣油作为燃料，由燃烧器雾化燃烧，并采取逆流加热方式；矿料被烘干、加热至140～160℃后从滚筒排出，由热矿料提升机送入筛分装置进行二次筛分；筛分好的各种砂、石料分别储存在热储料仓的隔仓内，然后按预先设定的比例先后进入热矿料称量斗内累计称重计量；与此同时，储存在专用筒仓里的矿粉由螺旋输送机送至矿粉称料斗内称重计量。此外，储存在保温罐内的热沥青(170～180℃)由沥青输送泵经带保温的沥青管道，抽送至沥青称量桶内称重计量；各种材料按配合比分别计量后，按预先设定的程序先后投入到拌和器内进行强制拌和，待拌和均匀之后，或直接卸入运输车辆中，或送至成品料储存仓内暂时储存。

(3)续滚筒式沥青混凝土拌和工艺即冷矿料的烘干、加热及与热沥青的拌和是在同一滚筒内进行的，其拌和方式是非强制式的，它依靠矿料在旋转滚筒内的自行跌落而实现集料的混合，并被沥青均匀裹覆。采用滚筒式拌和工艺，使得所需要的设备得以简化，能耗降低。

思考题

1. 简述沥青混凝土拌和设备的用途与分类。
2. 简述间歇强制式沥青混凝土拌和工艺。
3. 简述间歇强制式沥青混凝土拌和设备的组成。
4. 简述间歇强制式沥青混凝土拌和设备的主要部件。
5. 简述连续滚筒式沥青混凝土拌和工艺。
6. 简述连续滚筒式沥青混凝土拌和设备的组成。
7. 简述连续滚筒式沥青混凝土拌和设备的主要部件。
8. 简述双滚筒式沥青混凝土拌和设备的特点。

项目六

摊铺机械

知识要求：

1. 掌握和了解沥青摊铺机的用途、分类、基本结构；
2. 掌握和了解水泥混凝土摊铺机的用途、分类、基本结构。

技能要求：

具有沥青摊铺机的使用、管理、维护能力；具有水泥混凝土摊铺机的使用、管理、维护能力。

任务提出：

搅拌站将拌和好的沥青混合料或水泥混合料用运输车运送到施工现场后，要用专用机械设备把混合料按照技术要求迅速而均匀地摊铺在已经整好的路基上，并给予初步捣实和整平，既可保证质量，又可提高施工效率，这个专用机械就是摊铺机。

任务一　沥青混凝土摊铺机

相关知识

一、用途与分类

沥青混合料摊铺机是用来铺筑沥青混合料和其他级拌材料的专用机械，它将拌和好的混合料按照一定的要求（截面形状和厚度）迅速而均匀地摊铺在已经整好的路基上，并给予初步捣实和整平，既可以大大增加铺筑路面的速度和节省成本，又可以提高路面的质量。沥青混凝土摊铺机广泛应用于高速公路、汽车专用路、等级公路、飞机场、城市道路、修补道路、铁路路基、水利工程的沥青面层施工。

按照沥青混凝土摊铺机的施工工艺，混合料由自卸汽车直接从摊铺机前部倒入料斗，刮板输送机将混合料输送至摊铺室，螺旋布料器将混合料横向均匀摊开，最后由熨平装置将混合料摊铺和进行初步的压实。自动找平系统保证摊铺机在工作过程中，使摊铺的路面按照预定的形状和厚度成型。

沥青混凝土摊铺机主要按行走装置进行分类。此外，按照传动系传动方式、熨平装置的加宽方式和振捣梁的形式不同，也可作为沥青混合料摊铺机的分类依据。

（1）按行走装置不同分为轮胎式沥青混合料摊铺机和履带式沥青混合料摊铺机，如图6-1和图6-2所示。

图6-1　轮胎式摊铺机

图6-2　履带式摊铺机

轮胎式摊铺机因为轮胎变形对工作有影响，所以要达到摊铺要求比履带式摊铺机困难得多。一般前轮为实心光面轮胎，目的是减少因料斗内混凝土数量的变化引起前轮变形，而影响到摊铺厚度的变化；后轮为充气或充液轮胎，可提高其爬坡及附着能力。轮胎式摊铺机机动灵活，行驶速度较快，在弯道上摊铺可实现较平滑过渡，一般应用于铺筑宽度较小的施工中。

履带式摊铺机的接地比压低，可以防止对非坚硬地基或下垫砂层的损坏，对路基不平整度敏感性较差，可获得较大的牵引力。但其行驶速度较低，在转弯处摊铺容易形成锯齿状。应用场合较为广泛。

（2）按传动系传动形式的不同分为机械传动、液压机械传动和液压传动。

机械传动的传动机构由离合器、变速器和减速器构成。机械传动具有传动可靠，制造简单、传动效率高、维修方便等优点，但操作费力，传动装置对载荷的适应性较差，容易引起发动机熄火。机械传动一般应用于小型的轮胎式沥青混合料摊铺机中。例如：徐州工程机械制造厂生产的 LTL45A 型沥青混合料摊铺机就使用机械传动。

液压机械传动是由液压泵、液压马达以及变速器、减速器构成。这种传动方式具有液压和机械传动的优点，可实现无级调速，可以提高沥青混合料摊铺机的自行转场速度。例如：陕西建设机械厂生产的 ABG411 型摊铺机。

液压传动由液压泵和液压马达构成，可无级变速，实现摊铺机的原地转向，操作简便。这种传动方式为现代大部分沥青混合料摊铺机的传动装置所采用。液压传动结构复杂、制造精度较高。

(3)按摊铺宽度分为小型、中型、大型、超大型。

小型摊铺机摊铺宽度一般小于 3.6m，主要用于养护和低等级路面的摊铺；中型摊铺机摊铺宽度 4～6m，主要用于二级以下公路路面修筑和养护作业；大型摊铺机摊铺宽度 6～10m，主要用于高等级路面施工；超大型摊铺机摊铺宽度 10m 以上，主要用于高速公路施工，路面纵向接缝少，整体性能好。

(4)按振捣装置的不同分为单振捣梁式和双振捣梁式。

单振捣梁式结构简单，预压实效果较差；双振捣梁式有很好的预压实效果。

二、沥青混凝土摊铺机的主要性能参数

国内已有不少工程机械制造企业在生产沥青混合料摊铺机，主要生产厂家有：西安筑路机械厂、陕西福润德建设机械有限责任公司(陕西建设机械厂)、三一重工、徐州工程机械制造厂、镇江华通机械集团公司(镇江路面机械厂)、江苏建筑机械厂等。表 6-1 列举了几种沥青混凝土摊铺机的主要性能参数。

几种国产沥青混合料摊铺机的性能参数　　表 6-1

摊铺机型号	LTU125	LTU60A	S1502A	S1800A	LTU90
基本摊铺宽度(m)	3	2.5	2.5	3.0	2.5
最大摊铺宽度(m)	12.5	6.0	6	8.5	9
最大摊铺厚度(mm)	300	300	300	300	300
摊铺速度(m/min)	0～18	0～18	0～18	0～20	0.8～12
行驶速度(km/h)	0～3.5	0～4.5	0～18	0～2.5	0～2.5
料斗容量(t)	14	12	13	13	14
额定生产率(t/h)	800	300	300	600	500
爬坡能力(%)	20	20	20	20	20
振捣频率(r/min)	0～1600	0～1500	0～1800	0～1800	0～1800
拱度调节(%)	0～3	0～3	0～3	0～3	0～3
发动机型号	F8L413	F6L913	F6L912	BF6L914C	BF6M1013C
额定功率(kW)	157	84	69	121	161
额定转速(r/min)	2300	2300	2150	2150	2200
整机质量(t)	24.5	16.5	14.2	20	20
外形尺寸(mm×mm×mm)	6495×2500×3520	5800×2500×3635	5960×2500×3630	6485×3000×3635	6225×3000×3700
熨平板加长方式	机械有级加长	机械有级加长	液压无级伸缩	液压无级伸缩	机械有级加长
熨平板加热方式	电加热	电加热	电加热	电加热	丙烷气加热
生产厂家	徐工	徐工	徐工	徐工	三一重工

三、沥青混凝土摊铺机的基本构造

沥青混凝土摊铺机主要由一台特制的履带式或轮胎式基础车、供料设备、工作装置和操纵装置等组成，如图 6-3 所示。

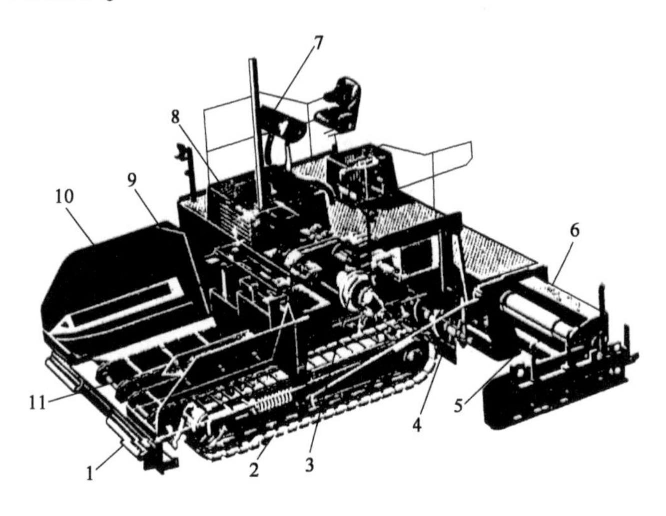

图 6-3　履带式沥青混凝土摊铺机基本结构

1-推辊；2-履带装置；3-传动系统；4-螺旋摊铺器；5-夯实板；6-熨烫板；7-操纵系统；8-发动机；9-料斗闸门；10-料斗；11-刮板输送机

（一）供料设备

供料设备由推辊、料斗、刮板输送机、闸门组成，如图 6-4 所示。

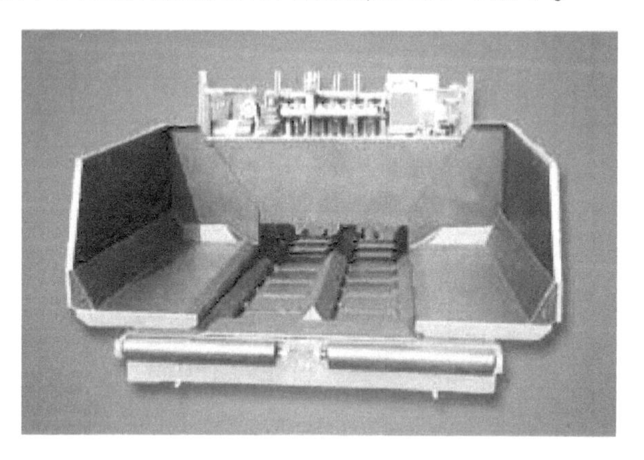

图 6-4　供料设备

推辊位于摊铺机的最前端的凸出部分，有两个左右对称的推辊，推辊的作用是配合自卸汽车倒车卸料，当装满混合材料的自卸汽车倒退至摊铺机的正前方位置时，汽车后轮顶住摊铺机的两个推辊为止，自卸汽车的变速杆置于空挡位置，让自卸汽车在摊铺机的推动下前进。升起自卸汽车车箱向摊铺机料斗卸料。摊铺机一边推着自卸汽车前进，一边完成摊铺作业，直至自卸汽车车箱的混合料卸完为止。空载自卸汽车驶离，下一台自卸汽车重复同样的作业配合。

料斗位于摊铺机的前端，用来接收自卸汽车卸下的混合料。料斗由左右两扇活动的斗壁组成，斗壁的下端铰接在机体上，用两个油缸控制其翻转。两扇活动斗壁放下时可以接收自卸汽车卸下的物料，上翻时可以将料斗内的混合料全部卸到刮板输送器上。料斗靠近发动机侧有两个手动的销子，当料斗收起时可以将料斗固定在收起位置。摊铺机运输过程中，收起料斗并固定，可以减小摊铺机的运输宽度，保证安全。

刮板输送机装在料斗底部，可在料斗的底板上滑移。刮板输送机的作用是，将自卸汽车倒入摊铺机料斗内的混合料，输送至尾部摊铺室。

刮板输送机如图6-5所示有单个和两个之分，较大型的摊铺机都并排设两个。每个刮板输送机有左右两根同步运转的传动链，每隔数个链节用一条刮料板将左右链条连接。当链条运转时，刮板就将料斗中料运向摊铺室。采用液压传动系的摊铺机，两个刮板输链分别由两个变量马达和减速装置驱动。可以实现刮板输送机的无级调速，控制刮板输送机的速度，进一步控制混合料进入螺旋布料器的数量。

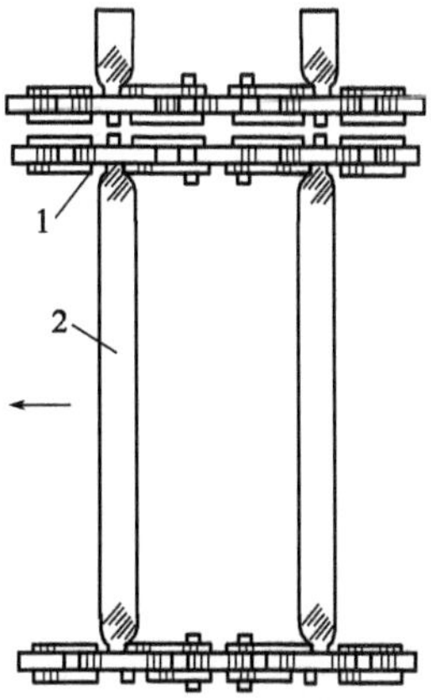

在许多摊铺机上，料斗的后方安装有供料闸门，一般以油缸控制。改变闸门的开度，可以调节刮板输送机上料带的厚度，从而改变刮板输送机的生产率。

图6-5 刮板输送机
1-链条；2-刮板

（二）工作装置

工作装置主要由螺旋摊铺器、振捣装置和熨烫装置等组成。

螺旋摊铺器安装在摊铺室内，分左右两个，其作用是将刮板输送机送来的混合料，均匀地横向摊铺开来。螺旋摊铺器是由两根大螺距、大直径叶片，螺旋方向相反的螺杆组成，左侧螺旋布料器为左旋，右侧螺旋布料器为右旋，如图6-6所示。工作时，两个螺旋摊铺器的转向相同，使混合料向摊铺机的两侧输送。在左、右螺旋布料器内侧的端头，装有中间反向叶片，用以向中间填料，保证摊铺机后部中间具有同样均匀的物料供应，从而获得具有同样密实度的摊铺层。

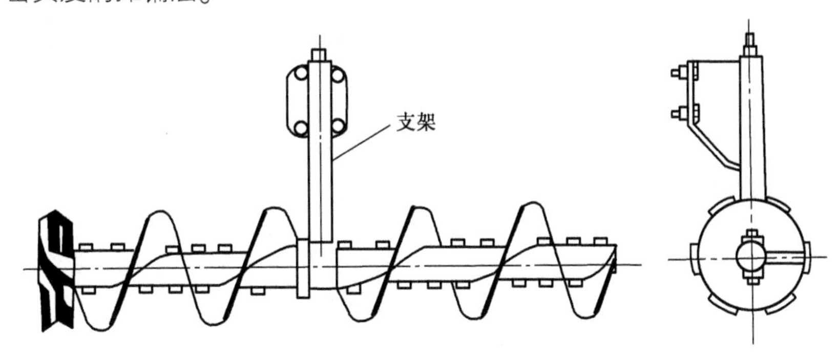

图6-6 装配式螺旋摊铺器

振捣装置布置在螺旋布料器之后、熨平板之前，由偏心轴和铰接在偏心轴上的振捣梁组成，通常将整套振捣装置简称为振捣梁。与螺旋布料器一样，机上有两套并排布置结构相同的振捣装置。振捣梁的作用是将横向铺开的料带进行初步捣实，将大集料压入铺层内部。振捣装置有单振捣梁式和双振捣梁式。单振捣梁结构比较简单，但振捣的密实度较低。双振捣梁式振捣装置，前后有两套振捣装置，前面的是预捣实梁，后面为主振捣梁，振捣的密实度较高。

熨平装置布置在振捣装置之后，它的主要作用是将前面螺旋布料器送来的松散、堆积的混合料，按照一定的宽度、拱度和厚度，均匀地摊铺在路基上，同时，熨平装置对铺层的作用力也有预压实作用。熨平装置主要由熨平板、拱度调节机构、加热装置组成的。

(三)自动调平装置

现代摊铺机多设有自动调平装置，如图6-7所示。可根据道路不平度的变化随时调节熨平装置高度，使摊铺路面平整度符合技术要求，而不受路基不平度的影响。自动调平系统包括纵向调节和横向调节两个子系统。每一子系统都包括误差信号传感装置、信号处理及控制指令装置和终端执行装置三大部分。全液压伺服机构可以随机械误差信的大小，通过液压传动对熨平板进行比例调平。绝大多数摊铺机采用电一液压制调平装置。即用传感器将机械信号变电信号，经过处理放大后，由控制指令置传给终端执行机构。执行机构可以是电动的或液压的。

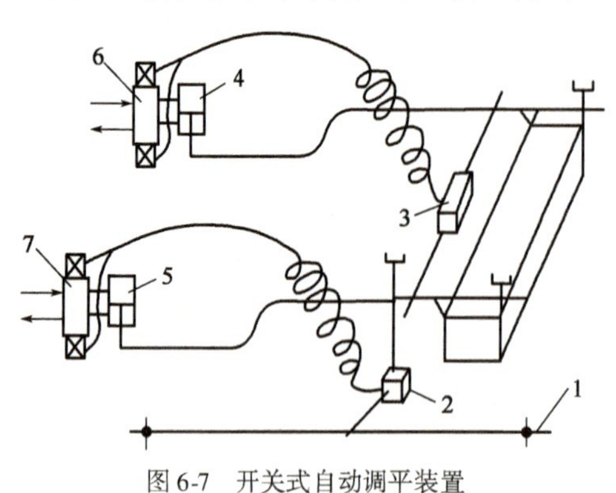

图6-7　开关式自动调平装置

1-基准线；2-纵坡传感器；3-横坡传感器；4、5-调平油缸；6、7-电磁阀

应用与技能

一、施工前的一般准备工作

(1)对摊铺机各工作装置检查：调整刮板输料器、料斗闸门、螺旋分料器，使之处于良好工作状态；熨平装置安装调整正确，加热装置工作良好，自动调平装置安装正确，各控制器工作正常；安装好熨平板的安全防护栏和脚踏板。

(2)对摊铺机的动力及传动系统进行检查：调整发动机使之运转正常，离合器和传动系统工作正常，履带松紧适度，轮胎气压正常，电气系统工作可靠，操纵系统灵活可靠，液压系统工作正常。

(3)作业前，用喷油器向料斗、推辊、刮板输料器、螺旋分料器、行走传动链和振动熨平板等各部喷洒薄层柴油。

(4)合理选择摊铺机的工作速度、螺旋分料器转速。

二、结构参数的调整

按工程要求确定并调整摊铺机的摊铺宽度、摊铺厚度和拱度三个基本结构参数。对分料螺旋的离地高度、分料螺旋与熨平板的距离、刮料板的离地高度、振捣器行程进行必要的调整。

(一)熨平板初始工作角和摊铺厚度的调整

在一般摊铺机上，装有自动螺旋调节机构(厚度调节器)，调节初始工作角。调整方法将摊铺机停置于水平路段，操纵升降油缸，放下熨平板并使升降油缸处于浮动状态，在熨平板下面垫长度与熨平板宽度等长、厚度等于摊铺厚度加上虚方量的木板，当旋动左右调节螺杆使熨平板完全落到木块上为止，这时厚度调节器应处于中立位置(即正反螺旋匀有手感间隙)。然后根据摊铺厚度大小向右旋动螺杆，使熨平板前缘抬高，形成初始工作角(一般情况下调节螺杆右旋1~1.25圈)。在摊铺厚度小于100mm时初始工作角一般在15′~40′。

(二)熨平板拱度的调整

熨平板拱度的调整，须在熨平板宽度调整后进行。用拱度调整机构调整熨平板的拱度，调的拱度值须与施工要求相符。具有前后拱结构的摊铺机，前拱应略大于后拱，以利于铺层的表面质量和结构密实度。前拱和后拱的差值应控制得当。前拱过大，易出现铺层两侧疏松，中部紧密、表面易拖出亮痕和纵向条纹；前拱过小或小于后拱，容易出现铺层中部疏松。两侧拖出亮痕和纵向条纹。一般前后拱差值对机械加长式度平板为 3 ~ 5mm，对液压伸缩式熨平板为 2 ~ 3mm。

(三)熨平板前缘与分料螺旋距离的调整

现代摊铺机上，熨平板与分料螺旋之间的距离是可调的。其主要目的是为了适应不同摊铺厚度、基层强度、拌和料油石比、集料粒度和拌和温度等变化而进行调整的要求。

调整这一距离的原则是：摊铺厚度在 100mm 以下中粒式或粗粒式拌和料，集料最大粒径 30mm 左右，混合料温度正常时，距离适中，摊铺厚度大，集料粒径大，混合料温度较低时，应增大间距，在软质(如稳定土)稳定层摊铺、摊铺厚度较小、混合料粒径较小时，间距要缩小。

(四)分料螺旋离地高度的调整

目前，有些摊铺机的分料螺旋的离地高度可以调整，以适应不同摊铺厚度的需要。较大的离地高度，用于厚层摊铺；较小的离地高度用于薄层摊铺，螺旋离地高度的调整范围通常在 0 ~ 30cm。

(五)振捣器频率和行程的调整

振捣器频率的调整：大行程采用低频，小行程采用高频。调整时由低到高逐步增加。在摊面层时，一般每前进 5mm，振捣次数不得少于 1 次，并随时检测摊铺层的密实度。

振捣器行程调整分为有级调整和无级调整两种，调整范围一般为 4 ~ 12mm。摊铺集料粒径较大时使用大行程，摊铺面层时，只能使用小行程。

(六)熨平板刮料板高度的调整

摊铺机熨平板前缘装有刮料板，对其离地高度要根据铺层厚度和混合料集料粒径大小进行调整。刮料板高度的不同，使熨平板前混合料的数量不同，混合料对熨平板工作面的抬升力不同，熨平板工作角的变化将影响摊铺厚度和平整度。所以，刮料板的高度要调整得当。

刮料板高度调整的要求是：在薄层摊铺时，刮料板刃部高出熨平板底面 130 ~ 150mm 为宜，对于液压伸缩刮料板，此值应予减小。摊铺厚度增加或混合料粒径较大时，此值应适当加大；摊铺厚度小、混合料集料粒径小时，此值应适当减小。调整后，应保证刮料板底刃与熨平板底面平行。

三、自动调平装置的使用

(一)基准的设置

这里所说的基准，是指纵向参照基准。纵向参照基准有以下几种：

1. 张紧绳

张紧绳属绝对基准，是最普遍使用的基准。基层不平度波长大于 5 ~ 6m 时，不适于使用拖式平均梁，或不具备基准条件的构筑物时，都必须使用张紧绳作为基准。张紧绳架设的方法和要求如下：

沿摊铺层一侧或两侧埋设桩柱，桩柱间距 10m，高于铺层 75 ~ 150mm，距铺层边缘 160 ~ 500mm，桩柱应尽量靠近测量标桩，必要时，可在桩柱间设置支承桩。张紧绳架设在桩柱横杆上，走向须平行于道路中心连线，高度按标桩测线，标准误差不得大于2mm，选用直径2mm的高强钢丝，应无锈蚀、无明显弯曲和扭结，其张紧力不小于800N，架设长度一般不大于200m，当选用尼龙绳时，张紧力应不小于400N，架设长度不大于80m。张紧绳一端固定，另一端与弹簧秤连接，并用专用拉紧器和滑轮组固紧，使张紧力符合规定值。弯道处架设的张紧绳，在满足安装传感器的前提下缩小，以减少厚度增量。

2. 拖杆或平均梁

基层不平度波长小于5~6m，不平度不大于5mm时，使用拖杆或平均梁，可以将路基波部分消除，使用正确时可以达到理想效果。拖杆或平均梁是随摊铺机同步移动的相对基准，长度约6m，上面架设基准线，传感器栅臂交搭在基准线的中部。拖杆在路基上滑行，平均梁靠4个或8个脚轮支承在路基上移动。

3. 滑靴

在传感器上直接安装小滑靴，替代栅臂，这时，滑靴在已铺好的铺层或具备基准条件的构筑物上滑行。此种方法多在接缝施工时采用。

如果是冷接缝，滑靴以压实后的铺层作为基准，但应设置在离路缘30~40cm远的铺层上；如果是热接缝，滑靴可以设置在未碾压的铺层上或铺层边缘内。

（二）正确选用纵向和横向控制装置

当摊铺宽度大于6m时，应采用双侧高度控制装置，以防止熨平板结构刚度降低产生变形而引起控制系统精度降低；当摊铺宽度小于6m时，使用高度控制装置和横坡控制装置联合作业。

多层结构路面摊铺，第一层和第二层摊铺应单侧或双侧采用张紧绳为基准。表层摊铺不必再使用自动调平装置，因为这时摊铺机在平整度良好的铺层上作业，可充分发挥其本身自调平功能，而且可以避免基准架设误差和自动调平装置允许范围内误差的发生。

弯道摊铺，当摊铺宽度大于6m时，应使用双侧高度控制系统，可减少厚度增量。但由于基准线曲线段只能架设成折线，有造成跟踪精度降低的可能性。所以在摊铺宽度小于6m时，还是采用纵向和横向传感器同时工作为好，但应由专人操纵坡度给定器，将设计横坡值连续输入控制系统，这样可获得圆滑而无增量的曲线段。

（三）自动调平装置的使用与调整

安装纵横向传感器的位置，应尽量靠近牵引长度的终端，采用张紧绳作为基准，应将纵向传感器的栅臂以45°角搭接在张紧绳上，并接通电源，对传感器预热10min。

检查调整纵横向传感器的死区。在调整纵横向传感器死区时，牵引臂锁销应置于工作位置；横向传感器死区通常在±0.2%~0.02%（按说明书规定值调整），纵向传感器死区调整到栅臂端头动作上下1.5~0.5mm以内（按说明书规定值调整），油缸尚未工作为宜（这时油缸工作指示灯不亮），然后把传感器调整到中立位置，合上传感器开关。新机器出厂时，纵横向传感器死区范围已调整好，只需检查死区是否与规定值相符。

首先在自动调平装置不工作的情况下，进行15~20m距离内试摊铺并检查调整下列项目：摊铺厚度值是否符合规范要求，传感器是否仍处于中立位置（其工作指示灯不亮），左右牵引臂铰接点高度是否一致，油缸行程是否处于中间位置。当完成上述工作后，将纵横向传感器工作开关拨到“工作”位置，即自动调平装置开始工作。在摊铺过程中，应注意观察并按说明书规定校对牵引点的升降速度。

停止作业时，应先断开自动调平系统开关，使调平油缸处于静止位置。

四、熨平装置的预热与保温

熨平装置的预热与保温，是保证摊铺质量的重要措施之一。其目的是减少熨平板及其附与混合料的温差，以防止混合料黏附在熨平板底面上而影响铺层质量。

预热在摊铺前适时进行，保温在摊铺中断时进行，预热和保温应注意以下几点：

(1)熨平板加热应放置在现场平整地面上进行，尤其是摊铺宽度较大时。

(2)要掌握预热和保温时间，使熨平板温度接近混合料的温度为止。防止熨平板过热变形，尤其是用气体或液体燃料时，要掌握火焰的大小，采用间歇燃烧多次加热法或靠自身导热，或靠热风循环进行交替加热，每次点燃时间不得大于10min。

(3)摊铺中断时熨平板应保温，如中断时间短，可借助于刚摊铺完的热铺层进行保温，但应将熨平板提升油缸锁死，避免熨平板下沉；如采用火焰保温，应尽量减小火焰。

(4)预热后的熨平板在工作时，如果铺面出现小量沥青胶浆而且有拉沟时，表明熨平板已过热，应冷却片刻，再进行摊铺。

任务二　水泥混凝土摊铺机

相关知识

一、用途与分类

水泥混凝土摊铺机是用来将符合路面材料规范要求和摊铺要求的水泥混凝土均匀地摊铺在已修整好的基层上，经振实、抹平等连续作业程序，铺筑成符合路面标准要求的水泥混凝土面层的设备。它已广泛应用于公路、城市道路、机场、港口、广场以及水库坝面等水泥混凝土面层的铺筑施工中。

水泥混凝土摊铺机的分类方法较多，按行走方式不同，可将水泥混凝土摊铺机分为两大类：一类是轨道式摊铺机、另一类是履带式摊铺机。轨道式摊铺机，采用固定轨道和固定模板进行摊铺作业，因此，又叫作轨模式摊铺机。履带式摊铺机，采用随机滑动模板进行摊铺作业，因此又叫作滑模式摊铺机。

二、轨模式摊铺机

轨模式水泥混凝土摊铺机，不论其结构形式如何，都是在预先铺设好的钢轨上行走和施工作业。轨模式水泥混凝土摊铺机有三种基本形式：一是将布料机、振实装置、抹平装置等多种作业机构集于一体，摊铺作业可以一次完成。如美国CURBMASTER公司生产的CMSP型摊铺机等即属于这种类型。二是把布料、振实、抹平等作业机构分别置于两台或两台以上独立单机上，分别完成施工作业。如德国福格勒公司生产的J型摊铺机就是将布料、振实，抹平做成三台相互独立的单机。三是机架采用框形構架结构，可以实现大宽度摊铺(最大宽度可达到42.7m)。如美国高马科公司生产的C450、C650F型摊铺机等。

轨模式水泥混凝土摊铺机由行走机构、传动系统、机架、操纵控制系统和作业装置构成。作业装置包括布料机构、计量整平、振动捣实和光整作面机构，如图6-8所示。

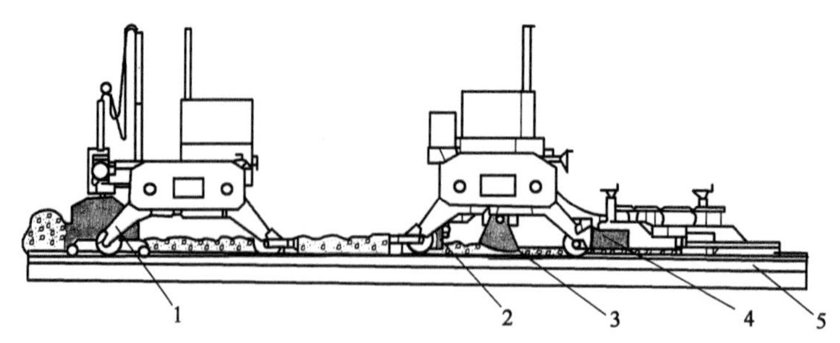

图 6-8 轨模式摊铺机

1-摊铺器;2-刮板;3-振捣装置;4-修光器;5-轨道

轨模式摊铺机的优点是结构简单,价格低,可靠性好,易于维修,操作容易,对混合料的要求相对较低。但其施工需要大量的钢轨和模板,劳动强度大,自动化程度低,施工速度和施工质量都相对较低。

轨模式水泥混凝土摊铺机,适用于一般道路水泥混凝土路面、城市街道、机场跑道及停机坪等水泥混凝土面层的铺筑。

三、滑模式摊铺机

滑模式水泥混凝土摊铺机自动化程度高,可实现自动找平、自动导向、自动调速等自动控制,可一次成型地完成各种道路施工工序。但滑模式水泥混凝土摊铺机结构较复杂,对司机技术素质及水泥混凝土质量要求相对较高。

滑模式摊铺机的主要结构一般由动力传动系统、机架、行走机构,自动控制系统、工作执行机构、喷水系统等几部分组成。CMI 公司生产的四履带滑模式摊铺机主要由下列系统组成:动力传动系统、主机架系统、四条履带支腿总成系统、螺旋布料器系统、虚方板控制系统、振动棒系统、捣实板系统、拉杆插入系统、成型模板系统(含侧模板和超铺板)、浮动模板系统、自动的找平和自动转向等自动控制系统等等。图 6-9 为 CMI 公司生产的 SF450 型四履带滑模式摊铺机。

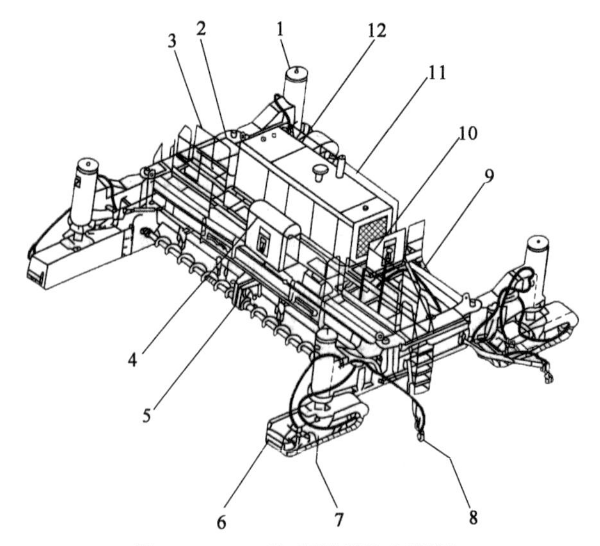

图 6-9 SF450 型四履带滑模式摊铺机

1-支腿;2-喷水装置;3-机架;4-操纵系统;5-摊铺装置;6-履带装置;7-转向装置;8-自动调平装置;9-伸缩梁;10-通道;11-发动机;12-油箱

其滑模式摊铺机的工艺流程：螺旋布料器—虚方控制板—振动棒—捣实板—成型模板—拉杆插入器—浮动模板—超级磨平器—拖布。

归 纳 总 结

(1)沥青混合料摊铺机是用来铺筑沥青混合料和其他级拌材料的专用机械，它将拌和好的混合料按照一定的要求(截面形状和厚度)迅速而均匀地摊铺在已经整好的路基上，并给予初步捣实和整平，既可以大大增加铺筑路面的速度和节省成本，又可以提高路面的质量。沥青混凝土摊铺机广泛应用于高速公路、汽车专用路、等级公路、飞机场、城市道路、修补道路、铁路路基、水利工程的沥青面层施工。

(2)水泥混凝土摊铺机是用来将符合路面材料规范要求和摊铺要求的水泥混凝土均匀地摊铺在已修整好的基层上，经振实、抹平等连续作业程序，铺筑成符合路面标准要求的水泥混凝土面层的设备。它已广泛应用于公路、城市道路、机场、港口、广场以及水库坝面等水泥混凝土面层的铺筑施工中。

思考题

1. 简述沥青混凝土摊铺机的用途与分类。
2. 简述沥青混凝土摊铺机的基本构造及工作过程。
3. 简述沥青混凝土摊铺机如何调整熨平参数。
4. 自动调平装置如何使用？
5. 简述水泥混凝土摊铺机的用途与分类。
6. 简述轨模式摊铺机的组成及特点。
7. 简述滑模式摊铺机的组成及特点。

项目七

桩工机械

知识要求:

1. 掌握和了解预制桩施工机械的特点、构造、原理;
2. 掌握和了解钻孔机的特点、使用范围、组成;
3. 掌握和了解螺旋钻机的构造原理。

技能要求:

具有桩工机械的使用、管理、维护能力;掌握泥浆护壁钻孔机的施工方法;掌握全套管钻机的施工方法;掌握桩工机械的选用。

任务提出:

在公路、铁路桥梁、土木建筑、港口、深水码头等工程中,桩基础是最常用的基础形式,桩基础以承载力大、施工周期短、成本低等优点而被广泛应用。桩工机械是用于各种桩基础、地基改良加固、地下挡土连续墙、地下防渗连续墙及其他特殊地基基础施工的机械设备。桩工机械的作用、分类,构造原理及施工方法是我们要掌握和了解的。

任务一　预制桩施工机械

相关知识

基础桩有两种基本类型:预制桩和灌注桩。预制桩是用各种打桩机将预制好的基础桩打(振、沉)入土中。预制桩施工主要有打入法、振入法、射水法和压入法。

打入法是利用冲击能量冲击桩头,把桩贯入土中,如落锤、气锤、柴油锤和液压锤。振入法是利用高频振动器在桩头上施振,使桩贯入土中,如振动锤。

射水法是利用高压水泵通过射水管沿着桩身冲击其周围的土,减少土对桩的摩擦阻力,桩在自重的作用下沉入土中。

压入法是采用机械或液压方式产生的静压力,使桩压入土中。

一、冲击式打桩机械

冲击式打桩机械由桩架和桩锤组成。桩架分悬挂式和三点式,前者是在履带式起重机吊臂上吊起桩架立柱,立柱下方与底盘用支撑叉撑起。后者是拆除起重机的吊臂,直接将桩架立柱装在上面,并添加两个长斜撑,斜撑上端连在装架上,下端支承在液压支腿横梁上,具有较好的稳定性,必要时还可以调整两个斜撑的长度以打出斜桩。

常用的桩锤有柴油桩锤、气锤和液压锤。

(一)柴油桩锤

柴油桩锤有导杆式(图7-1a)和筒式(图7-1b)两种,导杆式桩锤的冲击部分是汽缸,它沿导杆上下往返运动冲击活塞;筒式桩锤的冲击部分是筒形活塞,它沿汽缸壁上下往返运动冲击锤座。导杆式柴油桩锤结构简单,打桩能量小,耐用性差,目前已很少使用;筒式柴油桩锤打桩能量大,施工效率高,应用较为广泛。柴油桩锤实际上就是一个二冲程柴油机。利用活塞上下往复运动作为冲击体进行打桩。柴油桩锤工作过程,如图7-2所示。

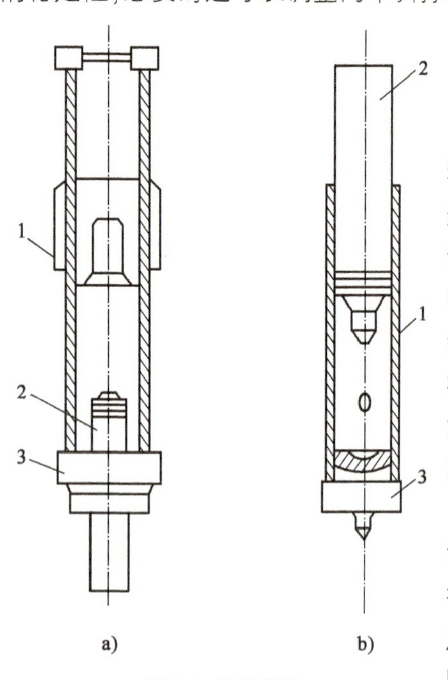

图7-1　柴油桩锤

a)导杆式;b)筒式

1-汽缸;2-活塞;3-锥座

柴油桩锤在起动时,是依靠外力通过起落架将冲击活塞提升到一定的高度,当起重钩触及限位撞块时,自行脱钩下落。当活塞下行触及油泵压块时,就开始向锤座的中央球槽中喷油,活塞继续下行关闭吸、排气口,此时缸内空气被压缩,这是喷油与压缩过程(图7-2a)。此后活塞下行,直到冲击锤座,产生强大的冲击力,使桩下沉。与此同时,喷入球槽中的柴油,在高温高压空气的作用下雾化,并着火燃烧(图7-2b)。燃烧爆炸力一边将活塞向上推,一边对锤座产生压力,加速桩的下沉(图7-2c)。当活塞上行到越过吸、排气口时,废气排出缸外(图7-2d)。活塞惯性上行,于是新鲜空气又被吸入(图7-2e)。当活塞上升到上止点时,开始下行,缸内新鲜空气被向缸外扫出一部分(图7-2f),重复喷油和压缩过程。完成一个工作循环。

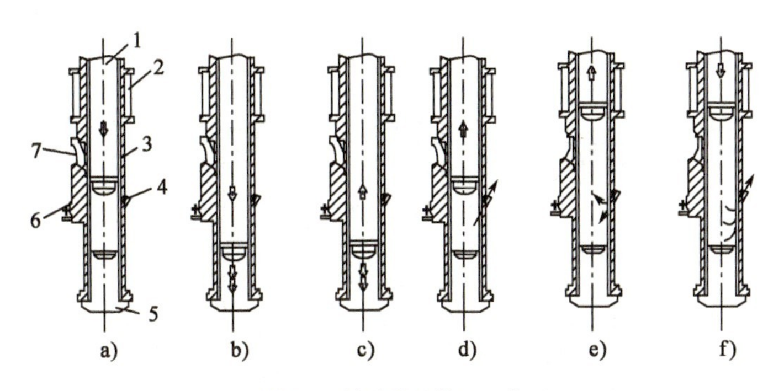

图 7-2 筒式柴油桩锤工作过程

a)下行喷油压缩；b)冲击；c)燃烧；d)上行排气；e)上行吸气；f)活塞下行

1-活塞；2-柴油箱；3-汽缸；4-吸排气口；5-锤座；6-喷油嘴；7-操纵压块油泵

柴油桩锤构造简单，使用方便，其最大特点是地层越硬，桩锤跳得越高，这样就自动调节了冲击力。地层软时，由于贯入度(每打击一次桩的下沉量，一般用毫米表示)过大，燃油不能爆发或爆发无力，桩锤反跳不起来，而使工作循环中断。这时只好重新起动，甚至要将桩打入一定深度后，才能正常工作。所以，在软土地区使用柴油锤时，开始一段效率较低。若在打桩作业过程中发现桩的每次下沉量很小，而柴油锤又确无故障时，说明此种型号桩锤规格太小，应换大型号桩锤。过小规格的桩锤作业效率低，而用过大的油门试图增大落距和增大锤击力的做法，其生产效率提高不大，而往往会将桩头打坏。一般要求是重锤轻击，即锤应偏重，落距宜小，而不是轻锤重击。另外，柴油桩锤打斜桩效果较差。若打斜桩时，桩的斜度不宜大于30°。柴油桩锤系列标准，参见表7-1。

柴油桩锤系列标准 表 7-1

型号	项目				
	冲击部分质量(kg)	桩锤总质量(不大于,kg)	桩锤全高(不大于,mm)	一次冲击最大能量(不小于,N·m)	最大跳起高度(不小于,m)
D8	800	2060	4700	24000	3
D16	1600	3560	4730	48000	3
D25	2500	5560	5260	75000	3
D30	3000	6060	5260	90000	3
D36	3600	8060	5260	108000	3
D46	4600	9060	5285	138000	3
D62	6200	12100	5285	186000	3
D80	8000	17100	6200	240000	3
D100	10000	20600	6458	300000	3

(二)气锤

气锤是以压缩空气或饱和蒸汽作为动力的冲击式打桩机。

气锤根据其冲击体不同分为缸体冲击式和活塞冲击式；根据动作方式分为单动气锤、双动气锤和差动气锤,如图 7-3 所示。

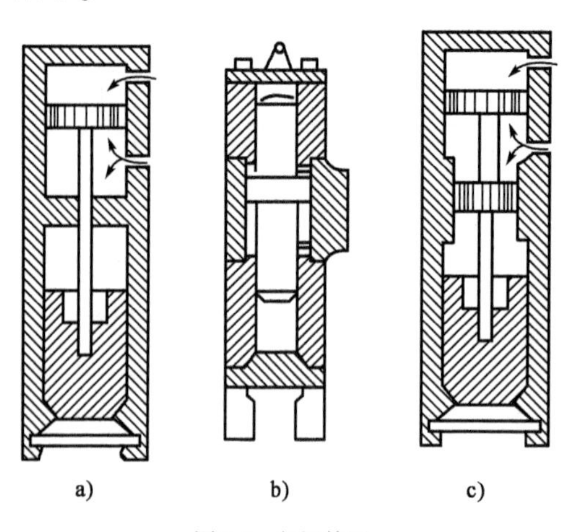

图 7-3　气锤简图

a)双动气锤;b)对称活塞杆式双动气锤;c)差动气锤

单动气锤是在活塞上升时由压缩空气推动,下降时则靠自身质量下降冲击桩头;双动气锤是不论活塞上升还是下降均由压缩空气推动;差动气锤是由同一活塞杆上装有两个不同直径活塞构成的,形成两个不同的内腔,通入压缩空气时,由两不同活塞面积产生的压力差使活塞运动,冲击桩头。

(三)液压锤

液压锤是以液压能作为动力的冲击式打桩机,分为单作用式和双作用式。

单作用式是通过液压能使冲击体提升一定高度后,快速释放,冲击体自由下落冲击桩头。

双作用式是通过液压能使冲击体提升一定高度后,液压系统改变油路方向,液压能推动冲击体以更高的能量冲击桩头。

液压锤冲击作用时间长,因而每次冲击功可大大加强,不易打坏桩头,冲击力可通过油压调节;没有空气污染,可水下打桩,并可打斜桩。

二、振动打桩机

振动打桩机是利用振动器产生激振力,使桩体产生高频振动,并将振荡波传给桩体周围的土,降低桩体下降(或提升)的摩擦阻力,桩体便在自重和激振力的作用下,沉入或拔出土中。

振动打桩机按动力源分为电动式和液压式;按工作原理分为振动式振动打桩机和振动冲击式振动打桩机;按振动频率不同分为低、中、高和超高频;按动力装置与振动器连接方式分为刚性和柔性两种。

振动打桩机主要结构由电动机、振动器、夹桩器、减振器等组成的。电动机与振动器之间刚性连接(无减振器)为刚性打桩机,见图 7-4a);反之,为柔性打桩机(振动频率可调)在电机与振动器之间有弹簧连接,见图 7-4b)。

冲击式振动打桩机既有振动,又有冲击,它是在振动器和夹桩器之间安装了冲击板(一对冲击凸块),在振动的同时给凸块快速的一连串冲击,从而使桩快速下沉,如图 7-4c)所示。振动冲击式振动打桩机具有很大的振幅和冲击力,适用于黏性土和坚硬的土作业。噪声大、电动机易损坏。

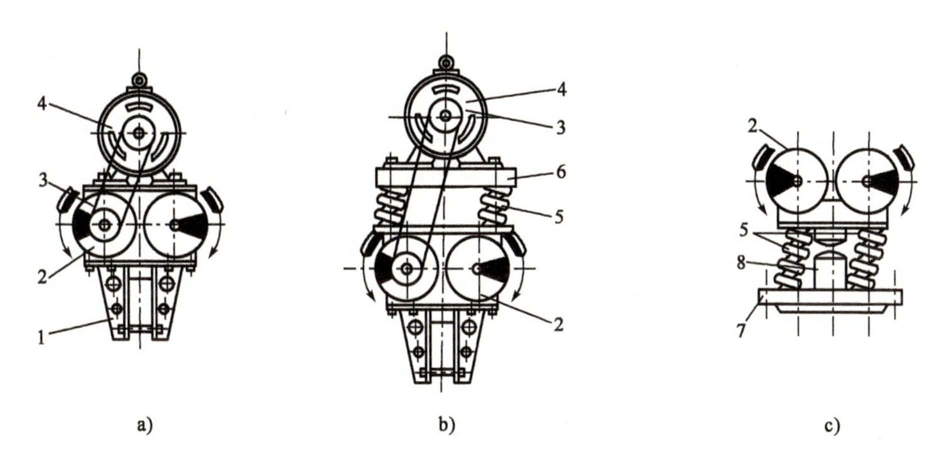

图 7-4　振动打桩机

a)刚性振动锤;b)柔性振动锤;c)冲击式振动锤

1-桩夹;2-振动器;3-皮带;4-电机;5-弹簧;6-电机底座;7-冲击板;8-冲击块

振动打桩机既可打桩,又可拔桩,故也称振动沉拔桩机。

任务二　钻　孔　机

相关知识

灌注桩是用钻孔机现场钻孔并灌注混凝土成桩的。

灌注法施工的关键是成孔,成孔的方法有挤土成孔法和取土成孔法。

挤土成孔法是把一根钢管打入土中,至设计深度后将钢管拔出,即可成孔,如振动锤。

取土成孔法可分为冲击成孔、冲抓成孔和钻削成孔。有冲击式钻孔机、冲抓式钻孔机、转盘式钻孔机、潜水钻机、螺旋式钻孔机。

与预制桩不同,灌注桩需要先钻孔,再灌注混凝土成桩,亦称钻孔桩。钻孔所需机械设备为钻孔机,通常有冲击式钻孔机、冲抓式钻孔机、旋转钻孔机、螺旋钻孔机。

拓展知识

一、预制桩施工机械适用范围及选用

预制桩施工机械适用范围及选用,见表 7-2。

预制桩施工机械适用范围及选用　　表 7-2

打桩机类别	适 用 范 围	优 缺 点
柴油打桩机	1. 轻型宜于打木桩、钢板桩 2. 重型宜于打钢筋混凝土桩、钢管桩 3. 不适于在过硬或过软土层中打桩	机架轻、移动方便,耗能低,效率高
振动沉拔桩机	1. 钢板桩、钢管桩、钢筋混凝土桩 2. 宜用于砂土、塑性黏土及松软砂黏土 3. 在卵石夹砂及紧密黏土中效果较差	沉桩速度快,操作简单安全,能辅助拔桩

续上表

打桩机类别	适用范围	优缺点
静力压拔桩机	1. 不能有噪声和振动影响邻近建筑的软土区 2. 压拔板桩、钢板桩、型钢桩、钢筋混凝土方桩 3. 宜用于软土基础及地下铁道明挖施工	无噪声、无振动，便于运输。只适用松软地基

二、灌注桩施工机械适用范围

灌注桩施工机械适用范围，见表7-3。

灌注桩施工机械适用范围 表7-3

各类灌注桩适用范围		适用条件
护壁成孔灌注桩	冲击成孔	适用于各种地质情况
	冲抓成孔	适用于一般黏土、砂土、砂砾土
	旋转正、反循环钻机	适用于一般黏土、砂土、砂砾土
	潜水钻成孔	适用于黏性土、淤泥、淤泥质土、砂土
干成孔灌注桩	螺旋钻成孔	适用于地下水位以上黏性土、砂土、人工填土
	钻孔扩底	适用于地下水位以上坚硬塑黏性土、中密以上砂土
	人工成孔	适用于地下水位以上黏性土、黄土、人工填土
沉管灌注桩	锤击成孔	适用于可塑、软塑、流塑黏性土、黄土、碎石土及风化岩
	振动沉管	
爆破灌注桩	爆破	适用于地下水位以上黏性土、黄土、碎石土及风化岩

应用与技能

一、冲击式钻孔机

冲击式钻孔机一般由履带式或轮胎式起重机悬挂一个冲锥组成。工作时，靠冲锥自由下落的冲击能量将土冲碎，用掏渣筒将碎渣排出孔外。冲锥有各种不同形状，大多为十字形。

冲击式钻孔机适用范围较广，用于岩层、坡积岩滩、漂卵石层或有孤石层地带的钻孔。钻孔直径一般为0.8~1.5m。

表7-4为常用冲击式钻孔机CZ系列主要技术性能。

冲击式钻孔机CZ系列主要技术性能 表7-4

型号	钻孔直径（m）	钻孔深度（m）	冲击次数（次/min）	提吊力（kN）	主机质量（t）	钻具质量（t）	外形尺寸（m×m×m）
CZ-22	0.6	30	40-50	20	7.5	1.3	8.6×2.3×2.3
CZ-30	1.3	50	40-50	30	13.67	2.5	10×2.7×3.5

二、冲抓式钻孔机

根据其护壁方式不同，分为泥浆护壁法施工的钻孔机和全套管施工法的钻孔机两种。

(一)泥浆护壁式冲抓式钻孔机

这种钻孔机主要由冲抓锥、钻架、卷扬机、动力装置和泥浆泵等组成。它们可以分别布置在现场,也可以集中布置在一台履带式基础车上,而成为一台完整的泥浆护壁式冲抓式钻孔机。作业时,由卷扬机将冲抓锥提升一定高度,此时冲抓瓣片处于张开状态,然后靠自重下落,瓣片切入土,这时收紧钢索将瓣片闭合,抓土提升冲抓锥卸土于孔外侧,如图7-5所示。

冲抓锥由锥身、瓣柄和瓣片三部分组成,如图7-6所示。根据土质不同,冲抓锥的瓣片有两片、四片和六片(图中未示出)三种,其瓣片形状也有所不同。根据不同的地质条件做成两种形式,即在卵石地层,瓣片应厚、钝、耐磨;在砂土、黏土地层,瓣片瓣尖应薄、锐、耐磨。四瓣和六瓣冲锥适用于卵石、砂土、黏土等各种地层的钻孔。

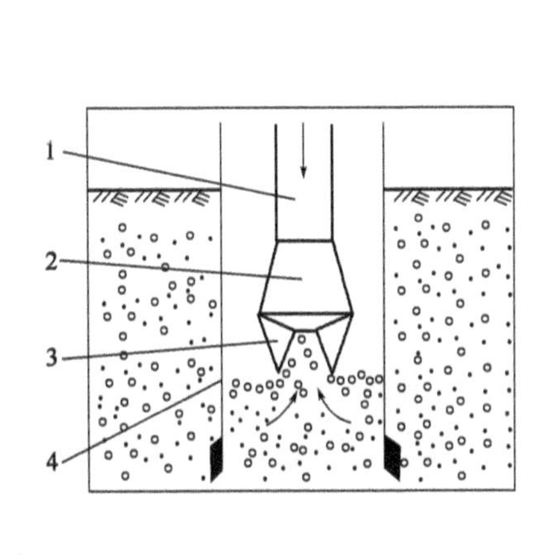

图7-5 冲抓锥工作示意图
1-锥身;2-瓣柄;3-瓣片;4-钢套管

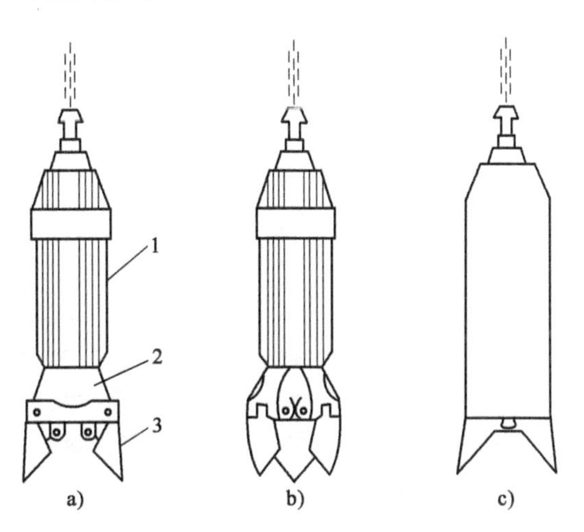

图7-6 冲抓锥的形式
a)用于含砂砾石的双瓣锥;b)用于各种地质条件下的强齿四瓣锥;c)用于一般沙土的双瓣锥
1-锥身;2-瓣柄;3-瓣片

用冲抓锥钻孔,桩孔直径为1.2~1.6m,最大达1.8m,深度在20m以内,效率较高,沙土层平均每班(8h)进度4~8m。

冲击成孔、冲抓成孔和回转钻削成孔等,均可采用泥浆护壁施工法。其施工过程为:

1. 施工准备

施工准备包括选择钻机、钻具、场地布置等。钻机是钻孔灌注桩施工的主要设备,可根据地质情况和各种钻孔机的应用条件来选择。

2. 钻机的安装与定位

安装钻机的基础要求地基稳固。对地层较软或有坡度的地基,可用推土机推平,再垫上钢板或枕木加固。

为防止桩位不准,施工中很重要的一点是定好中心位置和正确地安装钻机,对有钻塔的钻机,先利用钻机本身的动力与附近的地笼配合,将钻机移动大致定位,再用千斤顶将机架顶起。准确定位,使起重滑轮、钻头或固定钻杆的卡孔与护筒中心在同一垂线上,以保证钻机的垂直度。钻机位置的偏差不得大于2cm。对准桩位后,用枕木垫平钻机横梁,并在塔顶对称于钻机轴线上拉上缆风绳。

3. 埋设护筒

钻孔成败的关键是防止孔壁坍塌。当钻孔较深时,在地下水位以下的孔壁土在静水压力下会向孔内坍塌,甚至发生流砂现象。钻孔内若能保持比地下水位高的水头,增加孔内静水压力,能稳定孔壁、防止坍孔。护筒除起到这个作用外,同时还有隔离地表水、保护孔口地面、固定桩孔位置和钻头导向作用等。

泥浆护壁时,只埋设孔口护筒。先按桩位挖孔,孔径比护筒外径约大 0.4m,并用黏土回填夯实。筒要垂直,位置要准确。

制作护筒的材料有木材、钢板、钢筋混凝土三种。护筒要求坚固耐用,不漏水,其内径应比钻孔直径大(旋转钻约大 20cm,潜水钻、冲击或冲抓锥约大 40cm),每节长度 2 ~ 3m。一般常用钢护筒。

4. 泥浆制备

钻孔泥浆由水、黏土(膨润土)和添加剂组成。具有浮悬钻渣、冷却钻头、润滑钻具,增大静水压力,并在孔壁形成泥皮,隔断孔内外渗流,防止坍孔的作用。调制的钻孔泥浆及经过循环净化的泥浆,应根据钻孔方法和地层情况来确定泥浆稠度,泥浆稠度应视地层变化或操作要求机动掌握,泥浆太稀,排渣能力小,护壁效果差;泥浆太稠,会削弱钻头冲击功能,降低钻进速度。

5. 钻孔

钻孔是一道关键工序,在施工中必须严格按照操作要求进行,才能保证成孔品质,首先要注意开孔品质,为此必须对好中线及垂直度,并压好护筒。在施工中要注意不断添加泥浆和抽渣(冲击式用),还要随时检查成孔是否有偏斜现象。采用冲击式或冲抓式钻机施工时,附近土层会因受到振动而影响邻孔的稳固。所以钻好的孔应及时清孔,下放钢筋笼和灌注水下混凝土。钻孔的顺序也应事先规划好,既要保证下一个桩孔的施工不影响上一个桩孔,又要使钻机的移动距离不要过远和相互干扰。

6. 清孔

在终孔检查完全符合设计要求后,应立即进行孔底清理,避免隔时过长以致泥浆沉淀,引起钻孔坍塌。通常,可采用正循环旋转钻机、反循环旋转钻机真空吸泥机以及抽渣筒清孔。其中用吸泥机清孔,所需设备不多,操作方便,清孔也较彻底,但在不稳定土层中应慎重使用。

7. 灌注水下混凝土

清完孔之后,就可将预制的钢筋笼垂直吊放到孔内,定位后要加以固定,然后用导管灌注混凝土,灌注时混凝土不要中断,否则易出现断桩现象。

(二)全套管施工法冲抓式钻孔机

全套管施工法是法国贝诺特公司发明的一种方法,称为贝诺特施工法。全套管钻孔机按结构分有整机式和分体式。

整机式是以履带式的底盘为主机加上钻机组成的,如图 7-7 所示,主要由主机、钻机、套管、锤式抓斗、钻架等组成。主机由底盘、动力装置和卷扬机组成;钻机由压拔管、晃管、夹管机构和液压控制系统组成。套管采用标准的钢质套管,所用套管一般分为 1m、2m、3m、4m、5m、6m 等不同的长度,套管之间采用径向的内六角螺母连接,要求有良好的互换性;锥式抓斗由单绳控制,靠自由落体冲击取土卸土;钻架主要是为锤式抓斗取土服务,设置有卸土外摆机构和配合锤式抓斗卸土的开启锤式抓斗机构。

分体式全套管钻机是将压拔管机构作为一个独立系统,施工时需配备机架,才能进行作业，如图7-8所示，主要由起重机、锥式抓斗、抓斗导向口、套管和钻机等组成。

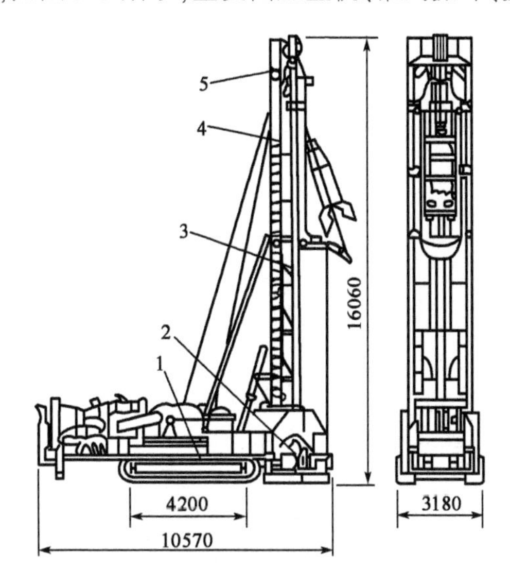

图7-7　整体式全套管钻孔机(尺寸单位:mm)

1-主机;2-钻机;3-套管;4-抓斗;5-机架

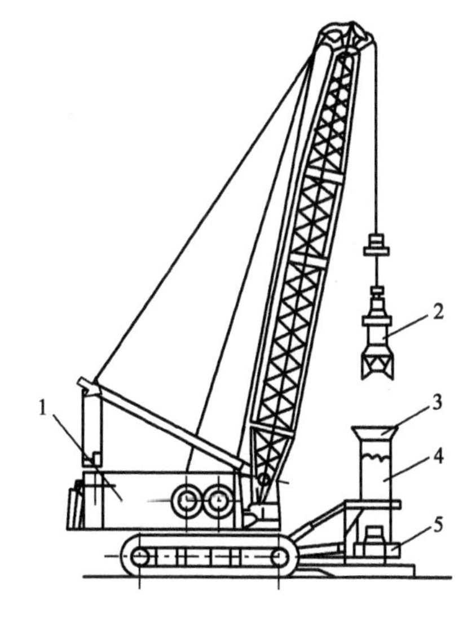

图7-8　分体式全套管钻孔机

1-起重机;2-抓斗;3-导向口;4-套管;5-钻机

全套管钻机的施工过程：首先在桩位上竖起第一节带刃口的套管，开动钻孔机的抱管、晃管、压拔管机构，将套管压入土中。再将抓斗提升到位后快速放下，使之自由下落，切入土中。起动卷扬机抓片合拢抓斗提升至预定高度，位于卸土槽处卸土，如此反复进行。当挖到第一节套管沉入最大深度后，接上第二节套管，继续挖土直至达到设计深度。成孔后清孔，放下钢筋笼并水泥混凝土导管，灌注水泥混凝土，同时拔出套管，直到灌注完毕，如图7-9所示。

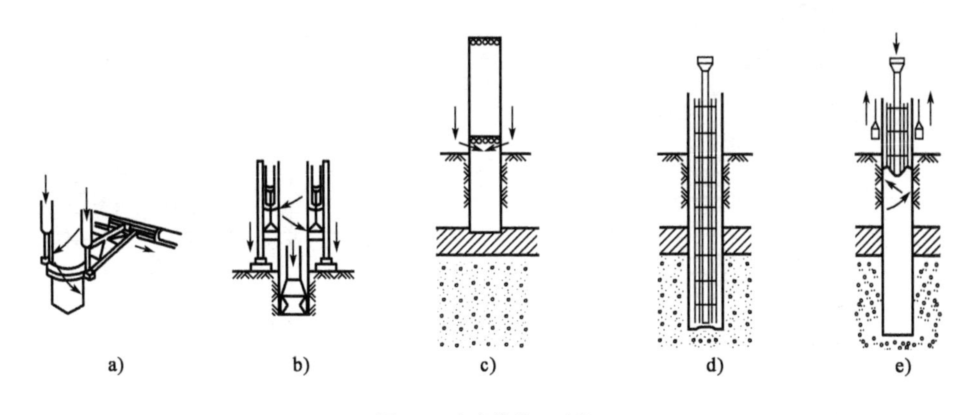

图7-9　全套管施工过程

a)压入第一节套管;b)抓斗取土;c)接上第二节套管;d)达到设计深度后，清空，下放钢笼及导管;e)灌注混凝土，拔出套管，灌注完毕

全套管钻机可钻直径在0.6～2m，长度在50m以内。适用于黏土层、砂砾层、大卵石层。不宜水上施工。显著特点是，不论垂直孔或斜桩孔，只要注意设定，就能保证成孔的优异直线性；能既容易又准确地确认挖掘深度和地层。

三、旋转钻孔机

旋转钻孔机是采用钻具旋转切土成孔的钻孔机械，它适合从土质土到岩层的各种地质条件的施工。

根据钻孔机装置分作转盘式钻孔机和潜水钻机。

（一）转盘式钻孔机

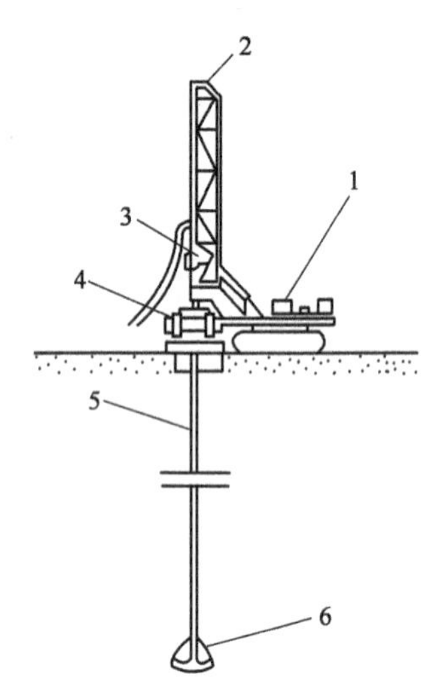

图 7-10 转盘式钻孔机

1-基础车；2-钻架；3-水龙头；4-钻杆回转机构；5-钻杆；6-钻头

转盘式钻孔机由带转盘的基础车、钻杆回转机构、钻架、工作装置（钻杆和钻头）等组成。电机驱动转盘带动钻杆、钻头旋转钻孔，如图 7-10 所示。

（二）潜水钻机

潜水钻机由钻机平台、钻架、钻杆、钻头等组成。工作时，钻杆不转，钻头旋转切土钻孔。

旋转钻孔机利用钻具切下土，混入泥浆后排出孔外，根据排除泥浆的方式不同，分正循环和反循环。

正循环钻孔机的工作原理如图 7-11 所示，钻机由电机驱动转盘带动钻杆、钻头旋转钻孔，同时开动泥浆泵碎泥浆池中泥浆施加 1200 ~ 1400kPa 的压力，使钻下的土与泥浆混合成泥浆混合物。循环路线为泥浆池的泥浆通过泥浆泵、胶管、提水龙头、空心钻杆到达钻孔底部与土混合，泥水混合物沿钻杆外壁与钻孔内壁之间的间隙上升，经孔口排出流入沉淀池。泥水混合物经沉淀后，干净的泥浆流回泥浆池，反复利用。

反循环钻机工作原理如图 7-12 所示，其循环方向与正循环相反，泥浆混合物是经过钻头、空心钻杆、提水龙头、胶管进到泥浆泵的，再排到泥浆池中，经沉淀流入孔内。

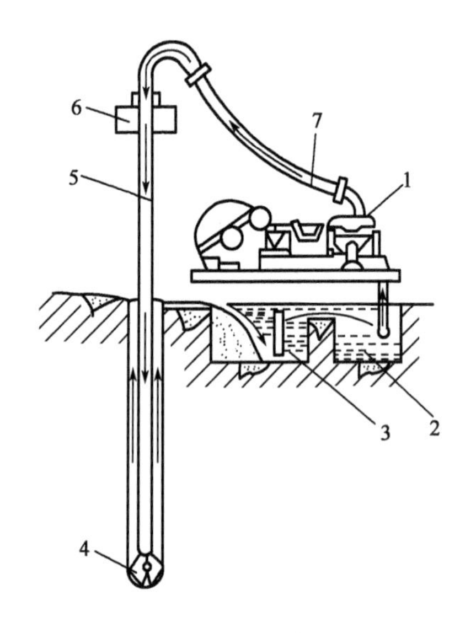

图 7-11 正循环钻机工作原理

1-泥浆泵；2-泥浆池；3-沉淀池；4-钻头；5-钻杆；6-提水龙头；7-胶管

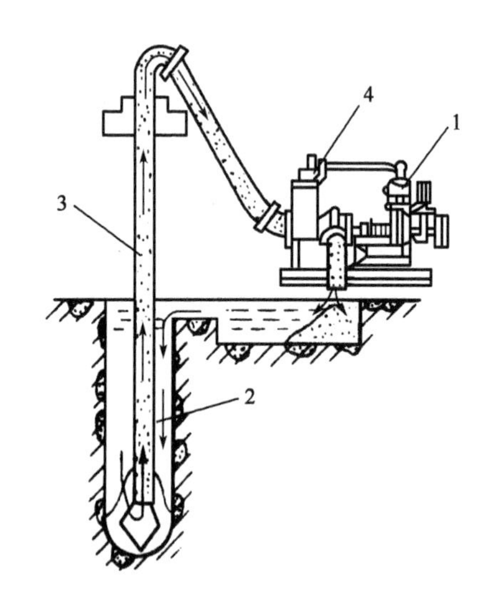

图 7-12 反循环钻机工作原理

1-真空泵；2-泥浆；3-泥水混合物；4-泥浆泵

反循环钻孔和正循环钻孔相比，钻进效率可增加 2 ~ 15 倍，钻进费用也大幅下降；反循环钻孔机一般对黏土、粉土、沙层、硬黏土及基岩等均能进行钻孔作业；反循环钻孔钻进费用也大幅下降；上升流速比正循环大 4 ~5 倍；排渣快，能吸出粒径较大的钻渣。

回转式钻孔机适用于砂土和不超过25～40mm粒径的碎卵石层。

四、螺旋钻孔机

螺旋钻孔机工作原理与麻花钻相似，钻头的下部有切削刃，切下来的土沿钻杆上的螺旋叶片上升，排至地面上。分长螺旋钻孔机和短螺旋钻孔机。

长螺旋钻孔机如图7-13所示，由钻具和底盘桩架组成。底盘桩架有汽车式、履带式和步履式，钻杆全长都带有螺旋叶片。

短螺旋钻孔机如图7-14所示，结构与长螺旋钻孔机基本相同，相差在钻杆上，短螺旋钻杆的钻头一般只有2～3各螺旋叶片，叶片直径要比长螺旋钻机大得多。工作时，短螺旋钻机能不像长螺旋钻机那样可直接把土输送到地面上，而是采用断续工作方式，钻进一段，提出钻具卸土，然后再钻进。每次取土量少，效率低，但工作时整机稳定性好，钻孔的深度和直径大，钻孔的深度可达100m，直径超过2m。

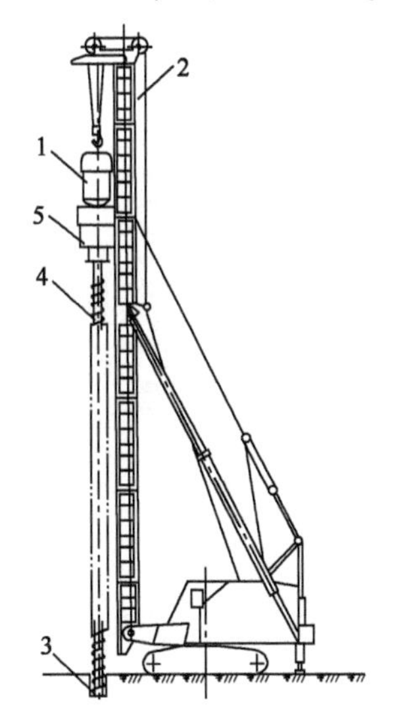

图7-13 长螺旋钻孔机
1-电机；2-机架；3-钻头；4-钻杆；5-减速器

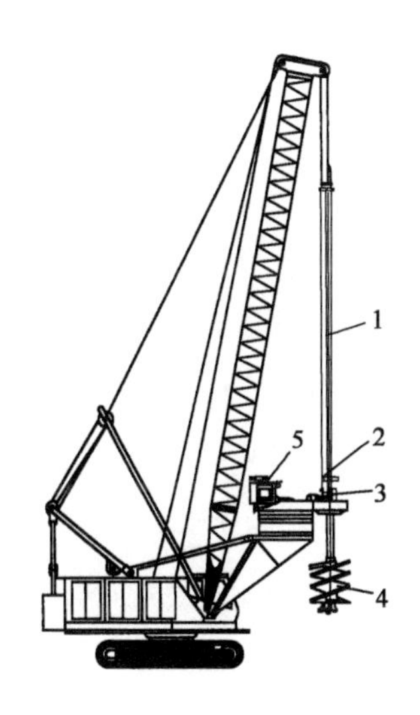

图7-14 短螺旋钻孔机
1-钻杆；2-油缸；3-减速器；4-钻头；5-发动机

归 纳 总 结

（1）基础桩有两种基本类型，即预制桩和灌注桩。预制桩是用各种打桩机将预制好的基础桩打（振、沉）入土中。灌注桩是用钻孔机现场钻孔并灌注混凝土成桩的。

（2）预制桩施工主要有打入法、振入法、射水法和压入法。打入法是利用冲击能量冲击桩头，把桩贯入土中，如落锤、气锤、柴油锤和液压锤。振入法是利用高频振动器在桩头上施振，使桩贯入土中，如振动锤。

（3）灌注法施工的关键是成孔，成孔的方法有挤土成孔法和取土成孔法。挤土成孔法是把一根钢管打入土中，至设计深度后将钢管拔出，即可成孔，如振动锤。取土成孔法可分为冲击成孔、冲抓成孔和钻削成孔，有冲击式钻孔机、冲抓式钻孔机、转盘式钻孔机、潜水钻机、螺旋式钻孔机。

思考题

1. 预制桩有哪些施工方法?
2. 灌注桩有哪些施工方法?
3. 柴油桩锤工作过程及特点是什么?
4. 振动打桩机的组成及工作原理是什么?
5. 简述泥浆护壁法施工的施工过程。
6. 简述全套管钻孔机的组成及施工过程。
7. 简述正循环钻机工作原理。
8. 简述反循环钻机工作原理。
9. 如何选择桩工机械?

项目八

起重与架桥机械

知识要求：

1. 掌握和了解轻小起重设备的特点、构造、原理；
2. 掌握和了解起重机的用途、分类、构造；
3. 掌握和了解架桥机的特点、构造、原理。

技能要求：

具有起重机的使用、管理、维护能力；掌握JQ600型双线架桥机架梁程序；掌握JQ600下导梁架桥机架梁程序；掌握JQ900型提运架下导架桥机工作过程。

任务提出：

在工程施工中，用来对物料进行升降、装卸、运输、安装和对人员运送的机械，并能在一定范围内垂直和水平移动物品，这种机械就是起重机械，是一种间歇、循环动作的搬运机械。在桥梁工程中架设箱梁的起重机械已发展成为专用架桥设备即为架桥机。

任务一　轻小起重设备

相关知识

轻小起重设备一般只具有起升机构，用以起升重物。具有结构简单、重量轻、便于携带、移动方便等特点。有千斤顶、葫芦（滑车）、卷扬机等部件。

一、千斤顶

千斤顶分有通用型和专用型，通用型又有机械式和液压式。液压千斤顶主要用于车辆和机械的维修，其结构如图 8-1 所示。

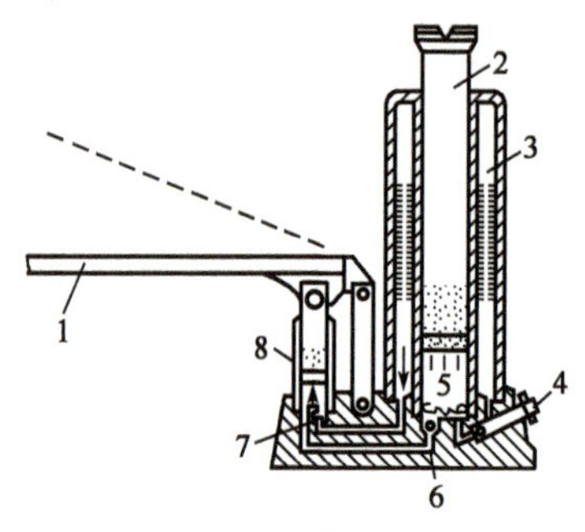

图 8-1　液压千斤顶

1-压杆；2-大活塞；3-储油腔；4-回油阀；5-油腔；6、7-单向阀；8-小活塞

二、葫芦

常用的葫芦有手动葫芦（图 8-2）和电动葫芦（图 8-3）两种。电动葫芦是一种具有起升和行走机构的简单起重机械，通常安装在直线或曲线形工字钢轨上并运行于其上。它具有体积小、重量轻、结构紧凑、操作维修方便的优点，应用较为广泛。

图 8-2　手动葫芦

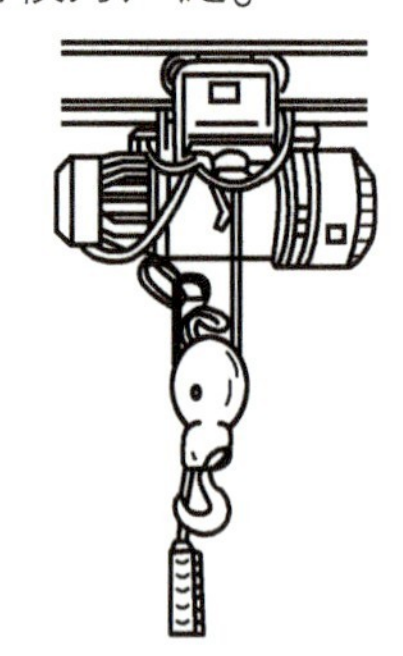

图 8-3　电动葫芦

三、卷扬机

卷扬机又称绞车，主要用于提升和拖拽重物，在建筑施工中的应用较为广泛。可单独使用，也可作为其他起重机械的工作装置。卷扬机按动力装置分有电动式、内燃式和手动式；按卷筒数量分有单卷筒、双卷筒和多卷筒。

电动式卷扬机结构和原理如图 8-4 和图 8-5 所示，由机架、卷筒、减速器、制动器和电动机等组成。电动机通过减速器、联轴器带动卷筒旋转。制动器通电时电磁铁吸合，制动瓦张开，卷筒运转；断电时制动瓦将制动轮抱紧，卷筒停止运转。

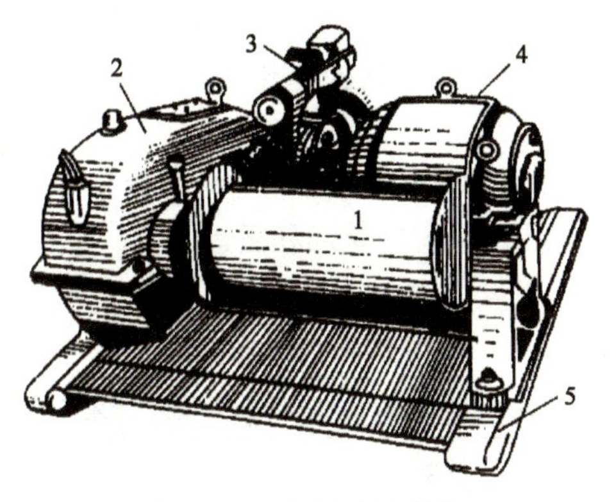

图 8-4 电动式卷扬机结构
1-卷筒；2-减速器；3-制动器；4-电动机；5-机架

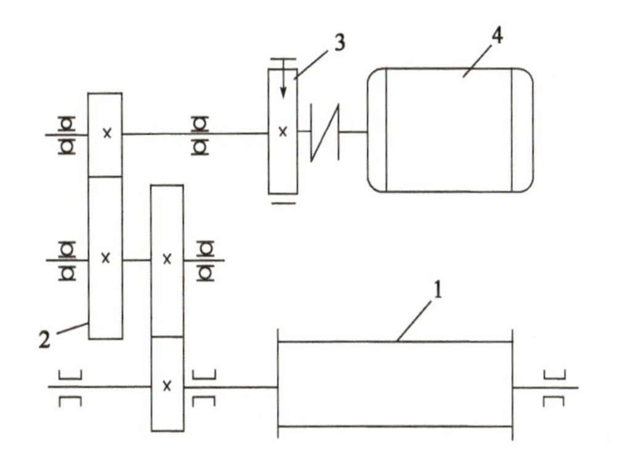

图 8-5 电动式卷扬机原理
1-卷筒；2 减速器；3-制动器；4-电动机

任务二 起 重 机

相关知识

一、用途与类型

起重机有架桥型、缆索型和臂架型三大类型。根据用途和使用场合的不同，起重机有许多形式，其共同特点是整机结构和工作机构较为复杂。工作时能独立或同时完成多个工作动作，建设过程中主要使用臂架型起重机。

（一）架桥型起重机

架桥型起重机是吊钩悬挂在可沿桥架运行的起重小车或起重葫芦上，使重物在空中垂直升降和水平移动。架桥型起重机主要有梁式起重机、桥式起重机、装卸桥起重机、门式起重机四种类型。

1. 梁式起重机

梁式起重机（图 8-6）属于轻小型起重设备，由单根主梁和两根端梁组成，电葫芦小车运行在工字钢主梁上，适用于起重量较小、工作速度较低的场合。

2. 桥式起重机

桥式起重机（图 8-7）采用电动双梁式结构，主梁为箱形结构，起重小车运行在主梁上的走行轨道上。箱形结构具有强度高、承载能力强、跨度大、截面尺寸组合灵活等特点。桥式起重机适用于起重量大、工作速度较快的工作场合。

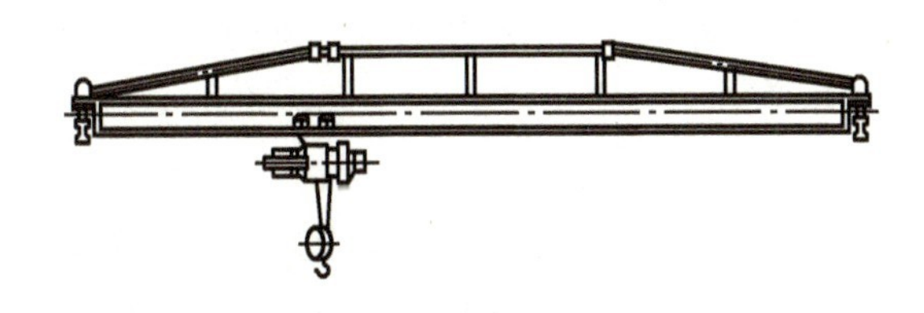
图 8-6 梁式起重机

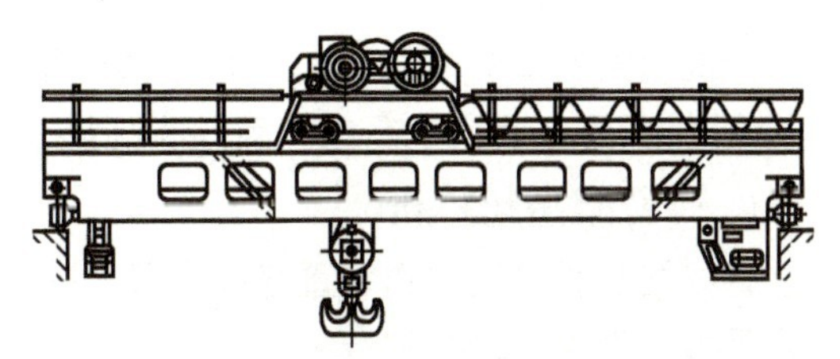
图 8-7 桥式起重机

3. 装卸桥起重机

装卸桥起重机(图 8-8)多采用桁架结构,主梁跨度大,要求起重小车运行速度快,能保证装卸生产率。适用于冶金、发电厂、码头装卸散料以及港口集装箱的装卸。

4. 门式起重机

门式起重机(图 8-9)也称龙门起重机,桥架两端通过两侧支腿支承在地面轨道上或基础上,类似门字形状。适用于工厂、货场、码头和港口的各种物料的装卸和搬运工作。

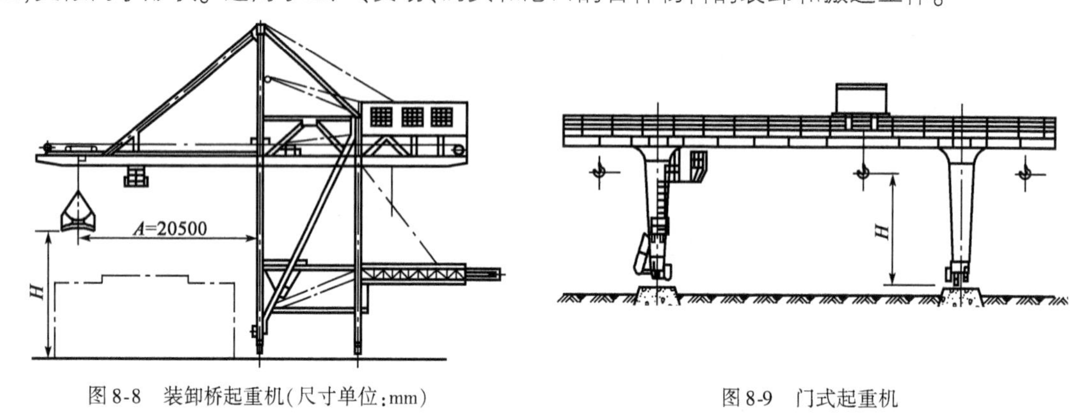

图 8-8　装卸桥起重机(尺寸单位:mm)　　图 8-9　门式起重机

(二)缆索型起重机

缆索型起重机主要有缆索式起重机和门式缆索起重机两种类型。结构特点是起重小车在承重的主索上运行提升重物,适于跨度大和起升重量较大、山区丘陵地带以及有交通线或障碍物的施工现场工作。特别适用于桥隧工程和水利枢纽工程。

1. 缆索式起重机

缆索式起重机(图 8-10)是在两个塔架之间张紧一根承重主索,塔架固定在地面的基础上,起重小车在钢索上来回移动举升重物,起升卷筒和运行卷筒安装在塔架上,另一塔架上装有调整钢丝索张力的液压拉伸机。

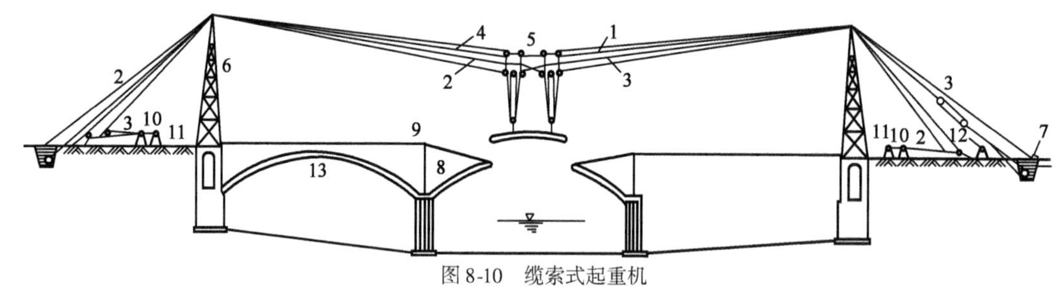

图 8-10　缆索式起重机

1-主索;2-左起重索;3-右起重索;4-牵引索;5-起重小车;6-塔架;7-地垄;8-扣索架;9-扣索;10-起重卷扬机;11-牵引卷扬机;12-收紧装置;13-拱肋

2. 门式缆索起重机

门式缆索起重机(图 8-11)的承重索分别固定在桥架两端,桥架通过两侧的支腿支承在地面的轨道上,可在轨道上行走。目前实际施工中应用较少。

(三)臂架型起重机

臂架型起重机是取物装置悬挂在臂架的顶端或悬挂在可沿臂架运行的起重小车上。臂架型起重机种类繁多,应用广泛,主要有门座式起重机、塔式起重机、铁路起重机、移动式起重机、浮式起重机、桅杆式起重机等。

1. 门座式起重机

门座式起重机(图 8-12)是可旋转式起重机,安装在门形座架上,门座可沿地面轨道运行,门座下方可通过铁路车辆或其他地面车辆。多用于货场和港口装卸货物和集装箱。

2. 塔式起重机

塔式起重机(图 8-13)是臂架安装在塔身顶部的可回转臂架型起重机,具有臂架长、起升高度大的特点,广泛应用于建筑领域和桥梁施工中。

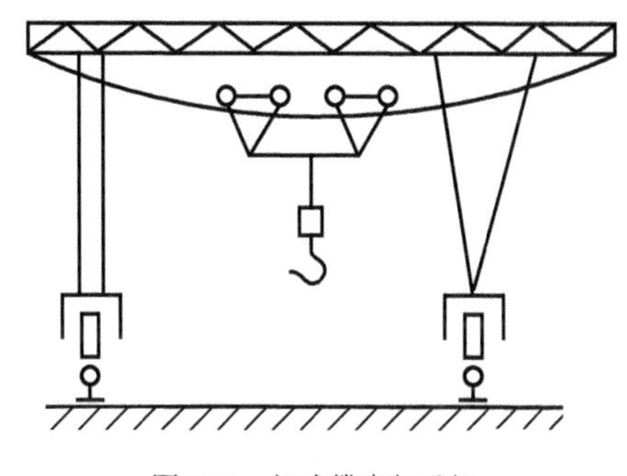
图 8-11　门式缆索起重机

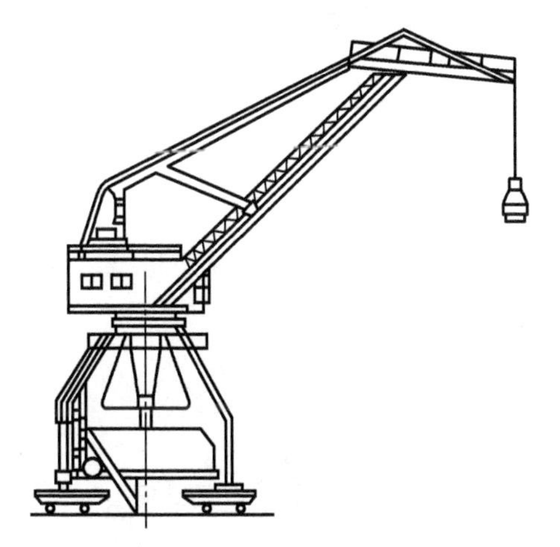

图 8-12　门座式起重机

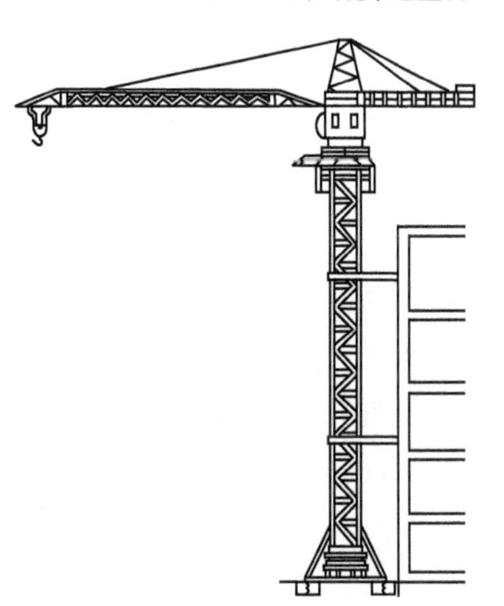
图 8-13　塔式起重机

3. 铁路起重机

铁路起重机(图 8-14)是一种在铁路线上运行,从事装卸作业以及铁路机车、车辆颠覆等事故救援的臂架型起重机。

4. 移动式起重机

移动式起重机是可以装配立柱或塔架,能在带载或空载情况下沿无轨路面运动,依靠自重保持稳定的臂架型起重机。按行走装置的不同分为履带式起重机和轮胎式起重机。

履带式起重机(图 8-15)是将起重装置和动力装置安装在专门设计的履带式底盘上的起重机。履带式起重机对地面比压小,重心低,可在松软、泥泞等恶劣环境地面上工作。它的爬坡能力强、牵引性能好、稳定性好,能带载行驶。履带式起重机的缺点自重大、行驶速度低、破

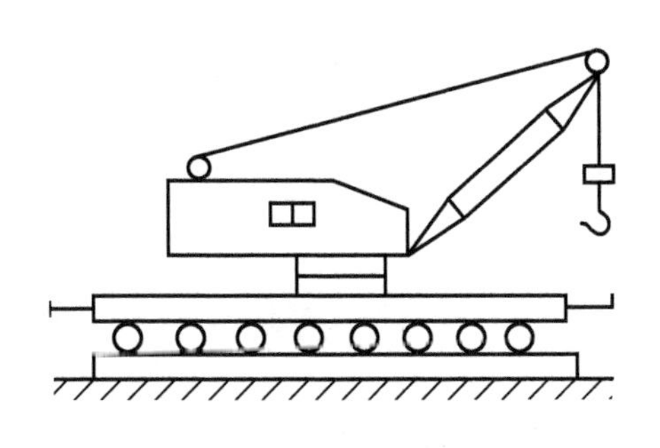
图 8-14　铁路起重机

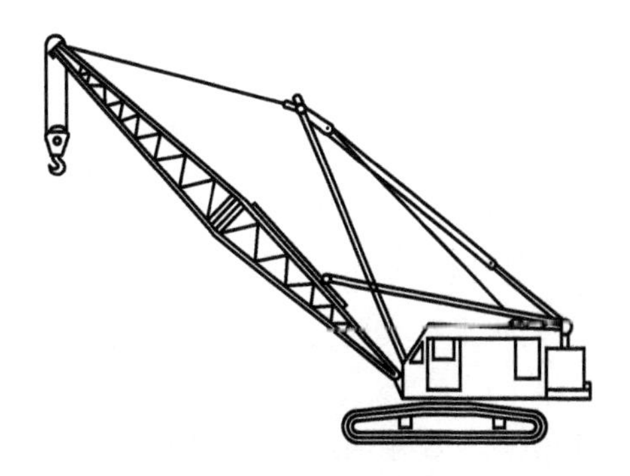
图 8-15　履带式起重机

坏路面,不宜长距离作业。起重量大于100t的大型履带起重机在桥梁施工中占有重要地位,目前世界上履带起重机最大的起重量可达3000t。

轮胎式起重机是将起重装置和动力装置安装在专门设计的轮胎底盘上的起重机。轮胎式起重机有汽车起重机(图8-16)和轮胎起重机(图8-17)。轮胎式起重机轮距较小,转弯半径小,通过性好,越野性好,能在360°范围内回旋作业。适用于作业场地相对稳定的场合作业。

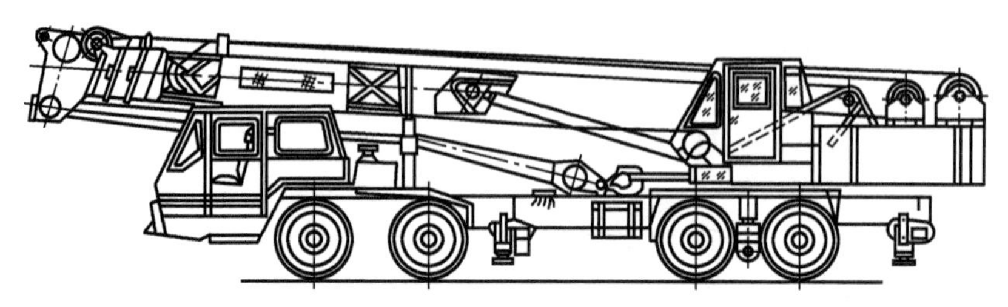

图8-16 汽车起重机

5. 浮式起重机

浮式起重机是将臂架式起升装置安放在专业浮船上,并以此作为支承及运行装置,浮在水面上作业的起重机,可沿水道自航或被拖航。

6. 桅杆起重机

桅杆起重机(图8-18)是一种在安装工程中广泛应用的临时简易起重机。

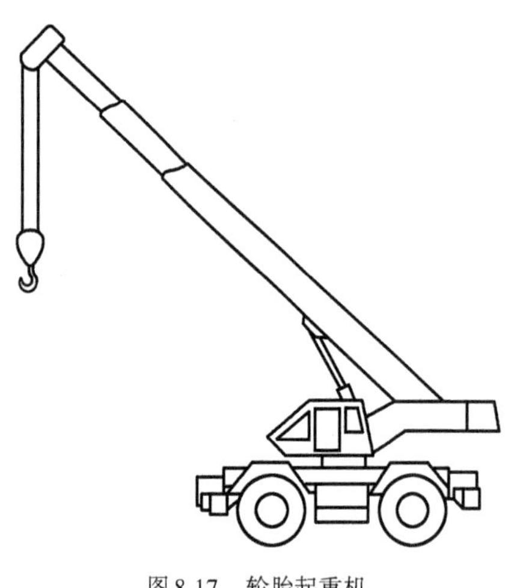

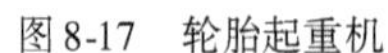

图8-17 轮胎起重机

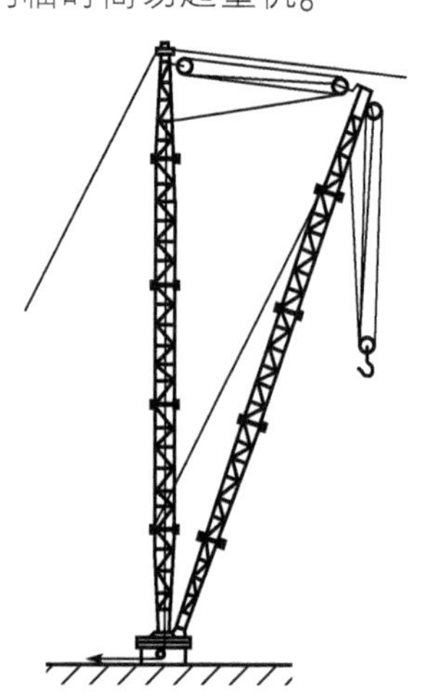

图8-18 桅杆起重机

二、工作机构

工作机构是为实现起重机不同作业要求而设置的,起重机最基本的工作机构有起升、变幅、回转等。移动式起重机有吊臂伸缩机构和支腿机构,塔式起重机有塔身顶升机构。

(一)起升机构

起升机构用来实现货物的升降,是重要的工作机构,它的好坏直接影响到整台起重机的工作性能。

起升机构主要由原动机、减速器、制动器、卷筒、钢丝绳、滑轮、吊钩等组成。有的还有辅助装置,如起升和下降高度限制器、起重量限制器、速度限制器等安全装置。

原动机旋转时，通过减速器带动卷筒旋转，并通过缠绕在卷筒上的钢丝绳、滑轮组，带动吊钩做垂直上下运动，从而实现货物的升降。为了使货物停止在空中某一位置，起升机构设有制动器和停止器等控制部件。起升机构的制动器是常闭式的，仅在通电时制动器才打开。图 8-19为起升机构示意图。

近些年来，国内外大吨位的汽车和铁路起重机广泛应用采用行星齿轮减速器的起升机构形式。行星齿轮减速器和多片盘式制动器置于卷筒内腔，卷筒与液压马达同轴线布置，结构紧凑（图 8-20）。制动器、行星齿轮减速器和卷筒制成三合一总成，称为液压卷筒。使用时只需配装液压马达即可组成所需的起升机构。

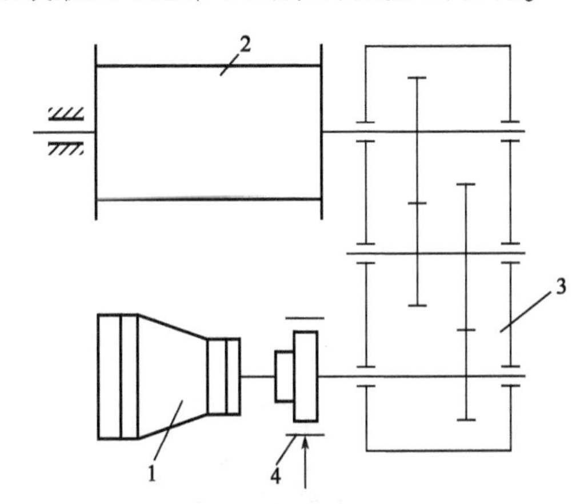

图 8-19　液压马达驱动起升机构示意图
1-液压马达；2-卷筒；3-圆柱齿轮减速器；4-制动器

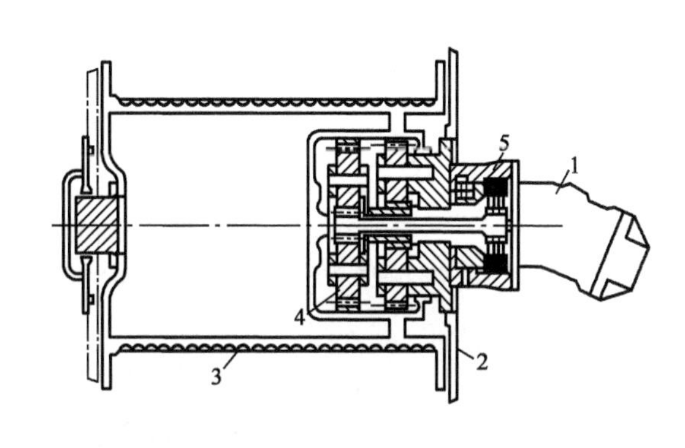

图 8-20　高速液压马达与卷筒同轴布置
1-液压高速马达；2-支架；3-卷筒；4-行星减速器；5-多片盘式制动器

（二）变幅机构

从取物装置中心线到起重机回转中心线或臂架铰轴的距离称为起重机的幅度。用来改变幅度的机构，称为起重机的变幅机构。变幅机构根据工作性质分为调整性的（非工作性的）与工作性的两种。

调整性变幅机构只在装卸开始前的空载条件下变幅，使起重机调整到适于吊运物品的幅度。在物品运转过程中，幅度不调整，变幅过程是非工作性的，其主要特征是工作次数少，一般都采用较低的变幅。履带式和轮胎式起重机常用变幅机构有钢丝绳变幅和液压缸变幅两种，塔式起重机常采用小车牵引变幅（图 8-21）。

（三）回转机构

回转机构是使起重机的回转部分相对于非回转部分实现回转运动的装置。回转机构是臂架型回转起重机的主要工作机构之一，其作用是使已被起升在空间的货物绕起重机的垂直轴线做圆弧运动，以达到在水平面内运输货物的目的。

回转机构由回转驱动装置和回转支承装置组成（图 8-22）。图 8-22a）为轮式、履带式起重机常用回转机构，回转支承的内圈与行走底盘连接，外圈与回转平台连接，液压马达驱动回转小齿轮与回转支承内齿轮做啮合传动。图 8-22b）为塔式起重机常采用的回转机构，回转支承内圈与塔顶连接，外圈与顶升套架连接。电动机驱动回转小齿轮与回转支承外齿轮啮合传动。

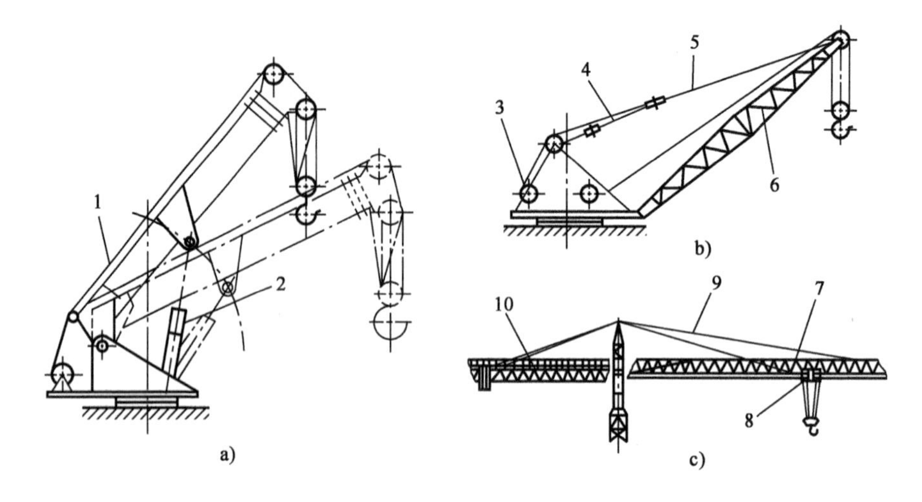

图 8-21 起重机变幅机构

a)液压缸变幅机构;b)钢丝绳变幅机构;c)小车牵引式变幅机构

1、6、7-吊臂;2-变幅液压缸;3-变幅卷筒;4-变幅钢丝绳;5-悬挂吊臂绳;8-变幅小车;9-拉杆;10-平衡臂

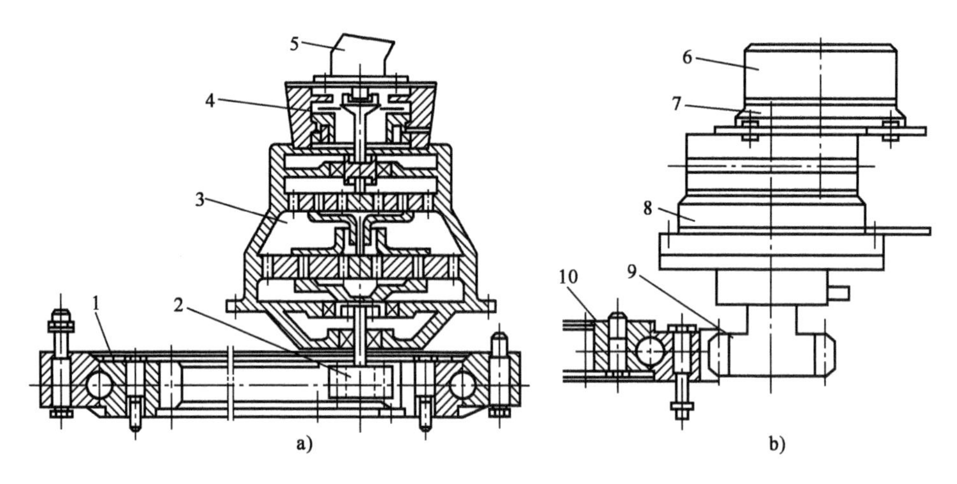

图 8-22 起重机回转机构

a)轮式、履带式起重机回转机构;b)塔式起重机回转机构

1、10-回转支撑;2、9-回转小齿轮;3、8-行星减速器;4、7-制动器;5-液压马达;6-电动机

(四)行走机构

轮胎式起重机的行走机构是采用通用或专用汽车底盘或专门设计的轮胎底盘;履带式起重机是采用通用或专用汽车底盘或专门设计的履带底盘;塔式起重机的行走机构是专门设计的在轨道上运行的走行台车。

履带式行走机构的行走装置(图 8-23)由底架、支重轮、引导轮、履带、托链轮、驱动轮及行走驱动装置等组成。特点是牵引力大,接地比压小,稳定性好,常运用在大型起重机上。

(五)吊臂伸缩机构

非定长的臂架具有臂架伸缩机构,它不需要接臂和拆臂,缩短了辅助作业时间,臂架全部缩回后起重机外形尺寸减小,可提高起重机的机动性和通过性。

箱形臂架伸缩基本上有三种方式:顺序伸缩、同步伸缩和独立伸缩。

顺序伸缩是指各节伸缩臂架按一定先后次序完成伸缩动作。为了使各节伸缩臂伸出后的起重能力与起重机的特性曲线相适应，伸臂顺序一般为先 2 后 3（以三节臂为例，见图 8-24a），即先外后里。缩臂顺序与伸臂顺序相反，先 3 后 2，即先里后外。

同步伸缩是指各节伸缩臂以相同的行程比率同时伸缩（图 8-24b）。

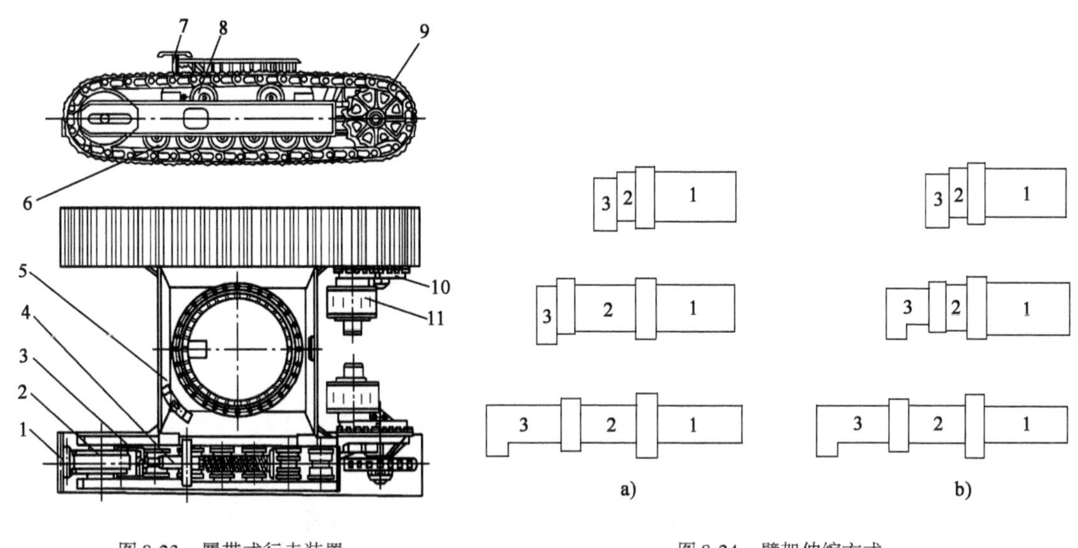

图 8-23　履带式行走装置

1-履带；2-引导轮；3-连接叉；4-张紧装置；5-底架；6-支重轮；7-插销座；8-托链轮；9-驱动轮；10-行走减速机构；11-行走液压马达

图 8-24　臂架伸缩方式

a）顺序伸缩；b）同步伸缩

独立伸缩是指各节伸缩臂均能独立进行伸缩动作。显然，独立伸缩机构同样也可以完成顺序伸缩和同步伸缩的动作。

在实践中，三节和三节以上伸缩臂的伸缩机构，往往是上述几种方式的综合，很少单独采用某一种伸缩方式。

（六）支腿收缩机构

支腿是安装在车架上可折叠或收放的支承机构。汽车和轮胎式起重机都装有可收放的支腿。支腿的作用是增大起重机的支承基底，提高起重机作业时的工作可靠性。一台起重机上一般有四个支腿，前后左右两侧分置。为了补偿作业场地地面的倾斜和不平，增大起重机的抗倾覆稳定性，支腿应能单独调节高度。工作时支腿外伸着地，起重机抬起。行驶时，支腿收回，减少外形尺寸，提高通过性。支腿收放有手动和液压两种驱动形式。手动方式目前已极少使用，一般使用液压驱动的支腿。常见的支腿类型有蛙式支腿、H 式支腿、X 式支腿、辐射 H 式支腿四种类型。

蛙式支腿（图 8-25）的工作原理，每个支腿的收放是由一个液压缸控制的。支腿和液压缸铰接在车架上，液压缸活塞杆头部卡在活动支腿的槽中。当液压缸收缩时，支腿收起；当液压缸伸出时，支腿放下，支腿着地后支起起重机。这种支腿用于小型起重机。

H 式支腿（图 8-26）的工作原理，每个支腿的收放是由两个液压缸控制的。水平液压缸可使支腿在水平方向上伸缩，可改变起重机的支撑跨度，垂直油缸可使支腿支承地面，并可适应不平的起伏地面，支腿外伸后呈 H 形。为了保证足够的外伸距离，左右支腿交错布置。H 式支腿跨距大，易调平，广泛应用在大中型起重机上。

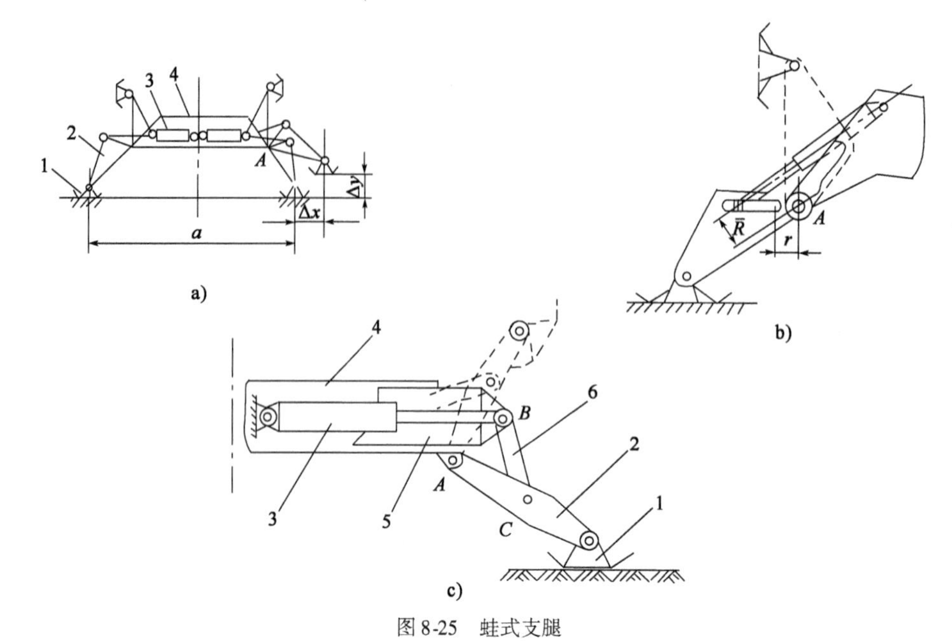

图 8-25　蛙式支腿

a）普通式；b）滑槽式；c）连杆式

1-支腿盘；2-支腿摇臂；3-液压缸；4-车架；5-活动套；6-撑杆

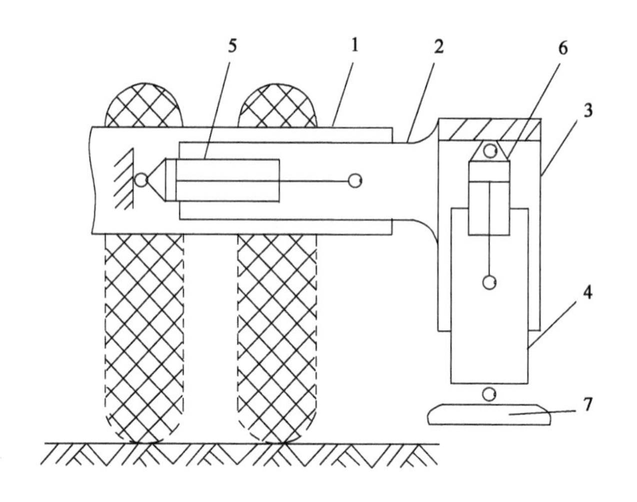

图 8-26　H 形支腿

1-固定梁；2-活动梁；3-立柱外套；4-立柱内套；5-水平液压缸；6-垂直液压缸；7-支脚盘

X 式支腿（图 8-27）的工作原理，每个支腿的收放也是由两个液压缸控制。固定支腿一端铰接于车架，中间与垂直液压缸活塞杆连接。活动支腿套装在固定支腿内，靠装在其内的液压缸控制伸缩。当左右支腿伸出后呈 X 形。这种支腿比 H 形支腿稳定性好，但离地间距小，常与 H 式支腿混合使用。

辐射 H 式支腿是为了适应大型轮胎式起重机的出现，其对支腿的压力很大，造成了与支腿连接的车架大梁会非常大，为了减轻车架重量、减少车架变形，因而出现了辐射 H 式支腿。支腿与回转支承底座铰接，这样回转支承承受全部力和力矩并直接传到支腿上，可以使整个底盘的重量减轻 5% ~10%。

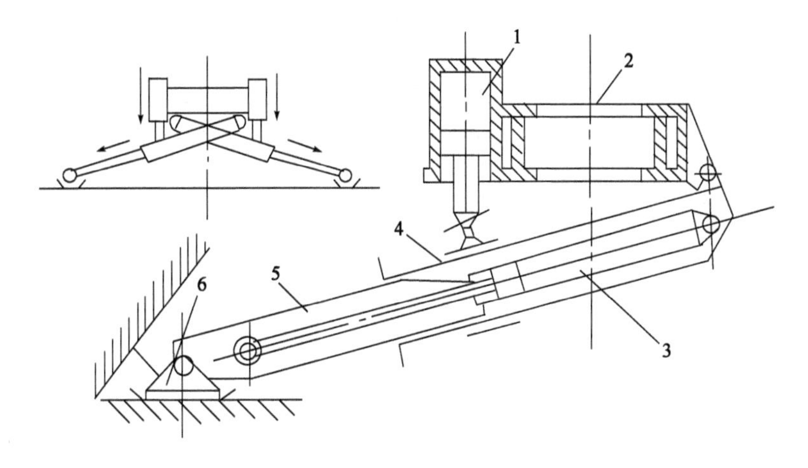

图 8-27　X 形支腿

1-垂直液压缸;2-车架;3-伸缩液压缸;4-固定腿;5-伸缩腿;6-支脚盘

三、金属结构

金属结构是起重机的骨架。它包括用金属材料制作的吊臂、回转平台、底架(车架大梁)和塔式起重机的起重臂、塔身、平衡臂和塔顶等。起重机各工作机构和零部件都安装或支承在这些金属结构上。它承受起重机的自重以及作业时的各种外载。

(一)吊臂

吊臂是移动式起重机的主要受力构件,直接影响起重机的承载能力、整机稳定性和自重。轮胎式起重机吊臂的结构根据变幅方式的不同分为定长式吊臂和伸缩式吊臂两种(图 8-28);按截面形式分为桁架式和箱形式。

桁架式吊臂的断面可制成矩形或三角形截面形式。吊臂的弦杆和腹杆由无缝钢管、方形钢管和角钢等型钢组成。腹杆体系可以是三角形腹杆体系,也可以是带竖杆的三角形腹杆体系(图 8-29)。

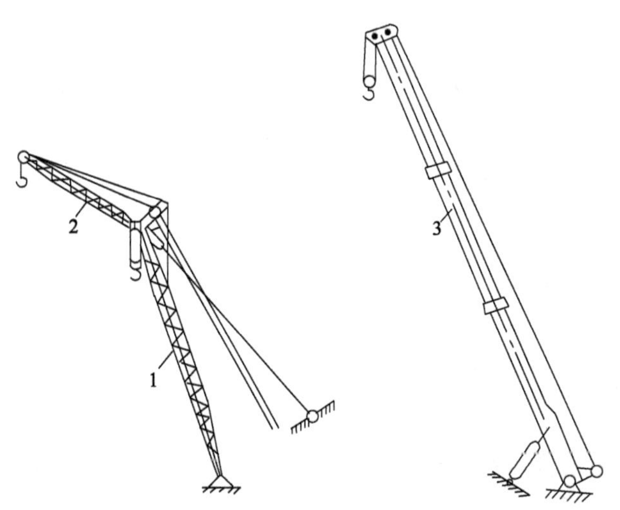

图 8-28　移动式起重机吊臂结构形式

1-桁架式主臂;2-桁架式副臂;3-箱形伸缩臂

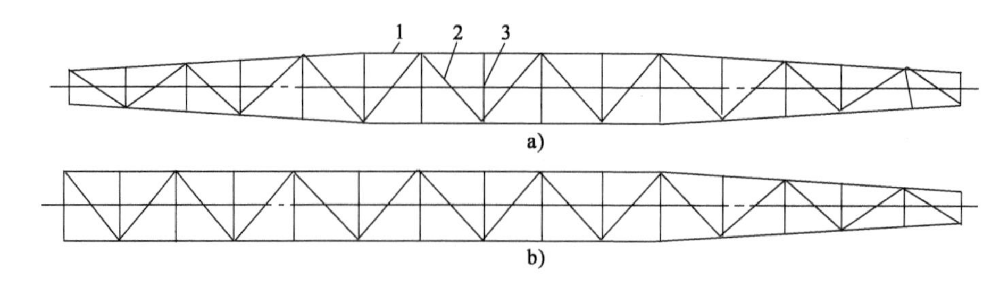

图 8-29　桁架式吊臂腹杆体系图

a) 变幅平面;b) 回转平面

1-弦杆;2-腹杆(斜杆);3-腹杆(竖杆)

箱形伸缩臂架在钢材牌号和截面积相同时,不同的截面结构可以得到不同的抗弯能力和抗失稳能力,所以合理的截面能够减轻臂架自重并提高起重性能。起重机上有多种臂架截面的结构形式,如图 8-30 所示。

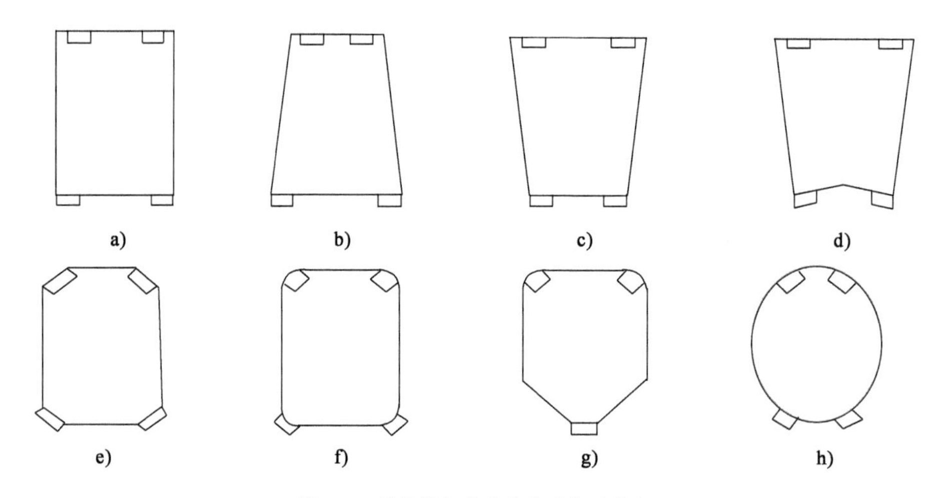

图 8-30　伸缩臂架的几种典型截面形式

(二)起重臂

塔式起重机起重臂简称臂架或吊臂,用 16 锰钢管焊接而成,整个臂架为三角形截面的空间桁架结构。采用两根刚性拉杆的双吊点,吊点设在上弦杆。下弦杆有变幅小车的行走轨道。起重臂根部与回转塔身用销轴连接,并安装变幅小车的牵引机构。变幅小车上设有悬挂吊篮,便于安装与维护。

起重臂按构造型分为小车变幅水平臂架、俯仰变幅臂架(简称动臂架)、伸缩式小车变幅臂架和折曲式臂架(图 8-31)。

(三)塔身

塔身也叫塔架,是塔式起重机结构的主体,有转与不转和内(塔身)与外(塔身)之分。按高度不同可分为固定式、伸缩式、折叠式和接高式;根据构造不同可分为整体式和分片拼装式。下回转快速安装塔机的塔身均采用整体构造,可转并可折叠。根据需要塔身高度也是可变的,因而有些塔式起重机的塔身采用伸缩式结构。上回转自升式塔机的塔身固定不转,但可以顶升接高。依据接高位置还分为下顶升接高、中顶升接高和上顶升接高等。图 8-32 所示为塔身的几种形式。

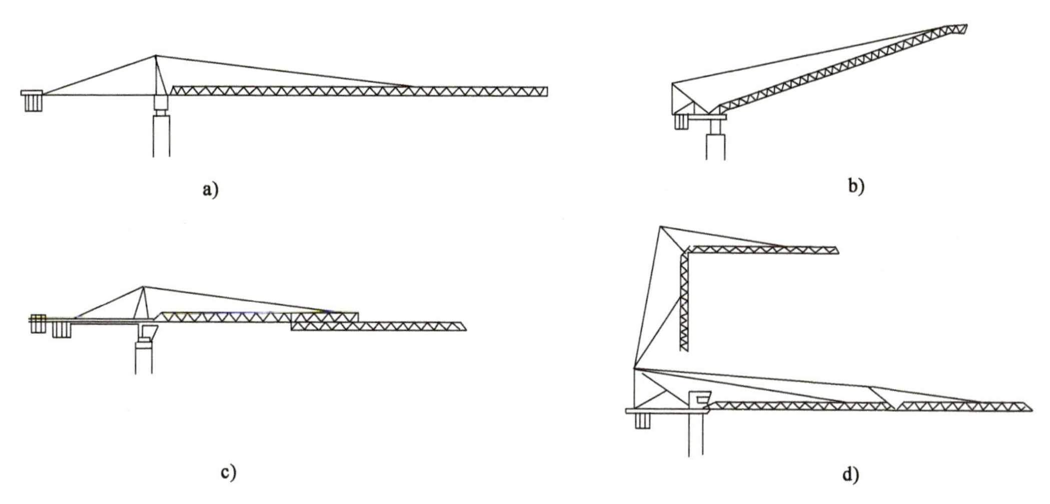

图 8-31　塔式起重机起重臂示意图

a)小车变幅水平臂架;b)俯仰变幅臂架;c)伸缩式小车变幅臂架;d)折曲式臂架

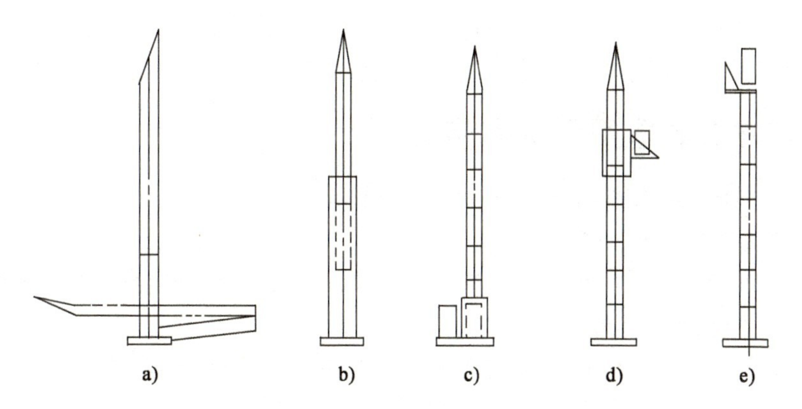

图 8-32　塔身的不同构造形式

a)折叠式;b)伸缩式;c)下顶升接高式;d)中顶升接高式;e)上顶升接高式

常用的塔身断面有矩形、三角形及圆形三种形式,最常用的是矩形断面。塔身由弦杆和腹杆组成。弦杆通常由角钢、钢板、钢管及其他型钢组成。腹杆布置形式称为腹杆系统,腹杆形式决定了塔身受载能力的大小。

应用与技能

吊装方案是完成起重吊装任务的核心。正确合理地选择吊装方法、优化吊装方案是保证起重吊装作业安全顺利进行的关键。在实施中,应从安全、科学、成本、工期、环境、技术管理能力等多方面综合考虑,严格执行有关的规程、规范。

一、常用吊装方法

(1)塔式起重机吊装:起重能力为 3 ~ 100t,臂长在 40 ~ 80m,常用在使用地点固定、使用周期较长的场合,较经济。一般为单机作业,也可双机抬吊。

(2)桥式起重机吊装:起重能力为 3 ~ 1000t,跨度在 3 ~ 150m,使用方便。多为厂房、车间内使用,一般为单机作业,也可双机抬吊。

（3）汽车起重机吊装：有液压伸缩臂，起重能力为8～550t，臂长在27～120m；有钢结构臂，起重能力为70～250t，臂长为27～145m。机动灵活，使用方便。可单机、双机作业，也可多机抬吊。

（4）履带起重机吊装：起重能力从数十吨到上千吨，臂长可达上百米；中、小重物可吊重行走，机动灵活，使用方便，使用周期长，较经济。可单、双机吊装，也可多机吊装。

（5）桅杆系统吊装：通常由桅杆、缆风绳系统、提升系统、拖排滚杠系统、牵引系统、牵引溜尾系统等组成。桅杆有单桅杆、双桅杆、人字桅杆、门字桅杆、井字桅杆；提升系统有卷扬机滑轮系统、液压提升系统、液压顶升系统；有单桅杆和双桅杆滑移提升法、扳转（单转、双转）法、无锚点推举法等吊装工艺。

（6）缆索起重机吊装：用在其他吊装方法不方便或不经济的场合，吊装重量不大，跨度、高度较大的场合，如桥梁建造、电视塔顶设备吊装。

（7）液压提升法，目前多采用"钢绞线悬挂承重、液压提升千斤顶集群、计算机控制同步"方法，主要有上拔式（或提升）和爬升式（或顶升）两种方式。

（8）利用构筑物吊装法：即利用建筑结构作吊装点（必须对建筑结构进行校核，并征得设计部门同意），通过卷扬机、滑轮组等吊具实现设备的提升或移动。

（9）坡道提升法，即通过塔设坡道，利用卷扬机、滑轮组等吊具将设备提升到基础上就位。

二、吊装方法的选用原则和步骤

（1）吊装方法的选用原则：安全可靠、经济可行。

（2）吊装方法基本选择步骤：

①技术可行性论证。对多个吊装方法进行比较，从先进可行、安全可靠、经济适用、因地制宜等方面进行技术可行性论证。

②安全性分析。吊装工作应保证安全第一，必须结合具体情况，对每一技术可行的方法从技术上进行安全分析，找出不安全因素和解决的办法并分析其可靠性。

③进度分析。吊装工作往往制约着整个工程进度。所以必须对不同的吊装方法进行工期分析，所采用的方法不能影响整个工程进度。

④成本分析。对安全和进度均符合要求的方法进行最低成本核算，获取合理利润。

⑤根据具体情况做综合选择。

三、吊装方案的主要内容及管理

（一）吊装方案编制依据及主要内容

（1）吊装方案编制的主要依据：有关规程、规范；施工组织总设计；被吊装设备（构件）的设计图纸及有关参数、技术要求等；施工现场情况，包括场地、道路、障碍等。

（2）吊装方案的主要内容：工程概况；编制依据；方案选择；工艺分析与工艺布置；吊装平面布置图；施工步骤与工艺岗位分工；工艺计算（包括受力分析与计算、机具选择、被吊设备、构件校核等）；进度计划；资源计划（包括人力、机具、材料等）；安全技术措施；风险评估与应急预案等。

（二）吊装方案的管理

根据《危险性较大的分部分项工程安全管理办法》（建质〔2009〕87号）规定，吊装方案和

安全技术措施的编制及审批除按通常的要求进行外,还应执行以下规定:

(1)采用非常规起重设备、方法,且单件起吊质量在10kN及以上的起重吊装工程和采用起重机械进行安装的工程的吊装方案应由施工企业技术负责人审批。

(2)采用非常规起重设备、方法,且单件起吊质量在100kN及以上的起重吊装工程;起重量300kN及以上的起重设备安装的吊装方案,施工单位应当组织专家对专项方案进行论证,再经施工企业技术负责人审批。实行总承包管理的项目,由总承包单位组织专家论证会。

任务三 架 桥 机

相关知识

一、JQ600型双臂简支式双线架桥机

JQ型架桥机与TE/600型运梁车配套,通过尾部喂梁,跨两跨架梁,吊梁小车调整落梁,轨行式步履纵移;可架设20m、24m等跨双线梁及变跨双线梁,能完成变跨梁的架设。

主要结构如下:

JQ600型架桥机主要由机臂、吊梁小车、1号柱、2号柱、3号柱和辅助吊等组成,如图8-33所示。

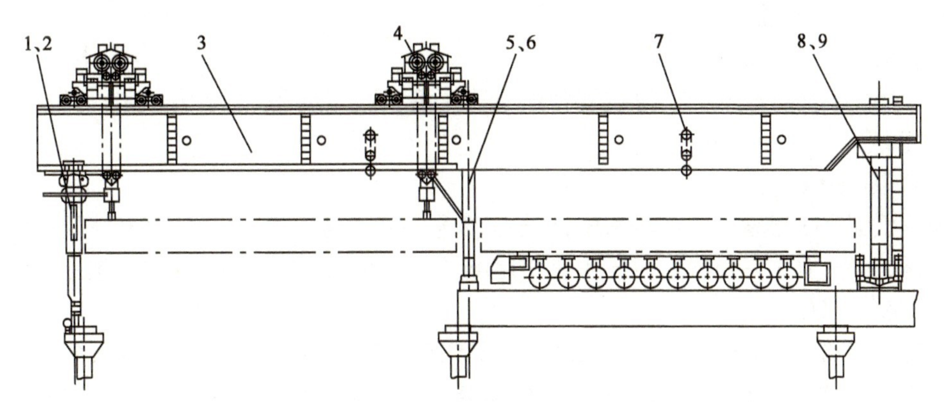

图8-33 JQ600型双臂简支式双线架桥机

1-1号柱;2-1号柱液压缸;3-机臂;4-吊梁小车;5-2号柱;6-2号柱液压缸;7-辅助吊;8-3号柱;9-3号柱液压缸

(1)机臂

机臂是架桥机的主要承载结构,设计成箱形双梁结构,梁高3.6m,宽1.5m,全长57.45m,每侧机臂分为6节,质量23t,解体后可用公路和铁路运输。双梁中心距4m,铺设四条钢轨,供吊梁小车走行。

(2)吊梁小车

吊梁小车是架桥机的起重机构,配有相同的两个吊梁小车。吊梁小车由走行台车、大车架、横移台车、横移机构、起升机构和吊梁扁担等组成。

吊梁小车由四台走行台车支撑,每台走行台车有四个走行轮,其中每侧各有一个主动轮,保证有20‰的爬坡能力。每台吊梁小车有两套起升机构,每套起升机构由两个起升卷扬机、动滑轮组、定滑轮组和均衡滑轮等组成。横移机构由横移丝杠、轴承座、万向拨叉、减速机构组成。

(3)1 号柱

1 号柱是架桥机的前承重支腿,支承在台前半部的垫石上。由托挂轮机构、转盘、伸缩柱、枕梁和横移机构组成。

架梁时 1 号柱与机臂纵向定位,1 号柱和 3 号柱支撑着架桥机和梁体重量。纵移时,1 号柱和机臂之间可相对运动,实现 1 号柱悬挂自行和架桥机步履纵移。

1 号柱和机臂有三个固定位置,第一个距机臂前端 2.4m,是架 24m 等跨梁时的固定位置;第二个距第一个 4m,是在架变跨梁和 20m 等跨梁时的固定位置;第三个距第二个 4m,是在架设 20m 等跨梁时二次纵移后的固定位置。

(4)2 号柱

安装在架桥机机臂的中部,是架桥机纵移和喂梁时的辅助支腿。由机构安装架、走行机构、收转机构、定位机构、伸缩柱和枕梁组成。

2 号柱可沿着机臂纵向悬挂自行,转换与机臂的定位位置。2 号柱可支撑在桥面上,又可收转在机臂双箱梁的空当内。

(5)3 号柱

3 号柱是架桥机的后承重支腿,由升降柱、卷扬机、液压缸升降机构、横梁、转盘、承重梁、走行机构、支腿组成。

架梁时 1 号柱与机臂纵向定位,1 号柱和 3 号柱支撑着架桥机和梁体重量,纵移时 3 号柱在纵移轨道上走行,推着架桥机向前纵移。

(6)辅助吊

在架桥机 1、2 号柱和 2、3 号柱间各装有一个活动式辅助吊,前者为 5t 电动葫芦,后者为 10t 电动葫芦。

(7)液压系统

架桥机配有 3 套独立的液压系统,1 号柱、2 号柱和 3 号柱液压系统,每套液压系统均由液压泵、执行元件、管路等组成。液压系统使用 46 号抗磨液压油,可在 5 ~ 75℃范围内使用。

(8)电气系统

架桥机的动力由所配拖车电站或外接电源供电。电气系统由上线架、滑线、各控制和监控部分组成,电气柜采用分散布置方式。机臂横联上方中间布置三相滑触线,作为两台吊梁小车的动力线,两侧另设有两套电缆滑线装置,悬挂吊梁小车的控制线和制动线。机臂后半部分横联下方两侧另设有两套电缆滑线装置,一套供辅助吊使用,另一套供 2 号柱使用。右侧机臂前半部下方设有供 1 号柱使用的滑线。

(9)驾驶室及附件

驾驶室安装在机臂后部双梁之间,装有各种操纵平台。附件包括上下扶手、平台、防雨罩等。

二、JQ600 下导梁轮轨式架桥机

JQ600 下导梁轮轨式架桥机是由中铁大桥工程局自行研制的一种适用于长大桥混凝土箱梁架设的架桥机械,可架设铁路 24m、20m 预制混凝土箱梁,并能完成变跨梁的架设。特点是利用下导梁为运梁通道,起重小车定点起吊、落梁,由于吊点相对地纵向固定并靠近前后支腿,吊重时主梁所受弯矩较小,使主梁简单轻巧。

JQ600 下导梁架桥机主要由主梁、前支腿、后支腿、喂梁支腿、起重小车、导梁、运架桥机台

车、发电机、液压泵站、电气控制系统、安全装置等构成，如图 8-34 所示。架梁时，前支腿位于所架梁跨的前端，后支腿与喂梁支腿位于梁跨的后端。

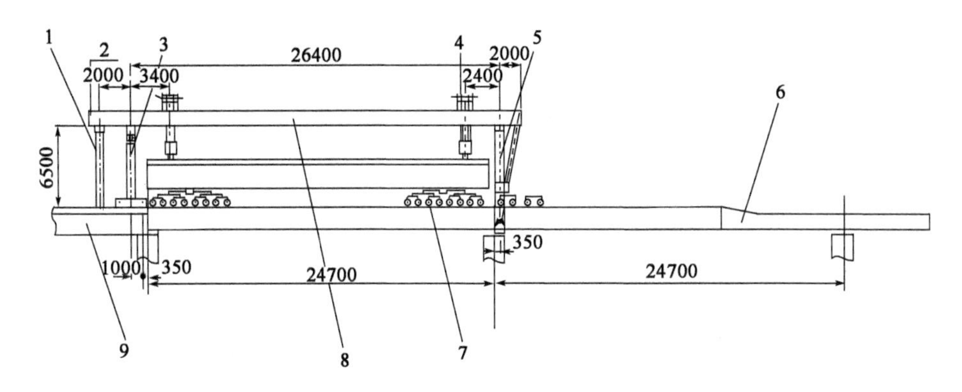

图 8-34　JQ600 下导梁轮轨式架桥机(尺寸单位:mm)

1-喂梁支腿;2-主梁;3-后支腿;4-起升机构;5-前支腿;6-下导梁;7-轮轨台车;8-提升机;9-已架梁

主要结构与工作原理如下：

(1) 主梁

主梁采用 16Mn，由两平行的工字形板梁组成，中间用横联杆系连接，与前支腿、后支腿构成架式简支承载整体结构。

主梁分为 3 段，以便运输与安装，节段间用螺栓连接。工字梁顶面铺有供起重小车滑移的轨道，以适应 24m 梁和 20m 梁的架设。主梁后部底面设有相距 4m 的绞支座，分别供架设 24m 和 20m 梁时与后支腿连接。

(2) 前支腿

由横梁、支腿、横撑、斜撑、支座等组成，通过螺栓连接构成门架式支承结构。前支腿与主梁用螺栓连接。

前支腿分为 3 段，通过拆换支腿的节段，适应 24m、20m 箱梁和桥台处的架设。架梁时，前支腿直接支撑在墩帽两侧的垫石上，不需要在墩上设置预埋件。架桥机走行时，前支腿直接承托固定在运架桥机的前台车上纵移。

(3) 后支腿

为可开启的柔性支腿，由横梁、支腿、分配梁、铰支座、开启油缸等组成。横梁为箱形结构，在两端与开启油缸连接。支腿上部与横梁连接，在中部与开启油缸相连。架桥机走行纵移时，后支腿通过活动托架承托在运架桥机的后台上。

(4) 喂梁支腿

由横梁、支腿、支座等组成，通过螺栓与主梁刚性连接。两支腿为横向相向的 C 形曲腿，以便运梁车驮运箱梁进入行使到导梁上。喂梁支腿底部有液压升降油缸，可使主梁后部升高，后支腿随主梁抬高而脱空，从而完成后支腿的开启动作。

(5) 起重小车

由起重横梁、横移底座、车架、卷扬机、滑轮组、吊具等组成。前起重小车为固定吊点，后起重小车可根据混凝土梁的不同跨度通过牵引装置做纵向滑移。

(6) 下导梁

由箱型纵梁、箱型横梁、纵移卷扬机、纵移托辊、支承钢垫等组成。两箱型纵梁中心距为

4m，每一箱梁上铺有轨距为1435mm的两根钢轨，供运梁车喂梁时所用。承托导梁纵移的下导梁支承在置于墩上的滑座内，另设牵引卷扬机用钢丝拖拉，实现下导梁的纵移过孔。

(7)运架桥机台车

由前、后两组台车组成，用于架桥机运行。每组台车由两个小车组成，小车之间采用间隙销接，确保台车运行时能适应弯道要求。架桥机运行时，前支腿支承在运架桥机前台车钢支墩上，后支腿支承在运梁架桥机后台车活动托梁上。

(8)移动电站

安装在下导梁前端，功率250kW，提供电力。

(9)液压系统

有前支腿液压泵站、后支腿液压泵站、导梁液压泵站。

(10)电气控制系统

由供电系统、架桥机电气控制系统、导梁电气控制系统、运架桥机台车电气控制系统、液压泵站电气控制系统组成。

三、JQ900型提运架下导架桥机

JQ900型提运架下导架桥机包括：JQ900型下导梁架桥机、DQ900型提梁起重机、KSC900型运梁台车，适用于时速200～350km铁路客运专线32m跨、24m跨、20m跨双线整孔预应力箱形混凝土的运架施工，满足标准桥跨架设、首末孔桥跨架设曲线桥跨架设、变跨角度桥跨架设、简支连续桥跨架设、隧道口桥跨架设和掉头架设等工况的施工。通过运梁台车驮运架桥机、下导梁可跨越既有桥梁、穿越隧道实现转场架设。

（一）工作原理

JQ900型下导梁架桥机为运架分离类，其主要工作原理为：

1. 喂梁

中、后支腿交替作用，腾出空间，轮胎式运梁台车将混凝土箱梁经下导梁直接驮运至待架桥位。

2. 起吊箱梁

中支腿处于收翼状态，待前支腿、中支腿承载后，后支腿卸载，起重天车将混凝土箱梁提离运梁台车，运梁台车退出。

3. 下导梁前移

起重天车起吊箱梁，后纵移车主吊点油缸提起下导梁尾部，后纵移天车与下导梁纵托辊同步驱动下导梁前移一孔。

4. 箱梁就位

架桥机前、后起重天车将混凝土箱梁垂直同步下降就位。

5. 架桥机前移

架桥机由前、后运架梁机台车驮运，沿下导梁前移一孔，完成一个架桥周期。

（二）主要技术参数

1. 整机参数

运架梁型：　　　　32m、24m、20m双线单箱等跨铁路箱梁

适应线路曲线半径：　　≥3000m

适应风力：　6级（工作状况）11级（非工作状况）
适应工作环境：　－20～＋50℃
架梁理论作业时间：　2～3h/片（不含运梁时间）
整机质量：　468t（不含轮胎运梁质量）
整机配电功率：　330kW（不含轮胎运梁车功率）
整机外形尺寸：　53m×16.68m×13.5m（长×宽×高）

2. 架梁机

架梁方式：　单跨简支、定点提梁、微调就位
适应工作坡度：　≤12‰
走行方式：　台车整体驮运
走行速度：　3m/min
起重天车起升速度：　0～0.5m/min
起重天车起升高度：　≤7m
起重天车纵移微调距离：　±300mm
起重天车横移微调距离：　±200mm
吊点形式：　四点吊点静定系统

3. 下导梁

走行方式：　纵移天车与纵移托辊同步驱动
走行速度：　3m/min

4. 运梁台车

台车形式：　轮胎式
额定载重量：　900t
自重：　225t
走行速度：　载重时0～5km/h
适应坡度：　纵坡≤3%，横坡≤4%
轴距：　2.3m
线距：　4.1m
轮胎数量：　68个（其中主动轮胎24个）
接地比压：　＜0.58MPa
外形尺寸：　44.8m×5.74m×2.75m

5. DQ900型提梁起重机主要技术参数

起重量：　500t
跨度：　36m
起升高度：　26.5m
主起升速度：　0.5m/min
小车运行速度：　0～6m/min
大车运行速度：　0～10m/min
起重小车轨距：2.6m　小车轮压：69t
起重大车轨距：3.6m　大车轮压：70t
起重机自重：　325t

起重机外形尺寸：　　长 40m × 宽 17m × 高 35m

整机功率：　　160kW

电源：三相五线制，交流 380V，50Hz。

整机稳定系数：满足 GB 3801 的要求。

走行机构采用变频技术，整机采用 PLC 控制。

制动系统：大车走行和小车走行采用电磁盘式制动器；主起升卷扬机为确保作业安全，在高速轴端采用电力液压块制动器，在低速轴端采用液压失效保护制动器。

试验载荷：静载加载到额定的 1.25 倍，动载加载到额定的 1.1 倍。

（三）机构组成与主要功能

JQ900 型下导架桥机主要由以下三大部分组成：架梁机、轮胎式运梁台车、下导梁。

1. 架梁机

主体结构由主梁、中支腿、后支腿构成主体承载结构。中、后支腿交替使用，腾出空间让轮胎式运梁台车直接驮运箱梁至架梁机的腹腔内。

后纵移天车：由主梁、分配梁、走行机构、横移油缸、辅助吊点油缸等组成。纵移天车可沿主梁全长运行。主吊点油缸用于提升下导梁前移；辅助吊点油缸用于架梁机掉头时调换安装前、中、后支腿位置；横移油缸用于横向微调导梁适应曲线桥梁。

起重天车：由 12t 变频无级调速卷扬机、滑轮组、钢丝绳、可移动底座构成前、后起升机构，用于垂直起吊箱梁。辅助纵、横装置实现混凝土箱梁精确定位。

运架桥机台车：由结构支架、走行机构、伸缩机构组成。前、后两组台车分别支承架梁机前支腿、中支腿，驮运架梁机沿下导梁纵移过孔。

前支腿泵站：为前起重天车纵移油缸、横移油缸，前起重天车纵移油缸、提升油缸，前支腿顶升油缸提供动力。

后支腿泵站：为后起重天车移动油缸、横移油缸，中腿拔销油缸、展翼油缸，后支腿顶升油缸提供动力。

纵移天车泵站：为纵移天车主吊点油缸、辅吊点油缸、横移油缸提供动力。

各泵站均设有油位、油温、油压异常报警装置。主控台、各子站控制箱上均安装有急停按钮、互锁选择开关和零位保护。架桥机最高处设有风速仪。司机室外安装有警示喇叭。

2. 下导梁

主体结构由两片长 35m（分 3 节）箱梁和两长 18m（分 2 节）桁架组成，全长 53m。作为轮胎式运梁台车和架梁机前移过孔通道。

纵移托辊由底梁、托轮组、驱动机构组成。纵移托辊与纵移天车共同同步驱动下导梁前移。

3. 运梁台车

MBEC900 型轮胎式运梁台车是针对中铁大桥局设计的与 JQ900 型下导梁架桥机配套的运梁台车。

MBEC900 型轮胎式运梁台车主体结构由制动系统、转向系统、动力系统、液压悬架系统、自动导航系统组成。

主体结构采用重量加牛腿形式，为箱形结构。为方便运输，纵梁可拆分为三段。纵梁之间、牛腿与纵梁之间均采用栓接。

应用与技能

一、JQ600 型双线架桥机架梁程序

一般程序：

（1）准备

架桥机就位，处于待架状态，两台吊梁小车紧靠 1 号柱。1 号支腿支承在桥墩上，2 号支腿和 3 号支腿支撑在已架梁体上。

（2）喂梁

3 号柱起升，运梁车驮运箱梁进入架桥机腹内。

（3）提梁

3 号柱支撑，2 号柱收回机臂内部，吊梁小车运行至机臂后部，对位，提升箱梁。

（4）吊梁行走

吊梁小车吊梁沿机臂纵移。

（5）落梁就位

吊梁小车吊梁到位后，降低梁体高度，调整落梁为止，落梁就位。

（6）运梁车退出

2 号柱支撑，并与机臂定位，吊梁小车运行到机臂前端，3 号柱提升，运梁车从 3 号柱下部退出。

（7）架桥机纵移

①初始状态。1、2 号柱支撑，3 号柱起升，铺好纵移轨道，3 号柱走行台车落放到纵移轨道上。

②准备工作。吊梁小车运行到机臂后部，2 号柱收起。

③机臂纵移。由 3 号柱驱动，机臂在 1 号柱支撑下纵移到位。

④1 号柱纵移。2 号柱支撑，1 号柱起升沿机臂下耳梁纵移到下孔桥墩位。支立 1 号柱，与机臂定位。

⑤2 号柱收起，吊梁小车运行机臂前端，2 号柱支撑，3 号柱收起，拆除纵移轨道后 3 号柱支撑，完成架桥机的纵移作业。

二、JQ600 下导梁架桥机架梁程序

一般程序：

其架设程序为利用下导梁作为运输通道，运梁台车将箱梁运送到被架桥跨上方，通过靠近支腿位置的前后起重小车将箱梁提离运梁台车，运梁台车退出，导梁往前纵移一跨后，直接将箱梁落到墩帽上。

架梁程序：

（1）架桥机就位。前支腿支撑在墩顶上，后支腿支撑在已架梁上，喂梁支腿脱空，下导梁就位于架梁孔位。

（2）顶升喂梁支腿油缸，后支腿离开桥面，将后支腿开启成翼形。运梁台车开进架桥机腹内，停在预定位置。

（3）后支腿复位，喂梁支腿起升，后支腿承载。起吊箱梁，运梁台车退出。

(4)导梁纵移一跨。顶升导梁油缸,使导梁支撑在纵移托辊上,向前纵移一跨,到位后顶升导梁移出托辊,落顶导梁。

(5)落梁就位。可通过纵、横移微调机构,调整梁准确到位。

(6)安装混凝土梁上轨道与导梁轨道连接好,使前支腿、后支腿落位在运架桥台车上,驱动台车实现架桥机纵移。

(7)纵移到位后,前支腿、喂梁支腿顶升,让前、后支腿与运起重机前、后台车脱离,架桥机在待架梁孔位就位。

三、JQ900型下导梁架桥机工作过程

(一)架桥机架梁作业程序

1. 架桥机在首孔就位

(1)运梁台车驮运架梁机和下导梁至桥头,待架梁机前支腿到达桥台墩顶上方。

(2)利用前纵移天车吊点装搁置在下导梁中间支架上的前支腿底节并旋转90°,安装前支腿底节,运梁台车将架梁机定位搁置在桥台;架梁机自重载荷转换到前、中支腿上。

(3)收缩伸缩支腿,前、后起重天车吊起下导梁,运梁台车退出下导梁,纵移托辊驱动至桥台处,将导梁搁置在桥头,拆除前、后起重天车吊点,利用前纵移天车吊点起搁置在下导梁中间支架上的临时导梁搁置在桥头,拆除前、后起重天车吊点,利用前纵移天车吊点搁置在下导梁中间支架上的临时支架并将临时支架旋转90°安装于前托辊垫梁底部。

(4)安装后纵移天车吊点,同步驱动纵移托辊及后纵移天车吊点,驱动下导梁到达前支墩上方,将临时支架与墩顶预埋件锚固。

(5)下导梁通过前托辊搁置并固定在临时支架顶部,继续同步驱动纵移托辊及后纵移天车,使下导梁纵移到极限位置,利用纵移天车吊点略吊起下导梁尾部,将下导梁尾部搁置在桥台前端,铺设桥台临时钢轨,将后运架梁机台车吊至桥台钢轨上。

(6)分别将运架桥机台车与前、中支腿连接固定,安装下导梁底部纵移托辊楔形支承,驱动前、后运架梁机台车驮运架梁机过孔,前支腿中心距前支墩中心约150mm。

(7)前、中支腿支承架梁机,安装前、后起重天车吊点并提升下导梁,解除纵移托辊与临时支架的连接,并将临时支架吊起旋转90°放在两片下导梁中间支架上。

(8)将下导梁落放到位,安装纵移托辊垫梁处楔形临时支承,架梁机纵移到位,前、中支腿承架梁机然后将下导梁搁置与前支腿垫梁上,等喂梁。

2. 架梁机架梁

(1)后支腿支承,中支腿展开成翼形,运梁台车将梁运到架梁机下方。

(2)中腿收拢并承载,后退卸载,架梁机将梁提起,运梁台车退出,前、后运架梁机台车行使至导梁尾部压载,纵移天车稍微提升下导梁,使纵移托辊支承下导梁,前支腿横梁脱离下导梁,纵移天车与托辊同步驱动下导梁到达前支墩。纵移天车稍微降落下导梁,使纵移托辊脱离下导梁,前支腿横梁支承下导梁,驱动纵移托辊到达前支墩。

(3)下导梁纵移到位,架梁机落梁安装。

(4)安装前支墩支承托辊处楔形支承,运架梁机台车分别支承前、中支腿,托运架梁机前移进入下一个架梁工位,重复前述步骤直到运架最后两孔梁。

3. 架桥机末孔作业流程

(1)后支腿支承,中支腿展开成翼状,运梁台车运梁机下方。

(2)中支腿承载,后支腿卸载,架梁机将梁吊起,运梁台车退出,后纵移天车稍微提升下导梁与纵移托辊同步驱动下导梁到达桥台。

(3)利用前、后纵移天车同步提升下导梁至纵移托辊底部略超出桥面,同步驱动前、后纵移天车驱动下导梁纵移约1m并搁置在桥台。

(4)松开前纵移天车吊点,下导梁纵移到位,混凝土箱梁落位安装,同步驱动纵移托辊及后纵移天车稍向后纵移下导梁,使下导梁尾端搁置在已架梁端。

(5)安装已架桥梁桥面临时钢轨,将后运架梁机台车吊置于已架混凝土箱梁临时轨道上,将前、后运架梁机台车分别与前、中支腿固定,支承并驮运架梁机过孔。

(6)架梁机纵移就位,至前支腿到达桥台墩顶并超过桥台中心线1.5m,拆卸前支腿底节及垫梁,并将前支腿底节及垫梁落在桥台墩顶,前支腿顶节支承在桥台上。

(7)利用后纵移天车及纵移托辊同步驱动下导梁到达极限位置,解开下导梁前段连接,下导梁后退至桥跨位置,利用前、后起重天车将下导梁降落在墩顶。

(8)后支腿支承,中支腿展开成翼状,台车运梁至运梁机下方。

(9)中支腿承载,后支腿卸载,架梁机将梁提起,运梁台车退出,前、后纵移天车将下导梁同步提升至桥面,前支腿底节搁置在前支腿侧,拆除前纵移天车与下导梁的吊点。

(10)后纵移天车与纵移托辊同步驱动下导梁纵移至极限位置与前段连接,混凝土箱梁落位安装。

4. 转场作业流程

(1)起重天车提升下导梁,运梁台车运行至下导梁下方。

(2)运梁台车和架梁机配合调整下导梁位置。

(3)伸缩支腿伸出支在下导梁顶面,运梁台车升高驮运架梁机和下导梁至下一拱地架梁。

(二)工地安装作业

1. 在桥台位安装架桥机

(1)下导梁纵移托辊就位,拼下导梁桁架段,倒退拼下导梁箱梁段。

(2)吊装前运架梁机台车,立前支腿,搭设碗扣支墩,吊装第一节段主梁,吊装发电机、前起重天车、卷扬机、前纵移天车。

(3)搭设碗扣支架,吊装主梁中间间段,安装导向滑轮、后纵移天车。

(4)搭设碗扣支架,吊装第三、四间段主梁,并接中、后支腿,安装后起重天车、卷扬机、驾驶室。

(5)拆除碗扣支架,安装运架桥机轨道,安装运架梁机台车。

(6)运架梁机台车驮运架梁机前行到达桥位进入首孔架梁程序。

2. 在已架梁机桥面安装架桥机

(1)提梁机组拼下导梁。

(2)提梁机组拼前、中支腿到位,缆绳固定。

(3)组拼,吊装主梁。

(4)拼装后支腿和前支腿斜撑,吊装起重天车、前后纵移天车、驾驶室。架梁机安装完毕后进入首孔架梁程序。

3. 在梁场安装架桥机

(1)提梁机组拼下导梁。

(2)提梁机组拼前、中支腿,缆绳固定。

(3)组拼、吊装主梁。

(4)拼装后支腿和前支腿斜撑、吊装起重天车、纵移天车、前吊点、驾驶室。

(三)掉头作业

掉头作业有运梁台车驮运掉头和提梁机对称安装掉头两种。

(1)运梁台车驮运掉头:运梁台车整体驮运架桥机回梁场,反向驮运至另一方向架梁,实现架桥机掉头。

(2)提梁机对称安装掉头:架桥机后支腿、前支腿支承,提梁机将中支腿提升换位安装、将前支腿提升换位安装、将后支腿换位安装、将其他设备吊装换位,实现提梁机掉头作业。

(四)变跨作业程序

(1)纵移天车将后起重天车提升纵移安装到需变跨的位置,架梁机位于待变跨的前一跨。

(2)主梁由前支腿、后支腿支承,纵移天车将中支腿提升纵移安装到需变跨的位置。

(五)过隧道作业程序

(1)隧道入口尾孔梁架设完毕。

(2)安装后纵移天车吊点,利用后纵移天车和纵移托辊驱动下导梁后退到梁架机腹腔内。

(3)起重天车提升下导梁,运梁台车驶入下导梁下方,起重天车将下导梁搁置在运梁台车上,在下导梁尾部安装三角架,后纵移天车拆除下导梁挑臂并放在两片小导梁中间。

(4)运梁台车驮运下导梁穿越隧道。

(5)利用纵移托辊在运梁台车上纵移下导梁至标定位置,伸出前伸缩支腿支撑下导梁前部,运梁台车继续退出。

(6)伸出后伸缩支腿,运梁台车退出。

(7)利用前后伸缩支腿,缓慢将下导梁落下。

(8)纵移托辊驱动下导梁到达前支墩,运梁台车通过钢绳连接下导梁进行保险。

(9)后伸缩支腿伸出顶升下导梁尾部使下导梁绕纵移托辊定点转动。

(10)运梁台车通过钢绳保险,纵移托辊驱动下导梁留放到标定位置架梁机过隧道并安装就位。

(11)运梁台车驶入架梁机腹腔内,伸缩支腿伸出并支撑在运梁台车主梁。转换架梁机支撑体系。

(12)利用纵移天车分别旋转前、中、后支腿并锚定,纵移天车两伸出端自身水平转动收回至过隧道界限内。

(13)利用前、后伸缩支腿落放架梁机,运梁台车驮运架梁机穿越隧道。

(14)前纵移天车提升下导梁尾部,拆除小导梁尾部临时三角支架。

(15)架梁机前纵移天车落放下导梁至水平位置。

(16)运梁台车沿下导梁驮运架梁机至待架桥位。

(17)前、后伸缩支腿顶升架梁机。

(18)纵移天车主梁水平旋转就位,利用纵移天车旋转前支腿、中支腿、后支腿就位,前纵移天车吊装下导梁前支腿底节并旋转90°安装,伸缩支腿缩回,架梁机支承进入架梁工位。

(六)安全设置介绍

(1)起升机构配置有称量装置和高度限位器,卷扬机高速轴采用液压制动器、卷筒采用液压钳盘制动。

(2)运梁台车、架梁机、下导梁之间设有走行限位、防护装置。

(3)中支腿开启油缸与拔销油缸间有液压联锁限位装置。

(4)设有风速报警装置。

(5)移动电站主供电回路和各分支电路均有过流、短路、欠压、保护功能。

(6)卷扬机控制电路有过流、再生过电压、欠电压、接地、短路，电路元件过热等保护功能。

(7)控制及遥控器上设有紧急停车按扭，以及该操作的声、光报警装置。

(七)运输与拼装

架桥机最大单件长度12.7m、最大质量18t，可采用公路运输和铁路运输。

架桥机拼装依据施工场地不同，可以先拼装好，用轮胎车驮运到架梁工地，也可以在待架桥桥头拼装架桥机。

(八)主要性能特点

JQ900型下导架桥机具有操作简单，自重轻，安全可靠，方便变跨、掉头、过隧道，运梁台车自动纠偏行走等特点。混凝土梁箱直接运送到架桥机腹腔内，简化了喂梁程序，操作简单、架梁方便快捷、效率高。定点垂直吊装箱梁，受力明确简单，各支腿受力均衡，主梁弯矩小。导梁下置、重心低，架梁机沿下导梁驮运过孔、喂梁作用不受外力作用，安全可靠。架桥机设前后收缩支腿，自行完成升降动作。各支腿自动旋转至水平位置，方便架桥机穿越隧道。

归 纳 总 结

(1)起重机械是用来对物料进行升降、装卸、运输、安装和对人员运送的机械，并能在一定范围内垂直和水平移动物品，是一种间歇、循环动作的搬运机械。

(2)轻小起重设备一般只具有起升机构，用以起升重物。具有结构简单，重量轻、便于携带、移动方便等特点。有千斤顶、葫芦(滑车)、卷扬机等部件。

(3)起重机有架桥型、缆索型和臂架型三大类型。根据用途和使用场合的不同，起重机有许多形式，其共同特点是整机结构和工作机构较为复杂。工作时能独立或同时完成多个工作动作，建设过程中主要使用臂架型起重机。

(4)JQ600型双臂筒支式双线架桥机是JQ型架桥机与TE/600型运梁车配套，通过尾部喂梁，跨两跨架梁，吊梁小车调整落梁，轨行式步履纵移；可架设20m、24m等跨双线梁及变跨双线梁，能完成变跨梁的架设。

(5)JQ600下导梁轮轨式架桥机是由中铁大桥工程局自行研制的一种适用于长大桥混凝土箱梁架设的架桥机械，可架设铁路24m、20m预制混凝土箱梁，并能完成变跨梁的架设。特点是利用下导梁为运梁通道，起重小车定点起吊、落梁，由于吊点相对地纵向固定并靠近前后支腿，吊重时主梁所受弯矩较小，使主梁简单轻巧。

(6)JQ900型提运架包括：JQ900型下导梁架桥机、DQ900型提梁起重机、KSC900型运梁台车，适用于时速200～350km铁路客运专线32m跨、24m跨、20m跨双线整孔预应力箱形混凝土的运架施工，满足标准桥跨架设、首末孔桥跨架设曲线桥跨架设、变跨角度桥跨架设，简支连续桥跨架设，隧道口桥跨架设和调头架设等工况的施工。通过运梁台车驮运架桥机、下导梁，可跨越既有桥梁、穿越隧道，实现转场架设。

思考题

1. 简述千斤顶的构造与工作原理。
2. 架桥型起重机主要有哪些类型？
3. 起重机工作机构有哪些功用？
4. 常见的支腿类型有哪些？各自有哪些特点？
5. 简述 JQ600 型双臂简支式双线架桥机主要结构。
6. 简述 JQ600 型双臂简支式双线架桥机架梁程序。
7. 简述 JQ600 下导梁轮轨式架桥机主要结构。
8. 简述 JQ600 下导梁轮轨式架桥机架梁程序。
9. 简述 JQ900 型提运架下导梁架桥机的特点及工作原理。
10. 简述 JQ900 型提运架下导梁架桥机的主要结构。

项目九

隧道施工机械

知识要求：

1. 了解隧道施工机械的概况；
2. 掌握和了解液压凿岩台车的特点、构造、原理；
3. 掌握和了解全断面岩石掘进机的特点、构造、原理；
4. 掌握和了解盾构的分类、特点、构造、原理。

技能要求：

具有全断面掘进机的使用、管理、维护能力；具有泥水加压盾构和土压平衡盾构使用、管理、维护能力。

任务提出：

随着我国基础设施的大规模建设，铁路、公路、大中型水电站建设；南水北调、西气东输等工程；城市地下空间的开发利用，包括城市交通中的地铁、地下高速公路；市政设施中的排污、供水、供热工程，这些工程需要修建大量的隧道。例如：在西气东输工程中，要解决输气管线三次穿越黄河、通过三座大山（吕梁山、太岳山、太行山）和一次穿越长江；在实施城市化的战略中，大中城市市政建设如地铁交通、环境治理、各种管线均有大量的地下工程，都需要采取先进、高效、安全可靠的隧道施工方法和装备。

任务一　隧道施工机械概述

相关知识

一、隧道施工技术及机械

目前，隧道及地下工程因隧道水文地质情况、埋置深度、断面结构形状等条件的不同，其施工方法有明挖法、暗挖法、浅埋暗挖法和沉埋管段施工法。

明挖法和浅埋暗挖法主要用于城市地下铁路或其他地下工程中，暗挖施工法和沉埋管段施工法主要用于公路、铁路隧道施工。

明挖法是先把隧道及其上方的地层全部挖开，然后修筑衬砌，再进行回填把隧道掩埋起来。明挖法严重干扰交通，破坏环境；地面上的大量建筑物与管线需要拆迁，影响人们的正常生活。明挖法可采用通用的土石方工程机械、桩工机械等进行开挖与回填。

暗挖法是全部工程作业都在地下进行，它的主要施工方法有：喷锚构筑法、盾构法和掘进机法。

喷锚构筑法是以钻爆开挖、喷锚支护为主体的施工方法。这种方法相应的机械装备有凿岩、装药机械、装渣运输机械（即有轨运输或无轨运输设备）、喷锚支护机械、二次模筑衬砌机械、动力通风机械及其他附属设备。

盾构法和掘进机法是将开挖、支护和衬砌组合为一体的大型专用机械设备。它相当于一座流动的工厂，机器通过地层后将隧道建成。盾构法主要用于有水地层和软弱不稳定围岩中修建地下铁路或过江隧道工程，如土压盾构、泥水盾构；掘进机法主要用于掘进中硬以上岩层的长隧道，如岩石掘进机。

隧道穿越江河海峡时，采用沉埋管段建筑的施工方法。这种方法要装备大型水上吊装设备和水下挖沟装置，涉及水上及水下的技术范围较广，在我国正处于起步阶段。所需设备包括垫层机、水泥混凝土搅拌及浇筑机械、管段浮运设备（如各种拖船及绞盘车）、管段沉放定位设备（如提升浮筒、绞车）、镇填物回填设备、注水抽水设备等。

浅埋暗挖法是一种在离地表很近的地下进行各种类型地下洞室暗挖施工的方法。如北京长安街的地铁修建工程，浅埋暗挖法显示了巨大的优越性。

二、隧道施工机械的发展趋势

隧道的施工技术是通过施工方法和施工机械相互影响而得到发展的，目前施工机械已进入大型化、多样化的时代，正朝着自动化、计算机化的方向发展。

（一）钻爆法掘进的机械化与自动化

全自动数控凿岩台车的应用。日本和欧洲一些国家已研制出全自动的数控凿岩台车，并已投入使用。它由计算机控制钻孔位置和方向，并及时输出钻孔的各种数据。自动钻孔的超欠量减少，钻臂移动时间大大减少，司机可减少50%，司机接近危险开挖面机会减少，提高了作业的安全性。

炸药自动装填机（装药台车）的使用。出于对炸药装填安全性的考虑，在更大范围内推广自动装填机还有一定难度，只有彻底解决装药过程中可能出现的误爆现象后，才能得到世界各国承认。

近些年来，出渣运输作业的机械化方面也有了较大的发展，在大断面隧道施工中已广泛采用短臂挖掘机、隧道挖掘装载机和载重量为20～30t的铰接式自卸汽车，大大提高了出渣速度。小断面隧道施工中则采用蟹爪式装渣机和轨道运输，有些国家已在试验无人驾驶的电瓶车运输和卸渣自动化。

喷射混凝土作业已普遍使用4～6m³/h和8～10m³/h的湿式喷射机，当掺入细硅粉和调整集料的级配后，可使回弹量降低到5%～10%。自动化机械手的采用可大大降低工人的劳动强度。在北欧各国也已推广掺有1%～1.3%（体积比）的钢纤维喷射混凝土，可大大提高喷射混凝土的降压度（可达100MPa以上）、抗拉强度（3～6MPa），且抗裂性和韧性都有相当程度的提高。

（二）全断面隧道掘进机（TBM）应用

TBM是一种专门用于地下隧道开挖的大型高科技施工装备，它具有开挖快、优质、安全并有利于环境保护和降低劳动强度的优点。

世界上第一台TBM始创于1856年，只掘进3.48m就被放弃。1880年，由英国研制成功了直径为2.13m的TBM，用于河下隧道开挖，达到周掘进3.5m。此后的70多年虽然生产过15台TBM，但都未能得到成功应用。直到20世纪50年代中期，美国罗宾斯（Robins）公司将TBM成功地用于隧洞工程，隧洞直径为8m，创造日掘进42m、周掘进190m的最高纪录。从此，TBM技术得到了迅猛发展和广泛应用。随着科技进步和工程实践，全断面隧洞掘进技术与装备得到了不断改进与提高。

（1）类型多样化。第一台TBM为开敞式，而现在除了开敞式外，还有单护盾、双护盾和三护盾等类型。承包商可根据工程的具体地质情况选用合适的TBM。

（2）直径不断加大。第一台能顺利进行掘进的TBM直径仅2.13m，1979年首次达到9m，而由罗宾斯公司制造的直径达14.4m的TBM已用于加拿大尼加拉隧道工程。

（3）滚刀直径不断增大，效率不断提高。大直径滚刀不仅可以提高刀圈的寿命，使每台掘进延米换刀次数减少，并能在较坚硬的岩石条件下获得较高的掘进速度。目前，每把滚刀允许承受的推力也从90kN提高到314kN以上，从而使TBM效率大大提高。

（4）从固定直径到可变直径。早期掘进机的开挖直径是固定的，而现在可在一定范围内变化。

（5）辅助设备的配备。早期的掘进机不具备任何辅助设备，而目前的TBM可配备锚杆设置、喷射混凝土、注浆等施工设备，能及时处理不良地层，防止IBM发生故障。

（三）盾构法

盾构法于19世纪由英国发明，20世纪开始在英、美等国家推广应用。20世纪60年代日本的盾构技术迅速发展，由于具有快速、安全、不干扰地面等优点，盾构法施工在日本的地铁隧道和市政管道建设中已占主导地位，基本取代了其他施工方法。如日本于1998年建成通车的东京湾道路隧道工程，采用了8台直径14.14m的泥水加压平衡盾构，是当时世界上直径最大、最先进的盾构，具有自动导向系统、监控系统、自动管片拼装系统。日本在不同几何断面形状的盾构开发上取得了令人瞩目的成就，已开发出矩形、椭圆形、马蹄形的盾构掘进机，还开发和应用了双圆、三圆、多圆形的盾构掘进机，其中双圆盾构已用于地铁和铁路隧道、三圆盾构已用于东京和大阪地铁的两座车站掘进施工。

（四）液压冲击锤开挖隧道

在全断面隧道施工中用液压冲击锤是一种比较新的施工技术，在意大利已经有不少隧道使用了这种开挖方法。这种方法所使用的机械一般是把强力液压冲击锤安装在履带式挖掘机的臂架上，用液压锤的冲击能量破碎岩石。该法适用于有裂隙和层理分明的岩层，并且应有足够大的掌子面（面积超过 $30m^2$）。液压冲击锤的主要优点是设备的质量小、活动自如、价格便宜，可开挖任何形状的断面，开挖作业的同时可进行渣石装运作业，超挖量少。

任务二　液压凿岩台车

相关知识

一、分类与特点

在矿山、铁路、公路、水电、煤炭和建筑等工程施工中，凿岩设备是不可缺少的主要施工设备之一。随着新技术、新产品、新品种的不断涌现，其工作性能不断提高，功能也日趋完善，技术水平已达到了相当高的程度。特别是近 20 年来，液压控制技术和计算机技术的结合更促进了凿岩技术的进步，自动化凿岩设备也相继出现，并已达到实用化的程度。

凿岩台车按隧道开挖断面的不同可分为：全断面台车、半断面台车及导坑台车。

凿岩台车是目前隧道全断面开挖的主要机具之一，它具有下列优点：

（1）节省劳动力，劳动强度低，操作者不直接承受凿岩机的振动。

（2）钻孔速度高，采用液压或压缩空气推进而且推进方向和钻机方向一致，钻孔平均速度达 20～30cm/min，最高可达 60cm/mim。

（3）可利用长钻杆（最长钻杆达 7180mm），减少换钻杆时间，还可钻凿较大较深的炮孔。

（4）定向性好，可提高作业效率。

（5）机动性好。

（6）液压钻臂可进一步发展自动化控制，确保炮眼方向、深度等。

二、基本结构与工作原理

凿岩台车由钻臂、推进器、底盘、台车架、稳车机构、风水系统、液压系统、操纵系统等部分组成，如图 9-1 所示。

工作时，台车驶入掘进工作面，由稳车机构使台车定位，操纵钻臂和推进器，使推进器的顶尖按要求的孔位向工作面顶紧，开动凿岩机进行凿岩。钻完全部炮孔后，台车退出工作面。

（一）底盘

凿岩台车的底盘有轮轨式、履带式和轮胎式多种不同行走机构。轨行式底盘由直流电机或液压马达驱动，结构简单、工作可靠、使用寿命长、适应软岩巷道。但调动不灵活，错车不方便，转弯受巷道曲率半径限制；履带式底盘由液压马达驱动，调动灵活、工作可靠、爬坡能力强，可用于倾角较小的巷道，但结构复杂、履带易磨损、使用寿命较短，在软岩巷道中使用困难，在有轨巷道中使用存在压轨问题；轮胎式底盘由液压马达驱动，调动灵活、工作可靠、不易压坏胶管和电线，但结构较复杂，轮胎易磨损，使用寿命较短。

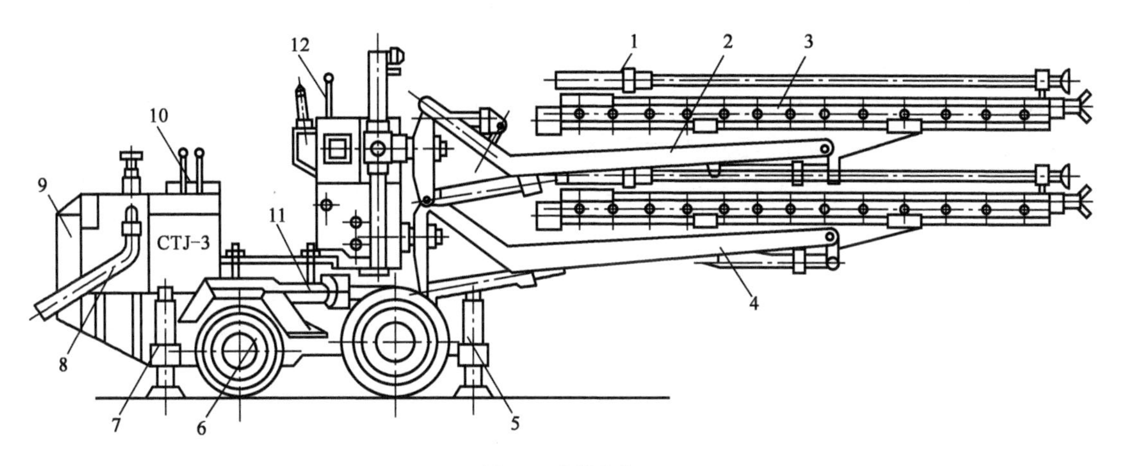

图 9-1　凿岩台车

1-凿岩机；2-侧支臂；3-推进器；4-中间支臂；5-前支撑液压缸；6-行走机构；7-支撑液压缸；8-进风管；9-配重；10-驾驶座；11-摆动机构；12-操纵台

（二）钻臂

掘进钻臂是凿岩台车的核心部件，它支撑着凿岩机按规定的炮孔位置打孔，又是给予凿岩机一定推进力的机构。它还可以用来提举重物，如组装拱形支架、装药等，因此也可以称为台车的机械手。

图 9-2 为凿岩台车钻臂结构示意图。钻臂是独立的可装拆部件，在不同的底盘上，装上不同数量的同一种标准钻臂，都可以构成不同形式的凿岩台车。随着液压技术的发展，采用液压为动力的液压钻臂已定型化、系列化。

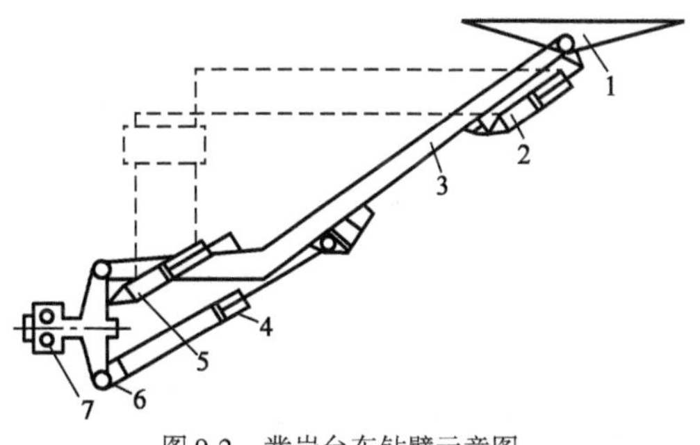

图 9-2　凿岩台车钻臂示意图

1-推进器托盘；2-液压缸；3-钻臂架；4-钻臂液压缸；5-引导液压缸；6-钻臂座；7-回转机构

为了获得良好的爆破效果，要求工作面炮孔有较好的平行精度，因此，钻臂设有平动机构，钻臂移位时推进器保持平行移动。液压自动平行装置是通过油路借助压力油来传递运动的，它的特点是：尺寸小、质量小、结构紧凑、操作灵活和维修方便，是国内外使用较广的一种形式。

臂杆都是悬臂的，它支撑着凿岩机、推进器，并可以把它们升送到需要的空间位置。臂杆除了承受装在它上面的设备重力和自身重力外，还要经受凿岩时推进的反力及凿岩的冲击反力，而且是偏心载荷。因此，臂杆要求有足够的强度和刚度，臂杆一般为焊接结构。

1. 直角坐标钻臂

直角坐标钻臂由转柱、支臂架、仰角油缸、支臂油缸、翻转缸、摆角缸等组成。直角坐标钻臂由仰角油缸驱动支臂垂直摆动，摆角缸驱动支臂做水平摆动，从而使安装在支臂上的推进器按直角坐标方式移位。

2. 极坐标钻臂

极坐标钻臂又称回转钻臂，由回转支座、钻臂、钻臂升降油缸等组成。钻臂根部的回转机构可使整个支臂绕回转支座的水平回转轴转 360°，即钻臂按极坐标方式调位。回转式钻臂找眼操作程序少，凿岩机贴底性能好，但结构复杂，操作直观性差。

3. 双三角式钻臂

双三角式钻臂定位可以按水平和垂直方向分步定位，还能够直接实现斜上或斜下定位。阿特拉斯·科普柯(Atlas Copco)公司目前生产的BUT系列钻臂均属此类。双三角式液压钻臂是目前在凿岩台车上采用的较先进的平动机构，其平动条件是前平动机构和后变幅机构在平动过程中完全相等或相似，这种平动过程为无误差平动过程，能保证水平孔的平行度要求。

(三)推进机构

推进机构给凿岩机提供轴向推力和支承力，并完成凿岩机推进和退离岩壁的动作。推进机构的形式有马达丝杠式、油缸钢丝绳式、油缸链条式。驱动的动力有风动和液压驱动两种。

图9-3为马达丝杠式推进器。由马达、丝杠、导轨等组成。作业时推进器顶住掌子面，以增加导轨的稳定性。马达可正转和反转，使传动丝杠做相应的转动，丝杠只能转动不能移动，因此与其啮合的丝母做前后移动。

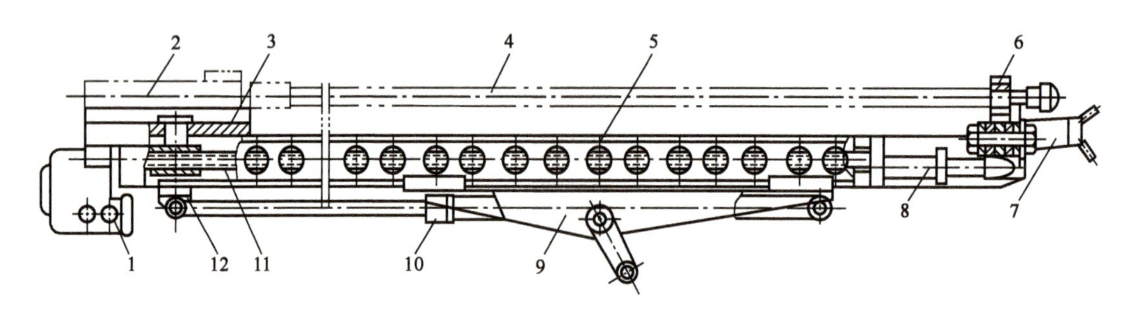

图9-3 凿岩台车的推进器

1-马达;2-钎子;3-外回转凿岩机;4-凿岩机底座;5-导轨;6-扶钎器;7-顶尖;8-扶钎液压缸;9-托盘;10-补偿油缸;11-丝杠;12-丝母

拓展知识

一、国外发展现状及趋势

炮孔钻凿经历了一个由手工到人工操纵机器再到自动凿岩的过程，其中凿岩设备也经历了由气动驱动到液压驱动的转变。自1970年法国蒙特贝德(MontabeM)公司研制成功第一台用于矿山钻孔的H50型液压凿岩机及其配套钻车以来，由于液压凿岩机在技术、经济以及社会效益方面具有极大的优越性，引起了各国的重视并组织力量竞相研制。

(1)品种规格齐全，使用范围广泛。无论是井下或露天、掘进或采矿，都有相应的液压凿岩机可供选用。如山特维克(SANDVIK)公司的产品已发展到7个系列，从小型手持式到超重型，品种规格齐全。

目前，各公司推出的一般都是第二、第三代甚至第四代产品。从近年推向市场的钻车型号来看，绝大部分为轮胎式，以适用高效无轨掘进和开挖的需要。

(2)产品改进和更新换代，大量采用塑料件来减轻整机的重量。液压凿岩机的外壳等多采用精密铸造，从而使机器的结构紧凑，布局合理，外形也较美观。

液压系统的供油泵有两个的，也有三个的，但有向一个泵集中供油的发展趋势，工作介质采用不燃液(如磷酸酯、水二醇和油水乳化液等)的日益增多。高、低压回路均装有蓄能器；还设有液压缓冲器，可防止应力反射波的破坏作用。

各公司液压凿岩设备的钻臂、推进器和操纵系统等主要部件都已实现标准化和系列化，适用范围广，零件通用率高。

(3)凿岩向大功率和自动化发展。最新推出的COP4050型重型液压凿岩机，冲击功率高达40kW，与之配套的SimbaH4000系列全液压钻车，用于深孔采矿凿岩，钻凿孔径为89~127mm。

随着液压控制和电子技术的发展和应用，凿岩循环已实现自动化，即自动开孔、防卡钎、自动停机、自动退钎、钻车和钻壁自动移位、定位以及遥控操作等。这种全自动钻车被称为凿岩机器人。由于这类凿岩机器人主要用于隧道的开挖，故又将它称为隧道凿岩机器人。

二、国内发展现状及趋势

我国研制液压凿岩设备起步不算晚，于1980年9月自行研制了第一代液压凿岩设备及配套的钎杆(YYG80型液压凿岩机、CGJ2Y型全液压钻车及B25Y整体钎杆)。我国有北京科技大学、中南工业大学、长沙矿冶研究院、煤炭科学研究院、北京建井研究所、沈阳风动工具厂、天水风动工具厂和瞿州凿岩机厂等10多个单位研制了20多种型号的液压凿岩机和钻车。进入20世纪90年代中期以来，以中南工业大学为主，国内对电脑导向和全自动控制的凿岩机器人的实用化研制也已取得了实质性进展。

(1)液压凿岩机。我国20世纪80~90年代研制并通过国家鉴定的液压凿岩机型号共12种，可钻孔径大部分在40~50mm，最大可达120mm。这些凿岩机在国内加工制造和销售超过400余台。它们在结构上一般采用独立转纤机构，活塞运动行程可调，有防空打缓冲装置；其配流机构普遍采用阀式、芯阀及套阀。

我国的液压凿岩稳定性指标均在500m左右(不拆机检修)，而世界先进水平的产品则为6000m。因此，国内的液压凿岩机与国际先进水平尚存在很大差距。

(2)液压钻车。我国20世纪80~90年代共研制鉴定了10种型号的全液压钻车。除其中两种为参照国外产品外，其余8种均为结合我国国情研制的。这些钻车的液压系统大都设计合理，既保证了液压凿岩机效能的充分发挥，又满足了凿岩作业的需要；钻臂和推进器等部件布置合理，外形新颖美观，运转可靠，操作灵活方便。尤其是井下凿岩台车上的液压钻臂工作范围大，如同多功能的机械手，可灵活地上下仰俯，左右摆动，并可伸缩，钻臂上的凿岩机推进器导轨也可灵活地上下仰俯。

三、计算机控制的凿岩台车

(1)凿岩台车自动化的必要性和优越性

凿岩台车的自动化可以减轻司机的工作负担，尤其是令人疲劳的重复工作，并且使钻孔更精确、更快；其次钻孔速度已达6cm/s，使得钻一个炮孔的时间往往低于30s。自动凿岩台车能够相当好地控制断面，使得钻孔准确，在控制超挖和欠挖方面具有明显的优点。

总之，自动化缩短了设备工时，提高了设备的利用率。司机只需检查核实钻孔位置和钻孔方式，设备就可以独立自动地定位、钻孔，一直钻到程序设定的钻孔深度。

(2)21SGBC-CR电脑导引凿岩台车简介

21SGBC-CR电脑导引凿岩台车是挪威AMV公司生产的、具有世界先进水平、装有车载电脑导引系统的凿岩台车。该台车在钻孔时依靠电脑系统进行准确定位、完全按照隧道设计要求控制超欠挖，真正做到完全光面爆破，钻孔深度为5m时的钻孔外偏误差仅为2cm。可以将爆破轮廓控制在最理想的范围内，减少出渣和回填方量、减少衬砌材料（特别是水泥）的消耗，省工、省时、省料。

台车的电脑导引系统还可以将隧道内钻孔的数量、总钻孔时间、单孔的钻孔时间，每个孔的深度、角度、位置和钻孔深度进行记录和存储。装备了性能优良、质量可靠的法国蒙特贝德凿岩机，钎尾的正常使用寿命为12000～15000延米。台车的冲击液压系统采用低压大流量方式，能够确保冲击液压系统的工作条件好、工作寿命长、故障率低，完全避免了普通凿岩台车因为压力过高而造成的油管爆裂现象，有可编程序控制器，车载激光装置用于钻臂的准确性矫正。

任务三　盾　　构

相关知识

盾构（Shield）的含义在土木工程领域中为遮盖物、保护物。这里指把外形与隧道断面相同、尺寸比隧道外形稍大的钢筒或框架压入地中构成保护掘削机的外壳。该外壳及壳内各种作业机械、作业空间的组合体称为盾构。盾构是一种既能支承地层压力，又能在地层中掘进的施工机械。以盾构为核心的一整套完整的建造隧道的施工方法为盾构工法。

盾构是一种集开挖、支护和衬砌等多种作业于一体的大型隧道施工机械，是用钢板做成钢结构组件，这个钢结构组件的壳体称为盾壳，盾壳在开挖隧道时，作为临时支护，并在盾壳内安装开挖、运渣、拼装隧道衬砌等机械装置，以便能安全地作业。它主要用于软弱、复杂等地层的铁路隧道、公路隧道、城市地下铁道、上下水道等的隧道施工。

其施工程序是在盾构前部盾壳下挖土（机械挖土或人工挖土），一面挖土，一面用推进油缸向前顶进盾体，顶至一定长度后（一般为一环管片的宽度），再在盾尾拼装预制好的管片，并以此作为下次顶进的基础，继续挖土顶进。在挖土的同时，将土体运出盾构，如此不断循环直至修完隧道为止。

随着土压式盾构、泥水加压式盾构和硬岩式盾构出现，对于不良地质地段和防止地面下沉的措施日益完善，盾构法已从特殊施工方法成为一般施工方法，并将逐步取代明挖法。

盾构法是现阶段世界上修建隧道最先进的施工方法之一。已完工的三大海底隧道工程：英法海峡隧道、丹麦海峡隧道、东京湾海底隧道采用的就是该法。

盾构的形式很多，可按盾构的断面形状、构造及开挖方式进行分类。

（1）按盾构断面形状的不同，可将盾构分为单圆盾构、复圆（多圆）盾构、非圆盾构3种。

（2）按开挖方式的不同，可分为手掘式、半机械式、机械化式3种。

（3）按盾构前部构造的不同，可分为全敞开式、部分敞开式、闭胸式3种。

（4）按支护地层的形式可分为自然支护式、机械支护式、气压式、泥水加压式和土压平衡式5种。

（5）按掘削地层不同可分为硬岩盾构（TBM）、软岩盾构、软土盾构、硬岩软土盾构4种。

盾构施工的优点：

（1）提高工效，缩短工期一般日掘进能力在砂质土为人工的两倍，砂和亚黏土为人工盾构的3～5倍，黏性土为人工的5～8倍。

（2）减少塌方，保证生产安全。无论哪一种盾构都具有防止工作面塌方，平衡地下水压及减少塌方的优点。而且施工人员无须直接在掌子面操作，安全性高。

(3)由于工期能缩短，节省劳力，因而可降低施工成本，经济性高。

(4)施工环境好，施工人员无须在气压下工作，改善了恶劣的施工条件。

(5)随着土层地质的变化，能变化掘进方法。

盾构施工的缺点：

(1)机械造价高，质量大，因此，在特软地层施工时容易发生沉陷。

(2)任何一部分机械出故障，都必须全部停工检修。机械检修和准备作业时间长，机械利用率低。

(3)设计加工制造时间长。

(4)掌子面局部塌方(顶部)，如发现不及时而继续掘进，会引起沉陷、局部超挖和加固操作困难。

(5)更换磨损刀具困难。

案例：

深圳地铁一期工程第七标段工程施工中采用了德国海瑞克公司生产制造的两台加泥土压平衡盾构机，该机结构牢固，模块式设计，能适应不同地质、功率强大、掘进效率高；配备了最先进的激光导向系统，具有西门子 PLC 工业自动控制系统等特点。

隧道全长 3471.6m，其中左线长 1728.1m，右线长 1743.5m；隧道纵坡为 V 形坡，最大坡度为 25‰；最小曲线半径 300m，最小垂直曲线半径为 3000m；单层通用装配式管片衬砌。

区间隧道主要穿越富水砂层、砂质黏土层、砾质黏土层、圆砾层、角砾层，部分位于全风化、强风化花岗岩地层，局部位于中风化地层。岩石单轴极限抗压强度最高值为 45.3MPa，区间穿过两条断层破碎带，结构基本稳定。

一、盾构机主要技术参数

直径	6280mm；
主机长度	8500mm；
总长(含拖车)	64000mm；
转矩	5300kN · m；
推力/行程	3600t/2000mm；
转速	0～6.1r/min；
总功率	1500kW；
最大掘进速度	8cm/min；
螺旋输送机直径	700mm；
螺旋输送机生产率	270m^3/h。

二、盾构构造

土压平衡盾构机由盾壳、开挖系统、推进系统、拼装系统和包括加泥泡沫系统、排土系统、注浆系统、盾尾密封等附属设备组成。其基本构造如图 9-4 所示。

盾构在地下穿越，要承受水平载荷、竖向载荷和水压力，如果地面有构筑物，还要承受这些附加载荷；盾构推进时，还要克服正面阻力；所以，盾构整体要求具有足够的强度和刚度。盾构主要用钢板成型制成。大型盾构考虑到水平运输和垂直吊装的困难，可制成分体式，到现场进行就位拼装，部件的连接一般采用定位销定位、高强度螺栓连接，最后焊接成型的方法。

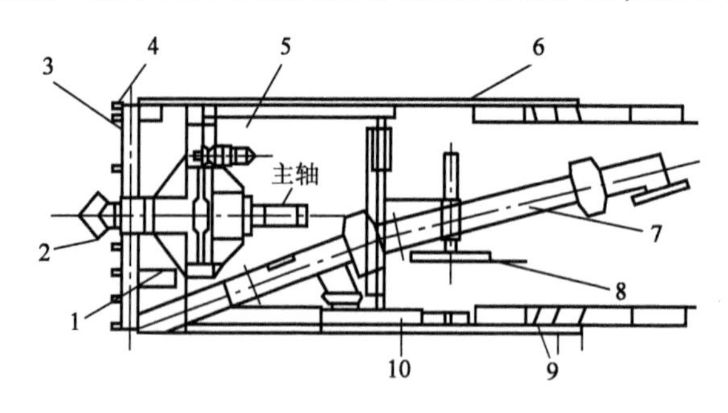

图 9-4　土压平衡盾构的基本结构

1-搅拌翼；2-鱼尾刀；3-切削刀盘；4-仿形刀；5-液压马达；6-注浆设备；7-螺旋输送机；8-管片拼装机；9-盾尾密封钢丝刷；10-推进千斤顶

（一）盾壳

所有盾构的形式，其本体从工作面开始均可分为切口环、支承环和盾尾三部分，借以外壳钢板连成整体，如图 9-5 所示。

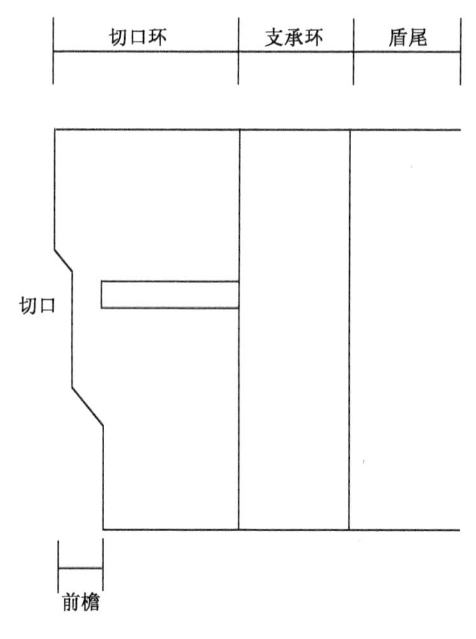

图 9-5　盾壳示意图

1. 切口环

切口环部分是开挖和挡土部分，它位于盾构的最前端，施工时最先切入地层并掩护开挖作业。切口环保持着工作面的稳定，并作为把开挖下来的土砂向后方运输的通道。因此，采用机械化开挖式、土压式、泥水加压式盾构时，应根据开挖下来土砂的状态，确定切口环的形状、尺寸。

切口环的长度主要取决于盾构正面支承、开挖的方法，对于机械化盾构切口环内按不同的需要安装各种不同的机械设备，而各类机械设备是由盾构种类而定的。主要设备情况如下：

（1）泥水盾构，安置有切削刀盘、搅拌器和吸泥口。

（2）土压平衡盾构，安置有切削刀盘、搅拌器和螺旋输送机。

（3）网格式盾构，安置有网格、提土转盘和运土机械的进口。

（4）棚式盾构，安置有多层活动平台、储土箕斗。

在局部气压、泥水加压、土压平衡等盾构中，因切口内压力高于隧道内常压，所以在切口环处还需布设密封隔板及人行舱的进出闸门。

2. 支承环

支承环是盾构的主体结构，是承受作用于盾构上全部载荷的骨架。它紧接于切口环，位于盾构中部，通常是一个刚性很好的圆形结构。地层压力、所有推进油缸的反作用力以及切口入土正面阻力、衬砌拼装时的施工载荷均由支承环来承受。

在支承环外沿布置有推进油缸，中间布置拼装机及部分液压设备、动力设备，操纵控制台，当切口环压力高于常压时，在支承环内要布置人行加、减压舱。

支承环的长度应不小于固定推进油缸所需的长度，对于有刀盘的盾构还要考虑安装切削刀盘的轴承装置、驱动装置和排土装置的空间。

3. 盾尾

盾尾一般由盾构外壳钢板延伸构成。主要用于掩护隧道管片衬砌的安装工作，盾尾末端设有密封装置，以防止水、土及压注材料从盾尾与衬砌之间进入盾构内。

盾尾厚度从整体结构上考虑应尽量薄，这样可以减小地层与衬砌间形成的建筑空隙，从而压浆工作量也少，对地层扰动范围也小，有利于施工。但盾尾也需承担土压力，在遇到纠偏及隧道曲线施工时，还有一些难以估计的载荷出现。所以盾尾是一个受力复杂的圆筒形薄壳体，其厚度应综合上述因素来确定。

盾尾密封装置要能适应盾尾与衬砌间的空隙，由于在施工中纠偏的频率很高，因此，就要求密封材料要富有弹性，结构形式要耐磨、防撕裂，其最终目的是要能够止水。止水的形式有许多，目前较为理想且常用的是采用多道、可更换的盾尾密封装置（图 9-6），盾尾的道数根据隧道埋深、水位高低来定，一般取 2 ~ 3 道。

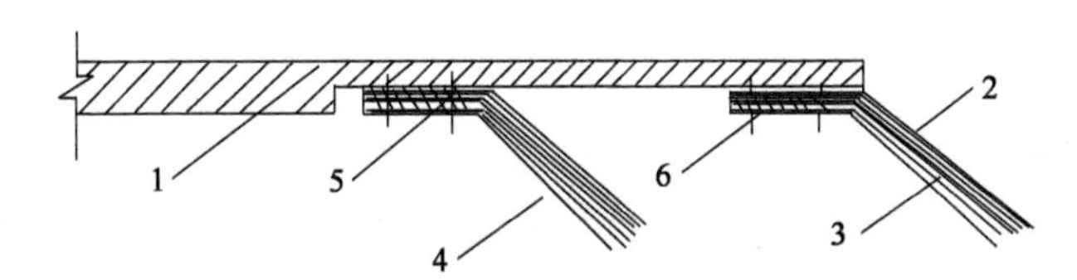

图 9-6　盾尾密封示意图

1-盾壳；2-弹簧制板；3-钢丝束；4-密封油脂；5-压板；6-螺栓

由于钢丝束内充满了油脂，钢丝又为优质弹簧钢丝，这使其成为一个既有塑性又有弹性的整体。油脂保护钢丝免于生锈损坏，油脂加注采用专用的盾尾油脂泵。这种盾尾密封装置使用后效果较佳，一次推进可达 500m 左右。这主要看土质情况如何，相对而言，在砂性土中掘进，盾尾损坏较快，而在黏性土中掘进则寿命较长。

盾尾的长度必须根据管片宽度和形状及盾尾密封装置的道数来确定，对于机械化开挖式、土压式、泥水加压式盾构，还要根据盾尾密封的结构来确定，最少必须保证衬砌组装工作的进行。

（二）推进机构

盾构掘进的前进动力是靠液压系统带动若干个推进油缸工作所组成的推进机构，它是盾构重要的基本构造之一。

1. 推进油缸的选择和配置

推进油缸的选择和配置应根据盾构的灵活性、管片的构造、拼装衬砌的作业条件等来决定。选定推进油缸必须注意以下事项：

（1）采用高液压系统，使推进油缸机构紧凑，目前使用的液压系统压力值为 30 ~ 40MPa。

（2）推进油缸要尽可能的轻，且经久耐用，易于维修、保养和更换。

（3）推进油缸要均匀地配置在靠近盾构外壳处，使管片受力均匀。

（4）推进油缸应与盾构轴线平行。

2. 推进油缸数量

推进油缸的数量根据盾构直径、推进油缸推力、管片的结构、隧道轴线的情况综合考虑，一般情况下，中小型盾构每只推进油缸的推力为600～1500kN，在大型盾构中每只推进油缸的推力多为2000～4000kN。

3. 推进油缸的行程

推进油缸的行程应考虑到盾尾管片的拼装及曲线施工等因素，通常取管片的宽度加上100～200mm的余量。

4. 推进油缸的速度

推进油缸的速度必须根据地质条件和盾构形式来定。一般取50mm/min左右，且可无级调速。为了提高工作效率，千斤顶的回缩速度要求越快越好。

5. 推进油缸顶块

盾构千斤顶活塞的前端必须安装顶块，顶块必须采用球面接头，以便将推力均匀分布在管片的环面；其次，根据管片材质的不同，还必须在顶块与管片的接触面上安装橡胶或其他柔性材料的垫板，对管片环面起到保护作用。

6. 海瑞克盾构的推进系统

由于一般的推进系统液压缸数量比较多，每个液压缸都进行单独控制，成本高，控制较为复杂，因此，海瑞克盾构采用分组控制，即将为数众多的推进液压缸按圆周均匀分成几组，分别对每组推进液压缸进行控制。这样既可以节约成本、减少控制复杂程度，又可以达到盾构姿态的调整、纠偏、精确控制的目的。液压缸的数目为32个，分为4组。

后盾体内周装有32只(行程2100mm)推进油缸。在活塞杆后端，装有靴撑，以防止因集中负荷造成的管片变形、破损。

5号、10号、17号、22号油缸兼做计测油缸，即便不选择时，也以可低压同步来测量油缸速度和行程，并显示在操作盘上。

盾构机主推力系统的作用是保证向前运动，推力油缸也用来使管片保持在适当的位置上。盾构机推力是由16对分布在4个环带周围的油缸来保证的。油缸推力通过16个衬垫传递给管片，一对油缸共享一个衬垫。油缸安装有行程传感器，传感器即时测量盾构机前进的进程，信息在控制室被显示出来。

油缸由两个放置在后配套车上的单元泵提供动力，推力控制面板安装在位于后盾的一个柜子上。推力油缸有两种液压操作状态：

“低压”或“建环”状态在管片布置期间使用。在这种状态下，衬垫的压力减小，有足够的压力保证管片安全的安装，在两环之间的密封被压紧。在“低压”状态下，盾构机不前进。

“高压”或“掘进”状态在盾构机向前运动时使用。在这种状态下，衬垫处在“高压”下。高压在管片上产生推力。

（三）挡土机构

挡土机构是为了防止掘削时，掘削面地层坍塌和变形，确保掘削面稳定而设置的机构，机构因盾构种类的不同而不同。

就全敞开式盾构而言，挡土机构是挡土千斤顶。对半敞开式网格盾构而言，挡土机构是网格式封闭挡土板。对机械盾构而言，挡土机构是刀盘面板。对泥水盾构而言，挡土机构是泥水舱内的加压泥水和刀盘面板。对土压盾构而言，挡土机构是土舱内的掘削加压土和刀盘面板。

（四）掘削机构

对人工掘削式盾构而言，掘削机构即鹤嘴锄、风镐、铁锹等。对半机械式盾构而言，掘削机构即铲斗、掘削头。对机械式盾构、封闭式(土压式、泥水式)盾构而言,掘削机构即掘削刀盘。这里仅叙述掘削刀盘的有关事宜。

掘削刀盘即做转动或摇动的盘状掘削器,由掘削地层的刀具、稳定掘削面的面板、出土槽口、转动或摇动的驱动机构、轴承机构等构成。刀盘设置在盾构机的最前方,其功能是既能掘削地层土体,又能对掘削面起一定支承作用,从而保证掘削面的稳定。掘削方式,如图 9-7 所示。

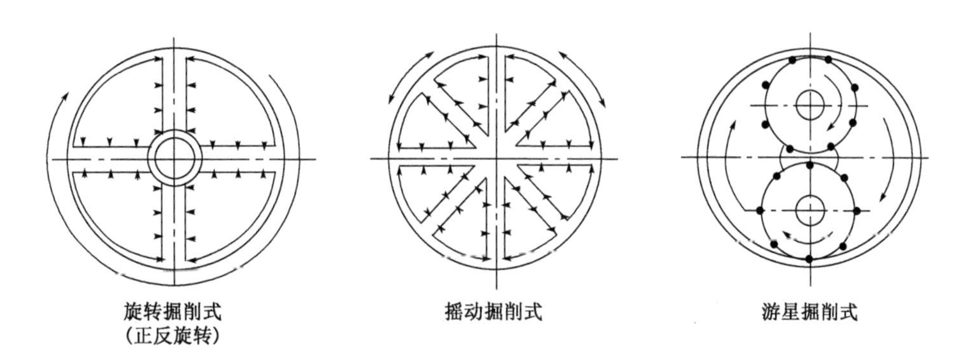

图 9-7　掘削方式

刀盘与切口环的位置关系有三种形式,如图 9-8 所示。其中,图 9-8a)是刀盘位于切口环内的情形,该形式适用于软弱地层;图 9-8b)是刀盘外沿凸出切口环的情形,该形式适用的土质范围较宽,故用得最多;图 9-8c)是刀盘与切口环对齐,位于同一条直线上的情形,适用范围居中。

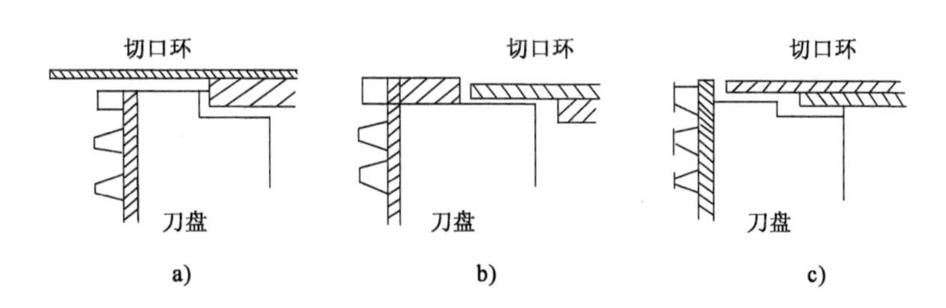

图 9-8　刀盘与切口环的位置关系

刀盘形状有纵断面形状和正面形状。刀盘纵断面的形状,如图 9-9 所示。图 9-9a)为垂直平面形,这种刀盘以平面状态掘削、稳定掘削面;图 9-9b)为突芯形,该刀盘的特点是刀盘的中心装有突出的刀头,故掘削的方向性好,且利于添加剂与掘削土体的拌和;图 9-9c)为穹顶形,该刀盘设计中引用了岩石掘进机的设计原理,这种刀盘重点用于巨砾层和岩层的掘削;图 9-9d)为倾斜形,其特点是倾角接近土层的内摩擦角,利于掘削面的稳定,主要用于砂砾层的掘削;图 9-9e)为缩小形,主要用于挤压式盾构。

掘削刀盘的正面形状有轮辐形和面板形。轮辐形刀盘由辐条及布设在辐条上的刀具构成,属敞开式。其特点是刀盘的掘削转矩小、排土容易、土舱内土压可有效地作用到掘削面上,多用于机械式盾构(掘削面可以自立的土层)及土压盾构。对于地下水压大、易坍塌的土质而言,易喷水、喷泥。

面板式刀盘由辐条、刀具、槽口及面板构成,属封闭式。槽口的形式有两种:一种是从刀盘中心到外沿的宽度始终相同;另一种是宽度从中心向外沿逐渐扩大。

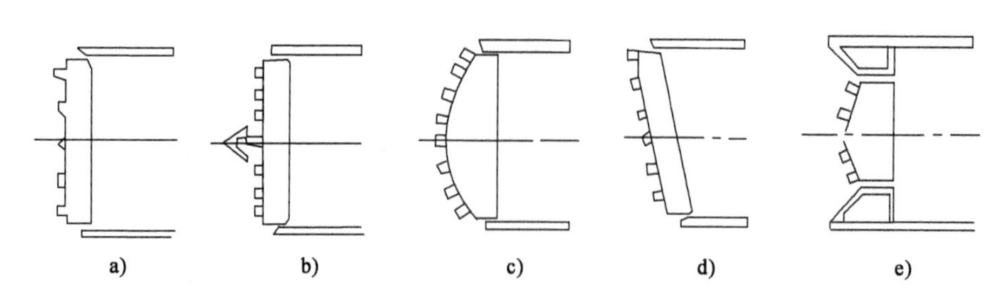

图 9-9　刀盘纵断面形状

a）垂直平面形；b）突芯形；c）穹顶形；d）倾斜形；e）缩小形

槽宽取决于土质的参数，如黏性、砾石的最大粒径等因素。一般槽宽多取 200 ~ 500mm，开口率 η 多为 15% ~ 40%。

面板式刀盘的特点是面板直接支承掘削面，即挡土功能，故利于掘削面的稳定。另外，多数情况下面板上都装有槽口开度控制装置，当停止掘削时可使槽口关闭，严防掘削面坍塌。控制槽口的开度可以调节土砂排出量，使掘进速度得以控制。缺点是掘削黏土层时，易发生黏土黏附面板表面，妨碍刀盘旋转，进而影响掘削质量。其防止措施是外加添加材等。面板式刀盘对泥水式和土压式盾构均适用。

掘削刀具形状的参数即其前角和后角（图 9-10）有固定式和旋转式两种（图 9-11）。

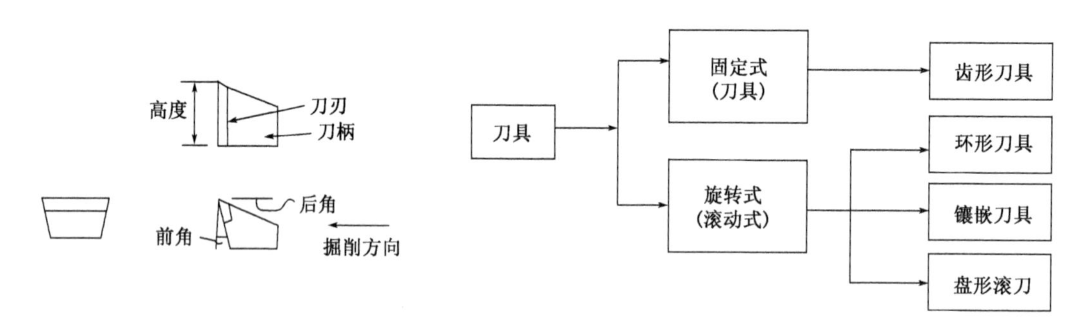

图 9-10　刀具的前角和后角　　　图 9-11　刀具的类型

图 9-12 示出的是常用的 4 种掘削刀具（齿形刀具、屋顶形刀具、镶嵌刀具及盘形滚刀）正视图及侧视图。齿形刀具和屋顶形刀具主要用于砂、粉砂和黏土等软弱地层的掘削。镶嵌刀具和盘形滚刀主要用于砾石层、岩层和风化花岗岩等地层的掘削。

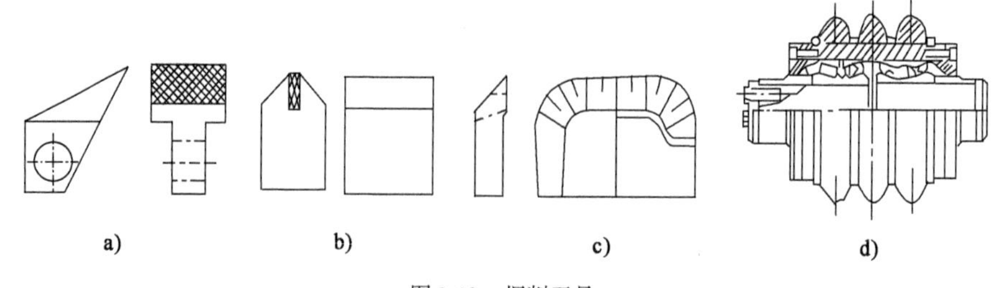

图 9-12　掘削刀具

a）齿形刀具；b）屋顶形刀具；c）镶嵌刀具；d）盘形滚刀

另外，刀具也可按掘削目的、设置位置（图 9-13）分类，见表 9-1。

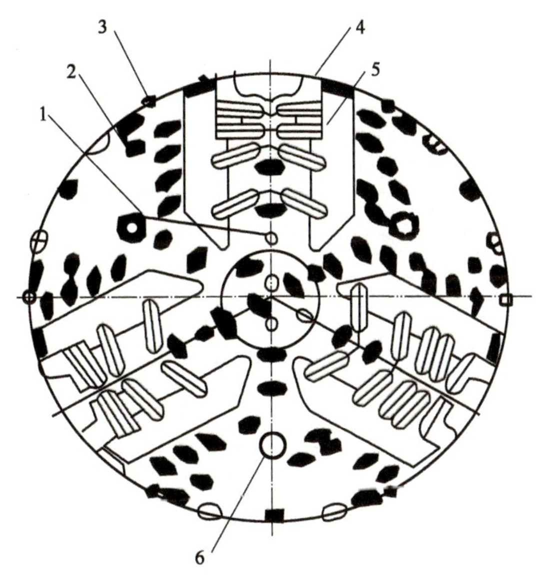

图 9-13　刀具种类及安装的位置

1-导向钻具；2-超前刀具；3-外沿保护刀具；4-修边刀具；5-掘削刀具；6-加泥口

刀具的种类、用途、位置　　表 9-1

种类名称	用　　途	设置位置
固定刀具	掘削掘削面	面板正面
旋转刀具	掘削掘削面	面板正面
超前刀具	超前掘削	面板正面
导向钻头	破碎地层	面板正面
外沿保护刀具	保护刀盘外沿	面板正面外沿
修边刀具	减小推进阻力	面板外沿
背面保护刀具	保护背面面板	面板背面
加泥嘴保护刀具	保护加泥嘴	加泥嘴部位
掘削障碍物刀具	掘削障碍物	面板正面外围

掘削刀盘的支承方式可分为中心支承式、中间支承式、周边支承式三种，构造示意图如图 9-14所示；性能对比表如表 9-2 所示。由表可知，支承方式与盾构直径、土质对象、螺旋输送机、土体黏附状况等多种因素有关。确定支承方式时，必须综合考虑表中各种因素的影响。通常多选择中心支承式和中间支承式。

刀盘不同支承方式的性能对比表　　表 9-2

性　　能	中心支承式	中间支承式	周边支承式
螺旋输送机与驱动转矩	螺旋输送机安装在土舱下部、叶轮小、转矩小	位于两者之间	螺旋输送机安装在土舱中间、叶轮大、转矩大
螺旋输送机直径	小	大	大
机械转矩损耗	损耗小、效率高	损耗小、效率高	损耗大、效率低
搅拌	叶片装于刀盘内侧	叶片装在辐条上	搅拌由内土斗完成
土体黏附状况	小	居中	大

续上表

性　能	中心支承式	中间支承式	周边支承式
掘削硬性土体能力	一般	好	好
适用的盾构直径	中、小	中、大	大
土砂密封效果	密封材长度短、耐久性好	居中	密封材长度大、耐久性差
舱内作业空间	小	中	大
适用长距离掘进能力	强	居中	差
制作难度	小	小	大
盾构掘进时的摆动	大	中	小

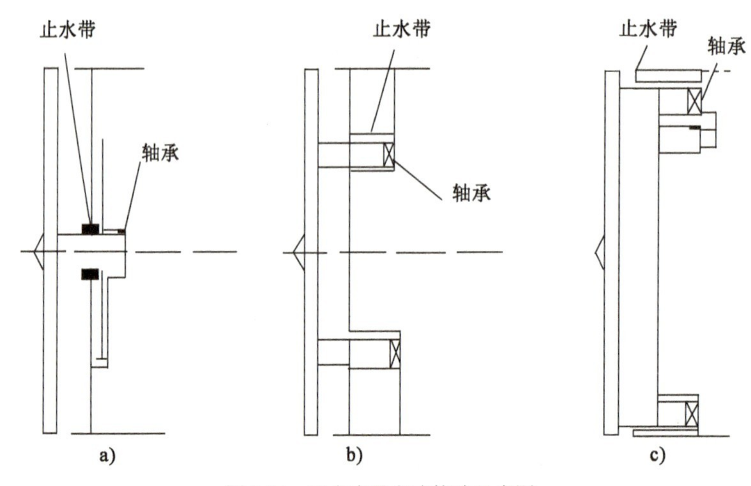

图 9-14　刀盘支承方式构造示意图

a)中心支撑;b)中间支撑;c)周边支撑

刀盘驱动机构是指向刀盘提供必要旋转转矩的机构。该机构是由带减速机的液压马达或者电动机经过齿轮副,驱动装在掘削刀盘后面的齿轮。液压式对起动和掘削砾石层等情形较为有利。电动机式的优点是噪声小、效率高、维护管理容易、后方台车的规模也可相应得以缩减。两者各有优缺点,应据实际需求选用。海瑞克盾构的刀盘支撑方式为中间支撑,如图 9-15 所示。

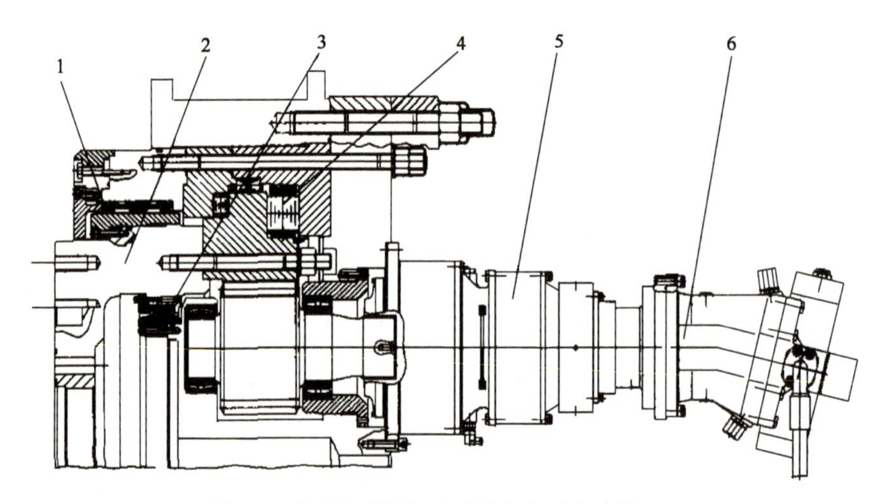

图 9-15　海瑞克盾构的刀盘支撑方式(中间支撑)

1-主轴承外密封;2-刀盘连接件;3-主轴承内密封;4-主轴承;5-减速器;6-液压马达

以海瑞克盾构为例，刀盘驱动用螺栓固定在切削区域的压力舱壁上的可转动的凸缘上。其主要部件有由齿轮箱、主轴承、密封支承、安装刀盘的凸缘环、密封接触环、内外密封系统、小齿轮、齿轮马达和轴承组成。刀盘驱动直接由液压马达操纵，可双向转动。

小齿轮装有3级液压驱动齿轮马达。在驱动齿轮的两边安装有圆形滚柱轴承，这就可避免在负载情况下啮合几何尺寸形状的变化。

主轴承设计成有三轴向滚柱轴承的旋转装置并带有内齿圈。主轴承可向 Dormund（德国）或 Avallon（法国）订货，主轴承寿命10000运转小时。如果假设 TBM 以25mm/min（或1.5m/h）掘进，10000运转小时可掘进15000m 隧道。

齿轮区域利用两个密封系统进行密封，外层的密封系统负责挖掘舱的密封，内层的密封系统负责大气压力区域的密封。外层的密封系统采用带有脂润滑和泄漏控制的三凸缘密封系统，如图9-16所示。密封支架直接与轴承拧紧，并成为主轴承的一部分，以保证尽可能最好的同轴度，如图9-17为轴承密封。因为密封工作面每次都工作，一个整体的表面硬化的球轴承座圈可以在旁边移动大约10mm，以补偿磨损，特别是补偿第一个密封凸缘的磨损。由于密封使用耐用的纤维支撑的凸缘密封，因此，到齿轮区域的密封是一种特殊的轴密封。润滑脂室位于第一/第二密封凸缘之间。通过周围的几个孔，进行润滑脂补给。润滑脂用气动润滑脂泵从门架的脂桶中泵入盾构的脂润滑泵装置。该装置另设一个液位控制的脂捅，并为具有恒定脂流量的单独泵组件提供每根外密封的进料管。在第二/第三密封凸缘之间，设置泄漏室。通过外围分布的控制孔，泄漏区域与大气区域连接，允许进行泄漏控制。

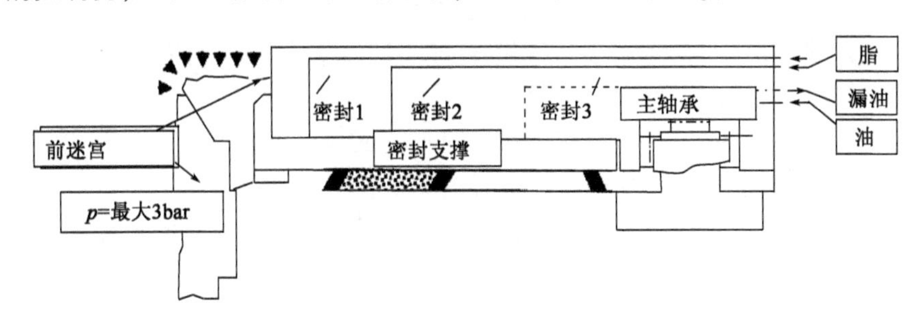

图9-16　三凸缘密封系统原理

注：1bar = 10^5 Pa。

内层的密封系统对小齿轮到大气区域进行密封。它由一个 X 结构的双凸缘密封系统组成，具有硬密封球轴承座圈。

小齿轮区域配备有齿轮油部分添加装置。小齿轮的轴承、小齿轮的轮齿和主轴承采用溅油润滑和压力油循环润滑。为了进行控制，安装有油面高度、流量和温度控制装置。

（五）添加材注入装置（土压盾构）

对细粒成分（黏土、淤泥）少的地层而言，刀盘掘削下来的泥土的塑流性很难满足排土机构直接排放的条件，且抗渗性也差。为此，必须向这种掘削泥土中注入添加材，以便改变其塑流性、抗渗性，使其达到排土机构可以排放的条件。通常使用的添加材有膨润土、黏土、陶土等天然矿物类材料、高吸水性树脂类材料、水溶性高分子类材料、表面活性类特殊气泡剂材料。

膨润土是一种层状含水硅酸盐。膨润土的矿物学名称为蒙脱石，民间俗称观音土、胶泥。膨润土具有遇水膨胀的特性，利用膨润土遇水膨胀的性能，人们常用它做成防水材料。

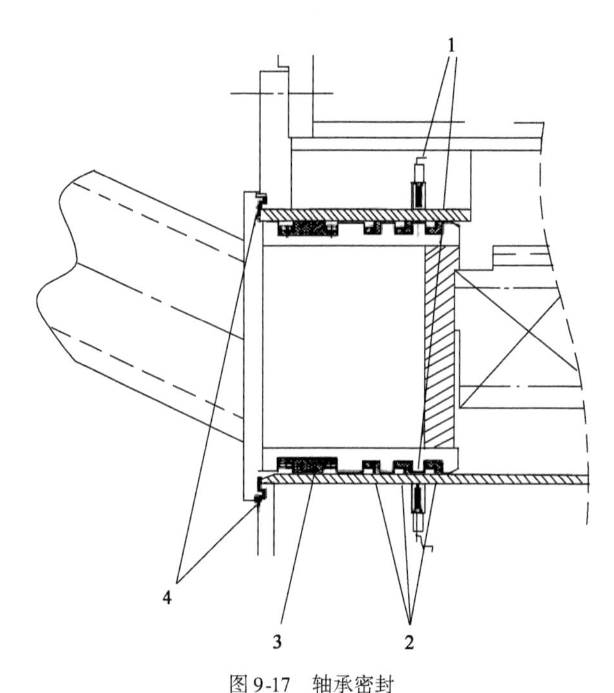

图9-17 轴承密封

1-传感器;2-V形密封;3-唇形密封;4-迷宫密封

当盾构开挖面土层含水率较大时,需采用膨润土系统向工作面加入泥浆。加泥装置由泥箱、泵、压力表、流量仪、注入管路、手动球阀等构成。注入泵压送的泥浆液,通过输送管道在门架车与盾构的连接桥处和泡沫系统相连通。

泡沫施工法即用由特殊发泡材料和压缩空气制成30～400μm的细小齿状气泡,代替一直在加泥式土压平衡盾构法中作为主要添加材料的黏土和膨润土等。

添加材的注入装置有添加材配制设备、添加材注入泵、输送添加材的管线及设置在刀盘中心钻头前端的添加材注入口等。

考虑到掘削泥土和添加材的搅拌混合效率,希望把注入口设在刀盘中心突出头的前面、辐条上或土舱隔板上。因为注入口直接与泥土接触,故必须像图9-18那样设置可以防止泥土和地下水涌入的防护头和逆流防止阀。

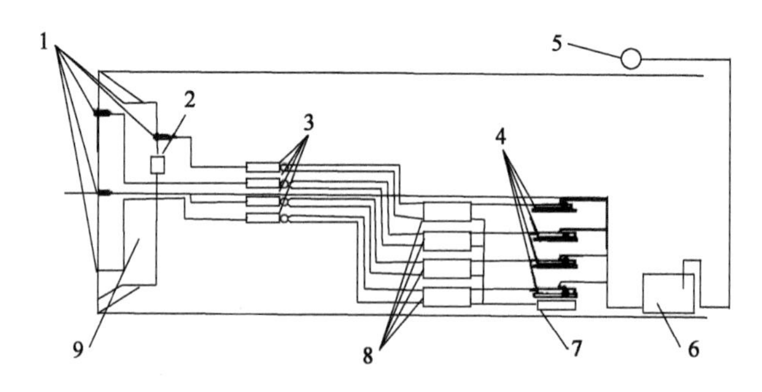

图9-18 盾构机泡沫系统图

1-泡沫注入口;2-土压计;3-泡沫发生器;4-起泡材料注入泵;5-起泡材料洞内输送泵;6-起泡材料储存槽;7-空气压缩机;8-泡沫控制装置;9-泥土仓

目前,国内使用的泡沫设备基本分两种:

(1)盾构机出厂便配置的,如德国的海瑞克、维尔特,日本的日立、三菱,都在出厂时配备了此设备。

(2)小松的一些设备上还应用着法国(Condat)M4B型泡沫机,最大流量在28L/min。

注入口的设置数量与盾构的直径、刀盘的支承方式、刀盘的形状等条件有关,通常可按表9-3选取。

添加材注入口位置 表9-3

盾构直径	刀盘前面	
	中心轴部	刀盘外周部
3m以下	1	0~1
4~5m	1	1~2
5~6m	1	2~3
7~8m	1	3~4
10m	1	4~5

(六)搅拌机构

搅拌机构是土压盾构和泥水盾构的专用机构。就土压盾构而言,搅拌机构的功能是搅拌注入添加材后的舱内掘削土砂,提高其塑流性,严防堆积粘固,利于排土效果的提高。搅拌机构由掘削刀盘、掘削刀盘背面的搅拌叶片、螺旋输送机轴上的搅拌叶片、设在隔板上的固定、可动搅拌叶片、设置在舱内的单独驱动的搅拌叶片组成。图9-19所示为盾构搅拌机构。

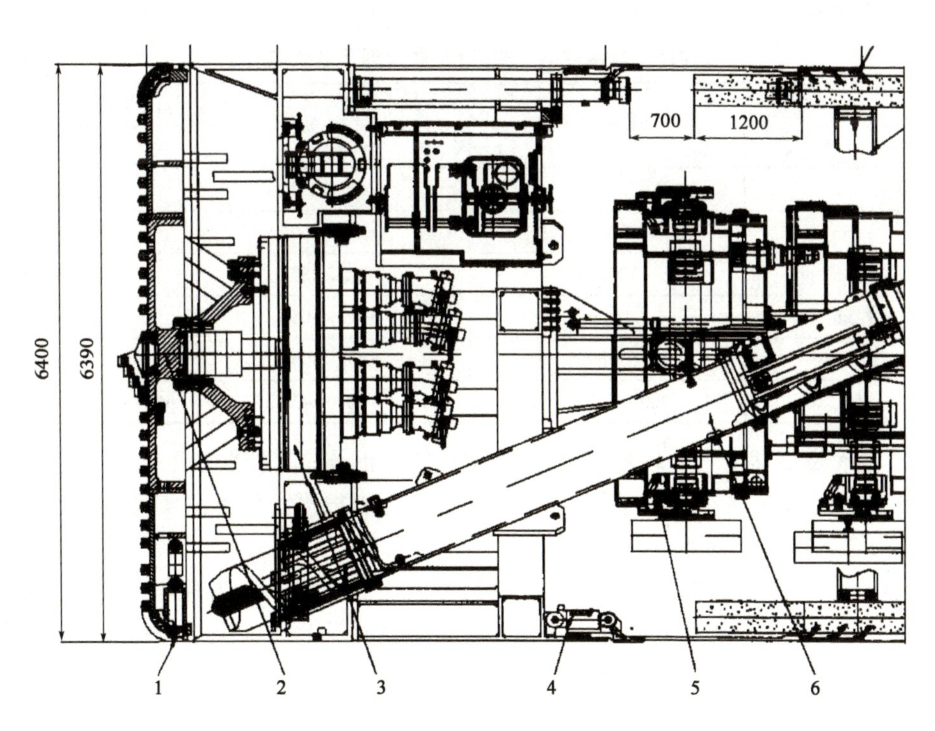

图9-19 盾构搅拌机构(尺寸单位:mm)

1-超挖刀;2-刀盘;3-刀盘驱动组件;4-铰接液压缸;5-管片安装机,6-螺旋输送机

就泥水盾构而言,搅拌机构的功能是使掘削下来的土砂均匀地混于泥水中,进而利于排泥泵将混有掘削土砂的浓泥浆排出。为防止排泥吸入口堵塞,特把旋转搅拌机设置在泥水舱内底部。当然刀盘也具搅拌功能。

(七)排土机构

排土机构由铲斗、滑动导槽、漏土斗、皮带传送机(或者螺旋传送机)、排泥管构成。铲斗设置在掘削刀盘背面,可把掘削下来的土砂铲起倒入滑动导槽,经漏斗送给皮带传输机、螺旋传输机、排泥管。

土压盾构的排土机构由螺旋输送机、排土控制器及盾构机以外的泥土运出设备构成。

螺旋输送机的功能是把土舱内的掘削土运出、经撑土控制器送给盾构机外的泥土运出设备(至地表)。因此,螺旋输送机的始端(进土口)延伸到土舱底部靠隔板的位置上,末端(排土口)直接与排土控制器连接。按其构造差异可分为有轴式和无轴式(带式)两种,构造示意如图9-20所示。

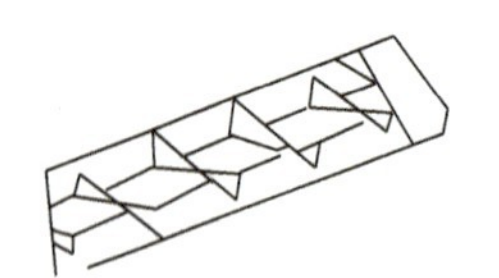
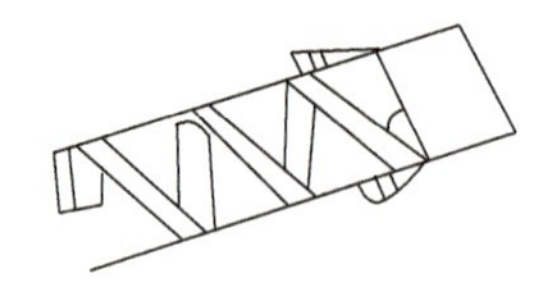

图9-20 螺旋机种类

前者的驱动方式是直接驱动叶片中心轴,后者的驱动方式是直接驱动装有叶片的外筒。前者的优点是止水性能好,缺点是可排出的砾石的粒径小;后者的优点是可排出的砾石的粒径大(相对而言),缺点是止水性差。表9-4示出的是盾构外径与装备螺旋输送机的外径、排出最大砾石粒径的关系。

盾构外径与螺旋输送机外径、最大砾石直径的关系 表9-4

盾构外径	螺旋输送机外径	可排出最大砾石直径(mm)	
		轴式	带式
2.0~2.5m	300mm	$\phi105 \times 230l$	$\phi200 \times 300l$
2.5~3.0m	350mm	$\phi125 \times 250l$	$\phi250 \times 340l$
3.0~3.5m	400mm	$\phi145 \times 280l$	$\phi270 \times 375l$
3.5~4.5m	500mm	$\phi180 \times 305l$	$\phi340 \times 400l$
4.5~6.0m	650mm	$\phi250 \times 405l$	$\phi435 \times 650l$
6.0m以上	700~1000mm	$\phi280 \times 415l \sim \phi425 \times 750l$	$\phi470 \times 700l \sim \phi650 \times 1000l$

在泥土具有良好塑流性的场合下,螺旋输送机的排土量与其转数成正比。因此,通常以螺旋输送机的转数为基础进行掘土量的管理。另外,还可以根据土压计的测量值与设定基准值的对比结果,增减转数维持土压平衡,即进行土压管理。

排土控制器,即直接接在螺旋输送机后面的排土控制装置。其功能是控制螺旋输送机的排土量,调节螺旋输送机内土体密度,防止喷水;同时也有调节舱内土压,稳定掘削面的作用。常用的几种排土控制器,如图9-21所示。

(八)泥水盾构的送排泥水机构

泥水送入系统由设置在进发基地的泥水制作设备、泥水压送泵、泥水输送管、测量装置(流量、密度)及泥水舱壁上的注入口构成。泥水排放系统由排泥泵、测量装置、中继排泥泵、泥水输送管及地表泥水储存池构成。为防止排泥泵的吸入口堵塞,特在土舱内吸入口的前方设置泥水旋转搅拌机。

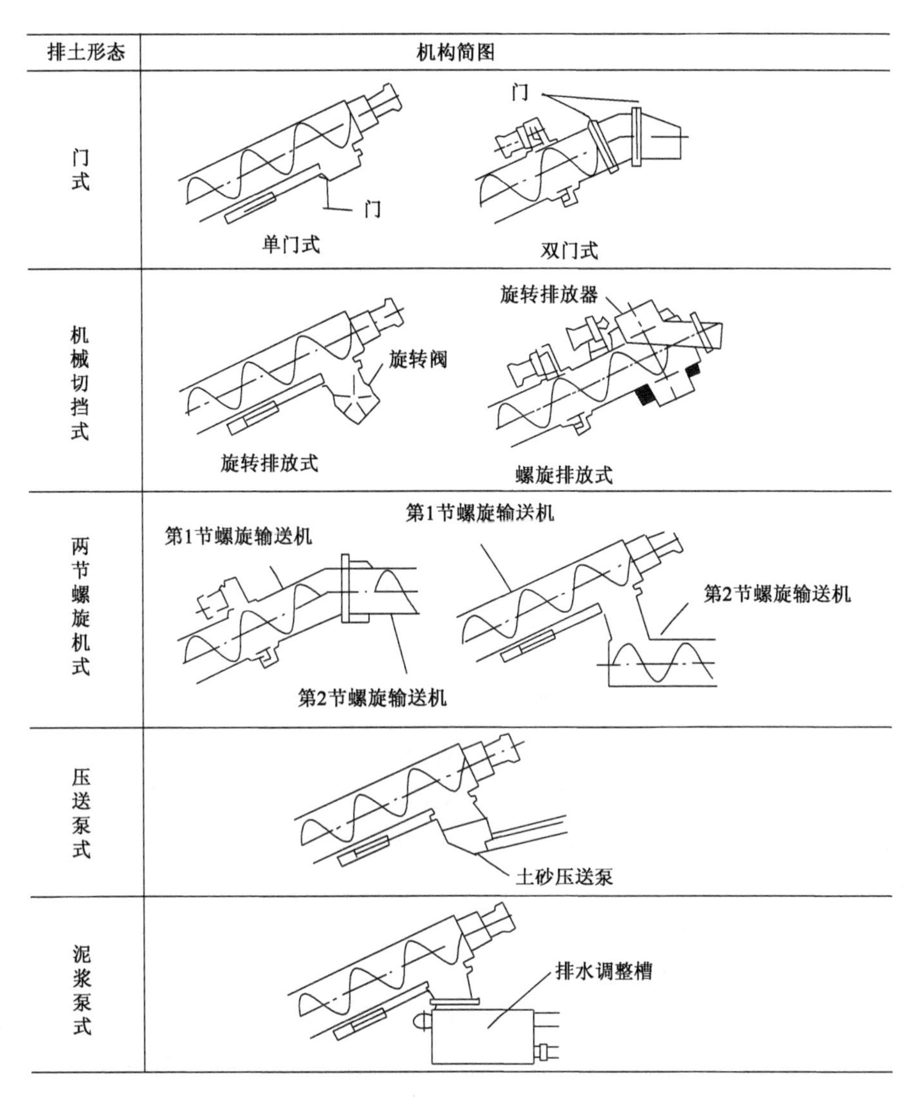

图9-21　排土控制器

泥水盾构的掘削刀盘多为面板形,可根据对象地层和砾石粒径决定槽口的形状、大小及开口率。停止掘削时把槽口全部关闭,使泥水吸入量为零,以此防止掘削面的坍塌。

为使掘削面稳定,送排泥机构中还必须装备泥水量管理和掘削土量的测量仪。调节泥水压送泵的转数调节泥水压力,由流量计和密度计测量结果推算掘削排土量。

(九)管片拼装机构

管片拼装机构设置在盾构的尾部,由管片拼装机和真圆保持器构成。

管片拼装机是在盾尾内把管片按所定形状安全、迅速拼装成管环的装置。它包括搬运管片的钳挟系统和上举、旋转、拼装系统。对管片拼装机的功能要求是能把管片上举、旋转及挟持管片向外侧移动。为适应作为K型管片使用的楔形管片的拼装作业的需求,故还要求管片拼装机具有沿盾构轴向滑动的功能。

管片拼装机的推力、上提力、旋转力、旋转速度、臂的伸缩速度、前后滑动距离性能等指标,应据管片种类形状、质量、拼装方法等因素确定。推力通常定为管片最大重力的5倍,上提力为管片最大重力的2倍。

当盾构向前推进时管片拼接环(管环)就从盾尾脱出,由于管片接头缝隙、自重力和作用土压的原因,管环会产生横向变形,使横断面成为椭圆形。当变形量大时,前面装好的管环和现拼的管环在连接时会出现高低不平,给安装纵向螺栓带来困难。为了避免管环的高低不平,需使用所谓的真圆保持器(图9-22),修正、保持拼装后管环的正确(真圆)位置。

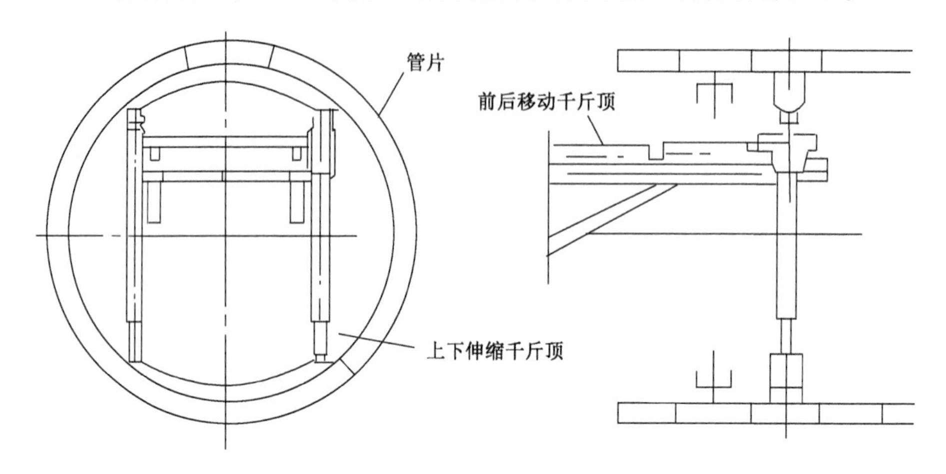

图9-22　使用液压千斤顶的真圆保持器

真圆保持器支柱上装有可上下伸缩的千斤顶,另外上下两端装有圆弧形的支架,该支架可在动力车架的伸出梁上滑动。当一环管环拼装结束后,就把真圆保持器移到该管环内,当支柱上的千斤顶使支架紧贴管环后,盾构就可推进。盾构推进后由于真圆保持器的作用,故管环不产生变形,且一直保持真圆状态。

(十)盾构的后配套设备

1. 加泥及加泡沫系统

加泥系统是加泥式土压平衡盾构机的基本配置。采用该系统,对于不同地质条件,通过添加塑流化材料,改善盾构机密封舱内切削土体的塑流性,既可实现平衡开挖面水、土压力,又能向外顺畅排土,拓宽了盾构机的适应范围,满足隧道施工的要求。根据地质的变化,可加泥、泡沫、泥浆和泡沫的混合液。

2. 盾构机铰接装置

盾构铰接在盾构机的支撑环和盾尾之间,这样盾构机切口至支撑环到盾尾都是活体,它就能根据掘进轴线,管片与盾尾的四周空隙来调整切口环、支撑环及盾尾之间的夹角,达到控制盾构的高程及平面位置,减少了盾构对周围的扰动范围的目的。当盾构机灵敏系数(机长/外径)大于1.5或隧道曲率半径小于250m时,应采用铰接装置。

铰接由铰接油缸、行程传感器、2排密封、密封片等组成。这个设备通过液压旋转装置把后盾铰接到前盾,盾构机通过它可以实现隧道的转弯,允许后盾相对前盾做铰接运动。

铰接分主动铰接和随动铰接两种。日系多为主动铰接、欧系多为随动铰接,二者各有优劣。

3. 同步注浆系统

壁后注浆技术在盾构法隧道施工中有以下几个重要作用:同步填充盾构机向前推进时管片逐渐脱出盾尾所产生的间隙、改善管片结构防水和抗渗性能、促进隧道管片结构及早稳定、限制隧道结构变形。

盾构机同步注浆系统应具备单、双液注浆的功能，当隧道覆土深度不大、沉降控制要求严格以及隧道穿越地层地质不良、稳定性差时，采用壁后同步双液注浆，注入浆液能够同步及时填满整个盾尾间隙，并迅速固结达到设计强度。当施工环境条件与前相反时，则可采用壁后同步单液注浆，也能达到及时饱满填充盾尾间隙的要求和控制沉降的目的。

4. 盾尾密封系统

盾构机盾尾密封系统是盾构机正常掘进的关键系统之一，有刚性密封和柔性密封，刚性密封对管片生产和管片拼装质量要求较高，逐渐被柔性密封取代。

目前，常用的是多道、可更换的钢丝刷，钢丝刷密封系统柔度适中、适应性强，对管片及管片拼装质量要求一般，密封的道数根据隧道埋深、水位高低来定，盾构机掘进时，向盾尾连续注入优质盾尾密封油脂，保证盾尾不会出现渗漏水和渗漏泥浆。

5. 盾尾间隙自动测量系统

盾构机需要盾尾间隙（盾尾内径与管片外径之间空隙），间隙的大小则根据盾构法隧道曲线段施工曲率半径的大小，管片安装可需空间等因素确定。

为了减少盾构机掘进过程盾尾间隙处出现管片外周与盾壳内侧相互挤压，降低推进阻力，建议安装盾尾间隙自动测量系统。

在施工中可自动连续测量盾尾间隙大小，及时判断管片与盾尾之间的相对位置，随时掌握管片安装质量。

6. 盾构导向系统

盾构掘进导向系统由盾构姿态测试仪和数据采集管理系统组成。它集测量、仪器仪表和计算机技术于一体，具有对盾构的掘进姿态与隧道设计轴线偏离进行动态测量的功能。测量所得的数据，由计算机进行数据处理，并向施工人员提供实时图控界面、数据查询、参数设置等人机交换界面。

目前，盾构掘进导向系统主要有三种：英国 ZED 公司生产的 ZED261 盾构姿态测试仪和数据采集管理系统；德国 VMT 开发的 SLS-TAPD 导向系统；日本的演算工房。

7. 土压平衡盾构机其他部分

对刀具在刀盘上布置和刀具形状、土压平衡盾构机的土压计、运输管片单双轨道梁、车架设计长度、输送泥土皮带运输机、电气设备、循环水设备、通风系统、安全保障及有害气体报警装置等，在选择盾构机时都应提出明确要求。

三、工作原理及工作过程

（一）土压平衡盾构

土压平衡盾构是在密封的土仓内以土为介质维持土仓压力平衡地下土压和水压，当土仓内土体堆积到一定数量，也就是土体的阻力平衡了地下土压和水压时，起动螺旋输送机保持排土量与掘进量相等。工作原理，如图 9-23 所示。其原理平衡式：

$$土仓压力 = 地下水压 + 地下土压$$

1. 工作过程

盾构作业时首先起动液压马达，驱动转鼓与切削刀盘旋转，同时开启千斤顶，将盾构向前推进。土渣被切下并顺着刀槽进入到泥土仓中。随着千斤顶的不断推进，切削刀盘不断地旋转切削，经刀槽进入泥土仓的土渣不断增多。这时起动螺旋输送机，调整闸门开度，使土渣充满螺旋输送机。当泥土仓与螺旋输送机中的土渣量积累到一定数量时，开挖面被切下的土渣经刀槽进入泥土仓内的阻力加大，当这个阻力足以抵抗土层的土压与地下水压时，开挖面就能保持相对的稳定而不致拥塌。这时，只要保持用螺旋输送机从泥土仓中输送出去的土渣量与切削下来流入泥土仓中的土渣量相平衡，则开挖工作就能顺利进行。其他各工序与其他类型盾构相同。

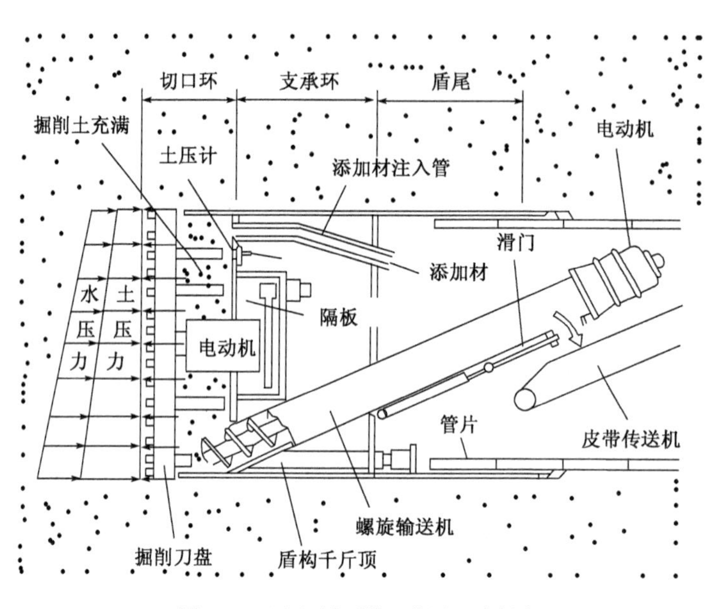

图 9-23　土压平衡盾构工作原理示意图

2. 施工技术特点

土压平衡盾构能适应较大的土质范围与地质条件，能用于黏结性和非黏结性、甚至含有石块、砂砾石层及有水与无水等多种复杂的土层中。但是它对砂土、砂砾土地层等透水性大的土层，在螺旋输送机内仍不大可能形成有效的防水塞，这种情况下，可在螺旋输送机卸料口处使用双闸门或加装保压泵。

土压平衡盾构无泥水处理设备，施工速度较高，在同等直径下，比泥水盾构价格低廉，也可实现自动控制与远距离遥控操作。土压平衡盾构由于有隔板将开挖面封闭，不能直接观察到开挖面变化情况，因此，开挖面的处理和故障排除较开敞式盾构困难。切削刀具、刀盘面板的磨损较大，刀具寿命比泥水盾构要短，要求刀具的耐磨性较高。

（二）泥水加压盾构

20 世纪 60 年代以来发展的泥水加压盾构，在一定的地质条件下，获得了良好的效果。泥水加压即在盾构前部设立一个密封区，注入一定压力的泥浆水，以平衡地下水土压力，阻止地下水流出，防止塌方。在密封区里有刀盘和切削刀具，还有泥浆搅拌器（将切割削下来的土块搅碎，同时防止泥浆沉淀），以及泥浆泵的吸头。

为了获得稳定的工作面，阻止地下土压和水压对盾构的冲击，防止坍塌，往泥水仓施加一定的泥水压力以平衡地下土压和水压。工作原理，如图 9-24 所示。其平衡式：

泥水压力 = 地下水压 + 地下土压

1. 工作过程

将压力泥水灌入掌子面，用液压千斤顶把盾体向前推进，由刀盘旋转切碎进入盾构内的土。切削下来的泥土与灌入的压力泥水由搅拌器搅拌成泥浆，经排泥管道输送至地面。一面切削，一面用千斤顶向前顶进盾体，顶至一定长度后(一般为一环管片的宽度)，再由盾尾的拼装器安装预制好的管片，并以此作为下次顶进的支承座，继续顶进切土，如此不断循环直至修完隧道。

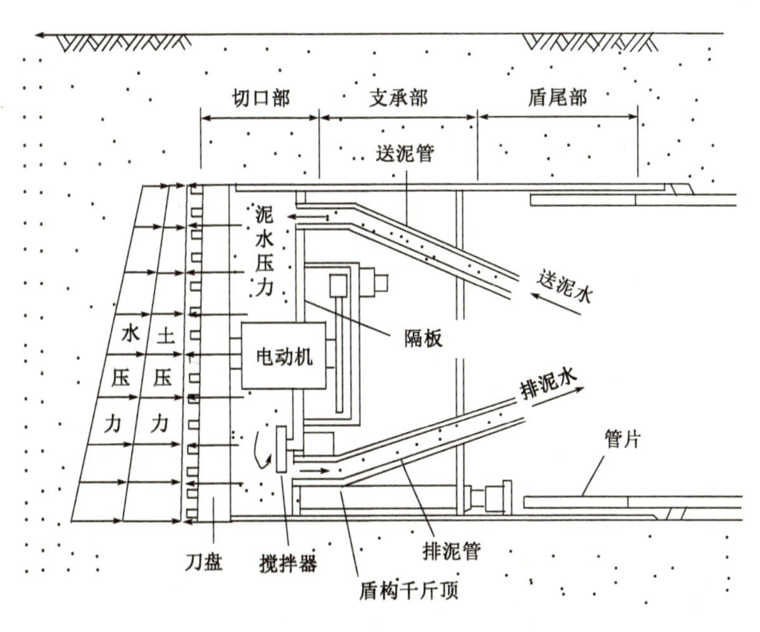

图 9-24　泥水加压盾构工作原理图

2. 泥水加压盾构的施工技术特点

泥水加压盾构是目前各类盾构中最为复杂、价格最贵的一种。它适用范围较大，多用于含水率较大的砂质、砂砾石层，江河、海底等特殊的超软弱地层中。能获得其他类型盾构难以达到的较小的地表沉陷与隆起。由于开挖面泥浆的作用，刀具和切削刀盘的使用时间相应地增长。泥水排出的土渣为浓泥浆输出，靠管道输送，较其他排渣设备结构简单方便。泥水加压盾构操作控制比较容易，可实现远距离的遥控操作与控制。泥水盾构的排渣过程始终在封闭状态下进行，施工现场与沿途隧道十分干净，减少了对环境的污染。

泥水加压盾构的缺点，由于切削刀盘和泥水室泥浆的阻隔，不能直接观察到开挖面的工作情况，对开挖面的处理和故障的排除比敞开式盾构困难。泥水盾构必须有泥水分离设备配套才能使用，而泥水分离设备结构复杂，规模较大，尤其是在黏性土层中进行开挖时，泥水分离更加困难。庞大的泥水处理设备占地面积较大，不适宜在场地有限的市内建筑物稠密区应用。

拓展知识

随着国民经济的发展，国内重要城市的地铁建设在近年来得到了飞速的发展。北京、上海、广州等城市的地铁已经投入运营，深圳、南京、天津、西安、成都、杭州和沈阳等城市的地铁正在修建。由于盾构施工具有安全、环保、高速的优点，所以越来越多地被应用于城市地铁施工中，而土压平衡盾构因其对地层的适应性较强，因而发展很快，应用越来越多。

在土压平衡盾构中，国内使用的多为欧系和日系盾构。现以德国海瑞克盾构与日本的小松、三菱盾构的实际设备功能配置及使用情况来分析它们之间的差别。差别主要体现在：设计理念的不同、功能配置的不同、参数选择的不同，由以上三者引起价格不同。

(1)设计理念不同

设计理念上，德国海瑞克盾构以适应各种复杂地层，发展复合型土压盾构为目的，尽可能一机多用；日本小松、三菱盾构则是针对性较强、贯彻为某个工程专门设计配置使用的原则，多采用对付软岩的经验。

(2)功能配置不同

功能配置上，由于设计理念的不同，海瑞克盾构设备系统相对齐全，设备功能满足各种复杂地层的施工要求，而且能根据不同工程的使用效果及时更新；小松、三菱盾构则是以完成某一工程为主要目的，设备功能配置上较单一，满足基本功能为主。

(3)参数选择不同

参数选择上，海瑞克使用的是欧洲标准，富余量大，较为保守、安全性高；小松和三菱盾构则有量体裁衣的原则、富余量相对小，按日本行业的标准选择各种参数。

(4)价格不同

欧系和日系盾构在设计理念、功能配置、参数选择上的不同，使得二者的价格差别很大，海瑞克盾构售价较高，小松和三菱盾构价格低廉。

下面结合广州地铁四号线应用的三种土压平衡盾构的参数表及实际配置情况，同时结合现场使用情况，从主机系统、主机辅助设备、后配套系统三方面对其在功能配置和使用上的区别作简要分析。

一、主机系统

(1)刀盘设计

海瑞克盾构刀盘质量为56t，是平板形刀盘，开口率相对小，约为30%。小松和三菱盾构则为凸芯式刀盘(可装中心箭形刀)，开口率大，小松盾构开口率为41%、三菱盾构开口率为37%，而且刀盘质量小，小松盾构的质量为53t，三菱盾构的质量为39t。结构上海瑞克盾构刀盘强度高些，能承受高载荷、高冲击，利于硬岩中掘进。

(2)刀具布置

海瑞克盾构滚刀刀具数量多，刀刃距刀盘面板高度175mm，小松和三菱盾构为110mm，这种设计使得海瑞克盾构刀具利于在硬岩中掘进，尤其在复杂地层的适应性要优越些，可掘进相对长的距离，选择合适的地层条件换刀。

(3)刀盘驱动形式

海瑞克盾构是液压马达驱动，可以无级调速(0～3r/min)，主轴承直径小(2.6m)；三菱和小松盾构是变频电机驱动，刀盘主轴承直径大些，刀盘旋转可分几个速度，也可实行变频无级调速；但液压马达驱动的方式没有变频驱动的方式节能。值得注意的是，目前大直径盾构多采用电机变频驱动。

(4)盾壳设计

海瑞克盾构的盾壳分两节，前盾外径比刀盘开挖外径小，后盾外径则更小，这种阶梯轴的外径设计方式，使盾壳在复杂地层(尤其是硬岩)不易被卡受困，但隧道施工的填充量大；三菱和小松盾构是直筒形的设计，虽然也分前、后盾，但前、后盾外壳直径一样，导致盾壳在复杂地层掘进时，容易被卡住，但隧道施工的填充量小。

(5)掘进控制系统

海瑞克盾构的推进油缸固定在前体上，推动刀盘前进时，依靠铰接油缸来拖动盾尾，属随动铰接;三菱盾构和小松盾构的推进缸则是固定在盾尾上,推进力先通过铰接油缸传到前体而后到刀盘,铰接油缸属主动铰接。相对而言,主动铰接方式的盾构控制性能要优于随动铰接方式的盾构,但主动铰接方式的盾构铰接油缸受力大,其数量多于随动铰接的油缸,因而成本要高。

二、主机辅助设备

(1)管片安装机

海瑞克盾构管片安装机有6个自由度,三菱盾构有5个,小松盾构有4个,这种自由度的差异,使得海瑞克盾构管片安装机易于实现管片的高质量安装,但也带来了操作复杂、成本高的弊病。其管片拼装机衬砌的流程,如图9-25所示。

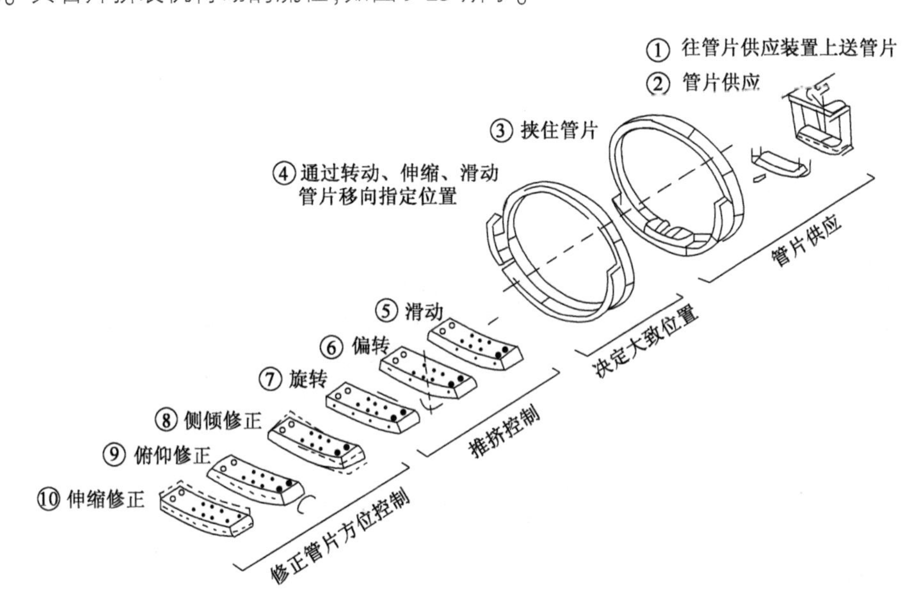

图9-25　管片拼装机衬砌的流程图

(2)螺旋输送机

海瑞克盾构螺旋输送机的驱动功率大,螺旋管内壁直径大些(900mm),利于渣土的快速顺畅输送;而相对来说三菱盾构的次之,小松盾构容易出现螺旋机被岩渣卡死现象。

(3)同步注浆系统

海瑞克盾构的是两台注浆泵,分别供应两路注浆管,不易堵塞,一台泵出故障时另一台可作为备用;注浆管路在盾尾上是内置式(焊装在盾尾的内壁)。而三菱盾构和小松盾构则是两台注浆泵同时供应四路注浆管,注浆管路在盾尾上是外置式(焊装在盾尾的外壁)。

(4)管片吊机系统

管片吊机的作用主要是快速卸装管片,海瑞克盾构和小松盾构在设计上都有配置,三菱盾构则没有。

(5)皮带输送机

海瑞克盾构的皮带机短而宽,利于渣土的及时输送并卸掉,利于保持后配套拖车的清洁,节省空间。而三菱盾构的要长些,小松盾构的则宽度过小,在掘进速度快、地下水量大时渣土不易输走,易污染后配套设备。

三、后配套系统

(1)液压系统

由于海瑞克盾构是液压马达驱动刀盘,注浆泵也是液压驱动的,所以液压系统复杂些,而小松盾构和三菱盾构则简单,液压驱动仅用于管片机、螺旋输送机。

(2)供电及电器系统

海瑞克盾构总容量2000kV·A,执行的是欧洲电器行业标准,小松盾构和三菱盾构则是执行日本电器行业标准,三菱盾构总容量是2×1000kV·A。而小松盾构则为1500kV·A。

(3)供水系统

海瑞克盾构用水量大($50m^3/h$),用于液压系统冷却和冲洗,以及刀盘渣土改良;而小松盾构和三菱盾构则小些($40m^3/h$)。

(4)通风系统

海瑞克盾构通风系统延伸到主机工作区域,而小松盾构和三菱盾构只到后配套系统,要现场改进。

(5)后配套拖车系统

后配套拖车系统的长短决定于配套设备的功能多少,其布置方式也导致后配套作业环境的不同,海瑞克盾构的后配套设备向两侧靠边布置,中间留人行过道,这样显得宽敞,但作业人员在水平运输列车运行时,要特别注意安全;三菱和小松的后配套设备是向中间布置,仅留出列车运行通道,作业人员在两侧狭小的平台上活动,虽然安全些,但极为不便,影响作业效率。

应用与技能

盾构施工中常见问题及防治措施

一、盾构刀盘轴承失效

1.现象

盾构刀盘轴承失效表现刀盘无法转动,盾构失去切削功能无法推进。

2.原因分析

(1)盾构刀盘轴承密封失效,砂土等杂质进入轴承内,使轴承卡死。滚柱无法在滚道内滚动,轴承损坏。

(2)封腔的轴承润滑油脂压力小于开挖面平衡压力,易引起盾构正面的泥土或地下水夹着杂质进入轴承,使轴承损坏,间隙增大,从而导致保持架受外力破坏而使滚柱散乱,轴承无法转动而损坏。

(3)轴承的润滑状态不好,使轴承磨损严重,进而损坏。

3.预防措施

(1)设计密封性能好、强度高的土砂密封,保护轴承不受外界杂质的侵害。

(2)密封腔内的润滑油脂压力设定要高于开挖面平衡压力,并经常检查油脂压力。

(3)经常检查轴承的润滑情况,对轴承的润滑油定期取样检查。

4.治理方法

修复轴承。

二、盾构推进压力低

1. 现象

盾构推进压力无法达到推进所需的压力值。

2. 原因分析

(1)推进主溢流阀损坏,压力无法调整到需要压力值。

(2)推进油泵损坏,无法输出所需压力。

(3)阀板或阀件有内泄漏,无法建立所需压力。

(4)密封圈老化或断裂,造成泄漏,无法建立起需要的压力。

(5)千斤顶内泄漏,无法建立需要的压力。

(6)推进、拼装压力转换开关失灵,无法建立推进所需的高压。

3. 预防措施

(1)不使系统长期工作在较高压力工况下。

(2)保证液压系统的清洁。

(3)保证油温不致过高,冷却系统要常开。

(4)经常检查液压系统,及时发现问题,进行修复。

4. 治理方法

(1)修复或更换主溢流阀。

(2)修复或更换油泵。

(3)找出泄漏部件,予以更换修复。

(4)更换老化或损坏密封圈。

(5)更换千斤顶的密封装置,保持千斤顶的性能。

(6)修复或更换推进、拼装压力转换开关或电磁阀。

三、盾构推进系统无法动作

1. 现象

盾构推进系统可以建立压力,但千斤顶不动作。

2. 原因分析

(1)换向阀不动作,使千斤顶无法伸缩。

(2)油温过高,连锁保护开关起作用而使千斤顶不能动作。

(3)刀盘未转动、螺旋机未转动等,连锁保护开关起作用而使千斤顶不能动作。

(4)先导泵损坏,无法建立控制油压,无法对液压系统进行控制。

(5)管路内混入异物,堵塞油路,使液压油无法到达。

(6)滤油器堵塞。

3. 预防措施

(1)保持液压油的清洁,避免杂质混入油箱内,拆装液压元件时保持系统的清洁。

(2)按操作方法正确使用。

(3)发现故障及时修理,不随便将盾构的连锁开关短接,不强行起动盾构设备。

(4)按要求正确设定、调定好系统压力。

4. 治理方法

(1)检查控制电路是否有故障,换向电信号是否传到电磁阀,修复电路。如换向阀卡住,进行更换。

(2)检查推进系统的故障。

(3)修复或更换先导泵。

(4)判断杂物在管内位置并取出。

(5)更换滤油器。

四、液压系统漏油

1. 现象

液压系统的管路、管接头漏油,影响液压系统的正常运行。

2. 原因分析

(1)油接头因液压管路振动而松动,产生漏油。

(2)O形圈密封失效,使油接头漏油。

(3)油接头安装位置困难,造成安装质量差,产生漏油。

(4)油温高,液压油的黏度下降,造成漏油。

(5)系统压力持续较高,使不受压力的回油管路产生漏油。

(6)系统的回油背压高,使不受压力的回油管路产生泄漏。

(7)密封圈的质量差,过早老化,使密封失效。

3. 预防措施

(1)经常检查液压系统的漏油情况,发现漏点及时消除。

(2)结构设计、安装尺寸要合理。

(3)使用冷却系统,使油温保持在合适的工作温度内。

(4)注意控制系统压力,不要长时间在高压下工作。

(5)增大回油管路的管径,减少回油管路的弯头数量,使回油畅通。

(6)阀板、密封油箱油接头等结构的设计要合理。

4. 治理方法

(1)将松动的油接头进行复紧。

(2)将漏油的油接头O形圈进行更换。

(3)采用特殊的扳手对位置狭小的油接头进行复紧。

五、皮带运输机打滑

1. 现象

驱动辊旋转而皮带不转,螺旋输送机排出的土堆积在皮带输送机的进料口,甚至堆积在隧道内,影响盾构推进。

2. 原因分析

(1)皮带的张紧程度不够。

(2)皮带运输机的刮板刮土不干净,黏附在皮带上的土被带到驱动辊上,使皮带打滑。

(3)在螺旋机中加水过多或排出的土太湿,水或湿土流到皮带反面,引起皮带打滑。

(4)推进结束时未将皮带机上的土排干净就停机,下仪次皮带输送机重载起动,使皮带打滑。

3. 预防措施

(1) 在皮带安装并运行了一段时间后,皮带会变松,应将皮带张紧装置重新调节到适当的位置。

(2) 经常调整刮板的位置,使刮板与皮带间的空隙保持在 1 ~ 1.5mm。

(3) 注意观察螺旋机内排出的土的干湿程度,调整加水流量。

(4) 每次推进完毕,应将皮带输送机上的土全部排入土箱,皮带输送机起动时应是空载。

4. 处理方法

清理驱动辊上黏附的黏土,清理皮带上黏附的黏土,进一步张紧皮带,如张紧装置已调节到极限位置,应将皮带割短后重新接好再进行张紧。

六、千斤顶行程、速度无显示

1. 现象

千斤顶行程、速度无显示,盾构推进控制困难。

2. 原因分析

(1) 冲水清理时有水溅到千斤顶行程传感器,使传感器损坏,无法检测数据。

(2) 拼装工踩踏在千斤顶活塞杆上,损坏了传感器的传感部件,使传感器无法检测数据。

(3) 传感器的信号线断路,使信号无法传送到显示器。

3. 预防措施

(1) 进行清理时避免用水冲洗,以免电气设备漏电、短路等情况的发生。

(2) 设计作业平台使拼装工不站立到千斤顶活塞杆上作业。

(3) 传感器的信号线布置部位要适当,施工人员注意不要踩踏到电线。

4. 治理方法

(1) 对损坏的传感器进行更换。

(2) 检查线路的断点,重新接线,恢复系统。

七、盾构内气动元件不动作

1. 现象

盾尾油脂泵、气动球阀等气动元件不动作,使盾构无法正常推进。

2. 原因分析

(1) 系统存在严重漏点,压缩空气压力达不到规定的压力值。

(2) 受水气等影响,使气动控制阀的阀杆锈蚀卡住。

(3) 气压太高,使气动元件的复位弹簧过载而疲劳断裂,气动元件失灵。

3. 预防措施

(1) 安装系统时连接好各管路接头,防止泄漏。使用过程中经常检查,发现漏点及时处理。

(2) 经常将气包下的放水阀打开放水,减少压缩空气中的含水率,防止气动元件产生锈蚀。

(3) 根据设计要求正确设定系统压力,保证各起动元件处于正常的工作状态。

4. 处理方法

(1) 找出气路中的漏气点,进行堵漏,恢复系统压力。

(2)修复或更换损坏的元件。

任务四　全断面岩石掘进机

相关知识

一、TBM分类、特点及适用范围

全断面岩石掘进设备是指在确定的地质条件和工况下，能一次性完成不同断面形状的隧道所采用的专用工程施工设备。为此，它必须具备稳定的开挖面，对岩层或土质进行有效挖掘，同时要有相应的排渣(岩石或砂土泥浆)和洞体支护(衬砌或灌浆)措施。TBM具有自动化程度高、施工速度快、节省人力、一次成洞、不受外界气候影响、开挖时可以控制地面沉降、减少对地面建筑物的影响等优点。

(1)按破碎岩石方式分为切削式、铣削式、挤压剪切式和滚压式。

①切削式：刀盘上安装割刀，像金属切削割刀一样将工作物切割下来，适用于软岩、土质等抗压强度小于42MPa的地质。

②铣削式：切削过程靠滚刀的旋转和推进及铣刀的自转完成，如铣削金属的铣床一样，适用于软岩地质。

③挤压剪切式：用圆盘形滚刀使岩石受挤压和剪切而破碎(以剪切为主)，适用于抗压强度42~175MPa的中硬岩石。

④滚压式：是以挤碎岩石的方式来切削，刀具为圆盘式、牙轮式和锥形带小球状刀具。用于抗压强度大于175MPa的硬岩。

(2)按切削头回转方式可分单轴回转式和多轴回转式。

①单轴回转式：切削头的回转轴只有一根。由于在大直径的切削头上，不同半径上的刀具线速度不同。因此，它只用于小直径的掘进机。

②多轴回转式：切削盘上由多个小切削轮组合而成，小切削轮可独自旋转，各自有回转轴。

(3)按掘进方式可分为推进式和牵引式两种，推进式又分为抓爪式和支撑反力式。

(4)按排渣方式可分为铲斗式、旋转刮板式和泥浆输送式等，常用的是前两种。

(5)按外形特征可分为开敞式和护盾式。

①开敞式：其特点为结构简单，靠撑踏装置支持机身，适用于岩层比较稳定的隧道。

②护盾式：此种掘进机有单护盾和双护盾之分。双护盾掘进机前部用护盾掩护，机体被后护盾掩护，适用于易破碎的硬岩或软岩及地质条件较复杂的岩层。

我国从1965年起，首先由水电部门研制了刀盘直径为3.4m的第一台隧道掘进机，并于1966年投入使用。目前，在采矿、水电、铁路等行业已开发了十几个规格的隧道掘进机，刀盘直径为2.5~6.8m，其中最大的为ST6.8型，刀盘直径6.8m，总质量150t，总动力650kW。

目前，我国装备制造业在关键配套产品上尚存在着差距，如刀具、主轴承、密封件、液压泵及阀件、机械手、各类传感元件、显示仪表及导向、监控系统装置等，国内市场还很难找到能满足设计要求的配套件，这些关键零部件制造水平低、质量差，严重制约着我国隧道掘进机技术的发展和成套水平的提高。

二、主要结构和工作原理

岩石掘进机(TBM)的掘进机理是通过安装在刀盘上的不同作用的盘形滚刀或球齿滚刀,靠刀盘的旋转和滚刀的自转,在掘进中形成钻压,使岩石受挤压而破碎。

对用于硬基地层的TBM来说,由于大多数岩体自稳性较好,不存在开挖面稳定问题,所以TBM一般为开敞式,无密封护盾。如遇复杂地层,亦可采用带护盾的TBM,同时配置多功能钻机,可用来探测作业面前方的地质情况,以便及时采取相应的施工技术措施,保持开挖面的稳定。

全断面岩石掘进机的结构一般由切削头工作机构、切削头驱动机构、推进及支撑装置、排渣装置、管片安装、液压系统、除尘装置、电气和操纵装置等组成,如图9-26所示。下面以TB880E型全断面掘进机为例加以说明。

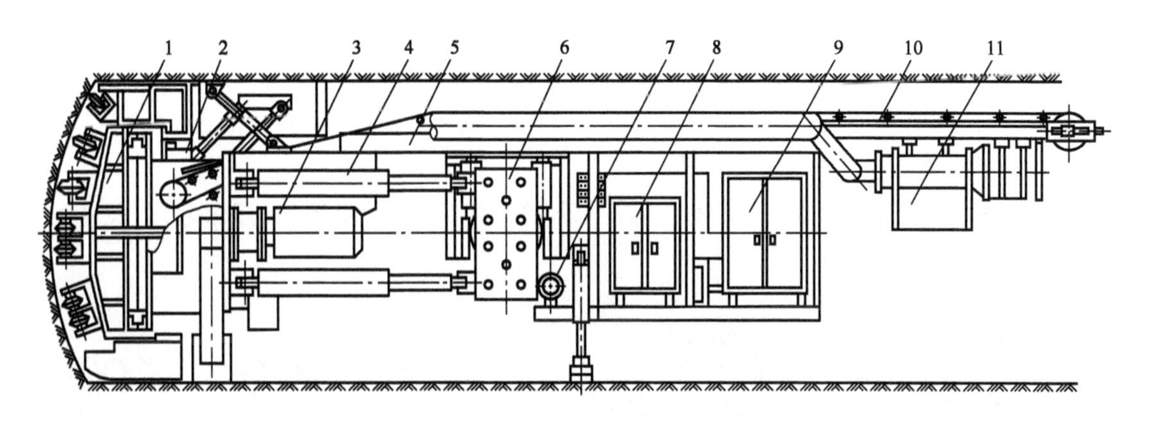

图9-26 TBM全断面掘进机结构示意图

1-刀盘;2-机头架;3-驱动装置;4-推进液压缸;5-大梁;6-水平支撑机构;7-液压传动装置;8-电气设备;9-驾驶室;10-皮带转载机;11-除尘风机

(一)刀盘

刀盘工作机构的结构,如图9-27所示。刀盘10由高强度、耐磨损的锰钢板焊接成箱形构件。刀盘前盘呈球形,分别装有双刃中心滚刀1、正滚刀2、边滚刀3。铲斗装在刀盘的外缘,铲斗的侧壁上分别装有一个正滚刀和一个边滚刀。刀盘通过组合轴承6支承在机头架上,组合轴承的内外圈分别与刀盘和机头架相连接。

刀盘部件由刀盘、铲斗、刀具等组成,为焊接的钢结构件,分成两块便于运输,也便于在隧道内吊运,装配时用螺栓拼成一体。滚刀为后装式,向后面凹的滚刀座则是刀盘的组成部分。滚刀(或切刀)突出于刀盘面的距离宜小,也就是刀盘面与掌子面间的距离宜小,以防止遇到断层破碎地带时,将刀盘挤死。

刮渣器与铲斗沿刀盘周边布置,用以将底部的石渣运送到顶部,再沿石渣槽送到输送带上面的石渣漏斗。铲斗的口与刮渣器向刀盘中心延伸一定距离,使得大量的石渣在落到底部之前,就已进入刀盘里面。

刀盘配备有一套喷水系统,用以对掌子面的灰尘进行初步控制,水经由一个在切削头中心的旋转接头供到喷嘴。更换滚刀采用专用的夹紧工具,使滚刀的更换很方便。另有两把扩孔刀,以便需要时就地扩孔。

刀盘类型有锥面刀盘、平面刀盘和球面刀盘,如图9-28所示。

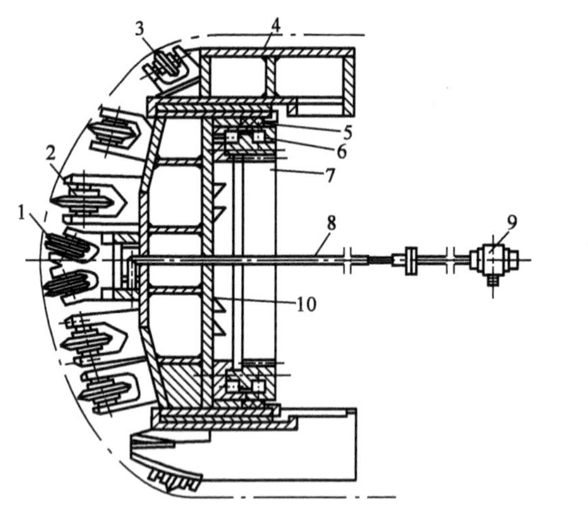

图 9-27 刀盘工作机构

1-中心滚刀;2-正滚刀;3-边滚刀;4-铲斗;5-密封圈;6-组合轴承;7-内齿圈;8-中心供水管;9-水泵;10-刀盘

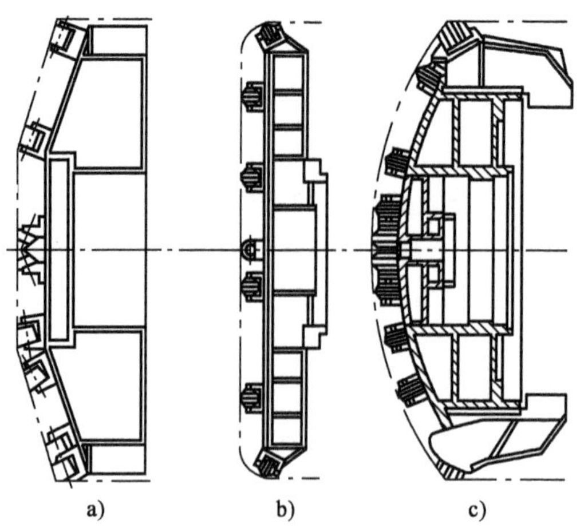

图 9-28 全断面岩石掘进机刀盘类型

a)锥面刀盘;b)平面刀盘;c)球面刀盘

刀盘上的刀具有盘形滚刀,按其上的刀刃分单刃滚刀、双刃滚刀、三刃滚刀,如图 9-29、图 9-30所示。

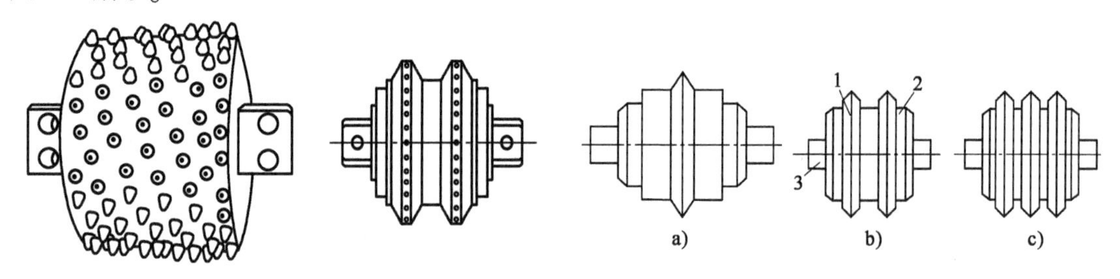

图 9-29 球齿滚刀

图 9-30 盘形滚刀类型

a)单刃盘形滚刀;b)双刃盘形滚刀;c)三刃盘形滚刀

1-刀圈;2-刀体;3-刀轴

(二)刀盘护盾

护盾提供了一套保护顶棚以利于安装圈梁,它可防止大块岩石堵住刀盘,并在掘进或者在掘进终了换步时,支持掘进机的前部。刀盘护盾由液压预加载仰拱即前下支承与 3 个可扩张的拱形架组成。3 个可扩张的拱形架均可用螺栓安装格栅式护盾,以便在护盾托住顶部时,可安装锚杆。

(三)主轴承与刀盘回转机构

主轴承为轴向、径向滚柱的组合体,轴向预加载荷,内圈旋转。小齿轮通过联轴器与驱动轴相连,接到带有液压操作摩擦离合器的水冷式行星减速箱与水冷式双速电动机。减速箱与电动机置于两凯氏外机架之间。另设有液压驱动的辅助驱动装置(微动装置),用以使刀盘可转至某一位置,以便更换滚刀及进行其他维护作业。

(四)刀盘密封

主轴承与末级传动由三唇式密封保护,此密封又用迷宫式密封保护,后者经常不断地由自动润滑脂系统清洗净化。

(五)机架

凯氏方形内机架既作为刀盘进退之导向,也将掘进机作业时的推进力与力矩传递给凯氏方形外机架。内机架的后端装有后下支承,前端与刀盘支承壳体连接,亦为上部锚杆孔设备提供支座。

凯氏方形外机架连同 X 形支撑靴可沿凯氏方形内机架做纵向滑动。16 个由液压操作的支撑靴将外机架牢牢固定在挖好的隧道内壁,以承受刀盘传来的反转矩与掘进机推进力的反力。

各个护盾有足够的径向位移量,以便在掘进机通过曲线时,利于转向;如有必要,还可用以拆除刀盘后面的圈梁。在围岩条件不好时,即当一部分隧道壁不能承受支撑力时,还可以在一个或两个支撑靴板处于回缩位置时,使 TBM 继续作业。

(六)X 支撑及推进系统

作用在刀盘推力的反力,经由凯氏内机架、外机架传到围岩。因凯氏外机架分为前后两个独立的部件,各有其独立的推进液压缸。后凯氏外机架的推进液压缸将力传到凯氏内机架,而前凯氏外机架则将推进力直接传到刀盘支承壳体上。掘进循环终了,凯氏内机架的后部支承伸出至隧道仰拱部上(以承重),支撑靴板回缩,推进液压缸使凯氏外机架向前移动以使循环重复。

(七)后下支承

后下支承位于后凯氏外机架的后面,装在凯氏内机架上。后下支承由液压缸使之伸缩,还可用液压缸做横向调整。一旦支撑靴板缩回,凯氏内机架的位置可作水平方向与垂直方向的调节,用以决定下一个掘进循环的方向,保持 TBM 在要求的隧道中线上。

(八)除尘装置

采用洞外压入式通风方式,在洞口外 25m 左右装有串联轴流式风机,软风筒悬挂在洞顶。吸尘器置于后配套的前部,吸入管接到 TBM 凯氏内机架与刀盘护盾。吸尘器在刀盘室内形成负压,以使供至 TBM 前的新鲜空气的 40% 进入刀盘室,并防止含有粉尘的空气进入隧道。

一旦空气进入吸尘系统,吸尘器的轴流式风扇将驱使含尘空气穿过喷水空间后通过汇流叶片再穿过吸尘器。大量尘埃被分离出来而流向集尘箱,集尘箱配有再循环水泵。集尘器的排气管端对着隧道通风系统的管道,通过一增压通风机使吸尘器排出的空气随隧道内的废气又回到作业面。当过量的甲烷气聚集在机器头部而使动力装置断电时,集尘器与隧道通风系统仍保持运转,以保持正常的通风。

(九)激光导向系统

在 TBM 上安装 ZED260 导向系统,设两个靶子与一套激光设备。前靶装在刀盘切削头护盾的后面,由一台工业用 TV 照相机监测,它将 TBM 相对于激光束的位置传送到驾驶室内的屏幕上。

另有一套装置用来测量 TBM 的转向与高低起伏,并将数据传送至驾驶室。主驾驶可在 TBM 再设置时对 TBM 的支承系统做必要的纠正。

(十)驾驶室

驾驶室置于后配套的前端,其内有操纵台,台上设有必要的阀、压力表仪表、按钮、监测装置与通信设备,以便有效地操作 TBM。驾驶室是隔音的,并按舒适性设计。

(十一)支护设备

1. 锚杆钻机

两套液压凿岩设备置于刀盘护盾后面,在凯氏内机架两边各装一套,在 TBM 掘进时,用以锚固围岩。这两套液压凿岩设备的凿岩机的滑道装在凯氏外机架上,可覆盖隧道的上半部,并可沿 TBM 纵向滑移一个行程。每套液压凿岩设备均附有一操作平台及操纵台。液压凿岩设备各由置于后配套系统上的单独的动力站提供压力油。

2. 超前钻机

深孔凿岩机主要用于在 TBM 前面打探测孔,此孔以小角度伸到刀盘切削头前面。打探测孔时,TBM 必须停止作业。此超前钻机置于凯氏外机架之上、前后支撑靴之间,在每次掘进行程结束后可以转动到位,可钻作业面前直径 50mm、深度 30m 的孔。

3. 圈梁安装器

圈梁安装器可在 TBM 掘进过程中,在刀盘后提前组合与安装圈梁。

(十二)后配套系统

后配套系统设计为双线,掘进机全部供应设备与装运系统均置于其上,石渣由列车运出。后配套由若干个平架车和一个过桥组成,过桥用于将平架车与 TBM 连接,平架车摆放在仰拱上的轨道上面、过桥下面。TBM 前进时,在 TBM 的后面拉着过桥与平架车前移。

后配套的过桥与某些部分平架车,分别装着 TBM 的液压动力组件、配电盘、变压器、主断电开关电缆槽、电缆卷筒、集尘器、通风集尘管、操纵台与输送带,也为喷射混凝土装置、注浆装置与灰浆泵提供了空间。

1. 皮带桥

大约为 12m 长的皮带桥直接置于 TBM 后面,它向上搭桥以加大下面的作业空间,为的是便于铺设仰拱砌块与隧道钢轨。此皮带桥铰接于 TBM 后部,支承在第一个平架车上。此外,它也是携带喷射混凝土的作业平车。

2. 平架车与装运设备

这一列后配套列车由多台平架车组成,每一台平架车长约 8.6m,在仰拱上的钢轨上拖行,钢轨轨距为 3m。后配套的全长均为双线。平架车是门架式拖车的下层,是斗车、载人车与牵引机车运行之处,其上层则为供应设备放置之处。有一单轨梁用来吊放仰拱砌块,然后再吊放钢轨。装载舱(即平架车下层)为双线系统,设计可容两列车。每一列车由 8 个石渣车、2 台搅拌车和 3 台材料车组成,这一套列车的设计容量与 TBM 换步行程 1.8m 相适应。

3. 液压系统

除了刀盘之外,TBM 全机与辅助装置均为液压驱动,液压动力站置于后配套平架车上。

4. 电力附件

设置于后配套系统之上的有:主配电盘、电动机和辅助装置用断流器与电磁起动器、带主断路器的变压器、纠正功率因数的无功电流补偿器、可控电流变压器、应急发电机。

(十三)附属设备

1. 通信联络系统

此系统使 TBM 司机可与 3 处联络,一是直接到刀盘切削头后面,二是到钢轨安装与材料卸载处,三是到后配套末尾石渣换装处。

2. 灭火系统

在后配套系统上，为液压设备与电力动力设备提供一套人工操作的干式灭火系统，此外，在 TBM 与后配套上还放置若干手提式灭火器。

3. 数据读取系统

此系统将监测与记录下列数据：时间与日期、掘进距离、推进速度、每一步的行程长度与延续时间、驱动电机的电流数、接入的驱动马达数、推进液压缸油压、支撑液压缸油压。司机要将换刀时间、停机时间填表记录。

4. 甲烷监测器

本机提供一套带三个传感器的探测甲烷的监测装置。当甲烷气浓度超过临界值，此装置报警或关机。三个传感器，一个装在 TBM 刀盘切削后面，两个装在吸尘管内。

5. 通风管

隧道通风系统的终端，为后配套设备末尾处的通风管，根据耗风量设计后配套的通风系统，采用刚性吸管。这些钢管用一液压缸操作臂从材料车提起，装到一液压操作的夹钳中。后配套中还提供有作业平车，用来接风管并将其吊到隧道拱部预设的吊钩上。此通风管安装器是为直径 48in（约 1.22m）、长 30ft（约 9m）的风管而设计的。

应用与技能

一、瑞士费尔艾那隧道掘进机施工管理模式

（一）工程概况

费尔艾那隧道是一座穿越阿尔卑斯山脉的隧道，长达 19km、最大埋深达 1500m，其中约定 12km 的隧道采用维尔特公司生产的全断面岩石掘进机一次成洞，开挖直径为 7.7m。施工中遇到的岩层既包括局部分布的松软岩层和中等硬度的沉积岩，又包括非常坚硬的主要由片麻岩、闪长岩组成的火成岩，此外，还穿越多处由阿尔卑斯山造山运动而形成的断层破碎带。

（二）施工组织管理机构

该隧道施工组织管理机构十分精炼，调度指挥由承包负责人及其下属的常设机构负责。常设机构的管理人员有测量工程师、混凝土工程师、轮工计价工程师、机电工程师与施工工程师，机电工程师与施工工程师每天 24h 值班，保证随时掌握 TBM 施工现场的情况。

其管理流程为：维护班出现的机电问题，直接由施工现场通知机电工程师负责解决；掘进班出现的问题，由施工现场通知机电工程师或施工工程师负责落实解决。所有常设机构的管理人员对承包商负责，承包负责人负责全面工作，并负责各部门的协调工作其助理为具体落实实施人员。

（三）掘进班劳动力组织及职责

隧道施工时，每天有三个作业班组，其中两个掘进班、一个维护班。每个掘进班由 21 人组成，其主要分工及职责如下：

工长（1 人）：负责本班人员的工作安排，巡视及协调各作业点人员的工作情况，并及时上报地质情况。要求有相当丰富的工作经验和较强的组织管理能力，能适应 TBM 施工的各种情况。

主司机(1人):根据技术部门提供的地质资料操作TBM,负责填写掘进报告,在掘进中随时接收各作业点的信息,确定停机处理一些小型故障和刀具更换,判断地质情况的变化,从而改变TBM的作业状态。

机械工(1人):负责TBM施工中的焊接、供排风管及水管的延伸工作,且能处理各类机械故障,并负责对TBM各部位的检查及巡视。

电工(1人):负责洞内各处照明、洞内供电设备的维修、电缆的延伸,并负责对控制室内的各种仪表、显示仪器进行维修,且对PLC方面的故障进行维修,能快速找出电气故障点。因此要求电工具有较为全面的技术,熟悉强电、弱电、微电三方面,技术水平要求较高。

锚喷支护(7人):在刀盘后面主机平台上部5人负责钻锚杆孔、锚固锚杆、挂网,必要时安装钢拱架或初喷混凝土,并及时上报地质变化情况。在刀盘后面主机平台下部2人,负责刀盘后面底部清渣及连接下部钢架。

仰拱安装及轨道铺设(3人):负责仰拱块的安装及注浆工作,并负责向前拖动伸缩轨,搬运并铺设轨道及吊运仰拱块。

喷混凝土(2人):负责装卸混凝土料罐,一人负责操作混凝土喷射泵,一人负责操作混凝土喷射机械手。

内燃机司机(3人):每人负责一列出渣列车,并负责洞内装渣、运输线路上的扳道、洞外操作翻车机卸渣。

洞内机动(1人):于洞内需要处随时调用。

材料供应(1人):负责在洞外供应洞内所需的各种材料,装卸仰拱块并堆码整齐,将洞内所需的材料装车,并调车至预定的轨线上。

以上人员配置的工作岗位是固定不变的,以求其在岗位上能掌握该设备的性能,从而成为一个对该作业极其熟练的司机,满足TBM施工生产的需要。

(四)维修维护班的劳动力组织和职责

该班的主要任务是对主机、后配套及附属设备的检查维修和维护,对机、电、液进行全面检查并负责刀具的检查和更换。

主机检查(6人):负责对主机各部位进行全面检查,并负责润滑维护及刀具的检查和更换。

后配套检查(4人):负责对后配套的附属设备进行全方位的检查、维修、维护,液压系统的检查维修,各运动件的润滑等。

电工(1人):负责对电气部分进行全面的检查维修,并参与主机、后配套的检查,负责电缆、通信线的延伸。

内燃机司机(1人):负责开车运送钢轨和维护所必需的材料,并负责风、水管路的延伸工作。

(五)掘进中的材料供应和配件准备

掘进班上班之前,维修班必须为其储存好钢轨及必需的支护材料。洞外准备好掘进中所需的各类材料,并要求储备一些易损件。

掘进机上要储备好各类刀具,其中包括1把边刀、1把中心刀和4把正滚刀,如果掘进中更换了1把刀具,必须马上从洞外运进1把新刀,以备随时更换。机器上的各类消防器材必须完好无损,并放在规定的位置上。

(六)TBM 的刀具管理

承包商对每把刀具均建立了一个档案,其中记录各部位的配件,做到每把刀具均能最充分的利用,从管理上对刀具的消耗费用加以控制。刀具的维修工作由三名熟练工人专门负责,一名刀具班长负责每把刀具的建档并做好配件供应,一人专门负责拆卸、清洗,一人负责安装、试验,三人要同时在刀具维修记录上签字。

(七)掘进班与维修班之间的交接

每日班组间的交接均有书面材料报告本班情况并由当班工长签字并报上级部门归档。

维修班与掘进班交接无须进行任何检查,可直接上机操作。

掘进班与掘进班交接:要用半小时对机器的各部位进行检查,包括刀具、起重机、油位、皮带机等部位。

掘进班与维修班交接:要求交明机况和异常部位,以便维修班在短时间内对机器做全面检查。

(八)洞内施工测量

对于 TBM 施工的隧道,一般安排在维修维护时间内进行,以减少相互干扰。为避免测量误差,采用两套独立的测量系统。

(1)自动测量系统。

(2)手工测量系统。

(九)石渣处理方式

充分利用洞内石渣以控制成本,减少弃渣场地以利于环境保护。由洞内运出的石渣,自卸汽车卸车后马上进行筛分,对≥16mm 的石渣进行加工,作为隧道道砟和混凝土集料,对≤16mm的石渣作为弃渣处理,倒运至弃渣场地。

(十)施工现场的通信系统

有三套通信系统:一是公用电话网,接至各常设办公室;二是内部电话网,沟通洞外各场地;三是无线电话系统,主要用于洞内和运输。

(十一)小型机具的制作

TBM 施工中,承包商为降低劳动强度、提高劳动生产率,在一些拆装频繁的地方准备了一些行之有效的小型机具,如风、水管快速接头,仰拱块吊装快夹快放吊钩,仰拱块端面清洗用风箱及锚杆孔注水头等。

二、秦岭 I 号铁路隧道掘进机作业程序及掘进模式

秦岭 I 号铁路隧道 TBM 施工法是在铁道系统首次应用的最新型隧道施工方法,它属系统化、工厂化的作业方式,每一个环节都相互关联,若其中有一个环节出现故障,整个施工将停滞。对全长 252m 的 TB880E 掘进机而言,技术含量高、操作复杂,其 90% 的指令由主控室发出,任意一个误操作都会影响施工或造成重大事故。所以,正确地操作、合理地选择掘进参数是非常重要的。

(一)正常情况下的作业程序

(1)起动设备前应发出报警,以引起不同作业区人员的注意,防止事故发生。

(2)起动高压水泵及刀盘喷水泵站。

(3)依次起动7、8、3、5、1、6、9、2号液压泵站。

(4)起动所有通风、除尘、制冷系统。

(5)根据地质情况选择刀盘的高/低速(5.4r/min、2.7r/min),选择电机软起动,由软起动器控制电机起动的间隔时间及电流变化。

(6)起动8台主电机,起动间隔时间为1min。

(7)电机运转正常后,起动刀盘旋转,但必须注意电机的电流变化,若电流居高不下,立即停止刀盘旋转,检查电气设备。

(8)开始掘进:选择手动控制,调整掘进速度至20%,待掘进参数相对稳定,并实际掘进5cm后,开始以10个百分点递增,提高掘进速度;当推进油压到25.0MPa并基本稳定时,应以5个百分点递增,提高掘进速度,直到推进油压达额定值(26.5MPa)。

(9)掘进完一个循环(1.8m,后退刀盘3cm,待刀盘空转1min后,停止刀盘旋转,顺序停止电机及皮带机,进行换步作业;先放下后支撑,直到压力显示15.0MPa为止;松开护盾夹紧缸,放下前支撑,直到压力显示10.0MPa为止;然后松开凯1、凯2,观察压力显示,直到撑靴回收压力为18.0MPa,伸出压力为0MPa为止;向前移动凯1、凯2,并确保到位。然后根据ED导向系统对TBM左、右、上、下的偏差进行调整。调整时,因激光检测较慢,待数据显示稳定后,再进行操作。调向结束后,撑紧凯1、凯2,一般情况撑紧压力为28.0MPa,若围岩干抗压强度较低时,撑紧压力一般为27.5MPa,不允许超过28.0MPa,否则将挤垮局部围岩,造成撑靴打滑。待撑靴撑紧后,收回前、后支撑,前移后支撑,拖拉后配套。

(10)一切准备就绪,进入下一个循环的正常掘进。

(二)扩孔作业与参数调整

扩孔作业是在需要换边刀时进行,每次只需使用一把扩孔刀,扩孔直径为8.9m。工序如下:

(1)后退刀盘1m。

(2)检查并确认扩孔操作阀动作正常、灵活。

(3)检查并确认扩孔油缸和扩孔刀的伸缩自如。

(4)选择电机高速转动刀盘,并不断外伸扩孔刀,让扩孔刀慢慢接触岩壁。

(5)扩孔速度开始时控制在10%,掘进5cm后,可调速到10%~20%,最高不超过25%。

(6)在扩孔作业过程中,要不断向扩孔油缸内补油;保持伸出压力20.0MPa。

(7)扩孔完成后,回收扩孔油缸,停机,后退刀盘20cm,进行边刀或刮板的更换。

(三)掘进模式的选择

1.工作模式

TBM的设计提供了三种工作模式:自动转矩控制、自动推力控制和手动控制模式。

自动转矩控制只适用于均质软岩;自动推力控制只适用于均质硬岩;手动控制模式操作方便、反应灵活,适用于各种地质情况。自动转矩和自动推力控制模式是通过改变自动挡设定值电位器阻值的大小,由PLC系统自动根据机器相关参数进行自动调整来实现自动控制。

2.掘进参数的选择标准

掘进参数主要有以下8个:刀盘转速、刀盘转矩、电机电流值、推进力、推进缸压力、实际掘进速度、贯入度(每转进尺)和推进速度电位器选择值。

其中电机电流值与刀盘转矩、推进缸压力与推进力成正比;实际掘进速度=刀盘转速×贯入度。

在选定刀盘转速后，主驾驶唯一能直接控制的就是选择推进速度电位器的值。由于岩石情况不同，掘进所需的转矩和推力不同，实际达到的掘进速度也不尽相同，主驾驶根据转矩、推力的情况及刀盘振动、出渣情况选择推进速度电位器选择值的大小。

3. 实际经验

根据秦岭隧道掘进经验，采用低于溢流阀设定压力值0.5MPa左右的推进压力掘进是合适的。以溢流阀压力设定为27.0MPa为例，可选择以26.5MPa为推进压力。

4. 不同地质状况下掘进参数的选择和调整

(1)节理发育的硬岩情况下作业。

①选择电机高速(5.4r/min)。

②开始掘进时掘进速度选择15%，掘进到5cm后，方可提速。

③正常情况下，掘进速度一般≤35%。几种常用的掘进速度和惯入度控制推荐如下：

A. 转矩在30%左右时，掘进速度≤25%，相应贯入度1.7mm。

B. 转矩在35%左右时，掘进速度≤30%，相应贯入度2.2mm。

C. 转矩在40%左右时，掘进速度≤35%，相应贯入度2.9mm。

④围岩本身的干抗压强度较大，不易破碎，若掘进速度太低，将造成刀具刀圈的大量磨损；若掘进速度太高，会造成刀具的超负荷，产生漏油或弦磨现象，所以必须选择合理的参数掘进。

(2)节理发育的软岩状况下作业。

掘进时推力较小，应选择自动转矩控制模式，密切观察转矩变化，调整最佳掘进参数。

①8台主电机都在使用，掘进速度可调整在80%左右，但必须保证转矩值≤80%，且变化范围≤10%，相应贯入度为10mm。

②主电机未全部投入使用，转矩的选择至少一台电机降5%，比如，6台电机掘进转矩必须≤70%。

(3)节理发育且硬度变化较大围岩状况的作业。

因围岩分布不均匀，硬度变化大，有时会出现较大的振动，所以推力和转矩的变化幅度大，必须选择手动控制模式，密切观察推力和转矩的变化。

①操作参数选择：推进力≤17000kN，转矩≤55%且转矩变化范围不超过10%，相应贯入度为6mm左右。

②此类围岩下掘进，推力、转矩在不停地变化，不能选择固定的参数(推力、转矩)作为标准，应密切观察，随时调整掘进速度。若遇到振动突然加剧，转矩的变化很大，观察渣料有不规则的多棱体出现，可将刀盘转速换成低速(2.7r/min)，并相应降低推进速度，待振动减小并恢复正常后，再将刀盘转换到高速(5.4r/min)掘进。

(4)节理较发育、裂隙较多或存在破碎带、断层等地质情况下的作业。

掘进时应以自动转矩控制模式为主选择和调整掘进参数，同时应密切观察转矩变化、电流变化及推进力值和围岩状况。

①掘进参数选择。

A. 电机选用高速，掘进速度<50%，转矩变化范围<10%。

B. 电机选用低速，掘进速度开始为20%，等围岩变化趋于稳定后，推进速度可上调，转矩变化范围<10%。

②密切观察皮带机的出渣情况。

A. 当皮带机上出现直径为30cm大小的岩块，且多棱体的比例占出渣量的20%～30%时，应降低掘进速度，控制贯入度≤7mm。

B. 当皮带机上出现大量多棱体，并连续不断向外输出时，应停止掘进，更换刀盘转速2.7r/min低速掘进，并控制贯入度≤10mm。

C. 当围岩状况变化大，掘进时，刀具可能局部承受轴向载荷，影响刀具的寿命，所以必须严格控制转矩变化范围≤10%，以低的速度掘进，一般情况下，掘进速度≤55%，贯入度≤7mm。

综上所述，无论在何种围岩下掘进，都应密切关注围岩及参数变化，合理地选择调整掘进参数有利于提高使用率、降低成本。

三、TBM掘进中换步技术

在一个循环结束后一般采用以下步骤进行换步：

(1)刀盘退后2～3cm。

(2)空转10～20s后，停止刀盘旋转，停止电机和皮带机。

(3)撑出护盾下支撑使油缸压力升至18.0MPa。

(4)松夹紧油缸，此时护盾下支撑压力下降，应继续升压至14～16MPa，期间若感觉边刀刮擦洞顶，可停止伸出。

(5)撑出后支撑，并使后支撑竖直缸压力升至15.0MPa左右。

(6)放松外凯Ⅰ和外凯Ⅱ。

(7)向前移动外凯，同时进行外凯偏转调整及主机姿态调整。

(8)撑紧外凯Ⅰ和外凯Ⅱ至27.0MPa左右。

(9)将所有护盾支撑收回。

(10)撑出护盾下支撑至外凯Ⅰ，撑靴压力升高0.2～0.4MPa；将其余护盾撑出至贴近洞壁。

(11)将夹紧油缸夹紧。

(12)拖后配套，并向前移动后支撑。

(13)拖后配套同时，起动皮带机，并顺次起动主电机。

(14)起动刀盘旋转，此时护盾下支撑油缸压力为12.0MPa左右，可升至14.0MPa左右。

(15)开始掘进。

(16)另外，在软岩或破碎地质条件下掘进时，推力较小、转矩较大、振动较大，掘进时可将顶护盾及侧护盾撑出至5.0MPa左右，使之与洞壁保持浮动支撑，可大大减小振动，降低转矩峰值，对刀具受力、电机寿命及主机寿命均有好处。

四、TB880E型掘进机刀具失效分析

秦岭隧道北口掘进机所经过的岩层为混合花岗岩和混合片麻岩，属坚硬岩石，掘进机消耗刀圈1997个，更换刀具达2381把次，刀具失效的形式有以下几种：

（一）正常磨损

刀具进行破岩时，破岩效率与其刃口宽度有关。随着刀圈磨损量的增加，刃口宽度增加，达到一定范围时会影响掘进速度。

正常磨损是刀具失效的主要形式，占 57.22%，根据磨损程度，正常磨损又可分为均匀磨损和非均匀磨损（偏磨）。

1. 均匀磨损

在刃口宽度范围内磨损较均匀，一般占正常磨损的 80% 以上。

2. 非均匀磨损（偏磨）

当一把刀与相邻的两把刀磨损量差值较大时，这把刀在掘进过程中接触的岩壁始终是一个斜面，就将发生偏磨；当然就一把刀而言，刃口内外两侧的线速度不同，外侧大于内侧，也是刀具发生偏磨的原因之一。刀具发生偏磨一般不影响刀具的正常运转，只是磨损加剧且破岩效率有所降低。

（二）刀圈断裂

在掘进过程中由于岩石情况发生变化或刀盘其他部件（如铲齿等）脱落卡在刀刃与岩壁之间，会导致刀圈局部过载而使刀圈应力集中发生断裂，同时刀圈与刀体配合过盈量未达到要求也会造成刀圈断裂。刀圈断裂占刀具失效的 2.81%。

（三）轴承损坏（弦磨）

在施工过程中，有时会发现刀圈被磨成一条或几条弦，即弦磨，占刀具失效的 4.28%。这主要是由于刀具轴承损坏不能转动造成的。造成轴承损坏的原因主要是由于轴承过载或刀盘喷水系统不良而使轴承过热抱死，刀具漏油而未及时处理也会使刀圈弦磨失效。

（四）刀具漏油

刀具漏油占刀具失效的 10.27%。造成刀具漏油的主要原因有：

（1）岩石条件急剧变化、操作原因（调向过大或推力过大）以及换刀不合理造成个别刀具过载，使刀具轴承圆锥滚子的承载端剥落，剥落的金属碎片及颗粒使密封失效。

（2）由于刀盘喷水系统不良而使轴承及润滑油温度过高。

（3）由于刀盘前部岩石条件较差，坍塌的大石块卡在刀具端盖密封处，使滑动密封受冲击载荷失效。

（4）刀具轴承及浮动密封的寿命已达极限。

（5）刀具修理过程中隔套尺寸不符合规格或刀具内混有杂物。

（五）刀圈剥落

由于刀圈表面产生疲劳裂纹，逐步扩展导致微观断裂、磨损剥落。从刀具检查情况来看，若刀圈的剥落块较小，一般不影响刀具的正常运转。

（六）挡圈断裂、脱落或螺栓问题

刀具螺栓松、脱、断甚至掉刀的现象（统称为螺栓问题），占刀具失效的 23.56%。

五、TB880E 掘进机刀具更换技术

掘进机的破岩任务主要由装在掘进机头部刀盘上的 71 把盘形滚刀来完成，根据工作区域性质的不同，分为中心刀（6 把）、正滚刀（62 把）、边刀（3 把），此外还设计有更换边刀时扩孔用的两把扩孔刀，刀具的运转状况直接影响着掘进机的效率。

（一）刀具检查

认真准确详实地进行刀具检查是了解刀具运转状况和进行刀具更换的基础，而刀具的正

常运转则是掘进机正常运转的关键,所以刀盘检查是掘进机施工中最重要的也是必不可少的环节之一。

(1)刀具外观检。

(2)刀具螺栓的检查。

(3)刀具磨损量的测量。

一般在岩石较硬时每30m测一次,岩石较软时每50m测一次。

(二)刀具更换的基本原则

(1)中心刀和正滚刀最大磨损极限为38mm,边刀最大磨损极限为20mm,所以当刀具达到最大磨损极限时必须更换。

(2)当刀具出现下列损坏情况时必须更换:漏油、刀圈断裂、轴承损坏、挡圈脱落且刀圈移位、掉刀且托架或刀座损伤。

(3)相邻刀具的磨损量高差不要大于15mm。

(4)更换中心刀时,必须检查1号正滚刀的磨损量,使1号正滚刀与6号中心刀磨损量高差尽量小于10mm,否则同时更换1号正滚刀。

(5)更换中心刀时,必须保持所有中心刀螺栓紧到规定力矩(805N·m)。

(6)当某个区域个别刀具达到磨损极限且周围刀具磨损量也较大(一般35mm左右)时,可将整个区域的刀具全部更换,若这个区域相邻两把刀的磨损量大于15m时,可在这个区域的两边更换过渡刀,使相邻刀具的磨损量差值小于15mm。

(7)更换边刀时,必须更换刮渣器的刮板(至少更换前面两块),同时更换56号至62号正滚刀。

(8)漏油刀具的更换尽可能考虑相邻刀具的磨损量。

(9)尽量将初装刀或新换轴承刀装到高刀位上(一般为42号到65号刀位)、旧轴承刀装到低刀位上,即轴承使用时间越长应越向内圈更换。

(三)刀具更换

刀具的更换质量直接影响刀具的正常运转,必须严格按照刀具的拆装工艺进行刀具的更换。最重要的是装配面的清洁、刀具位置对中以及刀具螺栓的紧固力矩达到规定要求,并做好详细的刀具更换记录。

归 纳 总 结

(1)目前,隧道及地下工程因隧道水文地质情况、埋置深度、断面结构形状等条件的不同,其施工方法有明挖施工法、暗挖施工法、浅埋暗挖法和沉埋管段施工法。

(2)喷锚构筑法是以钻爆开挖、喷锚支护为主体的施工方法。这种方法相应的机械装备有凿岩、装药机械、装渣运输机械(即有轨运输或无轨运输设备)、喷锚支护机械、二次模筑衬砌机械、动力通风机械及其他附属设备。

(3)全断面岩石掘进设备是指在确定的地质条件和工况下,能一次性完成不同断面形状的隧道所采用的专用工程施工设备。为此,必须具备稳定的开挖面,对岩层或土质进行有效挖掘,同时要有相应的排渣(岩石或砂土泥浆)和洞体支护(衬砌或灌浆)措施。TBM具有自动化程度高、施工速度快、节省人力、一次成洞、不受外界气候影响、开挖时可以控制地面沉降、减少对地面建筑物的影响等优点。

(4)盾构是一种集开挖、支护和衬砌等多种作业于一体的大型隧道施工机械,是用钢板作成钢结构组件,这个钢结构组件的壳体称"盾壳",盾壳在开挖隧道时,作为临时支护,并在盾壳内安装开挖、运渣、拼装隧道衬砌等机械装置,以便能安全地作业。它主要用于软弱、复杂等地层的铁路隧道、公路隧道、城市地下铁道、上下水道等的隧道施工。

思考题

1. 简述液压凿岩台车的构造与工作原理。
2. 简述全断面掘进的分类及特点。
3. 简述全断面掘进机的主要构造和工作原理。
4. 简述秦岭Ⅰ号铁路隧道掘进机作业程序。
5. 简述TB880E型掘进机刀具失效原因。
6. 简述TB880E型掘进机刀具更换技术。
7. 简述盾构的分类及特点。
8. 简述泥水加压盾构工作原理、过程及特点。
9. 简述土压平衡盾构工作原理、过程及特点。

参 考 文 献

[1] 杜海若. 工程机械概论[M]. 3 版. 成都:西南交通大学出版社,2009.

[2] 张洪,贾志绚. 工程机械概论[M]. 北京:冶金工业出版社,2006.

[3] 徐永杰. 施工机电[M]. 北京:人民交通出版社,2005.

[4] 段书国. 现代桥隧机械[M]. 北京:人民交通出版社,2004.

[5] 王进. 施工机械概论[M]. 北京:人民交通出版社,2004.

[6] 寇长青. 铁道工程施工机械[M]. 北京:机械工业出版社,2001.

[7] 郭小宏. 高等级公路机械化施工技术[M]. 2 版. 北京:人民交通出版社,2012.

[8] 刘古岷,王渝,胡国庆. 桩工机械[M]. 北京:机械工业出版社,2001.

[9] 黄长礼,刘古岷. 混凝土机械[M]. 北京:机械工业出版社,2001.

[10] 刘军,维尔特. TB880E 全断面岩石掘进机概述[J]. 建筑机械,2000(07).

[11] 赵全民. TB880E 型掘进机作业程序及掘进模式的选择[J]. 建筑机械,2000(07).

[12] 王镇春. TB880E 型掘进机刀具失效分析[J]. 建筑机械,2000(07).

[13] 乐贵平. 土压平衡式盾构机简介[J]. 建筑机械,2000(06).